环境工程实用技术丛书

污水再生处理与回用技术

WUSHUI ZAISHENG CHULI YU HUIYONG JISHU

王怡 王社平 主编

化学工业出版社

·北京·

内容简介

本书以问答的形式，从再生水基本知识入手，介绍再生水主要水质指标检测、污水处理及再生利用概况、再生水处理技术与方法、再生水处理典型工艺流程及设施运行维护。列举了再生水处理典型案例，对了解我国污水再生利用现状，处理工艺技术、方法和工程实践具有重要的参考价值。

本书内容丰富，资料翔实。可供从事给水排水工程、环境工程、环境科学与工程等专业的工程技术人员及管理人员阅读，也适合环境专业在校学生、在职人员学习和培训时参考，还可供环保业余爱好者、宣传工作者参考。

图书在版编目（CIP）数据

污水再生处理与回用技术 / 王怡，王社平主编.
北京：化学工业出版社，2025. 7. --（环境工程实用技术丛书）. --ISBN 978-7-122-48086-6

Ⅰ. X703. 1

中国国家版本馆 CIP 数据核字第 20252LK042 号

责任编辑：左晨燕　　装帧设计：史利平
责任校对：李雨函

出版发行：化学工业出版社
（北京市东城区青年湖南街 13 号　邮政编码 100011）
印　　装：北京建宏印刷有限公司
787mm×1092mm　1/16　印张 19½　字数 459 千字
2026 年 1 月北京第 1 版第 1 次印刷

购书咨询：010-64518888　　售后服务：010-64518899
网　　址：http: //www. cip. com. cn
凡购买本书，如有缺损质量问题，本社销售中心负责调换。

定　　价：138. 00 元

前　言

随着全球水资源短缺与水环境退化问题日益严峻，城镇污水处理及再生利用已成为实现水资源可持续利用的有效途径。近年来，我国城镇污水处理行业在政策引导、技术创新与市场机制的多重驱动下，正经历从“规模扩张”向“提质增效”、从“末端治理”向“循环利用”的深刻转型。这一进程中，再生水已成为城镇的“第二水源”，其高效利用为缓解水资源压力、改善生态环境提供了关键支撑。

我国政府已将再生水利用纳入“双碳”战略与水安全保障体系，相继出台了一系列重要文件，旨在大力推广污水处理与再生利用技术措施，加强非常规水资源利用。《国家节水行动方案》（发改环资〔2019〕695号）、《关于进一步加强水资源节约集约利用的意见》（发改环资〔2023〕1193号）、《节约用水条例》（国务院令　第776号）等文件，均明确指出新建、改建、扩建工业企业集聚的各类开发区、园区等应当统筹建设供水、排水、废水处理及循环利用设施，推进区域再生水循环利用工程，发展节水产业，形成节水型生产生活方式，建设节水型社会，促进经济社会发展全面绿色转型，加快建设美丽中国。在此背景下，本书立足行业前沿，系统梳理了污水处理及再生利用水质标准、技术原理和工程实践，旨在为环境科学与工程领域从业者提供理论与实践的双重参考。

本书由西安建筑科技大学王怡和西安市政设计研究院有限公司王社平共同组织策划，从污水深度处理及再生利用的基本原则、水质标准、处理技术、工艺流程、再生水利用设施维护管理和实际案例等方面，以问答的形式详细介绍了污水再生利用方面的技术经验，对我国城镇和建筑小区污水再生利用工程设计及管理具有一定的参考价值。本书可供给水排水工程、环境工程、环境科学与工程等专业的工程技术人员及管理人员使用，也可作为以上专业研究生教材使用。

全书共六章，由王怡、王社平主编。其中，西安建筑科技大学王怡编撰了第一章、第三章（二）和附录；石河子大学王文怀编撰了第二章；西安市政设计研究院有限公司尹博涵和程晓波编撰了第三章（一），王社平、刘新安、张日霞和尹博涵编撰了第四章（一）、（二），西安建筑科技大学郑于聪编撰了第四章（三）；西安市政设计研究院有限公司张日霞、张欣蓓和西安建筑科技大学王同悦编撰了第五章；刘新安、尹博涵、张日霞和王同悦编撰了第六章。

西安建筑科技大学硕士研究生王苗、赵新元同学参与了第一章及附录部分资料的搜集和整理工作，在此表示衷心的感谢！

在本书的编撰过程中，参考和选用了国内外学者及工程师的著作和资料，在此谨向他们表示衷心的感谢。限于作者水平和编写时间，书中难免存在不妥和疏漏之处，敬请读者批评指正。

最后，本书编写得到了西安建筑科技大学研究生教育“三百计划”教材建设项目资助（JCXM202509），凝聚了多位教师长期教学与科研的心血。

编者

2025 年 4 月

目 录

一、再生水基本知识 1

一、再生水基本知识

（一）再生水概况

1 什么是再生水?

再生水是我国《城市污水再生利用》标准中的规范术语，是指污水经适当处理后，达到一定的水质指标，满足某种使用要求，可以进行有益使用的水。这里所说的污水是指在生产与生活活动中排放水的总称，它包括生活污水、工业废水、农业污水和初期雨水等。

2 什么是中水？什么是建筑中水?

再生水有时也被称为中水，但两者有明显的区别。中水只是一个俗称，没有明确的定义，是沿用了日本的叫法。在日本，市政工程（给排水）领域将自来水称为“上水”，自来水管网称为“上水道”；而城市污水称为“下水”，排水管网称为“下水道”。因此，中水是指水质介于“上水”和“下水”之间的水，一般仅限于建筑给排水，是指各种排水经处理后，达到规定的水质标准，可在生活、市政、环境等范围内杂用的非饮用水。所以，可以认为中水是一种介于建筑物生活给水与排水之间的杂用供水。

由于中水系统建立的范围不同又有不同的称谓，建筑物中水是在一栋或几栋建筑物内建立的中水系统，小区中水是在小区内建立的中水系统。小区主要指居住小区，也包括院校、机关大院等集中建筑区，统称建筑小区。建筑中水则是建筑物中水和小区中水的总称。

3 再生水、回用水与中水的关系如何?

当污水或废水经过物理、化学、生物等方法净化，出水满足特定回用要求时称为回用水或再生水。当其用于建筑物内杂用时也称为中水，因此，中水是回用水或再生水中的一种，仅指回用于建筑物内杂用的那部分回用水或再生水。

4 再生水利用有什么意义?

再生水是城市的第二水源，再生水利用是提高水资源综合利用率，减轻水体污染的有效途径之一。再生水合理回用既能减少水环境污染，又可以缓解水资源紧缺的矛盾，是贯彻可持续发展的重要措施。污水的再生利用和资源化具有可观的社会效益、环境效益和经济效益，已经成为世界各国解决水问题的手段和措施。再生水利用的具体意义如下：

（1）再生水是缓解水资源短缺的有效途径

根据《室外排水设计标准》（GB 50014—2021）第4.1.14条，城市供水定额的90%转化为污水，经收集处理后，其中70%的再生水可以再次循环使用。这意味着通过污水回用，可以在现有供水量不变的情况下，使城市的可用水量至少增加50%以上。世界各国无不重视再生水利用，因此，再生水作为一种可靠的替代水源，正在得到越来越广泛的推广，并成为城市水资源的重要组成部分。

（2）再生水是实现水资源可持续利用的重要环节

水是城市发展的基础性资源和战略性经济资源，随着城市化进程和经济的发展以及日趋严重的环境污染，水资源日趋紧张，成为制约城市发展的瓶颈。推进污水深度处理、普及再生水利用是人类与自然协调发展、创造良好水环境、促进循环型城市发展进程的重要举措。

国际上，对于水资源的管理目标已发生重大变化，即从控制水、开发水、利用水转变为以水质再生为核心的“水的循环再用”和“水生态的修复和恢复”，从根本上实现水生态的良性循环，保障水资源的可持续利用。

（3）再生水的利用能带来可观的效益

再生水合理利用不仅具有很好的经济效益，而且其社会和生态效益也非常巨大。比如再生水合理利用能维持生态平衡，有效保护水资源，改变传统的“开采—利用—排放”模式，实现水资源的良性循环，并对城市的水资源紧缺状况起到积极的缓解作用，具有长远的社会效益。

5 再生水利用有哪些优势?

与自来水相比，同等条件下利用再生水的优势主要有：

① 提高供水可靠性，开发利用城市再生水为拓宽供水来源提供了新的思路，也是提高城市供水可靠性的重要手段；

② 大大降低用水成本，再生水具有更优势的价格，将吸引大量对水质要求不高但是需水量大的用户，因此颇具市场前景；

③ 减轻水环境污染，再生水的广泛应用可以有效减少排污量，减轻水环境的污染；

④ 为城市分质供水创造条件，促进我国逐步与发达国家供水标准接轨，并提高城市生活用水的质量。

6 什么是污水再生处理?

污水再生处理系指按照一定的水质标准或水质要求，采取相应的技术方法进行污水净化处理并使其恢复特定使用功能及安全性的过程，主要包含水质的再生、水量的回收和病原体的有效控制。

7 再生水主要有哪些用途?

再生水利用的方向包括工业利用、农业灌溉、市政杂用以及生态环境利用等方面。工业利用包括冷却水和工艺用水，冷却水用量通常远大于工艺用水量，如澳大利亚将再生水用于矿山开采，美国将再生水用于油气开采等都属于工业利用。市政杂用包括道路冲洗压尘、车辆清洗、冲厕及园林绿化，其中冲厕用水量较大，其他部分用水量较少。生态环境用水包括河湖补水、湿地构建，沿海地区回灌地下阻挡海水入侵也属于生态环境用水。大部分国家或地区再生水利用方向通常根据项目当地的具体需求自然形成，例如美国南加州地区，其利用方向多元化，有农业灌溉、回灌地下阻挡海水入侵、生态环境用水以及市政杂用等。

8 再生水水源需符合哪些条件?

排入城市排水系统的污水如果同时满足下列条件，便可以作为再生水的回用水源：

① 再生水源的水量水质应满足再生水生产与供给的可靠性、稳定性和安全性的要求，且不应对后续再生利用过程产生危害。以城镇污水作为再生水水源时，其水质必须符合《污水排入城镇下水道水质标准》(GB/T 31962—2015)、《污水综合排放标准》(GB 8978—1996) 和《室外排水设计标准》(GB 50014—2021) 对生物处理构筑物进水中有害物质容许浓度的要求。

② 排污单位排出口污水浓度超过下列指标时，该排出口污水不宜作为再生水水源：氯化物 500mg/L；色度 100 (稀释倍数)；氨氮 100mg/L；总溶解固体 1500mg/L。

③ 再生水水源应以生活污水为主，尽量减少工业废水所占比重。对于使用再生水的工业用户，其排水如对回用水源水质有较大影响时，不宜再作为回用水源。

④ 重金属和有毒有害物质超标的污水、医疗机构污水和放射性废水严禁作为再生水水源。

⑤ 再生水水源的设计水质应根据污水收集区域现有水质资料和规划预测资料确定。对于只包括深度处理的再生水厂，当水源为城市二级污水处理厂出水时，其原水水质可按 $BOD_5 \leqslant 30mg/L$、$SS \leqslant 30mg/L$、$COD_{Cr} \leqslant 120mg/L$ 考虑。

9 哪些水可以作为再生水利用的水源?

建筑物再生水水源可选择的种类和选取顺序依次为：①卫生间、公共浴室的盆浴和淋浴等的排水；②盥洗排水；③空调循环冷却系统排污水；④冷凝水；⑤游泳池排污水；⑥洗衣排水；⑦厨房排水；⑧厕所排水。建筑屋面雨水可作为中水水源或其补充水。

建筑小区再生水可选择的水源有：①小区内建筑物杂排水；②小区或城市污水处理厂出水；③相对洁净的工业排水；④小区内的雨水；⑤小区生活污水。

当城市污水再生利用处理厂出水达到再生水水质标准时，建筑小区可直接连接中水管道使用；当城市污水再生处理厂的出水没有达到再生水水质标准时，可作为再生水原水进一步处理，达到水质标准后方可使用。其中，杂排水是指民用建筑中除粪便污水外的各种排水，如冷却排水、游泳池排水、沐浴排水、盥洗排水、洗衣排水、厨房排水等。优质杂排水则是指杂排水中污染程度较低的排水，如冷却排水、游泳池排水、沐浴排水、盥洗排水、洗衣排水等。

此外，城镇污水处理厂的市政污水，经过一定工艺流程处理，其出水均可作为城市杂用、生态景观、工业冷却、农业灌溉或绿地灌溉等的再生水。

10 再生水利用有哪些水质标准?

针对城市污水的再生利用，目前主要有以下几项水质标准：《城市污水再生利用 分类》（GB/T 18919—2002)；《城市污水再生利用 城市杂用水水质》（GB/T 18920—2020)；《城市污水再生利用 景观环境用水水质》（GB/T 18921—2019)；《城市污水再生利用 地下水回灌水质》（GB/T 19772—2005)；《城市污水再生利用 工业用水水质》（GB/T 19923—2024)；《城市污水再生利用 农田灌溉用水水质》（GB 20922—2007)；《城市污水再生利用 绿地灌溉水质》（GB/T 25499—2010)。

11 再生水利用的水质指标有哪些?

再生水利用的水质指标主要包括：

① 物理指标 主要包括浊度、色度、气味、电导率、含油量、溶解性固体浓度、温度等。

② 化学指标 主要包括 pH 值、硬度、金属与重金属离子（铁、铬、铜、锌、镉、镍、锑、汞)、氮、磷、溶解氧（DO)、氯化物、硫化物、硫酸盐、氰化物、阴阳离子合成洗涤剂等。

③ 有机物指标 主要包括生化需氧量（BOD)、化学需氧量（COD_{Cr})、总有机碳（TOC)、总需氧量（TOD）及特定有机物浓度等。

④ 细菌学指标 是反映威胁人类健康的病原体污染指标，包括大肠杆菌数、细菌总数、寄生虫卵数、余氯浓度等，其中余氯可反映水的消毒效果和防止二次污染的储备能力。

⑤ 其他指标 包括那些在工农业生产中或其他用水过程对回用水质有一定要求的水质指标。

12 再生水利用水质标准与《地表水环境质量标准》有什么关系?

再生水利用水质标准是保证用水的安全可靠及选择经济合理水处理流程的基本依据，而《地表水环境质量标准》是国家为贯彻《环境保护法》和《水污染防治法》，加强地表水环境管理、防治水环境污染、保障人体健康，而颁布的国家环境质量标准。

再生水利用水质标准与水环境质量标准关系十分密切。例如《地表水环境质量标准》依据地表水水域功能和保护目标将其划分为五类，并规定了不同水功能区基本项目和特定项目的标准值。此外，该标准还规定了排污口所在水域划定的混合区不得影响鱼类洄游通道。显然，再生水的使用及其最终排放必须保证不影响受纳水体的环境功能，因此，水环境质量标准是制定再生水利用水质标准的重要考虑因素。

由于再生水的使用目的、使用场地及最终纳污水体等情况相当复杂，对有关再生水的水质要求，应该结合具体情况进行分析。此外，在制定再生水利用水质标准时，还必须注意到《水污染防治法》中的如下规定：向农田灌溉渠道排放工业废水和城市污水，应当保证其下游最近的灌溉取水点的水质符合农田灌溉水质标准；利用工业废水和城市污水进行灌溉，应当防止污染土壤、地下水和农产品；再生水补给地下水，不得恶化地下水质。

13 再生水利用水质标准与《污水综合排放标准》有什么关系?

再生水利用水质标准是保证用水的安全可靠及选择经济合理水处理流程的基本依据，而《污水综合排放标准》是国家为控制水体污染，保护江河、湖泊、运河、渠道、水库和海洋等地表水以及地下水水质的良好状态，保障人体健康，维护生态平衡而制定的污水排放标准。该标准根据排水系统出水受纳水域的功能要求，把污水综合排放划分为三个级别。当经过处理的污水回用于某一区域时，除了要保证再生水利用水质标准及其最终排放不影响受纳水体环境的使用功能外，还要保证其最终出水符合与受纳水体功能相对应的国家污水综合排放标准及地方污水排放标准，并要符合污染物总量控制要求。

14 再生水利用有哪些效益?

国内外大量科研成果和工程实践证明，再生水利用效益显著，主要包括以下几个方面。

（1）资源效益

再生水的水源靠近主要的人口中心，其水量基本不受天气、气候等因素的影响，且水质变化幅度小。再生水经过适当处理和科学管理后，可成为一种量大质稳的可靠水资源。再生水可以作为替代水源，减少对新鲜水资源的开采和取用，增加可利用水资源的量，缓解区域水资源供需矛盾。同时，再生水中的有机物和氮磷等营养盐可为植物和农作物等提供营养补给，促进作物增产。

（2）环境效益

再生水深度处理相比城镇污水处理厂污水达标排放，可进一步强化无机离子、微量有毒有害污染物、一般溶解性有机污染物、微生物等污染物的去除。因此，相比于污水达标排放，再生水的利用可以有效地减少进入环境水体的污染物量。此外，城镇污水处理厂处理出水一般直接排放进入环境水体，再生水的利用可有效减少污水处理厂处理出水的排放量。例如，加利福尼亚圣何塞南海岸的再生水利用项目为该地区 130 万居民提供用于城市杂用等途径的再生水，有效减少了污水处理厂处理出水直接排放到旧金山海岸的水量。

再生水厂大多建在城市附近，与外环境调水、远距离输水相比，大大减少了输水管线的基建和电耗等运行费用；与海水淡化相比，大大减少了处理过程的电耗等运行费用。据估算，采用膜生物反应器（MBR）工艺的再生水项目电耗约为 0.4～0.6kW·h/m^3，而采用反渗透脱盐工艺的海水淡化项目电耗约为 4～5kW·h/m^3，采用多效蒸馏工艺的海水淡化项目电耗约为 6～10kW·h/m^3。

（3）社会效益

再生水资源开发利用过程中可在相关规划、设计、建设、运营、管理和评价等领域提供和扩大就业机会，促进产业链的形成。此外，再生水用于城市杂用和景观环境利用等用途，对改善城市生态环境，增加城市美学效果，提高公众生活品质有重要意义。此外，再生水的利用在改善当地水环境的同时，还将推动当地旅游业的发展，带动城市第三产业的发展。

（4）经济效益

再生水具备产品的属性，再生水使用者需缴纳一定的再生水费。同时，为鼓励再生水的推广利用，政府也出台了相应的财政补贴或税收减免等政策。因此，再生水具备供水收益。

再生水的成本和价格低于传统水源和其他可替代性水资源（例如外调水、海水淡化等）。以北京和天津为例，再生水平均到户成本（主要为处理、输配及运维成本）为1～5元/m^3。南水北调（中线）平均到户成本（主要为远距离调水、处理、输配及运维成本）为6～8元/m^3；海水淡化平均到户成本（主要为调水、处理、输配及运维成本）为7.5～8元/m^3。北京市居民自来水用水价格为5元/m^3（第一阶梯），非居民自来水用水价格为9.5元/m^3（城六区），再生水用水价格为不超过3.5元/m^3。因此，再生水利用可减少相应的水费开支。

对于进入环境水体的水污染物，《中华人民共和国环境保护税法》中规定了典型水污染物（SS、BOD_5、COD、氨氮、总磷、色度、大肠菌群数等）和当量值以及应缴纳的相应环境税。相比于污水达标排放，再生水的利用可以有效减少进入环境水体的污染物量，因此，可以有效地节省需要缴纳的环境税开支。

再生水项目的建设运行和再生水利用涉及投资、固定资产投入、劳动力投入和销售等多个方面，对城市经济发展有重要贡献。水资源短缺是我国大部分地区面临的问题，北方地区尤其突出，已成为限制产业规模扩大、阻碍经济发展的重要因素。再生水用于工业生产和农业灌溉，可有效解决水资源短缺问题，并为工农业生产带来显著经济效益。

15 再生水利用效益评价指南发布的背景和意义是什么？

《再生水利用效益评价指南》（T/CSES 01—2019）是针对国内外日益增长的再生水利用研究、实践和发展需求发布的，该标准是再生水利用领域的首个基础性团体标准。针对目前再生水利用实践中存在的效益不明晰、评价方法和指标不统一等问题，该标准规定了再生水利用效益评价相关的术语和定义、评价指标及评价程序，可为再生水利用规划、设计、运营、管理和评价提供有益指导。该团体标准对规范和指导再生水利用效益评价工作，促进再生水资源的合理、高效的开发、利用与推广具有积极意义。

16 再生水利用效益评价指标体系有哪些内容？

再生水利用效益评价指标包括定量评价和定性评价两类指标。定量评价应选取科学、合理的可量化指标，充分考虑相关数据的可获取性和可靠性。定性评价主要采用描述性或相对比较方式进行评价，评价应符合客观事实，用词准确，具有可考核性和可比较性。定量和定性指标应定义明确，内涵和边界清晰。

再生水利用效益评价指标体系具体如表1-1所示。

表 1-1　再生水利用效益评价指标体系

一级指标	二级指标
资源效益指标	水资源节约量
环境效益指标	污染物削减量、排水减少量、电耗减少量、温室气体排放减少量等
社会效益指标	就业岗位数、人居环境改善等
经济效益指标	再生水供水收益、节省水费、节省环境税、再生水 GDP 贡献、GDP 拉动效益等

17 如何理解再生水利用资源效益及其指标？

再生水利用资源效益主要为再生水利用所节省的水和营养物等资源。该一级指标下可设水资源节约量二级指标。再生水的利用可减少新鲜水资源（地表水、地下水）的开采和取用。再生水初次利用强调再生水满足某种使用功能要求，初次利用于生产、生活、环境等的行为，再生水梯级利用指再生水经过初次利用后，直接或经适当处理后用于其他利用途径，实现再生水的再次或多次重复利用。

例如，以工业园区为依托，可加强企业间再生水的梯级利用，将园区内某一企业多余再生水应用于另外企业或利用途径，满足再生水的多样化用水形式需要，比如可将再生水优先利用于工业企业生产和冷却等过程，根据工业园区实际状况，再将富余的再生水用于园区绿化、道路冲洗和景观环境等利用途径。

水资源节约量等于再生水利用总量，即再生水替代或减少水资源取用量，可通过不同利用途径的再生水初次利用量与再生水梯级利用量之和进行定量计算。例如，冲厕是居民生活用水的重要利用途径，据统计，卫生间冲洗用水水量占室内住宅用水水量的 45%。再生水在北京、天津、日本东京、美国加州等国内外许多城市和地区用于居民小区、机关事业单位、宾馆酒店等的冲厕，大大节省了居民区饮用水使用量。在美国尔湾农场（Irvine Ranch），给水管理部门将再生水用于高层建筑卫生间冲洗，这使得饮用水的消耗量减少了约 75%。

对于农林、绿地灌溉等利用途径，可增设植物营养盐供给量、提供肥料价值等二级指标。研究表明，再生水中含有作物所需的氮、磷、钾、锌、硼、硫等营养物质，其可使西红柿等蔬菜作物的年产量显著增加。

18 如何理解再生水利用环境效益及其指标？

再生水利用环境效益主要是再生水利用对改善环境质量所起的积极作用或产生的有益效果。该一级指标下可设污染物削减量、排水减少量、电耗减少量、温室气体排放减少量等二级指标。

① 污水中的主要污染物为微生物（病原微生物、一般微生物）和化学污染物（无机污染物、有机污染物），可通过测定化学需氧量（COD）、总氮、总磷、粪大肠菌群等常规水质指标的浓度（取浓度平均值，月均值或年均值）来反映水体污染状况。污染物削减量为再生水的利用比污水达标排放减少的污染物量，可通过污水达标排放进入环境水体的污染物量与经再生水利用后实际进入环境水体的污染物量的差值进行定量计算。

② 排水减少量为由于再生水利用减少的直接排入环境水体的污水处理厂出水量，等于再生水初次利用量。例如，造纸、纺织、印染等高耗水高排污行业，由于水资源的短缺以及相关标准对最高允许排水量限额的加严，许多企业广泛开展企业内部的再生水循环利用或使用城镇再生水厂供应的再生水，很大程度减少了直接排入环境水体的污水处理厂出水量。

③ 电耗减少量为由于再生水利用减少的新增水资源开发利用耗电量，即其他可替代性水资源（例如外调水、海水淡化等）生产的电耗与再生水生产的电耗之差。

④ 温室气体排放减少量为由于再生水利用减少的新增水资源开发利用耗电量带来的温室气体排放减少量，可通过再生水利用带来的电耗减少量与转换系数的乘积进行定量计算。不同地区因为电力类型、电网划分、热力与电力之间分配等不同，转换系数可能存在一定的差异。

19 再生水利用的社会效益及指标有哪些?

再生水利用的社会效益主要为再生水利用对社会发展所起的积极作用或产生的有益效果。该一级指标下可设就业岗位数、人居环境改善等二级指标。

① 就业岗位数为再生水利用带来的就业人数的增加量，主要包括再生水项目建设和运行所提供的就业岗位数。

② 人居环境改善为再生水利用带来的水环境改善对人居条件提升的效果。人居环境改善为定性评价指标，可通过满意度调查确定。满意度调查的内容可包括感官愉悦度提升、景观环境营造、湿地生态系统修复和营造、水体娱乐功能提升、地表水水质改善和地面沉降恢复等。

20 再生水利用的经济效益及指标有哪些?

再生水利用的经济效益主要为再生水利用对经济发展所起的积极作用或产生的有益效果。该一级指标下可设再生水供水收益、节省水费、节省环境税、再生水 GDP 贡献、GDP 拉动效益等二级指标。

① 再生水供水收益为再生水销售收入，包括再生水初次利用的供水收益、再生水梯级利用（按重复次数累计）的供水收益和政府财政补贴等。

② 节省水费为用户由于再生水利用减少的水费开支，即利用传统供水的水费与再生水水费之差，可通过再生水初次利用节省的水费和再生水梯级利用（按重复次数累计）节省的水费之和进行定量计算。

③ 节省环境税为由于再生水利用节省的环境税，适用于企事业单位等需单独缴纳环境税的情形。节省的环境税可通过污水达标排放需要缴纳的环境税与再生水利用后需要缴纳的环境税之差进行定量计算。

④ 再生水 GDP 贡献为再生水设施的建设运行和再生水使用所贡献的 GDP 总量，可通过再生水设施建设总投资额、再生水设施运行总投资额与再生水销售额（不含政府补贴）之和进行定量计算。

⑤ GDP 拉动效益为再生水利用于工农业生产所带来的经济效益，可通过企业所利用的再生水用量占企业总用水量的比例与企业所贡献的 GDP 的乘积进行定量计算。

21 我国的再生水利用情况如何?

我国再生水利用研究和实践整体上起步较晚，直到20世纪末，再生水利用的相关研究和技术才真正得到广泛关注。作为再生水起步阶段和引导阶段，主要开展了水污染控制方式及城市资源化技术、污水处理与水工业关键技术研究等。“十五”“十一五”期间，我国的再生水技术发展较快，主要进行了污水资源化利用技术与示范研究，建设了集中再生水利用工程，并陆续将再生水纳入城市规划。城市污水再生利用相关技术标准不断完善，城镇污水处理厂建设快速发展。

目前由于管网等配套工程尚需陆续完善以及其他原因，污水深度处理利用率与发达国家尚有一定差距。工业废水方面，除电厂、大型化工厂等循环水量大、排水处理利用率比例较高的行业外，多数行业废水处理利用率都低于城镇污水的利用率。

22 我国再生水利用当前面临的问题有哪些?

我国再生水利用当前仍面临不少问题，主要表现为：

① 区域发展不均衡，不同省市再生水利用率相差较大（图1-1)，不同省份、城市的再生水利用率相差甚至高达十倍；

② 城市再生水设施建设率低，很多城市没有配套建设再生水厂；

③ 用户类型单一，50%以上的再生水用于景观环境和工业用水；

④ 设备闲置率高，再生水设备的实际产能仅约为50%；

⑤ 部分再生水利用技术单一、落后。

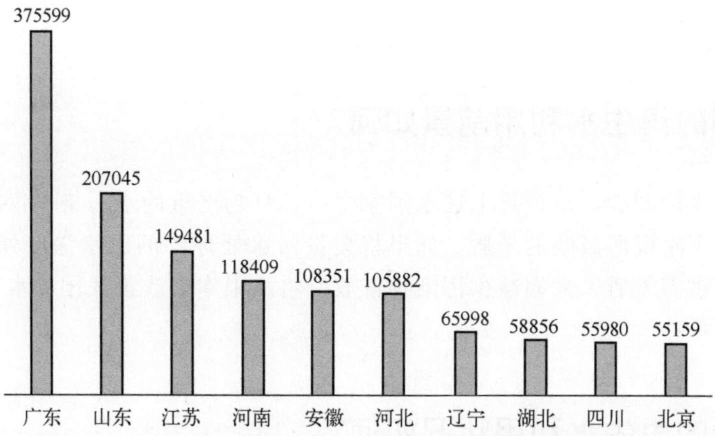

图1-1 2021年我国各省市再生水利用量Top10（单位：$10^4 m^3$)

23 促进我国再生水利用推广应用还应采取哪些措施?

要促进再生水利用在我国的推广，还需要采取以下措施。

（1）改革水价结构，完善水价体系

每位用水者必须负担从采水、引水、处理水、传输水、净化水（使之完全无害于环境）、排水的全部费用。然而，实际情况与这一原则相去甚远，使水资源的合理配置难以实现，也成为遏制城市再生水回用的主要瓶颈之一。因此，要逐步建立“按质论价”的水资源价格体系，拉大再生水与自来水之间的价格差距，扩大再生水利用比例，逐步实现水资源消费结构合理化，并且发挥经济杠杆作用，以低水价保证人们正常的合理用水，以高水价制约浪费用水，以优惠价鼓励用户使用再生水。

（2）完善法律法规

城市再生水回用需要健全的法制保障和统一管理，而我国城市再生水利用的法规和政策目前尚不够完善。例如，在城市道路的市政管线中，必须预留再生水管道位置；要求在城市各项用水中凡能够使用再生水的就必须使用再生水；在全社会树立水资源稀缺、水资源有价的观念，强化全社会节水意识，通过建立样板示范工程等多种方式普及污水资源化知识，引导全社会认识再生水，克服用户对再生水的不信任感。

（3）调整城市污水处理厂的布局规划

城市污水经过一定程度的处理，可以满足工业冷却、农田灌溉和河道景观及绿化等。但是由于再生水回用对象所处位置比较分散，管道系统不配套，而城市污水处理厂的规划、设计、建设往往没有考虑再生水的利用，大多处在城市的下游，这对再生水的大规模回用造成了困难。

（4）不断研究开发新技术

再生水回用的发展，仅有政策保证还是不够的，还必须有技术的支撑。完善的再生水处理技术是促进其回用进一步发展的保证。虽然目前已有一些成熟的技术设备，但是为适应多种多样的回用需求，今后的再生水处理技术发展应着重于已有技术的集成化、综合整合、产业化和工程化，需要对已有技术不断改进和更新，加强新工艺、新技术和新设备的研究、开发和推广。

24 我国的再生水利用前景如何?

我国人均淡水资源少，是世界上贫水国家之一。日趋严重的水污染不仅降低了水体的使用功能，也加剧了水资源短缺的矛盾。如果将大量污水处理厂的出水深度处理并再生回用，就能缓解水资源供需矛盾，大幅减少污染物排放，将从根本上改善我国的水环境状况，有力支持我国的经济可持续发展。

25 美国的再生水利用状况如何?

美国是世界上污水再生利用最早的国家之一，20 世纪 60 年代末就将膜生物反应器（MBR）用于废水处理，70 年代初开始大规模污水处理。城镇污水处理设施已经非常完善，城市二级污水处理厂已得到普及，城镇中水回用已进入大规模生产应用阶段。相对而言，美国对城市污水的再生利用推行比较慎重，对再生水的水质标准控制较为严格。其城市污水厂出水也多回用于灌溉，包括荒地、草地、森林，且回用地区主要集中于西南、中南部干旱缺水地区。

26 日本的再生水利用状况如何?

日本人均水资源占有量低于世界平均水平，该情况与其高度发达的经济水平并不匹配，因此，节约用水一直受到日本全社会的关注，污水再生利用技术的研究和工程建设也开展得较早，其污水再生利用的主要目标是将再生水回用于居民区、商业区和学校杂用。在1991年的“造水计划”中明确将污水回用再生技术作为最主要的开发研究内容加以资助，开发了很多污水深度处理工艺，在新型脱氮除磷技术、膜分离技术、膜生物反应器技术等方面取得了很大进展。

27 以色列的再生水利用状况如何?

以色列的全国需水量已超过其水资源总量，因此以色列十分重视水资源的合理运用，并根据地区条件和社会经济结构采取不同的水回用原则。以色列污水回用分就地回用和集中回用两种形式。由于其特定的自然地理环境和国情，以色列污水回用程度相当高。

经过反复研究，以色列决定以农业灌溉为污水再生利用的主要方向，事实上，到现在为止也基本是唯一方向。以色列目前年产生污水$5\times10^8m^3$，污水再生处理率约95%，90%的再生水用于农业灌溉，超过灌溉用水量的60%，其余排入自然水体。为实现90%的利用率，以色列投入巨资建设了200多座再生水水库，总库容超过$2\times10^8m^3$，敷设了大批从水库放射到灌溉点的输配管道。由于选择农业灌溉作为首要利用方向并建设这些水库和管道，才有了以色列今天高达90%污水再生利用率基础上的高效农业。

28 国内外目前再生水利用的发展趋势如何?

目前国内外再生水技术的发展主要有以下两个趋势。

(1) 以雨水为水源的再生水利用日益受到重视

日本对于以雨水为水源的再生水利用日益重视，且发展也较快，其利用量已远大于以生活污水为水源的再生水利用量，近来又有雨水利用计划指导。这就是日本的中水仍以一定的速度发展的原因，也代表再生水发展的趋势之一。

2003年北京海淀公园雨水回用系统建成，表明我国也开始重视雨水利用。2012年4月，我国在“2012低碳城市与区域发展科技论坛”中，首次提出“海绵城市”概念；此后《海绵城市建设技术指南——低影响开发雨水系统构建（试行）》以及《海绵城市（LID）的内涵、途径与展望》中对“海绵城市”的概念给出了明确的定义，即城市能够像海绵一样，在适应环境变化和应对自然灾害等方面具有良好的“弹性”，下雨时吸水、蓄水、渗水、净水，需要时将蓄存的水“释放”并加以利用。此后，财政部、住建部和水利部分别于2015年、2016年和2021年正式公布了第一批海绵城市建设试点城市和区域16个（迁安、白城、镇江、嘉兴、池州、厦门、萍乡、济南、鹤壁、武汉、常德、南宁、重庆、遂宁、贵安新区和西咸新区）、第二批海绵城市建设试点城市14个（北京市、天津市、大连市、上海市、宁波市、福州市、青岛市、珠海市、深圳市、三亚市、玉溪市、庆阳市、西宁市和固原市）和第三批海绵城市建设试点城市 20 个（唐山市、长治市、四平市、无锡市、宿迁市、杭州市、马鞍山市、龙岩市、南平市、鹰潭市、潍坊市、信阳市、孝感市、岳阳市、广州市、汕头市、泸州市、铜川市、天水市、乌鲁木齐市）。以上海绵城市建设试点城市和地区的正式公布，不仅有助于提升城市生态系统功能，减少城市洪涝灾害的发生，也标志着城市雨水大规模利用在我国的开始。

（2）建筑小区和城市（区域）再生水系统成为发展重点

再生水系统按规模分为建筑、建筑小区和城市（区域）再生水系统三大基本类型。建筑再生水（中水）系统是以单个建筑物内的杂排水、生活污水或屋顶雨水为水源，处理成再生水再利用，实施容易。但由于规模小，其投资及处理运行费用较高。建筑小区再生水（中水）系统是以住宅小区或数个建筑物形成的建筑群排放的污水或雨水为水源，处理成再生水再利用。其给水、排水、雨水和中水等组成一个系统，中水共同使用，其管理集中，处理运行费用相对较低，供水水质较为稳定。城市（区域）再生水系统是以城市污水处理厂的出水为水源，深度处理后供大面积的建筑群作中水使用。其处理运行费用低，但是由于规模大，实现难度较大。

再生水回用的经济性是决定其能否广泛应用的关键因素之一，处理规模越大其运行成本就越低，经济效益越显著。因此，建筑小区和城市再生水回用工程将得到更多的推广。

（二）雨水资源化利用及污水再生利用概况

29 我国水资源状况及特点如何?

我国水资源总量占全球的 6%，低于巴西、俄罗斯和加拿大，与美国相当。虽然总量较大，但人均只有 2300m^3，仅为世界平均水平的 1/4，在世界上名列 121 位，是全球 13 个人均水资源最贫乏的国家之一。

我国水资源的特点之一是年均水资源量差别较大。近 20 年来，水资源量最多的是 2010 年，达到 $3.09\times10^{12}m^3$，比常年值偏多 11.5%；最少的是 2011 年，仅为 $2.3\times10^{12}m^3$，比常年值偏少 16.1%，也是 1956 年以来最少的一年。一般认为，随着气候变暖等因素的影响，水资源的年均变化还将进一步加大。另一个特点是南北分布严重不均。在全国十个水资源片区中，南方四区（长江、珠江两大流域和东南诸河、西南诸河）的水资源量占到全国总量的 83.3%，但土地面积仅占全国 36.5%，耕地面积仅占全国 40%；北方六区（松花江、辽河、海河、黄河和淮河 5 大流域以及西北诸河）的水资源量仅占全国的 16.7%，但土地和耕地却远高于南方四区。

因此，我国水资源空间分布和土地资源、人口分布不相匹配，极不均衡的分布使水资源成为制约我国经济社会可持续发展的瓶颈。

30 我国水资源短缺的原因主要有哪些?

我国水资源短缺的主要原因有：①污染严重；②浪费严重；③现有水利工程调蓄能力小，供水保证率低；④开发利用不平衡；⑤生态环境失调；⑥先天不足。

31 非传统水资源开发包括哪些?

非传统水资源开发包括市政污水和工业废水再生利用、海水淡化以及雨水收集利用，美国还提出了农田径流的收集利用。在沿海城市，海水淡化是重要的开发方向，但是高能耗以及浓缩水的生态影响制约了大规模开发利用。多年前，以色列的一个政策是在污水资源被充分再生利用之前不开展大规模海水淡化，现有的海水淡化设施也主要用作饮用水水源。美国国家水回用行动计划也暂时没有部署海水淡化，美国能源部作为水回用行动规划（water reuse action plan，WRAP）的责任单位之一，负责低能耗海水淡化技术的开发，目前的一个方向是太阳能海水淡化。阿拉伯国家普遍缺水，但部分国家是产油国，不存在能源约束，海水淡化是解决缺水问题的主要手段。降水是水文循环的关键环节，雨水本就是传统水资源的主要来源，作为非传统水资源的雨水利用主要是指人工收集的小规模利用，不是非传统水资源开发的重点。

综上，当前非传统水资源开发的重点为市政污水和工业废水的资源化利用。

32 什么是雨水资源化利用?

雨水利用是将雨水转化为可利用水资源的过程，指在降雨过程中，为了满足某种需求，通过采取一些特定的技术和措施改变雨水的形成条件或转化途径，这种使雨水资源的分配方式和转化途径改变而产生社会经济效益和环境生态效益的过程，称为雨水资源利用，或雨水资源化。

33 什么是雨水的直接利用?

雨水的直接利用是指将雨水收集处理后直接用于补充城市用水。雨水降落到绿地、花园，直接被植物利用，降落到湖泊、洼地、护城河，直接补充水体；屋顶收集到的雨水，经过初期弃流和简单处理后，直接满足小区、家庭、公共场所等的杂用水需求，例如冲厕、浇灌、小区清洁、洗车；道路收集的雨水经处理后直接用于道路冲洗、绿化带的浇灌。通过各种方式蓄集起来的雨水资源，对其进行合理调控和利用，能够满足很大一部分非饮用的市政、生活用水甚至一部分工业用水。

在一些发达国家，雨水的直接利用已经与城市水文生态紧密结合，屋顶绿化、生态湖泊等设计在实现雨水资源化的同时，也改善了城市的水环境。雨水的直接利用对我国西北部缺水城市来说，能够在很大程度上缓解目前水资源严重短缺的局面。

34 什么是雨水的间接利用?

雨水的间接利用主要是指雨水的入渗与回灌地下水，通过各种渗透设施使得雨水渗入地下补充地下水，不但可以减轻城市内涝，还能缓解城市地面沉降、地裂缝、咸水入侵等地质环境问题。目前，全国许多城市，尤其是北方城市，地下水位持续下降，给雨水利用提供了巨大的存储空间，将雨水回灌到地下，建立一个“地下水库”，对涵养地下水源、改善水文地质环境有着重要的意义。

35 我国的污水资源现状如何？

2019年我国城镇污水产生量约$7.5\times10^{10}m^3$，其中工业废水约$2\times10^{10}m^3$，其余为居民家庭和公共服务产生的生活污水，这些污水或废水总体上已经得到了较高等级处理，具备了规模化再生利用的条件。农村常住人口约（6～7）亿人，预计年产生综合污水约$2.5\times10^{10}m^3$，虽然目前处理率很低，但污水资源化可与污水治理同步进行。按照以上统计和测算，全国每年约有$1\times10^{11}m^3$的污水资源可供开发利用，这是一项稳定可靠的水资源。

36 我国城镇污水处理和资源化利用存在哪些问题？

我国城镇污水处理和资源化利用目前仍存在以下问题。

（1）厂网建设和河湖水环境治理不协同

城镇污水厂和排水管网（简称“厂网”）建设与河湖水环境治理之间欠统筹、不协同，建设目标相对独立。排水管网、污水收集和处理设施建设运营相互独立，河湖水环境治理缺少清洁补充水源，难以从根本上解决水生态损害、水环境污染问题。

（2）污水和再生水设施建设欠统筹

城镇污水处理厂建设地址和规模大部分情况下没有考虑再生水利用，导致达到处理标准的再生水输配管网和利用设施建设投资大，再生水利用率降低。

（3）再生水利用效益有待提高

我国缺水形势严峻，生活和生态用水需求日益增加，供需矛盾突出，用水效率、效益亟待提高。目前，我国再生水利用以景观环境补水为主（比例超过50%，有的城市超过90%），综合利用效益有待提高，再生水工业利用和区域循环利用、梯级利用有待加强。

37 我国为什么要重视城市污水再生利用？

水是生命之源、生产之要、生态之基，城市傍水而建，依水而兴，但有的城市也会因水而衰，水环境质量体现了一个城市的品位。现阶段我国城镇水环境仍然面临水资源短缺、水环境污染、水生态破坏、水空间萎缩等突出问题，制约了我国社会经济发展和生态文明建设。

水环境问题的根源在污水，在于如何“看待”污水和如何“对待”污水。污水可以说是“取之不尽，用之不竭、供给稳定”，净化后是宝贵的水源，可以作为城市第二水源和工业第一水源。党的十九大提出要加强社会主义生态文明建设，提供更多优质生态产品以满足人民日益增长的优美生态环境需要，各地也在大力整治城市黑臭水体，再生水就是一个很重要的补水水源。因此，构建污水再生循环利用系统是城镇可持续发展的重要保障，对于缺水城市尤为重要。

38 我国在推进污水再生利用方面出台了哪些政策？

再生水首次写入我国立法是《循环经济促进法》，2014年实施的《城镇排水与污水处理条例》明确国家鼓励污水再生利用，并从规划、设施建设及重点应用领域做了规定，要求地方政府制定促进再生水利用的保障措施。

2012年，国务院办公厅关于印发《“十二五”全国城镇污水处理及再生利用 设施建设规划的通知》（国办发〔2012〕24号，改革委、住房城乡建设部、环境保护部，2012年4月）提出目标，到2015年，城镇污水处理设施再生水利用率达到15%以上。

2013年，国务院发布了《关于加强城市基础设施建设的意见》，将“十二五”规划中的城镇污水处理设施再生水利用率从15%提高到20%，提出更高的目标。

2014年，国家住房城乡建设部和发展改革委联合发布了《关于进一步加强城市节水工作的通知》，提出要加快污水再生利用，“将污水再生利用作为削减污染负荷和提升水环境质量的重要举措”。

2015年，国务院颁布的《水污染防治行动计划》（“水十条”）中，明确提出要“促进再生水的利用，以缺水及水污染严重地区城市为重点，完善再生水利用设施，工业生产、城市绿化、道路清扫以及生态景观等用水，要优先使用再生水”。

2016年，国家发展改革委、水利部和住房城乡建设部等9部门印发的《全民节水行动计划》中，也提出要“加快污水处理及再生利用设施提标改造，增加高品质再生水利用规模”。同年，国家住房城乡建设部和发展改革委出台了《城镇节水工作指南》，明确要求“实施污水再生利用设施建设与改造，开展再生水生态和景观补水系统建设。提倡城市健康水循环理念，积极推行水的循环利用和梯级利用，构建城镇健康水循环”。2016年年底，国家发展改革委、住房城乡建设部关于印发《“十三五”全国城镇污水处理及再生利用设施建设规划》的通知（发改环资〔2016〕2849号）中提出以下目标：“到2020年底，城市和县城再生水利用率进一步提高。京津冀地区不低于30%，缺水城市再生水利用率不低于20%，其他城市和县城力争达到15%。”

2021年，国家发展改革委、住房城乡建设部联合印发了《“十四五”城镇污水处理及资源化利用发展规划》（发改环资〔2021〕827号，以下简称《规划》）。在该《规划》中，明确提出了“全国地级及以上缺水城市再生水利用率达到25%以上，京津冀地区达到35%以上，黄河流域中下游地级及以上缺水城市力争达到30%”的再生水利用目标。同时，该《规划》还提出“以提升城镇污水收集处理效能为导向，以污水处理设施补短板强弱项为抓手，统筹谋划、聚焦重点、问题导向、分类施策，加快形成布局合理、系统协调、安全高效、节能低碳的城镇污水收集处理及资源化利用新格局”的指导思想，明确了发展目标、重点任务和工作要求，为各地有序开展水环境基础设施建设工作提供了重要依据。

2022年，生态环境部、国家发展改革委、住房城乡建设部、水利部联合印发《关于公布2022年区域再生水循环利用试点城市名单的通知》（环办水体函〔2022〕502号），要求综合考虑工作基础、实施意愿和推广示范效果等因素，确定了2022年区域再生水循环利用试点城市名单。

2023年，国家发展改革委、住房城乡建设部、生态环境部联合印发《关于推进污水处理减污降碳协同增效的实施意见》（发改环资〔2023〕1714号），要求推动再生水利用。坚持以需定供、分质利用、就近利用，扩大再生水利用场景，统筹推进再生水用于工业生产、市政杂用、生态用水等。将再生水合理纳入高耗水项目和洗车、高尔夫球场、人工滑雪场等特种行业计划用水管理，对于具备利用条件的用水户充分配置再生水。结合当地自然禀赋及社会发展需要，有序建设区域再生水循环利用工程。缺水城市新建城区要提前规划布局再生水管网，鼓励沿工业园区建设再生水厂。西北干旱地区因地制宜推广再生水“冬储夏用”。

2024年1月11日，国家发改委、生态环境部等十部门联合印发了《关于推进污水资源化利用的指导意见》，明确提出在城镇、工业和农业农村等领域系统开展污水资源化利用，以缺水地区和水环境敏感区域为重点，以城镇生活污水资源化利用为突破口，以工业利用和生态补水为主要途径，推动我国污水资源化利用实现高质量发展。2024年6月，《“十四五”城镇污水处理及资源化利用发展规划》（发改环资〔2024〕827号）发布，就推进污水资源化利用等问题提出了更加具体、有效的措施和要求。2024年12月，生态环境部办公厅、发展改革委办公厅、住房城乡建设部办公厅、水利部办公厅联合印发《区域再生水循环利用试点实施方案》，明确在区域再生水循环利用的建设、运营、管理等方面形成一批效果好、能持续、可复制、具备全国推广价值的优秀案例。

39 城镇污水再生利用工程投资成本的主要影响因素有哪些?

城镇污水再生利用总成本主要包括建设成本和运行成本。

（1）建设成本

水源水质、处理工艺和处理规模是影响城镇污水再生利用工程建设成本的三个主要因素。由于不同水源水质需要不同的再生水处理工艺，因此，建设投资指标差异很大。水质越差对处理工艺的要求越高，建设成本自然越高，反之建设成本低。再生水日处理规模越大，单位水量处理所需投资费用越小，反之投资费用增加。

（2）运行成本

运行成本又可细分为动力费、人工费、药剂费和维修费等。与影响投资成本的因素基本一致，水质、处理水量和选用工艺同样影响再生水工程的运行成本。水质越好、水量越大，运行成本越低。再生水厂运行成本中，电耗和折旧是不可避免的因素。统计显示，再生水厂电费占总运行成本的比例接近三分之一，工程折旧费占总运行成本的四成。因此，选择节能工艺，以及耐腐蚀、使用寿命长的材料对于降低再生水工程日常运行费用十分重要。

40 城镇污水再生利用今后的发展方向是什么?

“善水循环、尚法自然”是我们应该遵循的基本原则，生态循环、梯级利用是未来城镇污水再生利用系统的发展方向。其基本思路是，将再生水排入城市地表水环境（如河湖塘池、景观水体、人工湿地等），经过一定时间的储存净化之后，再用于工业、生活和农业，实现城市内部的水循环利用。

该模式将通过工程措施得到的再生水（工程再生水）转变为“生态再生水”，可以提高公众心理接受程度。河湖水系也承担了再生水输配、储存的功能，弥补再生水管网建设不足的短板，节省了建设和运行费用。景观水系中的再生水通过后续的工业、生活、农业梯级利用，可以进一步提高水利用率。这种模式平衡了工业和生活用水与生态用水间的矛盾，兼顾了各种需求，技术可行、效益显著，值得推广。

41 污水处理再生利用的基本方针是什么？

污水再生利用的基本方针是：

① 再生利用设施建设计划制订应以再生水利用专项规划为依据；

② 卫生上不存在问题，利用者使用时无不适感，再生水利用设施无腐蚀、不易结垢、可稳定供给再生水；

③ 设施总体上要经济、合理安全，并且要充分考虑其维护管理方便。

42 我国城镇污水处理及再生利用发展情况如何？

《中国水资源公报》数据显示，我国再生水用水量已由 2005 年的 $10.9\times10^{8}m^{3}$ 增长到 2024 年的 $212.1\times10^{8}m^{3}$。表 1-2 是根据住建部《城乡建设统计年鉴（2014—2024）》数据汇总的全国城市污水处理及再生水利用情况。

表 1-2 2011—2021 年全国城市污水处理及再生水利用情况

年份	污水年处理量/$10^{8}m^{3}$	污水处理率/%	污水处理厂座数/座	再生水利用投资额/亿元	再生水生产能力/($10^{4}m^{3}/d$)	再生水利用量/$10^{8}m^{3}$	再生水管道长度/km
2014 年	401.6	90.2	1807	99.3	2065.3	36.3	7498.2
2015 年	428.8	91.9	1944	134.1	2316.7	44.5	8498.9
2016 年	448.8	93.4	2039	81.0	2762.4	45.3	9031.1
2017 年	465.5	94.5	2209	29.7	3587.9	71.3	12892.9
2018 年	497.6	95.5	2321	42.1	3578.0	85.5	10339.3
2019 年	536.9	96.8	2471	48.1	4428.9	116.1	12140.2
2020 年	557.3	97.5	2618	30.3	6095.2	135.4	14630.0
2021 年	611.9	97.9	2827	38.4	7134.9	161.1	15291.0
2022 年	626.9	98.11	2894	35.3	7938.5	179.5	16412.0
2023 年	651.9	98.69	2967	34.6	8595.4	193.4	18216.0
2024 年	678.3	98.93	3057	62.4	10010.3	217.1	20026.0

43 我国目前促进污水处理及资源化利用的主要措施有哪些？

我国目前促进污水处理及资源化利用的主要措施如下。

（1）系统推进水环境基础设施建设，促进水城融合发展

统筹设施建设，科学制定水质标准。综合考虑水环境治理需求，统筹规划建设污水管网、污水处理厂、再生水厂和河湖水环境治理设施。根据经济发展水平、水环境容量和敏感性、再生水利用需求等，确定污水厂和再生水厂规模、布局，科学制定差异化的水质处理目标，推动水环境治理科学施策，实现“一地一厂”“一水一策”。促进城镇污水排放标准、再生水标准和景观水体质量标准协同相容，推动水环境和水生态协同治理、水城融合发展。

建立协同管理平台，提高运行水平。实施厂网河湖一体化协同管理，推进厂网河湖水质、水量、水位智能化监测网点建设，搭建一体化联合调度数据平台、应用平台、管理平台，提高运行效能。

（2）加快推进再生水利用增量提效，促进污水处理产业转型升级

提升再生水利用水平，促进污水厂转型升级。我国资源型缺水和水质型缺水问题并存，迫切需要开拓新的水源。污水再生水水量稳定、水质可控、就近可得，可成为稳定可靠的第二水源。应根据区域经济社会发展需求，促进污水处理厂从“治污单功能”向“治污供水双功能”转变，升级为再生水厂，成为城镇供水生命线的重要组成部分。

稳步拓展再生水用途，提高再生水利用效益。再生水深度处理技术发展迅速，在一些地区已成功应用于锅炉用水、半导体芯片制造业超纯水制备等工业生产，经济效益显著。有条件的地区应积极拓展再生水用途，特别是高价值工业利用途径，提升再生水利用效益，实现高价值、高回报利用。推进区域再生水循环利用、梯级利用，将达到相应水质要求的再生水就近回补自然水体或回灌地下水，补给生态环境；再生水通过自然水体储存、净化后，作为水资源在一定区域内进行调配，再次用于生产和生活，提高水资源利用效率。

（3）逐步推进再生水利用管理体系建设，确保再生水安全利用

提高安全意识，建立风险防控体系。再生水利用是一个非传统供水工程，其前提是确保再生水利用的生态安全、健康安全和工艺安全，持续提高公众接受程度。再生水利用风险防控应坚持“全程管理、预防为主”基本原则，全面识别和评价从污水收集、处理和再生水处理、蓄存输配到再生水利用等各个环节可能存在的风险及其来源，制定风险预防方案。逐步建立再生水厂认证、评价制度，提升再生水生产供水企业的风险防范意识、防范能力和应急管理能力，提高再生水供水安全性和可靠性。

44 我国城镇污水再生回用于城市杂用水情况如何?

城市杂用水是用于冲厕、道路清扫、消防、城市绿化、车辆冲洗和建筑施工等领域用水的总称。城市污水再生回用作城市杂用水应符合《城市污水再生利用　城市杂用水水质》（GB/T 18920—2020）的要求。用于城市杂用水的再生水占再生水总量的比例有限，但一直保持稳健的发展趋势。再生水用于绿地灌溉在城市杂用水中占比相对较大，其水质指标须满足《城市污水再生利用　绿地灌溉水质》（GB/T 25499—2010）的要求。绿地灌溉用水依据与公众接触程度不同，分为非限制性绿地用水和限制性绿地用水两类。

自 20 世纪 90 年代以来，部分城市和用户将反渗透处理后的偏酸性、低含盐量再生水用于北方盐碱化绿地的土质改良，也取得了良好的实践效果。

45 我国城镇污水再生回用于环境用水应关注哪些指标?

目前，补充环境用水是我国城镇污水再生水的重要用途，将再生处理后的城镇污水回用于景观水环境在我国北方部分城市得到了广泛推广。2019 年修订的水质标准《城市污水再生利用　景观环境用水水质》（GB/T 18921—2019）中将该类水分为观赏性景观环境用水、娱乐性景观环境用水以及增补的景观湿地环境用水三类。

再生水回用于观赏性景观环境用水最突出的问题是富营养化带来的卫生及美学问题。由于再生水中存在的氮磷等营养元素会为藻类夏季爆发提供一定条件，因此，控制水华需要重点关注氮磷营养盐的浓度。此外，还需要关注色度、嗅味等指标。

景观水体不仅要做到在视觉上清澈舒适、水体无异味，还要严格考虑是否会影响到接触人群的健康，比如大肠杆菌类污染物和病原体可能会对人体健康造成危害，而余氯含量对于控制病原微生物的再生繁殖非常重要。因此，余氯和大肠菌群被纳入再生水水质安全控制指标。

46 我国城镇污水再生回用于工业用水情况如何?

城镇再生水在工业领域可回用作冷却水、锅炉补水、工艺与产品用水和洗涤用水等，具有巨大的潜力。由于不同生产工艺有不同的水质需求，不同行业间水质指标要求的差异也较大。因此，城镇再生水回用于工业领域的水质要求差异较大，但应满足《城市污水再生利用　工业用水水质》(GB/T 19923—2024) 要求，该标准重点关注再生水的 TDS、总硬度、氨氮、氯离子、SS 和色度等指标。

由于工业企业的回用水水质水量差异较大，目前尚缺乏具体的工业领域回用量数据。根据有关文献调研，从 2013—2016 年各大类再生水回用规模来看，工业供水在我国维持了近三成的回用水比例，保持了较高的水平。

47 我国城镇污水再生回用于农林牧渔业情况如何?

农林牧渔业用水是我国城镇污水再生回用的重要组成部分。目前，农林牧渔业只有农田灌溉水拥有专门的城市污水再生回用水质标准，农田灌溉用再生水水质标准须满足《城市污水再生利用　农田灌溉用水水质》(GB 20922—2007) 的要求。与其他水源相比，处理后的城镇再生水仍然含有一定量的污染物质，如不加处理就进行农田灌溉可能会导致土壤、作物、地表与地下水污染，甚至对人体健康产生影响。并且农田灌溉用水水质根据农作物直接食用、间接食用或非食用情况的不同，具体指标要求也有所不同。据统计，2015 年，全国再生水农田灌溉量比例仅占当年再生水总量的 3.0%。再生水农田灌溉量最多的区域为华北区和长江区，分别占农田灌溉用再生水总量的 47.3%和 22.3%。

48 我国城镇污水再生回用于补充水源水时的水质要求如何?

目前，补充水源水所占再生城镇污水总量的比例较小。补充水源水可细分为补充地表水和补充地下水，在实际应用中，对补充地表水的水质要求和环境景观用水较为类似。城镇再生水用于补充地下水是通过回灌、井灌等方式从地面渗入或注入以补给地下水，水质须满足《城市污水再生利用　地下水回灌水质》(GB/T 19772—2005) 的要求。地下水回灌的再生水水质标准对地表回灌和井灌的水质指标做了明显区分。回灌的再生水可充分利用土壤-含水层的净化能力来改善水质，对指标要求不高，但井灌再生水是直接进入含水层，因而对水质的要求较高。

49 国内污水再生利用有哪些成功的案例?

我国再生水在各地区发展特点不同，发展水平差异也较为明显。近年来，我国许多严重缺水的大城市如北京、天津、西安、大连、青岛和太原等地都先后建立了中水工程设施，取得了可观的经济、社会、环境效益。

自 2019 年以来，北京再生水利用量已达 $13.23\times10^8 m^3$，成为稳定可靠的“第二水源”。根据 2024 年《北京市水资源公报》公布数据，2024 年北京市再生水利用率达到 57.5%。从用途来看，在全市 $13.23\times10^8 m^3$ 的再生水配置利用量中，生产用水量 $0.93\times10^8 m^3$，生活用水量 $0.23\times10^8 m^3$，环卫绿化用水量 $0.26\times10^8 m^3$，河湖补水量 $11.82\times10^8 m^3$。2022—2024 年 3 年来，北京市生产生活再生水用水量分别为 $0.91\times10^8 m^3$、$0.97\times10^8 m^3$ 和 $1.16\times10^8 m^3$，呈稳定的增长趋势。

在山东省海河流域，阳谷、高唐、茌平等县在再生水“生态循环、梯级利用”方面做了有益探索。再生水首先用于生态环境，补充生态基流，恢复水生态系统，之后作为工业水源进行再次利用，为流域水环境治理提供了新的科学模式。

陕西省西安市自 2015 年开始，以再生水为水源持续补给护城河、幸福河、丰庆湖等景观水体，获得了良好的环境效益。

50 国际上污水再生利用有哪些新动向？

国际上污水再生利用经验丰富、技术先进的国家包括以色列、美国、澳大利亚和新加坡等，这些国家将再生水广泛应用于农业、工业、景观娱乐和水环境。值得关注的是，近年来国外开始尝试将再生水补充饮用水水源地，以缓解城市供水压力。从 1962 年美国最初在加州的再生水间接饮用回用项目和 1968 年纳米比亚的再生水直接饮用回用项目开始，再生水饮用回用案例已广泛扩展到非洲、亚洲、澳大利亚、欧洲和北美等世界多个国家和地区。例如，新加坡通过“新生水”工程，将高品质再生水补充饮用水源，约占饮用水的 2%。为保障再生水补充饮用水源的安全，2017 年世界卫生组织发布了《再生水饮用回用安全指南》。该指南重点关注再生水的水质安全，指导和引领饮用水回用项目的规划、设计、运行和管理。

此外，国际标准化组织于 2013 年底成立了水回用技术委员会，目前共有 48 个成员国参与，专门负责制定水回用领域相关的国际标准，以推动水回用行业的健康、规范发展。

我国在再生水领域的研究成果、工程实践与管理经验在国际上被高度认可，成为国际标准的基础，发挥了国际引领作用，促进了污水再生利用技术和管理的规范化发展。特别是清华大学联合了国内优势单位，编制了多项 ISO 国际标准。

51 建筑中水水源应怎样分类？

以日本为例，再生水水源可分为 A、B、C、D 共 4 类。A 类为洗手、洗脸、浴水、热水；B类为 A 类+厨房排水；C类为 B 类+厕所冲洗水；D 类为雨水。在 A 类水充足时，以 A 类水为中水水源，如果 A 类水不够，则补充 D 类水作为中水水源，若还不够则取 B 类水+D 类水。如果水量依然不足时，则考虑使用 C 类水，总之，建筑中水运行使用的原则是不用新水。

52 居住小区中水工程的水源和中水用途分别是什么？

居住小区中水水源来自建筑的原排水，所以原排水的水质水量决定着中水系统的形式和规模。小区原排水的水质和水量根据季节、地域、小区居民生活习惯、生活水平、食物构成、建筑物的性质、卫生器具的完善情况以及排水方式的不同而不同。

有冷水供应、无集中热水供应，卫生设备比较齐全的住宅小区，厕所冲洗用水约占总水量的27%，淋浴（包括洗漱）占24%，洗涤（包括洗衣和厨房用水）占30%，冷却补给占1%，车库冲洗和洗车占7%，道路冲洗占4%，绿化浇灌占5%，水景用水占2%。由于厕所冲洗、道路冲洗、车库冲洗、绿化浇灌、景观用水（喷泉）、空调冷却补给、消防用水等用途具有对水质的要求较低、水量较大（约占小区总用水量的46%）、较少直接接触人体、不影响人的健康等特点，所以现阶段中水处理后的回用水主要用于以上这些方面。

53 居住小区的中水利用有哪些特点?

建筑小区是具有一种功能或多种功能的相对独立区域，其排水系统通常不在城市市政管网覆盖范围之内。根据当地的环保标准，必须设置独立的污水处理设施，即小区污水处理设施。小区污水系统的处理能力各国并无统一的限定。苏联曾建议单个构筑物的处理能力不宜超过1400m^3/d，美国则把处理能力限定在3785m^3/d的范围内。

小区污水不同于城市污水（常包括部分工业废水），属于生活污水范畴。其水质水量特征可概括为：水质水量变化较大，污染物浓度偏低，污水可生化性好，处理难度小。小区污水的处理工艺因污水排入的水体功能不同而异，常用处理方法有化粪池、一级处理（初次沉淀池）、生物二级处理及二级处理后再经过滤消毒回用等。由于小区污水量较小，管理者水平不高，所以在工艺设计时应尽可能选用无污泥产生或污泥量少的处理工艺，以防因污泥处理不当造成二次污染。

54 居住小区采用中水利用工程有哪些好处?

我国是一个水资源贫乏的国家，又是一个水污染严重的国家，不论南方、北方、东部地区还是西部地区，供水短缺和水环境质量恶化的形势都十分严峻。节水和治污的优先策略是从源头抓起，建筑物和建筑小区是生活用水的终端用户，又是点源污染、面源污染的源头。比起工业、农业用水大户，建筑物和建筑小区产生的污水虽小而分散，但总量很大，并随着我国城镇化的快速发展日益增长，已成为我国各个地区污水的主要来源。因此，建筑中水回用是同时实现污染治理和非传统水资源开发的双赢之举。

在建筑小区内建设中水回用工程，也体现了半分布式卫生系统的现代城市居住区建设的新理念。建筑中水的广泛回用，将推动半分布式卫生系统的发展，这种短程分布和收集系统便于工业废水和生活污水的分离分治，其良好的增长弹性可适应规划区域的扩大，使污水得以可持续性回用，相对于传统的“大范围给排水管网—大型污水处理厂—废物处理与处置厂”的集中式卫生系统在经济上也具有一定的优势，同时对于提高公众合理利用资源的意识也会产生深远的影响。

55 居住小区的中水利用工程主要存在哪些不足?

目前我国居住小区中水回用工程存在的不足主要有：

① 人们对中水的认知度不高，心理和意识上对其有所排斥；

② 中水设施的投资和运行成本较高，导致其建设不够完善，运行过程不够通畅；

③ 中水处理技术有待提高。

生活小区污水处理后的中水不符合国家规定标准，主要表现为色度高、有气味等问题。如果用这些中水冲洗马桶，不但马桶内壁会被污染，而且还会刺激人的皮肤；用作人工景观湖水，会大量滋生细菌、蚊子、苍蝇等。以上这些都给中水回用的发展造成了障碍。

56 我国居住小区中水工程目前的发展趋势如何?

我国居住小区中水工程目前主要呈现出以下几个发展趋势。

（1）法律、法规、标准体系逐步完善

小区中水市场日渐规范，目前国家及北京地区的各类中水水质标准主要有建设部颁发的《城市污水再生利用　城市杂用水水质》（GB/T 18920—2020）、《城市污水再生利用　景观环境用水水质》（GB/T 18921—2019）等，北京、深圳和大连市都颁布了各自的地方中水水质标准。另外，还有建设部颁布的《建筑中水设计标准》（GB 50336—2018）、北京市颁发的《北京市中水设施建设管理试行办法》等。这些法律、法规、标准和规范对小区中水回用都产生了积极影响，使小区中水市场逐步走向规范化和科学化。

（2）小区中水设施管理日益规范化、专业化

随着污水处理回用的发展，新建小区建设中水设施的越来越多。这些中水设施主要由小区物业公司管理，由于不够专业，事故频发，很难保证中水处理设施的正常运转，造成很多中水设施闲置不用。近年来，随着中水市场的逐步规范，很多专业运营公司开始承接住宅小区中水处理设施的管理运行，由于这些公司人员专业、技术力量雄厚，一般负责着多家处理设施的运营，因而可从根本上保证中水设施的正常运行。

（3）小型中水工程技术日趋集成化、自动化

为了满足小区污水就近收集、处理后就近回用的要求，针对住宅小区场地条件紧张及缺乏专业操作人员的现实，工程技术人员纷纷提出了很多占地面积小、技术集成化程度高、易实现自动运行的中水工艺流程，并且很多已经得到了应用。

57 居住小区中水回用在我国的发展状况如何?

目前，我国城市住宅小区建设中水回用系统的条件已基本具备，并日趋完善，且具有如下优势：

① 具有利于中水系统设计和平稳运行的水量特点（排水量大，杂用水需求也大，水量容易平衡）；

② 城镇居民人口数量的快速增长和居民小区的不断规模化，以及水处理技术的不断发展，使中水系统的初始投资和运行费用大幅度降低；

③ 住房的商品化、小区管理的兴起和完善，为中水系统的投资回报奠定了基础。

北京、天津等缺水城市已经建设了不少住宅小区中水回用工程，并取得了很多宝贵经验。在住宅小区中，中水回用的对象一般限于两方面：

① 小区公共用水，即小区绿地的浇洒、绿化和小区景观用水、消防用水等；

② 杂用水，即公共建筑和居民住宅的冲洗厕所用水、洗车、建筑施工等。

城市住宅小区中水回用系统以住宅小区内产生的各种污、废水为原水，通过提高水在小区内的使用效率，可以减少排入城市市政管网的水量，进而减少对城市污水处理厂的压力。

图 1-2 为城市住宅小区中水回用系统示意图。此种系统是以单幢中水系统为基础，通过系统集成发展起来的，与城市中水系统非常类似，可以说就是微小规模的城市中水系统。它既具有回用管道短、投资少的优点，又克服了单幢中水系统设备工艺及管理水平不高、水质水量不稳定、常常停产和城市中水系统缺少可用空间、需大面积重新布置管网的缺点。总之，不管从技术、管理还是经济上讲，优势都非常明显。

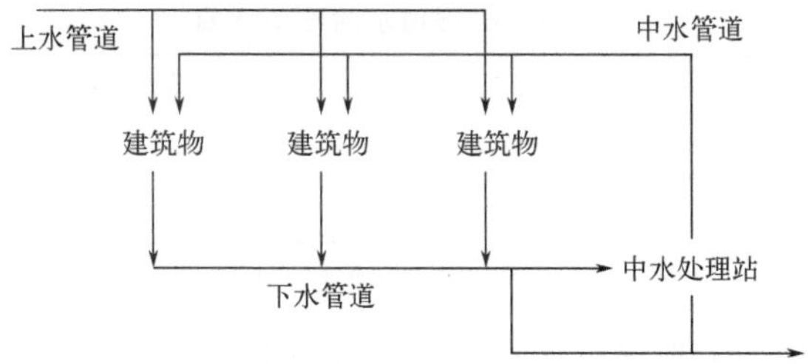

图 1-2 城市住宅小区中水回用系统示意图

（三）不同领域的再生水利用概况

58 什么是城市杂用水？再生水城市杂用时应重点关注哪些指标？

城市杂用水系指用于冲厕、道路清扫、消防、城市绿化、车辆清洗、建筑施工的非饮用水。再生水作为城市杂用水应满足《城市污水再生利用 城市杂用水水质》（GB/T 18920—2020）的要求，应重点关注病原微生物、有毒有害有机物、浊度、色度、嗅味等指标。

59 污水再生利用在市政杂用方面的特点和前景如何？

市政杂用用水量小且分散，再生水沿城市建成区逆向扩散，既没有空间建设储存设施，也难以找到敷设输配管线的路由。因此，污水再生利用在市政杂用方面的潜力有限，利用率较难提高。

60 再生水杂用于水厕用水和浇洒用水时应注意些什么？

再生水杂用于水厕用水和浇洒使用时要注意防止误饮、误用，同时也要注意防止病原微生物的吸收或者皮肤接触感染，加氯消毒处理等是卫生上应采取的必要措施。

① 水厕用水 水厕利用再生水时，要注意不要在和人接触的条件下利用。

② 浇洒用水 对于绿化以及清扫街道利用再生水，应尽可能地避免与人接触。当以喷洒装置或路面清扫车的方式利用时，由于飞溅原因，有可能与人接触，因此，采取的卫生措施应更加严格。

61 再生水杂用于浇洒时用水量怎样确定?

对植树带、绿地浇洒用水的利用形态来说，有必要将其分为商业区、住宅区等面积比较狭小的区域和公用高尔夫球场等面积比较大的目标对象。

浇洒所需水量是根据浇洒对象的面积和单位面积水量计算获得。单位面积水量由于草地、树木等的种类或季节等的不同而有所变化，同时还要考虑使用者的申请，规划用水量不要太大等。

表 1-3 是日本部分城市浇洒用水单位面积的水量指标。

表 1-3 浇洒用水的建议水量

都市名	单位(日最大)
神户市	浇洒对象面积 $4L/(m^2 \cdot d)$
福冈市	栽植面积 $4L/(m^2 \cdot d)$

注：福冈市 1d 的利用时间是 8h。设定时间内最大利用水单位是 $12L/(m^2 \cdot d)$。

除此之外，当用来作为街道或下水管道等的清扫用水时，有必要对利用方法或使用频度加以调查研究后设定。

62 再生水景观回用的必要性和可行性如何?

景观水体主要包括天然湖泊、河流以及娱乐景观水体（城市公园、居民小区、娱乐场所等）中的人造湖泊、观赏水池、景观河道等，它是人居环境中的重要组成部分。随着我国经济发展和人民生活水平的提高，景观水体已经成为城市形象和人们生活水平的重要体现，近年来其规模和数量均有所提高。景观水体作为城市的重要组成部分，在改善小气候、涵养水源、美化城市、保护环境的同时，对生态环境、文化氛围的促成以及人们的娱乐休闲起到推动作用。然而，景观水体的持续补给，无疑加剧了干旱半干旱地区城市的水资源危机。另外，景观水体具有需水量大、对水质要求低等特点，若将清洁水资源作为城市景观水体的补给水源，不仅增加了供水系统的压力，同时违背了“优水优用、劣水劣用”的可持续发展原则。

将污水经深度处理后生成的再生水回用于景观水体既可以节约水资源，又可以减轻对水环境的污染，是水体生态循环和修复的有效途径之一。《城市污水再生利用技术政策》中提出“城市娱乐景观用水要优先使用再生水”。因此，将再生水回用于城市景观水体是符合经济发展和缓解水资源危机的战略性举措。同时，再生水具有水量充足、水质稳定、制取成本相对较低等优点，故可将再生水作为城市景观水体的补给水源。

再生水回用于景观水体不仅解决了缺水城市对娱乐性水环境的需要，对调蓄水资源在时空上的分布不均也起到良好的推动作用，满足缺水城市早期用水需求，同时通过影响水的流动、蒸发、降水和渗透等状态，可间接改善缺水城市的水资源状况，从而达到改善自然气候及水循环的目的。

63 再生水作为景观用水和亲水用水的利用要点是什么?

作为景观用水、亲水用水的代表性利用设施有池、渠、小溪、喷泉、壁泉等。这些利用形态的选择按有无与人体接触，在卫生安全上的要求是不一样的；按照再生水设备产生泡沫或藻类情况，在美观上是不一样的；按有无水生生物的养殖和栽培也是不一样的。而且这些形态交叉使用时，会有各种各样的设定前提条件。

景观用水、亲水用水利用的关系模式如图 1-3 所示，利用形态的不同，各要点也不一样，具体阐述如下。

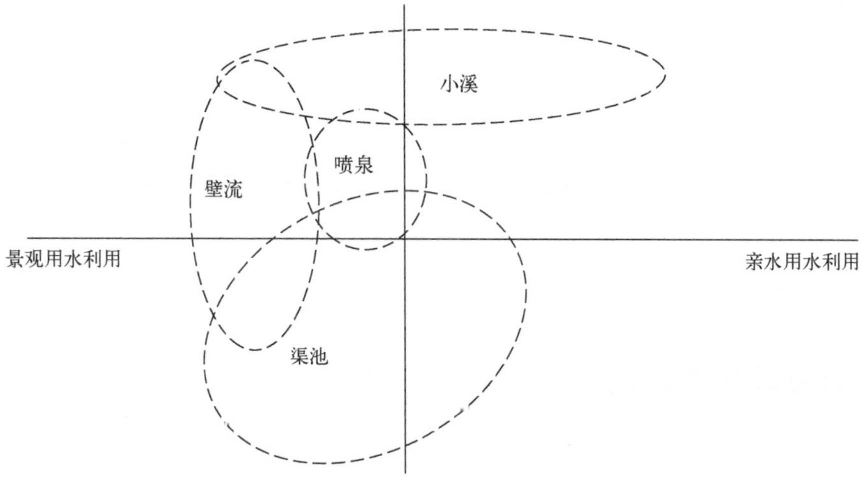

图 1-3　景观用水、亲水用水利用形态

（1）再生水的安全性（与人体有无接触）

再生水卫生学的安全性应十分注意，景观用水和亲水用水利用时的卫生措施是根据和人体接触的可能性的不同而划分的。换句话说，很多人接触的亲水用水利用和一般不太与人接触的景观用水相比较，应特别考虑其卫生安全措施。

（2）再生水要使人感觉舒服

为使再生水利用设备和周边环境协调，必须注意维持环境的舒适感。既要考虑那些引起别人不舒适的各种因素，例如气味、混浊、发泡、藻类、害虫等，也要对流水、滞水形态加以必要的研究。

（3）有无水生生物的养殖和栽培

再生水利用设施内如果养殖了水生生物，为消除再生水的影响，必须对再生水的消毒方法进行研究。

64 再生水景观回用和亲水回用的水量怎样确定?

景观用水、亲水用水的用水量与要利用设备的目的或规模相对应，同时，还应注意以下几点。

① 对于计划水量而言，应事先考虑再生水水质或利用水量有可能不足所产生的影响。

② 对于不同利用的时间和季节，利用水量会有很大的变化，所以有必要事先进行调查，计划水量的日平均值、日最大值或者瞬时最大值，并对其进行确定，但不宜过大。

③ 提高再生水处理设施或输配水设施的效果来减少再生水利用量，例如，研究处理设

备内再生水循环使用的方法，减少再生水利用量。

再生水在景观用水、亲水用水方面的使用，已在现有水渠、护城河、公园内湖泊、人工水渠等处实施，就其利用量而言，动态流水与静态水有所不同。具体如下。

（1）小溪等流水形态

要根据水流条件，如水深、流速、水道宽等求得利用水量。

水量条件：维持一定水量，保证供水。

（2）池、渠等的静水形态

因为在静水状态下有可能发生藻类繁殖生长，因此要制定有关再生水利用量的更换日数标准。

更换日数：夏季为2～3d，冬季为4～5d。

藻类明显发生时，可相应地小幅调节水深，缩短更换日数。

（3）喷水

综合考虑一次性喷水和有净化装置的循环型喷水。如果采用后者，要有充足的水量补给。

65 国外再生水景观回用现状如何?

国外再生水回用于景观水体的历史可追溯到19世纪30年代，发达国家那时就开始将城市污水处理后作为城市河道、景观湖泊等的观赏用水，其中以美国、日本、澳大利亚等国家尤甚。

1932年美国在旧金山建立了世界上最早的中水回用系统，并率先将污水处理厂出水回用于景观水体，实现了真正意义的再生水回用。美国加州桑提镇1961年利用污水处理厂的再生水营造了人工湖泊，随后在湖泊上游建立了游客游泳区。始建于1961年的Padre Dam再生水厂，系统地完善了再生水回用于限制性娱乐用水的完整体系。在美国加州的200多个污水处理厂中，25%的水厂将再生水用于观赏性景观水体、娱乐性湖泊及绿地灌溉等用途。

日本于1962年开始尝试中水回用，20世纪70年代起初见规模，20世纪80年代，东京市利用Tamajyo污水处理厂生产的再生水恢复并满足了Nobidome河流的水环境需求，其水质达到景观环境再利用的标准要求。20世纪90年代，日本加大了对再生水回用事业的投入，1985—1996年利用再生水恢复了150多条城市河道的景观功能，市区河道污染严重的局面得到了根本性的扭转。

以色列作为世界范围内严重缺水的国家之一，早在20世纪60年代，就已在再生水回用方面作出诸多规定，并倡导“在废水没有用尽之前，决不能采用海水淡化来代替再生水回用”。截至1987年，该国已经开展了约210项再生水回用工程，这些举措使得72%的市政污水和100%的生活污水得以回用，最大回用规模可达$2\times10^5m^3/d$。以色列30%的再生水排入河道或回灌地下，42%的再生水直接回用于农业或绿化灌溉，剩余部分则用于城市绿化和市政杂用等。

新加坡、澳大利亚、以色列等国均在很早就开始尝试将再生水回用于景观水体，并取得显著效果。澳大利亚的阿德莱德（Adelaide）市将污水和屋顶雨水收集起来经过深度处理后回用于湖泊补给水源、城市水景、景观灌溉等，以此缓解该市用水紧张问题。南非的Hartbeesport水库接纳了该区约50%的再生水，并将其提供给比勒陀利亚（Pretoria）和约翰内斯堡（Johannesburg）两地作为观赏性湖泊用水。尤其是在2000年的悉尼奥运会时，悉尼启动的再生水回用计划有效缓解了该市用水紧张问题，确保了悉尼奥运会的顺利进行。

66 国内再生水景观回用现状如何?

国内再生水回用于景观用水体，无论在规模、技术还是处理效果上均与发达国家相距甚远。且随着人口密度的急剧增加、经济水平的快速发展和水污染问题的加剧，我国面临的最重要的挑战之一便是可持续水资源的管理和保护，除了大力倡导节水政策外，更需开发和扩大有限的水资源，以满足日益增长的用水需求。

国内最早的再生水景观回用研究始于“七五”国家科技攻关计划，在20世纪80年代初，再生水回用试点率先在青岛和大连开展。此后，我国许多干旱和半干旱缺水地区的再生水回用工程均逐渐得到发展，如北京、天津、青岛、太原和西安等地相继将污水处理厂出水经深度处理后用于补给景观水体。

北京是国内较早开展城市污水再生利用的城市，也是全国再生水生产量最大的城市之一。目前几个规模较大的污水处理厂主要包括高碑店污水处理厂、酒仙桥污水处理厂、清河污水处理厂等，且均已投入运行，再生水的景观环境回用量达到近$30\times10^4m^3/d$。高碑店污水处理厂的部分出水（约$3\times10^4m^3/d$）沿着南护城河分配到龙潭湖公园、北京游乐园、天坛公园、陶然亭公园、大观园和万寿公园，补给区域为面积高达$267\times10^4m^2$的观赏湖泊和休闲水域。

天津、石家庄均是严重的资源型缺水城市。2000年天津市政府决定以纪庄子污水处理厂出水作为再生水源，建设了纪庄子再生水回用工程，该工程也被列为全国5个污水再生利用的重点示范工程之一，2002年底该工程正式运行，其中部分再生水用于补充生态小区的观赏性景观水体。石家庄市桥西污水处理厂于2000年改造原有工艺使出水水质达到景观环境用水标准，且通过6km长的管线将达标后的再生水输入民心河西线和沿线公园，用水量约$10\times10^4m^3/d$。

合肥位于安徽省中部，是较为典型的水质型缺水和资源型缺水城市之一，市内主要河流包河、银河等污染极为严重，又无外来流域对其进行补水。为此，合肥市政府决定，将污水处理厂的二级处理出水进行再利用。目前王小郢污水处理厂已经建成日产量约为$5\times10^4m^3/d$的再生水回用工程，且已将部分再生水用于补充包河、银河，这一举措大大改善了城区河道水资源缺乏问题，增加了城市整体环境效益，实现了资源循环利用的可持续发展战略。

西安作为中国四大文明古都之一，“八五”以来被国家建设部列为全国污水再生利用典范城市之一。截止到2015年，西安市已建成6座再生水处理厂，日设计处理水量达$19.5\times10^4m^3$。目前，西安市已建成的邓家村污水处理厂和北石桥污水处理厂作为主要补给水源，向丰庆公园、护城河和曲江南湖等多地湖泊、河流补给再生水，其中北石桥污水再生回用工程是“十五”以来国家五个污水再生利用示范点之一，该再生利用工程的规模为$1\times10^5m^3/d$。近年来，西安市采用“长藤结瓜”的方式向景观湖泊补水，旨在改变采用地下水和地表水补给景观河湖的传统供水模式，实现再生水利用和节约水资源的目标。

经过国家和地方开展的相关科学研究及工程实践，我国再生水回用于园林景观水体方面已取得了长足进展。其中以成都活水公园最具代表性，在海内外享有盛誉。在泰安建立的城市污水再生利用示范工程，通过对相关水质指标的长时间跟踪监测，证明该工程具有较好的示范效果。同时，深圳与欧盟合作研究的洪湖公园“人工湿地”技术的成功与进一步推广，则使再生水景观向生态、节约、高效的设计模式发展，实现了质的飞跃。

67 再生水景观回用存在哪些主要问题？如何防范？

再生水景观回用存在的问题以及防范措施如下。

（1）再生水水质问题

再生水水质是其回用于景观水体的最大限制因素，我国对再生水回用于景观水体的水质标准均低于天然景观水体，其中氮、磷等营养物指标含量偏高。同时，各污水处理厂水源主要为生活污水，其水体成分复杂，有机物含量较高，经深度处理后，再生水中 TP 值可达 0.3mg/L 左右、TN 值可达 10mg/L，但仍远高于水体富营养化标准。因此，再生水回用于景观水体时，应将水体中氮、磷等营养盐浓度控制在较低的水平，从而预防水体富营养化的发生。

（2）水体安全性问题

再生水中含有较多的化学物质和病原微生物，因此有可能对生态系统和人类健康产生潜在威胁。水体中化学物质会对人眼睛隔膜、耳隔膜及皮肤有腐蚀性，而病原微生物离散分布在水中或吸附在水中的固体物质上，通过水体蒸发后会进入人体呼吸道。同时，接触性景观水体与人体接触后，病原微生物通过消化道、皮肤接触等途径而使人体致病，并且一些病毒微生物会危害水中动植物，严重时破坏水体生态系统，甚至污染地下水等。基于此，当再生水回用于景观水体（尤其是亲水性景观水体）时，应严格控制水体中病原微生物数量，且对于不同用途的景观水体，设定具体的控制标准。

（3）景观水体的设计问题

城市景观水体多处于城市中心地带、人口密度大的区域，其自净能力较天然水体差，同时水体深度较浅、流动性缓慢，多为静止水体，在适当的条件下更易引发富营养化现象。为此，可通过引入人工浮床、人工湿地、人工曝气等方式，保障再生水回用于景观水体的安全性、稳定性和适用性。

（4）管理制度与维护问题

在再生水回用于城市景观水体方面，目前还没有明确的管理体制，而中水回用的过程中涉及环保、市政、水利、城市规划等众多部门，多部门间职责划分不明确，这些都会影响再生水的实际应用与推广。因此，从长远角度看，必须从节约水资源、保护水环境、实现资源循环利用的过程中走出新的发展和管理道路。

68 国外再生水景观回用水质标准有哪些？

国外开展的城市景观环境回用工程中，对排入景观水体的水质指标进行了严格的限制，有效缓解了水体富营养化的发生。

在美国，由于没有联邦法规对污废水回用水质标准作规定，故各州根据具体情况独立制定废水回用标准。1992 年，美国国家环保局（U. S. EPA）在总结国内外城市污水回用技术经验的基础上，编制了“水回用指南（2004 年）”。随着回用水与人体接触可能性的增加，该指南对污水回用提出了非常严格的水质标准，具体见表 1-4。

表 1-4 美国国家环保局对城市污水回用指南（景观娱乐）

再生水回用途径	回用水水质要求	注意事项
风景河道湖泊（偶然接触人体以及完全与人接触的再生水）	pH＝6～9 BOD_5≤10mg/L 浊度≤2NTU 未检查出粪大肠杆菌 余氯＜1mg/L	回用水应不损伤人的皮肤和眼睛；清澈、无毒、无嗅；过滤前应投加混凝剂；回用水中不应有致病菌；余氯量接触时间长，使病毒及寄生虫卵灭活
风景景观湖（不允许公众与再生水接触）	pH＝6～9 BOD_5≤30mg/L SS≤30mg/L 大肠杆菌≤200 个/100mL 余氯＞1mg/L	可能需要脱氨以避免藻类在塘湖生长；可能需要脱余氯以保护水生动植物；处理方法要合理、可靠

在日本，再生水作为观赏和娱乐用水在总回用水中占较大比例，近年来日本环保部门严格限制污水处理厂的氮磷排放浓度，保证出水水质并将其回用于景观河道，美化城市环境，其景观用水水质标准见表 1 5。

表 1-5 日本再生水回用于观赏和娱乐用途的水质指标

水质指标	建设性景观回用水标准	
	景观	游览
大肠杆菌值/(个/100mL)	≤10	≤50
BOD_5/(mg/L)	≤10	≤3
pH	5.8～8.6	5.8～8.6
浊度/NTU	≤10	≤5
气味	无不快感	无不快感
外观	无不快感	无不快感

69 国内再生水景观回用水质标准有哪些？

与美国和日本相比较，我国再生水景观回用标准除了关注有机物的控制，更注重对再生水中氮、磷营养物质浓度的控制。2002 年国家出台的再生水景观回用标准《城市污水再生利用 景观环境用水水质》(GB/T 18921—2002) 明确规定了再生水回用于观赏性景观环境用水和娱乐性景观环境用水对氮、磷等指标的要求，这两类用水又细分为河道类、湖泊类和水景类。但该标准特别是氮、磷浓度，相对于我国的《地表水环境质量标准（GB 3838—2002）》中Ⅴ类水体的氮、磷限值（NH_4^+-N≤2.0mg/L，TP≤0.4mg/L）仍然较高。因此，当依据标准制取再生水并补给景观水体时，藻华暴发的风险仍然存在。

鉴于此，2019 年我国废止了 2002 年的标准，出台了如表 1-6 所示的《城市污水再生利用 景观环境用水水质》(GB/T 18921—2019)。该标准与 2002 年标准相比，对河道类及湖泊类水景类补给再生水时的 TP 浓度要求更严，保留了浊度指标，取消了 SS 浓度指标，氨氮浓度对河道类及湖泊类水景类亦有所区分。此外，根据当前再生水回用环境的实际补给需求，还增设了景观湿地环境用水这样一个回用用途。

表 1-6 再生水回用于景观水体的水质标准（GB/T 18921—2019）

再生水回用途径		景观回用水质标准					
		pH	浊度/(NTU)	TN/(mg/L)	TP/(mg/L)	NH_4^+-N/(mg/L)	DO/(mg/L)
观赏性景观环境用水	河道	6.0～9.0	≤10	≤15	≤0.5	≤5	≥1.5
	湖泊、水景		≤5	≤10	≤0.3	≤3	
娱乐性景观环境用水	河道	6.0～9.0	≤10	≤15	≤0.5	≤5	≥2.0
	湖泊、水景		≤5	≤10	≤0.3	≤3	
景观湿地环境用水		6.0～9.0	≤10	15	0.5	5	

70 再生水工业利用有哪些要求?

工业用水由于范围广泛，对水质要求的差异性非常大。在考虑工业用水的水质标准时应从实际出发，结合各种工业用水的水质标准来制定相应的工业再生水水质标准。用作锅炉补给水的再生水水质要求与锅炉蒸汽压力正相关，而用作循环冷却水的再生水则应考虑控制盐度和硬度。由于大量钙离子、镁离子、硫酸根离子、氯离子等无机离子仍存在于处理后的城市污水中，因此，为得到符合生产要求的再生水，不同需求的用户须对再生水进行二次脱盐和软化处理。比如，当再生水用作工业冷却水时，应该考虑可能对冷却水系统造成的不良影响，并采取相应的防治措施：除去钙镁降低水垢的形成；投加化学药品控制金属腐蚀；加入生物灭活剂控制微生物繁殖等。

71 工业企业再生水利用的主要途径有哪些?

每个城市，从用水量和排水量看，工业和企业都是大户。因此，将工业和企业的排水进行原位收集处理和再利用，具有较大的应用前景和经济价值。

在工业再生水利用方面，面对清水日缺、水价渐涨的现实情况，工业除了尽力将本企业废水循环利用，以提高水的重复利用率之外，对城市污水再用于工业也日渐重视。工业用水根据用途的不同，对水质的要求差异很大，水质要求越高，水处理的费用也越大。

在工业中，再生水可用于工业循环冷却水、洗涤用水、锅炉补给水、产品用水和工艺用水等领域。理想的回用对象应该是回用量较大且对处理要求不高的部门，其中以冷却水的应用最为广泛。而工业冷却水对水质要求不高，发展潜力大且应用范围广，但是锅炉用水与对水质要求较高的工艺用水通常很少采用再生水回用。然而，不同工业的工艺用水由于有着不同的要求，因此，我国在 2005 年颁布了工业再生用水的标准《城市污水再生利用　工业用水水质》（GB/T 19923—2005），住房和城乡建设部办公厅在征求意见的基础上还修订发布了《城市污水再生利用　工业用水水质》（GB/T 19923—2024）新标准。与旧标准相比，新版本将水质指标调整为基本控制项目和选择性控制项目，简化了水质分类；增加了氟化物限值；修订了 pH、色度等多个指标的测定方法。

本次标准的修订，更适合当前城镇污水处理厂尾水与工业用水水质现状，具有更广阔的覆盖性和扩展性，留有较大的选择空间，更有利于进一步推广再生水工业利用。

72 再生水工业回用时须关注的主要水质问题有哪些？

一般来说，与再生水的其他用途相比，工业回用中最受关注的水质参数均与水的腐蚀问题有关。表1-7列出了与该问题相关的主要水质参数及可能引起的水质问题，其中最受工业界关注的是腐蚀与结垢。

表1-7 再生水工业回用的主要水质问题

水质参数	水质问题
碱度	影响pH值的稳定
氨氮	影响水中的自由性余氯，引起铜合金的腐蚀，促进微生物繁殖
钙和镁	结垢
硫化氢	腐蚀与异嗅
铁	结垢与着色
微生物学指标	生物性污染
硝酸盐	促进微生物繁殖
pH值	影响化学反应及化学成分的溶解性
磷	结垢，促进微生物繁殖
残余有机物	微生物繁殖，黏液与结垢，锅炉起泡沫
硅	结垢
硫酸盐	腐蚀
悬浮固体	沉积物，促进微生物繁殖

腐蚀的产生通常包括电化学反应引起的腐蚀和物理性腐蚀两大类，前者多发生在金属的裂缝、凹陷、接口处，后者则多发生在金属表面，除了硫酸盐、硫化氢等腐蚀性物质造成的腐蚀外，微生物繁殖也被认为是引起腐蚀的重要原因。因此，有必要关注对微生物繁殖起促进作用的水质指标的控制，如尽量降低再生水中的残余有机物浓度、氮和磷的浓度、悬浮固体物浓度或浊度等。

结垢的主要原因除了常见的碳酸钙沉积以外，与钙、镁、硅离子相关的磷酸钙、羟磷灰石、硅酸镁、锥辉石、方沸石沉积在再生水的工业回用中都有可能发生。因此，有必要关注对再生水中相关金属离子浓度的控制。

73 再生水在热电及工业冷却方面的应用前景和常见问题有哪些？

污水再生利用的一个方向应是热电及工业企业的冷却水，这个方向用量较大，用水点集中，只需从再生水厂到用水点的点对点连接，管道敷设难度小，因此，污水再生利用在热电及工业冷却水方面的前景可期。

然而，当再生水作为冷却水补水水源时，管道腐蚀、结垢和微生物滋生是系统运行中最常见的问题，特别是微生物滋生造成的黏泥、腐蚀问题会影响循环冷却水系统的工作效率。当再生水的硬度和碱度都得到有效控制时，微生物引起的黏泥和腐蚀即成为主要危害，最终造成资源浪费，能源消耗，生产成本提高。

74 再生水在热电及工业冷却方面存在问题的根源是什么?

城市再生水往往比当地天然水含有更多的溶解性盐类，补入电厂循环冷却水系统后，这些溶解盐分经浓缩后会导致循环冷却水系统结垢和腐蚀。此外，城市再生水中对发电厂安全生产构成危害的残留污染物还有有机物、氨氮和碳酸盐等，这些指标均不能满足发电厂用水的最低标准，需要进行深度处理后才能回用。总之，城市再生水中的溶解性盐类及残留的有机物等，为其在热电及工业冷却方面应用时的结垢、腐蚀和微生物滋生提供了物质基础，是再生水在热电及工业冷却方面应用时存在问题的根源。

75 再生水作为循环冷却水补充水源的循环水系统排污有哪些难题?

采用城市再生水作为循环冷却水补充水源的循环水排污成分复杂，处理难度大，主要表现在：

① 再生水残留的有机物容易在循环水系统中产生大量的黏泥，即滋生微生物，这些物质会随循环水排污而带出来；

② 为控制黏泥和滋生微生物，需要添加大量的杀菌剂，使循环水排污水中含有残余的杀菌剂成分；

③ 为控制循环水系统内设备及管道结垢，需要添加水质稳定剂，使循环水排污水质成分变得更加复杂；

④ 再生水残留的氨氮容易在循环水系统中硝化，消耗循环水的碱度，容易导致循环水排污偏酸性；

⑤ 城市再生水往往比当地天然水含有更多的溶解性盐类，其循环水的排污水含盐量较高，有些电厂的排污水含盐量达到了 4000mg/L 以上。

76 城镇污水再生回用于电厂时应注意什么?

城镇污水再生利用于电厂时应注意以下问题。

① 城镇污水经深度处理后，水质虽可满足电厂循环冷却水补水水质要求，但由于城市污水水质有一定的波动性，冬季和夏季水质差别大，特别是在北方城市冬季寒冷，氨氮降解效果较差，对铜材质凝汽器管材影响较大，故应针对性地采取一些必要措施。

② 城市污水处理厂一般都采用生物处理方法，生物处理方法有其脆弱的一面。比如活性污泥法，当管理不当或污水中排入了大量有毒有害物质时，就会发生污泥膨胀、上浮等异常情况，使处理效果变差，直接影响再生水水质。因此，时刻关注上游污水处理厂的运行状况非常必要。

③ 黏泥问题会引起凝汽器铜管传热能力降低。通过补充水加氯、循环水加氯以及循环水加非氧化剂来控制黏泥的生成；如果能使胶球清扫装置正常运行并增设旁滤装置，黏泥问题应是可以控制的。

④ 对于使用再生水的电厂循环冷却系统，凝汽器管材的选择直接关系到系统的安全运

行，由于再生水中含有的一些离子使其具有一定的腐蚀性，故在设备选型时应考虑到再生水水质的影响。

77 企业再生水回用存在哪些主要问题?

企业再生水回用存在的主要问题如下。

(1) 管网建设不完善

企业再生水回用管网尚不完善，仅有个别企业在再生水厂周边铺设输水管网。同时，再生水管网建设和配套设施投资主要由政府主导，企业在再生水管网的建设和投资方面缺少动力和相应责任。再生水回用管网的巨大缺口，致使再生水厂虽已具备足够的再生水产能和供水条件，但供给的有效性却大打折扣。

(2) 缺乏激励机制

再生水回用的相关管理要求，在一定程度上促进了区域水资源利用效率。但是，对于水量较为丰富的地区（比如太湖流域），用水压力不大，仅仅停留在政策支持、鼓励发展层面，对水资源循环利用的促进趋势已呈现疲软态势。

当前，我国相关政策法规中对再生水回用均是“鼓励”为主，尚未明确“优先使用”，甚至“强制使用”。据了解，我国再生水利用率与发达国家 70%的利用率还有一定差距，需要国家和地方通过立法或政策推进再生水资源的利用。

(3) 再生水回用主要停留在企业层面

再生水回用的本质目标是实现非传统水资源的优化供给和循环利用。由于政策法规层面缺乏相应要求以及管网等基础设施的支撑，工业园区层面缺乏有效的统一协调模式，尚未在园区层面形成产业链形式的再生水回用。分散式的企业内部再生水制备和回用，不但增加了监管难度，也存在重复建设、增加运维费用等问题。

(4) 再生水水质不够稳定

作为一种“新水源”，再生水回用减少了污染物排放，在生产、生活和生态安全维护方面有着广阔的应用前景。然而由于“出身”于污废水，再生水的健康风险尚存有疑虑，回用过程水质问题容易引起高度关注。因此，再生水水质安全是保障生态安全的核心。

78 对企业再生水回用有哪些对策和建议?

对企业再生水回用的对策和建议如下。

(1) 加强统筹规划

围绕建设节水型社会的总体目标，建立部门协调机制，统一水资源管理，将再生水回用纳入工业园区建设和发展规划，做到园区供排水、污水处理排放和再生水回用、管网建设等同时规划、同时建设、同时投入使用。将再生水纳入水资源体系，统一配置管理，落实最严水资源管理制度考核，切实推动再生水开发利用。

(2) 强化政策驱动

科学制定再生水、自来水等水资源价格，充分体现“补偿成本、合理收益、优质优价”的原则，发挥价格杠杆在水资源配置中的重要作用；推动阶梯式单价改革，建立自来水费用的“上升式”收费阶梯和再生水的“下降式”收费阶梯。明确水资源稀缺价值，鼓励工业企业使用再生水，强制具备条件的高耗水行业及特种行业使用再生水。

（3）鼓励集中供水

当前再生水回用主要集中在企业自主层面，不但增加了重复建设成本，也不利于再生水安全利用监管。鉴于各地基本实现了污废水的集中处理，工业园区统一建设再生水厂，利用污水处理厂二级出水制备再生水，不但能降低建设和运维投资，也利于水质统一监管。

（4）完善回用管网

工业园区管理部门应发挥主观能动性，促进多元融资，通过政府和社会资本合作模式，发挥财政资金撬动功能，带动更多社会资本参与再生水回用管网建设；积极发展绿色金融，发挥政策性和开发性金融机构引导作用，为再生水回用管网建设提供支持。

（5）狠抓水质监管

国家和地方有必要通过制定更加细致、严格、具有可操作性的水质标准，保障再生水用于各种用途的可靠性和安全性，强化再生水利用监管不力的惩罚措施和责任。推进再生水制备、输送和使用过程的信息公开，引导公众参与再生水回用的监督管理。

（6）加大科技攻关

加强再生水制备技术、健康风险和安全利用等基础应用研究，系统阐释再生水回用对产品质量、生态系统安全、人体健康等的影响，确保工业企业和社会的健康稳定。强化重大课题研究和关键技术攻关，引进国外先进技术和经验，研究比选最佳可行技术，加大推广应用力度，为再生水回用提供科技支撑。

79 什么是再生水灌溉？

再生水灌溉是指排入污水收集系统的污水经再生处理，水质达到灌溉标准后，按照作物生长的需要，利用工程设施送到田间，以满足作物用水需求。

80 再生水灌溉有什么好处？

生活污水回用于农田灌溉，通常对其处理程度要求不高，处理后一般仍含有较高的氮、磷、钾等成分，用于灌溉可以给土壤提供水分和肥分，增加作物产量，减少化肥用量，降低耕作成本，提高资源利用率，因此再生水农业灌溉利用常被认为是提高水资源循环利用率的一种积极方式。

81 再生水农业灌溉与污水脱氮除磷之间的关系如何？

再生水用于农业灌溉的，可以降低污水脱氮除磷标准，保留再生水中的氮磷，降低化肥的施用量，这对于污水碳氮比天然失调的地区尤其重要。农村污水处理设施规模小，水量水质波动大，可以较稳定地脱碳但难以脱氮除磷，如果以就地灌溉为主要方向，就不需要脱氮除磷，建设投资和运行成本都将大大降低。事实上，从 1990 年到 2010 年的 20 年间，以色列主要是用污水厂二级出水进行灌溉，2010 年之后才逐步普及了以脱碳为目标的深度处理，脱氮除磷标准并不高。

82 我国再生水农业灌溉的潜力如何?

我国是一个人口大国，必须确保粮食安全，要在20亿亩（1亩=666.67m^2）耕地上产出6.5×10^{11}kg粮食，就必须确保灌溉用水。2019年，全国灌溉用水约$3.8\times10^{11}m^3$，其中北方六区$2\times10^{11}m^3$，南方四区$1.8\times10^{11}m^3$。从环境抽取大量灌溉用水，必然限制工业用水，制约工业发展，一些地区甚至影响了下游的饮水安全；许多流域灌溉季节无法保证生态需水量，水生态环境受到干扰。因此，有研究人员认为，我国污水再生利用应借鉴以色列的经验，以农业灌溉为重点利用方向，如系统规划建设储存与输配设施，未来实现$5\times10^{10}\sim8\times10^{10}m^3$再生水用于农业灌溉，将从根本上缓解工业和生活用水紧缺状况，并同时改善水生态环境。

83 我国再生水灌溉有哪些实践?

我国许多地区已有许多再生水灌溉的实践，缺水的陕西关中地区历史上村村都有一个涝池，实际上就是村边低洼处的一个半天然湿地，全村的生活污水都排进去，时间长了水就变清，之后作为灌溉水源。近几年，当地有组织地恢复了大批涝池，一开始建设的都是工程涝池，加上污水处理设施运行不正常，涝池很快变黑发臭，后来按生态技术建设的生态涝池都获得了成功。新疆阿克苏的车库市建设了一个库容$3\times10^5m^3$的调蓄水库，引入河东污水处理厂处理后尾水冬储夏灌。

84 再生水灌溉在我国有怎样的发展历程?

20世纪80年代，我国开始大规模发展城市污水再生利用技术，但当时污水处理再生技术尚不成熟，处理成本较高，使得再生水灌溉局限于绿地利用，较少用于农田灌溉。随着《国务院关于加强城市供水节水和水污染防治工作的通知》（国发〔2000〕36号）、《中华人民共和国水法》《中华人民共和国循环经济促进法》等政策法规相继颁布，对再生水利用、管理、激励措施等进行方向性指导，尤其是2017年《水利部关于非常规水源纳入水资源统一配置的指导意见》（水资源〔2017〕274号）颁布以来，明确“做好顶层设计，将再生水纳入水资源统一配置体系”作为重要内容，我国再生水利用事业迎来了跨跃式发展，开发利用规模得到快速提升，并逐渐替代原污水或初级处理污水进行农业灌溉。北京市作为我国再生水利用率最高的城市之一，2003年开始推广使用再生水进行农业灌溉，并对多个灌区进行水网改造，2010年再生水灌区面积达到$3.887\times10^4hm^2$，再生水农业灌溉利用量近$3.0\times10^8m^3$，占农业用水总量的26%。随着再生水处理工艺的快速发展，出水水质不断提高，再生水越来越多地为缺水地区农田灌溉提供水源保障，对于缓解城乡水资源短缺矛盾、助力乡村振兴、改善水生态环境等具有十分重要的意义。

85 制约再生水农业灌溉发展的因素有哪些?

目前，我国再生水农业灌溉利用尚处于发展阶段，关于再生水中盐分、重金属、人畜致病菌、药物和内分泌干扰物等污染物在灌溉中对农作物、土壤、地下水、消费者等产生的潜在环境和健康影响的研究尚不充分，以上因素均制约着再生水农业灌溉的发展。

86 再生水灌溉对土壤的物理性质有哪些影响?

再生水灌溉对土壤物理性质的影响主要表现在土壤孔隙度、结持性、渗透速率等方面的变化，物理性质的变化将导致土壤生态平衡失稳，生物群落结构受到破坏，进而可能产生更为严重的环境问题。

对于再生水灌溉是否会导致土壤板结，结论尚不统一。有研究表明，水中较高的 Na^{+} 浓度会导致土壤颗粒膨胀分散，团聚体分离，从而导致土壤板结，降低土壤透气性。另一方面，再生水灌溉使土壤有机质与微生物数量均有不同程度增加，微生物代谢对土壤呼吸有明显促进，且再生水灌溉后的土壤总孔隙度、细菌总数和有机质等均显著高于清水灌溉的土壤，增加了土壤呼吸度指标。

对于以上结论的差异，初步认为与再生水中有机质含量相关，当再生水中 $BOD/COD_{Cr} \geq 0.45$ 时，难降解有机物含量处于较低水平，将有利于微生物代谢，促进土壤呼吸。另外，再生水长期灌溉可能导致土壤黏性增加，有效含水率下降，导致作物汲水困难，土壤可耕性下降。

87 再生水灌溉对土壤肥力质量有何影响?

土壤肥力质量是指生物物质的优质适产、可持续供给植物养分以及抵御侵蚀的能力，是土壤物理、化学和生物学等指标性质的综合反映。土壤肥力是土壤内在物质、结构和理化性质与外界环境条件综合作用的结果，有机质以及氮、磷、钾等营养元素是衡量土壤肥力的重要指标。

再生水灌溉对土壤肥力影响的研究结果并不一致，但多数学者认为，再生水灌溉能够提高土壤肥力。造成结论不一致的原因，可能是由于不同植物与农作物对再生水营养元素的不同吸收利用能力、土壤种类、再生水灌溉制度等因素对土壤肥力产生的不同影响造成的。

88 再生水农业灌溉时对地下水有何影响?

地下水回灌是再生水应用的前沿领域，再生水用于农业灌溉时会使得再生水通过土壤含水层渗滤至地下水系统，可视为地表回灌。虽然再生水经过深度处理后可达到特定水质标准，但其中污染物并未完全去除，仍可释放痕量物质（重金属、有机污染物等）、盐度、营养物质与微生物等，从而引发地下水污染问题。

再生水中常见有机污染物包括多环芳烃（PAHs）、药物及个人护理品（PPCPs）与内分泌干扰物（EDCs）等。其中低环芳烃迁移性相对较强，并且经土壤介质长距离运输后，仍可长期存留，对人类健康和地下水环境造成潜在威胁。药物及个人护理品包括各种抗生素、激素、香料等，由于在常规污水处理工艺中很难被去除，且绝大多数具有亲水性，因此在持续的下渗水流作用下易于从土壤迁移至地下水中。

再生水中部分盐分可被植物或土壤微生物吸收利用，多余盐分会出现残留累积效应，对土壤和地下水造成一定影响，又由于再生水受纳区蒸发率、浸出率、土壤类型等因素不同，导致残留盐分对土壤与地下水的影响程度不同。此外，再生水经土壤淋滤发生阳离子交换反应，会加剧地下水盐分污染，土壤渗流区结构对于盐分分布也密切相关。最后，迁移性较强的病原微生物会随着再生水淋滤，从土壤迁移至受纳区地下水，对饮用水安全造成威胁，但目前相关报道较少。

89 再生水饮用回用分为哪几类?

污水再生利用最敏感的方向是生活饮用，这个方向从学术界到工程界争论了多年，近年来逐渐明晰，这就是在那些饮用水困难的地区应该规划建设再生水生活饮用设施。再生水生活饮用包括直接饮用（direct potable reuse，DPR）和间接饮用（indirect potable reuse，IPR）。DPR 指将经过深度处理后的再生水与其他水源混合，直接进入给水处理系统，或直接进入供水管网的回用方式；IPR 指有目的地将深度处理后的污水注入特定的地表或地下水体，经自然净化缓冲后，再进入给水处理系统的回用方式。

90 直接饮用(IPR)和间接饮用(DPR)的再生水利用优缺点各是什么?

由于 IPR 的环境缓冲区对污染物具有稀释、混合和衰减等自然净化效果，并具有较长的停留时间，因而公众接受度更高，因此更容易在大部分缺水地区开展应用。此外，在实际建成的运行项目中，IPR 也具有更大的规模，其平均产水量为 $14.5\times10^4m^3/d$，而 DPR 仅为 $1.6\times10^4m^3/d$，所以 IPR 能满足更多的用水需求。但也有研究者指出，在 IPR 过程中，经过深度处理的再生水水质较优，但当环境缓冲区水质较差时，通过低质量的环境缓冲区会导致再生水水质变差，进入后续的给水系统再次处理也会浪费能源与资源。

DPR 则属于一种极端的再生水饮用回用方式，无需环境缓冲区而具有更高的效率，较适合极端干旱、水环境条件较差的地区，如我国西北严重干旱地区或沙漠地区。然而，DPR 再生水虽直接进入给水处理系统或供水管网，但其并不能作为独立水源，仍需与当地其他水源结合使用，因而会导致其在实际应用中受到限制。

91 全球再生水饮用回用项目的现状如何?

目前全球再生水饮用回用的主要方式为 IPR，其回用量约占 98.90%，而 DPR 仅占 1.10%。据不完全统计，全球目前有报道的正在运行的再生水饮用回用项目共 24 处，每年产水量约 $9.211\times10^8m^3$。

美国早在 1962 年便已有再生水饮用回用，因此其是再生水饮用回用实践较早、经验也较为丰富的国家，也是目前世界上再生水饮用回用量最高的国家，其回用量约占全球的 62.68%。新加坡次之，占 23.99%；澳大利亚占 10.65%，其他国家占 2.68%。

92 再生水饮用回用的主要工艺有哪些?

目前，再生水饮用回用的主要工艺有微滤（MF）/超滤（UF）+反渗透（RO）+高级氧化

(AOP)、臭氧+生物活性炭（BAC）/颗粒活性炭（GAC）或二者混合组成的工艺。其中，应用最广泛的工艺为（MF/UF）+RO+AOP，无论是IPR或是DPR，运用该工艺的再生水饮用回用项目占比均超过50%，该工艺也被称为“完全高级处理”（full advanced treatment，FAT），被认为是再生水饮用回用的标准工艺。

但是，FAT工艺中的RO产水过程中会产生高盐浓水，其对地表水、地下水和土壤均会造成较大影响。沿海地区可以将高盐浓水就近排入海中，处置成本相对较低，但在内陆地区往往只能依靠蒸发浓缩、膜蒸馏或深井注入等方式解决，从而大大增加了建设成本与能耗。这也是目前再生水饮用回用项目较多集中在沿海地区的原因，如在美国共有31个再生水饮用回用项目位于沿海地区，约占其全部的63%。

93 国外再生水饮用回用对我国的启示如何？

从国外工程案例可以看出，再生水饮用回用具有一定可行性。在工艺方面，以RO为核心的“完全高级处理”工艺更加适合对水质要求较高的地区，其不仅对浊度、盐、铁和锰等常规污染物的去除表现优异，而且对药物及个人护理品（PPCPs）、消毒副产物（DBPs）等痕量污染物的去除表现良好，同时，通过多屏障安全工程可使得病原微生物满足水质安全要求。但目前再生水饮用回用的成本、能耗仍较高，在未来的推广中可能会对其应用规模造成限制，故再生水饮用回用更加适合在需要其他水源来填补需求空缺的城市开展应用。通过对国际上的成功案例进行分析，可以对我国的再生水饮用回用形成以下几点启示：

① 打破原有标准的限制壁垒，深入开展再生水饮用回用的全流程系统研究。目前我国尚未将再生水饮用回用明确纳入再生水利用范畴，也无相关标准，再生水饮用回用缺乏应用空间。同时，再生水饮用回用需包含源头控制、处理净化技术、水质替代检测指标、环境缓冲影响、相关风险评估、关键控制点、成本与能耗管理等方面，系统非常复杂，需要通过全面深入的研究，为有效预防危害发生、降低风险及保证安全提供技术支持。此外，不同地区可根据自身缺水情况和环境条件，结合再生水饮用回用的不同利用方式的特点，因地制宜地开展试点项目。

② 加强水质快速检测与痕量化合物检测技术的研发，提高安全风险快速反馈与综合评估能力。目前，除了氯等少量参数可采用在线检测仪器进行实时监测外，大多数指标仍需在实验室中检测，耗时较长，不利于水质风险的及时发现和控制，因此亟需研发适合更多参数的在线监测技术。同时，需要提高对药品、化妆品、内分泌干扰物等痕量污染物的检测水平，以便在更大范围内了解并控制水质风险。此外，在风险综合评估方面，可参考美国国家水研究所的经验，建立一支由毒理学、化学、微生物学、水文地质学、环境工程、公共卫生和水处理技术等不同交叉学科专家组成的独立评估委员会，持续开展再生水饮用回用项目的定期科学评审，以确保水质的绝对安全。

94 国内外再生水生活饮用的现状如何？

纳米比亚和南非很多年前就开始将再生水间接用于生活饮用水，美国加州地区也建设了数座再生水间接饮用设施，新加坡的再生水也采取间接饮用。我国的西北甚至华北存在许多饮水困难地区，那些年降水量不足150mm而又没有过境水资源的地区理论上都属于饮水困难地区，都需要规划建设再生水生活饮用设施，但是目前尚无再生水生活饮用案例。

美国得克萨斯州埃尔帕索市Carollo再生水生活饮用工程已经完成设计，于2021年开工建设，Bustamante污水处理厂出水经过该工程处理后直接输配到供水管网供居民生活饮用，既没有自然环境缓冲，也不经过供水处理厂，建成后将是全球第一个再生水直接生活饮用项目。该项目2012年开始可行性研究，最大设计供水能力为45000m^3/d，经过中间试验确定以双膜过滤＋紫外催化高级氧化＋活性炭吸附为核心工艺单元，并开展了各种风险情景的模拟评估，最后决定正式立项建设。

二、再生水主要水质指标检测

（一）再生水水质检测的意义及主要检测指标

95 再生水水质检测有哪些重要意义？

再生水水质检测的重要意义主要体现在以下几个方面。

（1）保障再生水回用的安全性

再生水能够回用，安全是其首要条件。对再生水水质进行定期检测，通过比较检测结果与再生水回用标准或再生水处理工艺的长期稳定处理效果，有助于保障再生水对人体健康、设备设施、管道、回用对象和周围环境的安全性。

（2）保证处理设备的正常运行

通过对再生水各水质参数的定期检测，可以及时调整水处理设备的运行参数，以便及时发现并维护再生水处理设备的故障，从而保证再生水水质稳定达标和水处理设备的正常运行。

（3）提高再生水回用的经济效益和环境效益

通过对再生水水质的定期检测，可以使用户对再生水水质安全及水质稳定性有更为直观的了解，对再生水水质及再生水回用更加放心，从而加大再生水的利用规模和经济效益，以便更好地节约、利用水资源。

（4）提高科学管理水平

通过对再生水水质的定期检测，可快速排查各处理设备和构筑物可能出现的故障，有助于及时发现问题并解决问题，同时也能提高相关技术人员的专业素质、业务能力及管理水平。

96 再生水水质检测的主要检测指标有哪些？

再生水回用是一项系统工程，包括污/废水收集系统、处理系统、输配水系统和检测系统等。其中，再生水检测系统是保障其回用的关键，再生水能否回用主要取决于其水质是否能达到相应用途的回用水水质标准。

再生水水质检测指标按大类可以分为物理指标、化学指标、有机污染指标和生物指标。

① 物理指标一般以反映水质感观性状的指标为主，再生水水质检测中物理指标包括嗅、

色度、浊度、悬浮物、溶解性总固体等。

② 化学指标除了包括常规性化学指标 pH、溶解氧、总碱度、总硬度等外，还包括营养盐指标、无机阴离子指标和重金属指标。其中营养盐指标包括对再生水景观环境回用或城市杂用非常重要的总氮、氨氮、硝酸盐氮、亚硝酸盐氮和总磷等；无机阴离子指标包括余氯、氯化物、硫酸盐、硫化物和氰化物等；重金属指标包括再生水用于地下水回灌、绿地灌溉和农田灌溉等途径时非常重要的汞、镉、六价铬、铁、锰等。

③ 有机污染指标除了包括非特定有机污染指标化学需氧量、五日生化需氧量和总有机碳等外，还包括持久性有机污染物，比如挥发酚、阴离子表面活性剂、石油类污染物、烷基汞、甲醛、三氯甲烷、四氯化碳、三氯乙烯、四氯乙烯、五氯酚、苯、二甲苯、氯苯、硝基苯、苯胺、三氯乙醛等。

④ 生物指标用于评估再生水利用安全性及其对生态健康的潜在影响，主要通过检测大肠菌群、蛔虫卵数等指示生物，间接反映水体中病原菌、病毒及寄生虫的后果风险，预防介水传染病传播。

（二）物理指标的检测意义及方法

97 再生水中嗅的检测意义及方法有哪些?

（1）检测意义

嗅是反映使用者感到气味的水质指标，嗅觉是由产嗅物质的气态分子在鼻孔中的刺激所引起的。水中产生嗅的一些有机物和无机物，主要是由于生活污水或工业废水污染，天然物质分解，或微生物、生物活动造成的产物。某些物质只要存在每升零点几微克时即可察觉。然而，很难鉴定嗅味物质的组成。无嗅无味的水，虽不能保证其不含污染物，但有利于使用者对水质的信任。刘祖发等研究表明，再生水原水中嗅味物质主要包括土臭素（GSM）、2-甲基异莰醇（MIB）、2，3，6-三氯苯甲醚（TCA）、2-异丙基-3-甲氧基吡嗪（IPMP）以及 2-异丁基-3-甲氧基吡嗪（IBMP），这 5 种嗅味物质的嗅阈值都很低。其中，GSM 和 MIB 的嗅阈值为 10ng/L，即使以很低的浓度存在于水体中也能产生嗅味污染。

嗅味是感观指标，它对使用者健康造成的直接损害比较难于判定，但从舒适利用的观点来看，则是一个非常重要的指标。要确定嗅味的标准值非常困难，日本在《恶臭防止法》中指出“关于与排放水有关的臭味限制标准的计算方法，排放水中恶臭物质的浓度和大气中蒸发的该恶臭物质的浓度之间并没有明显关系”。特别是针对景观用水情况，使用者和再生水之间的距离无法确定。因此“嗅”强度的确定，主要是用“无不快感”来定性表示。

作为检验再生水原水和处理后水质的必测项目之一，检测嗅对评价再生水处理效果十分必要，并可作为追查污染源的一种手段。因此，城市污水再生利用标准中指出，将再生水回用于绿地灌溉（GB/T 25499—2010）和城市杂用水（GB/T 18920—2020）时，“嗅”均被列为基本控制项目，对其要求为“无不快感”。

（2）检测方法

再生水嗅的检测方法包括文字描述法和嗅阈值法（GB/T 5750.4—2023）。

① 文字描述法　检验人员依靠自己的嗅觉，在 20℃和煮沸后稍冷闻其嗅，用适当的词

句描述嗅特性，并按无、微弱、弱、明显、强、很强六个等级报告嗅强度。

② 嗅阈值法　用无嗅水稀释水样，直至闻出最低可辨嗅气的浓度，表示嗅的阈值。

98 再生水中色度的检测意义及方法有哪些?

(1) 检测意义

作为人类评价水体水质最早的指标之一，色度是直接反映水质好坏程度的重要参数。纯水无色透明，而纺织、印染、造纸、有机合成工业等废水中常含有大量的染料、生物色素、有色悬浮微粒等，是水体着色的主要原因。我国再生水普遍存在色度较高的问题，采用三维荧光光谱和气相色谱-质谱联用（GC/MS）技术对再生水中有机物进行分析，检测结果表明再生水中主要带色物质为富里酸与腐殖酸类物质，同时还存在偶氮二甲酸二乙酯、*N*，*N*-二甲基乙醇胺、苄醚、1，4-二甲基吡啶氯化物等导致再生水色度较高的带色有机物。

有色废水常给人以不愉快感，排入环境后又使天然水体着色，减弱水体的透光性，进而影响水生生物生长。近年来，由于水资源匮乏，再生水在生产生活中得到广泛应用，再生水回用于景观环境和城市杂用也日益引起人们的重视。景观水体一般具有流动性差、自净能力较弱、污染物含量高且不断积累等特点，这些性质易使水体产生色度积累、丧失观赏功能，自身的景观美学价值也大幅降低；城市杂用水中较高的色度会在冲洗器物表面形成带色斑块，降低人们的接受度和感官评价；工艺与产品用水中较高的色度会降低产品表观性状及产品质量。

因此，检测再生水色度对保障其回用和大众接受度十分必要。城市污水再生利用标准中指出，将再生水回用于工业用水（GB/T 19923—2024）时需将色度控制在20度以内；用于地下水回灌（GB/T 19772—2005）中的地表回灌和井灌时分别需要将色度控制在30度和15度以内；用于绿地灌溉时（GB/T 25499—2010）要求色度在30度以内；回用于城市杂用（GB/T 18920—2020）中的冲厕和车辆冲洗时需将色度控制在15度以内，而对于城市绿化、道路清扫、消防和建筑施工等用途色度要求较低，小于30度即可；用于景观环境用水时（GB/T 18921—2019），需将色度控制在20度以下。

(2) 检测方法

水体色度的单位是“度”，即在每升溶液中含有2mg六水合氯化钴（Ⅱ）（相当于0.5mg的钴和1mg的铂）时产生的颜色为1度，其检测方法包括铂钴标准比色法（GB/T 5750.4—2023）和稀释倍数法（HJ 1182—2021）。

① 铂钴标准比色法　用氯铂酸钾与氯化钴配制标准系列，与水样进行目视比色，记录色度。

② 稀释倍数法　取水样于烧杯中，以白色瓷板为背景，观测并描述其颜色种类。分取澄清待测水样，用水稀释成不同倍数置于比色管中，管底衬一白色瓷板，由上向下观察稀释后水样颜色并与蒸馏水相比较，直至刚好看不出颜色，记录此时的稀释倍数。

99 再生水中浊度的检测意义及方法有哪些?

(1) 检测意义

浊度反映溶液对光线通过时所产生的阻碍程度，它包括悬浮物对光的散射和溶质分子对光的吸收，主要是由于水中含有泥沙、黏土、有机物、无机物、悬浮生物和微生物等悬浮物质所造成的。浊度不仅与水中悬浮物质的含量有关，而且与它们的大小、形状及折射系数等有关。

再生水浊度过高不仅会降低其表观形状和回用于景观用水时的观赏效应，还会对机械设备内部造成污染或阻塞等影响。此外，相较于营养盐、有机物等需要相应药剂和仪器测量的指标，浊度更加直观。若水体浊度过高，会降低人们对再生水的接受程度和信赖度。因此，对于再生水的浊度应加以严格控制。

城市污水再生利用标准中指出，将再生水回用于工业用水（GB/T 19923—2024）时，需将浊度控制在5NTU以内；回用于地下水回灌（GB/T 19772—2005）中的地表回灌和井灌，分别需将浊度控制在10NTU和5NTU以内；回用于绿地灌溉（GB/T 25499—2010），限制性绿地和非限制性绿地的浊度限值分别为10NTU和5NTU；回用于城市杂用水（GB/T 18920—2020）中的冲厕和车辆冲洗时需将浊度控制在5NTU以内，而对于城市绿化、道路清扫、消防和建筑施工等用途，对浊度要求较低，小于10NTU即可；回用于景观环境用水（GB/T 18921—2019），对于景观湿地环境用水以及观赏性景观环境用水和娱乐性景观环境用水中的湖泊类、水景类水体，其浊度要求分别为10NTU、10NTU和5NTU。

（2）检测方法

再生水中浊度的常用检测方法包括浊度计法（HJ 1075—2019）和目视比浊法（GB/T 5750.4—2023）。

① 浊度计法　在适当温度下，硫酸肼与六次甲基四胺聚合，形成白色高分子聚合物。以此作为浊度标准液，在一定条件下与水样浊度相比较。

② 目视比浊法　将水样与硅藻土（或白陶土）配置的浊度标准液进行比较，将1mg一定粒度的硅藻土（或白陶土）在1000mL水中所产生的浊度，记为1度。

100 再生水中悬浮物的检测意义及方法有哪些?

（1）检测意义

悬浮物是指悬浮在水中的固体物质，包括不溶于水中的无机物、有机物及泥砂、黏土、原生动物、藻类、微生物等物质。水中悬浮物浓度是衡量水污染程度的指标之一，也是造成水体浑浊、色度较高和难闻嗅味的主要原因，其在水中不稳定，往往随着季节和地区的不同而变化。

将再生水回用于农田灌溉时，水体中较高的悬浮物浓度容易造成土壤板结，减弱其渗透性能和透气性，导致幼小植株和幼苗死亡，还会造成灌溉系统堵塞和磨损，从而降低灌溉效率。将再生水回用于工业用水时，较高的悬浮物浓度会加剧水流对管道内壁的冲刷，剥落内壁钝化膜，促进管道腐蚀。同时，悬浮物沉积易引发管道结垢，为微生物提供天然屏障和营养基质，促进细菌等微生物的繁衍增殖。因此，再生水回用时需对其悬浮物浓度进行检测和控制。

城市污水再生利用标准中指出，将再生水回用于农田灌溉时（GB 20922—2007），用于纤维作物、旱地谷物、水田谷物和露地蔬菜灌溉对应的悬浮物浓度限值分别为100mg/L、90mg/L、80mg/L和60mg/L。

（2）检测方法

再生水中悬浮物浓度使用重量法进行测定（DZ/T 0064.8—2021），当用滤纸法测定时，由于滤孔大小对测定结果有很大影响，所以报告结果时应注明所用滤纸型号及孔径大小（测定时多选用孔径为 0.45μm 的滤膜或中速滤纸）。

101 再生水中溶解性总固体的检测意义及方法有哪些?

（1）检测意义

溶解性总固体是溶解于水中的无机盐和有机物固体含量的总称，也称总矿化度，包括溶解于水中的各种离子、分子、化合物的总量，但不包括悬浮物和溶解性气体，其主要成分有钙、镁、钠、钾离子，碳酸根离子，碳酸氢根离子，硫酸根离子和硝酸根离子等。在无机物中，除溶解成离子状的成分外，还可能有分子状的无机物。

将再生水回用于工业用水或城市杂用水时，溶解性固体中的钙、镁离子决定水的硬度，低硬度促进材料内壁钝化膜的生成，防止进一步腐蚀，而高硬度易导致结垢并加速腐蚀过程的进行；溶解性固体中的氯离子和硫酸根离子导致电导率升高，水中离子和电子的迁移速率加快，促进铁、铝和锰的腐蚀，且高浓度的氯离子促进点蚀发生（尤其是不锈钢材料），硫酸根离子与钙离子共存引发结垢。同时，溶解性固体中的硝酸根离子大大加速了铁在酸性溶液中的腐蚀。

此外，对于地下水回灌，再生水中高的溶解性总固体含量常伴随着高硬度和高碱度；对于绿地灌溉和农田灌溉，再生水中较高的溶解性总固体含量易导致土壤板结，从而降低其持水性能，不利于植被、农作物生长。

因此，对于再生水回用，需检测并控制其溶解性总固体含量。城市污水再生利用标准中指出，将再生水回用于地下水回灌（GB/T 19772—2005）和绿地灌溉时（GB/T 25499—2010），对应溶解性总固体含量限值均为 1000mg/L；将再生水回用于城市杂用水时（GB/T 18920—2020），对于沿海和本地水源中溶解性固体含量较高的区域，限值为 2000mg/L，其他区域为 1000mg/L；将再生水回用于农田灌溉时（GB 20922—2007），盐碱地区限值为 2000mg/L，非盐碱地区限值为 1000mg/L；将再生水回用于工业用水时（GB/T 19923—2024），间冷开式循环冷却水补充水、锅炉补给水、工艺用水、产品用水的限值是 1000mg/L，直流冷却水、洗涤用水的限值是 1500mg/L。

（2）检测方法

再生水中溶解性总固体含量采用重量法（GB/T 5750.4—2023）测定，具体测量方法为：水样上清液经过滤后在一定温度下烘干，所得固体残渣称为溶解性总固体，包括不易挥发的可溶性盐类、有机物及能通过过滤器的不溶性微粒等。

（三）化学指标的检测意义及方法

102 再生水中 pH 的检测意义及方法有哪些?

（1）检测意义

pH 值是水中氢离子活度的负对数。天然水体中 pH 值多在 6～9 范围内，这也是我国污水排放标准中的 pH 控制范围，且 pH 值是水体化学指标中常用和最重要的检测项目之一。

pH 值作为对管道、泵、阀门等有腐蚀并产生结垢危害的有关指标，在酸性环境下（pH<7.0）容易造成管道及其构件腐蚀；在碱性环境下（pH>7.0）容易引起构筑物表面结垢，从而影响其使用寿命和性能。此外，pH 值在 7.5～9.5 范围内，pH 值升高会促进 Fe（Ⅱ）的氧化，形成的 Fe（Ⅲ）可强化腐蚀瘤的物理结构，抑制铁的释放；同时 pH 值的变化会打破化学反应的动态平衡并影响微生物生长，进而加剧管道腐蚀和堵塞。因此，检测再生水 pH 值对于保障其回用安全性十分必要。

不同的再生水回用对象对再生水 pH 值的要求也不尽相同，回用于工业（GB/T 19923—2024）、绿地灌溉（GB/T 25499—2010）、城市杂用水（GB/T 18920—2020）和景观环境（GB/T 18921—2019）用水时，其 pH 应控制在 6.0～9.0；回用于地下水回灌（GB/T 19772—2005）和农田灌溉（GB 20922—2007）时，要求的 pH 值控制范围分别为 6.5～8.5 和 5.5～8.5。

（2）检测方法

再生水 pH 值的检测方法为玻璃电极法（GB 5750.4—2023），具体测量方法如下：以玻璃电极为指示电极，饱和甘汞电极为参比电极组成电池。在 25℃理想条件下，氢离子活度变化 10 倍，电动势偏移 59.16mV，根据电动势的变化测量出 pH 值。

103 再生水中溶解氧的检测意义及方法有哪些?

（1）检测意义

溶解在水中的分子态氧称为溶解氧，水中溶解氧浓度与空气中氧分压、水温等因素都有密切关系。在自然情况下，空气中的含氧量相对稳定，故水温是主要影响因素，水温愈低，水中的溶解氧浓度愈高。

水中的溶解氧会由于空气里氧气的溶入及水生植物的光合作用而得到补充，但当水体受到有机物污染，且水体耗氧速率大于大气复氧速率时，水中溶解氧浓度逐渐降低，以致趋近于零。此时厌氧菌快速繁殖，有机物因腐败而使水体变黑、发臭。此外，再生水中溶解氧浓度会影响其输送管道中微生物的种群结构和生长状况，如常规条件下管道中微生物多为兼性细菌（硝酸盐还原菌和硫酸盐还原菌等），但当溶解氧浓度较低时有利于厌氧细菌生长（硫酸盐还原菌和铁还原菌等），加剧管道腐蚀。

城市污水再生利用标准中指出，将再生水回用于城市杂用水时（GB/T 18920—2020），需将溶解氧浓度控制在 2.0mg/L 以上；回用于农田灌溉时（GB 20922—2007），需将溶解氧浓度控制在 0.5mg/L 以上。

（2）检测方法

再生水中溶解氧浓度的测定主要包括碘量法和氧电极法（GB/T 12157—2022）。

① 碘量法　水样中加入硫酸锰和碱性碘化钾，水中溶解氧将低价锰氧化成高价锰，生成四价锰的氢氧化物棕色沉淀。加酸后，氢氧化物沉淀溶解，并与碘离子反应而释放出游离碘。以淀粉为指示剂，用硫代硫酸钠标准溶液滴定释放出的碘，根据滴定溶液消耗量计算溶解氧含量。

② 氧电极法　溶氧仪由传感器和显示仪表两部分组成，溶氧仪传感部分由金电极（阴极）和银电极（阳极）及氯化钾或氢氧化钾电解液组成，氧通过膜扩散进入电解液与金电极和银电

极构成测量回路。当给溶解氧分析仪电极加上0.6～0.8V的极化电压时，氧通过膜扩散，阴极释放电子，阳极接受电子，产生电流，通过测量电流值可测定溶解氧浓度。

104 再生水中总碱度的检测意义及方法有哪些?

（1）检测意义

碱度是指水吸收质子的能力，通常用水中所含能与强酸定量作用的物质总量来标定。水的碱度主要由三类物质组成：①强碱，如氢氧化钠、氢氧化钙等；②弱碱，如氨、苯胺等；③强碱弱酸盐，如碳酸盐、酸性碳酸盐、磷酸盐、硅酸盐等。废水及其他复杂体系的水体中，还含有有机碱类、金属水解性盐类等，均为碱度组成部分。碱度作为一种水的综合性指标，代表能被强酸滴定物质的总和。同时，碱度是判断水质和废水处理控制的重要指标，也常用于评价水体的缓冲能力及金属在其中的溶解性和毒性等。

我国《工业循环冷却水处理设计规范》（GB 50050—2017）中提出用钙硬度＋总碱度这一综合指标来评价管道腐蚀或结垢的倾向，故对于再生水回用于工业用水时，需对其碱度进行控制。此外，甘庆午等研究发现再生水中较高的碱度易造成管道“点蚀”现象的发生。碱度低时，CO_2易溶入水中，腐蚀产物层可能起腐蚀促进作用，钢管腐蚀速率随水中碱度增加而降低；然而通过对挂片的腐蚀产物观察发现，在碱度较低时，腐蚀产物分布整个挂片，随着碱度的升高，腐蚀产物分布相对较为集中，由此推断水中碱度增加使钢管腐蚀由全面腐蚀向区域腐蚀发展。

因此，总碱度被列为再生水回用于工业用水时的基本控制项目（GB/T 19923—2024），其对应限值为350mg/L（以$CaCO_3$计）。

（2）检测方法

再生水中碱度的测定方法包括滴定分析法（GB/T 9736—2008）和电位滴定法（GB/T 15451—2006）。

① 滴定分析法　水样用标准酸溶液滴定至规定的pH值，当滴定至酚酞指示剂由红色变为无色时，溶液pH值为8.3，指示水中氢氧根离子已被中和；当滴定至甲基橙指示剂由橘黄色变为橘红色时，溶液的pH值为4.4～4.5，指示水中的重碳酸盐已被中和。根据上述两个滴定终点到达时所消耗的盐酸标准滴定溶液的量，可以计算出水中碳酸盐、重碳酸盐及碱度值。

② 电位滴定法　电位滴定法是指用玻璃电极作为指示电极，甘汞电极作为参比电极，用盐酸标准溶液滴定，其终点通过pH计或电位滴定仪指示。电位滴定法可以绘制成滴定时pH值对酸标准滴定液用量的滴定曲线，然后计算出相应组分的含量或直接滴定到指定的终点。

105 再生水中总硬度的检测意义及方法有哪些?

（1）检测意义

总硬度是指水中Ca^{2+}、Mg^{2+}的总量，它包括暂时硬度和永久硬度。水中Ca^{2+}和Mg^{2+}以酸式碳酸盐形式存在时，因其遇热即形成碳酸盐沉淀而被除去，称之为暂时硬度；而以硫酸盐、硝酸盐和氯化物等形式存在时，因其性质比较稳定，不能通过加热的方式除去，故称之为永久硬度。丹麦、瑞典和挪威等国的供水水质标准中明确规定，pH、总碱度、总硬度、氯离子、硫酸根、铁、锰和铝为化学稳定性的控制指标。

硬度是水质的一个重要检测指标，通过检测可以知道其能否用于工业生产及日常生活，如硬度高的水可使肥皂沉淀，使洗涤剂的效用大大降低；纺织工业上硬度过大的水使纺织物粗糙且难以染色；硬度较高的水用于冷却循环用水时易堵塞管道，引起锅炉爆炸事故。将再生水回用于印染行业时，再生水的硬度对印染质量影响较大。邓燕平等人研究表明，当再生水硬度较高时，产品的皂洗牢度等级下降，不能满足染色的质量要求。

因此，总硬度被列为再生水回用于工业用水时的基本控制项目（GB/T 19923—2024），其对应限值为450mg/L（以 $CaCO_3$ 计）。此外，当再生水用于地下水回灌时，作为基本控制项目（GB/T 19772—2005），总硬度限值为450mg/L。

（2）检测方法

再生水中总硬度的检测方法包括乙二胺四乙酸二钠（EDTA）滴定法（GB/T 5750.4—2023）和自动电位滴定法（T/BHES 0001—2022）。

① EDTA滴定法　向水样中加入缓冲溶液使pH＝10，加入铬黑T指示剂，此时水样中的钙、镁离子与铬黑T形成紫红色的螯合物，然后用EDTA标准溶液进行滴定，由于此紫红色螯合物的稳定常数小丁EDTA与钙、镁离子形成的螯合物的稳定常数，EDTA先与钙离子，再与镁离子形成螯合物，滴定至终点时，紫红色消失，溶液变为蓝色，即铬黑T指示剂的颜色。

② 自动电位滴定法　自动电位滴定法是根据滴定过程中电池电动势的变化来确定滴定终点的滴定分析方法。因为钙、镁离子的活度与电极电位之间的关系遵守能斯特方程，当水样中同时放入参比电极和指示电极时即形成一个原电池，水样中加入缓冲溶液后，随着EDTA标准溶液的不断加入，被测溶液的钙、镁离子浓度也不断变化，被测溶液离子浓度的变化和指示电极的电位也发生相应变化，在化学计量点附近发生突变，由此确定滴定终点。

106 再生水中总氮的检测意义及方法有哪些？

（1）检测意义

总氮是水中各种无机和有机形态氮含量的总和，包括硝酸盐氮、亚硝酸盐氮、氨氮等无机氮和蛋白质、氨基酸、有机胺等有机氮，以每升水含氮毫克数计算（单位为mg/L），常被用来表示水体受营养物质污染的程度。其测定有助于评价水体污染程度和自净状况。

在景观环境用水方面，氮和磷是引起藻类繁殖的主要因素，浓度较高时常引起水体富营养化的出现。当水体富营养化加剧时，水体耗氧速率增加，容易造成水体缺氧，严重时导致水生生物死亡，生态系统破坏，且藻类分解过程中释放的藻毒素还可能通过气溶胶的方式进行扩散，从而带来一系列卫生和安全问题。同时，对于工业用水、城市杂用水等领域，结合细菌的元素组成（碳：氮：磷的摩尔比＝100：20：1.7）可知，氮作为细菌生长所必需的营养元素，较高浓度下会促进铁、铜、铝及其他金属管道中微生物增殖，进而加速管道腐蚀和堵塞。

因此，需对再生水中总氮浓度进行检测和严格控制。将再生水用于工业用水时（GB/T 19923—2024），总氮浓度限值为15mg/L；将再生水用于景观环境用水时（GB/T 18921—2019），观赏性景观环境用水和娱乐性景观环境用水中河道类水体总氮浓度限值为15mg/L，观赏性景观环境用水和娱乐性景观环境用水中湖泊、水景类水体总氮浓度限值为 10mg/L，而景观湿地环境用水中总氮浓度限值为 15mg/L。

（2）检测方法

再生水中总氮的检测方法为碱性过硫酸钾消解紫外分光光度法（HJ 636—2012）。具体测量方法如下：加入氢氧化钠用以中和氢离子，使过硫酸钾分解完全。在 120～124℃的碱性介质条件下，用过硫酸钾作氧化剂，不仅可将水样中的氨氮和亚硝酸盐氮氧化为硝酸盐氮，同时可将水样中大部分有机氮化合物氧化为硝酸盐。而后，用紫外分光光度法分别于波长 220nm 与 275nm 处测定其吸光度，按 $A=A_{220}-2A_{275}$ 计算硝酸盐氮的吸光度值，从而计算总氮含量。

107 再生水中氨氮的检测意义及方法有哪些？

（1）检测意义

氨氮是指以氨或铵离子形式存在的化合氮，即水中以游离氨（NH_3）和铵离子（NH_4^+）形式存在的氮，是水体中最容易被微生物和浮游动植物利用的氮形态，也是水体中的主要耗氧污染物。

当回用于景观水体的再生水中氨氮浓度较高时，在合适的温度和光照条件下易诱发浮游植物大量增殖，导致水体富营养化和缺氧现象的出现。同时，随着 pH 值上升，水体中氨氮易被转化成游离氨，游离氨浓度达到 2mg/L 时就会引起鱼类死亡。

当再生水回用于工业用水时，过高的氨氮浓度也存在诸多问题。首先，再生水中的氨在潮湿环境和高含氧量条件下对金属（尤其是铜）有严重的腐蚀作用。一方面，硝化细菌大量繁殖，微生物滋生不仅带来黏泥沉积，而且会腐蚀金属。黏泥沉积会破坏金属表面的保护膜，产生局部腐蚀，同时微生物代谢产物也会引起 pH、碱度、溶解氧浓度等指标发生变化，从而影响水质。另一方面，氨氮硝化过程产生的酸会造成 pH 及碱度的降低，且氨氮与铜反应发生腐蚀。

此外，氨氮也会对水生生物产生毒性，且水体中氨氮是导致硝化反应的基质和总氮的主要构成成分。因此，当再生水回用的受纳水体中有水生生物生存时，要对再生水水质标准中氨氮浓度进行控制。但是对于不同生物物种来说，其对氨氮的承受能力不同（见表 2-1）。

表 2-1　氨氮对鱼类的毒性

供试生物	实验结果/(mg/L)		药剂形态	实验条件
虹鳟	平均 500min 致死浓度	13	NH_4Cl	pH 8.2　19～21℃
	平均 500min 致死浓度	26	NH_4Cl	pH 7.8　19～21℃
	平均 500min 致死浓度	110	NH_4Cl	pH 7.0　19～21℃
	24h LC_{50}	21	NH_4Cl	pH 8.0　12～13℃
鳟鱼	回避阈量	1.6	NH_3	pH 8.0　8℃
鲤鱼	24h LC_{50}	68	NH_4Cl	pH 8.0　25℃
金鱼	24h LC_{50}	0.3	NH_4Cl	pH 8.0　17.5℃
水蚤	生长抑制	0.3～1.5	NH_4Cl	pH 8.0　22℃
	24h LC_{50}	100	NH_4Cl	pH 8.0　25℃
	24h LC_{50}	250	NH_4Cl	pH 8.0　25℃

注：LC_{50} 为半致死浓度。

因此，《城市污水再生利用　工业用水水质》（GB/T 19923—2024）中规定，当再生水回用于工业用水时，氨氮浓度上限为5mg/L。《城市污水再生利用　景观环境用水水质》（GB/T 18921—2019）中规定，当再生水回用于观赏性景观环境用水和娱乐性景观环境用水中的河道类水体时，氨氮浓度限值为5mg/L；回用于观赏性景观环境用水和娱乐性景观环境用水中的湖泊、水景类水体时，氨氮浓度限值为3mg/L；回用于景观湿地环境用水时，氨氮浓度限值为5mg/L。《城市污水再生利用　地下水回灌水质》（GB/T 19772—2005）中规定，地表回灌和井灌中对应的氨氮浓度限值分别为1.0mg/L和0.2mg/L。《城市污水再生利用　绿地灌溉水质》（GB/T 25499—2010）中规定，氨氮对应浓度限值为20mg/L。《城市污水再生利用　城市杂用水水质》（GB/T 18920—2020）中规定：在冲厕/车辆冲洗和城市绿化/道路清扫中对应氨氮浓度限值分别为5mg/L和8mg/L。

（2）检测方法

再生水中氨氮的检测方法包括纳氏试剂分光光度法（HJ 535—2009）和水杨酸分光光度法（HJ 536—2009）。

① 纳氏试剂分光光度法　碘化汞和碘化钾的碱性溶液与氨反应生成淡红棕色胶态化合物，此颜色在较宽的波长内具有强烈吸收，通常测量用波长在410～425nm范围。

② 水杨酸分光光度法　在亚硝基铁氰化钠存在时，铵与水杨酸盐和次氯酸离子反应生成蓝色化合物，在波长697nm处具有最大吸收。

108 再生水中硝酸盐氮的检测意义及方法有哪些?

（1）检测意义

水体中硝酸盐氮是在有氧环境下，亚硝酸盐氮、氨氮等各种形态的含氮化合物中最稳定的氮形态，亦是含氮有机物经无机化作用最终的分解产物。亚硝酸盐可经氧化作用生成硝酸盐，硝酸盐在无氧环境中，亦可受微生物作用还原为亚硝酸盐。水体中硝酸盐氮属于低毒或无毒，且相较氨氮，较难被浮游动植物所利用。因此，当再生水回用于工业用水、绿地灌溉用水、城市杂用水、景观环境用水和农田灌溉用水时，无需对再生水中硝酸盐氮浓度进行控制。

地球上适于饮用的淡水只占全球水量的4.9%，世界上50%的人口仍以地下水为饮用水源。但由于大量氮素化肥的施用，动物粪便、生活污水和含氮工业废水的不合理处置，使地下水中硝酸盐浓度在不同程度上呈现出上升趋势。通过饮用水和食物链等途径进入人体的硝酸盐，有80%会随着尿液被排出体外，另外20%会储存在人体内。硝酸盐在人体内经过消化系统后被转化成亚硝酸盐，亚硝酸盐能使血液中血红蛋白分子氧化，将二价铁转化为三价铁，从而使其丧失了携带氧的能力，导致患者呼吸困难甚至死亡。此外，硝酸盐在机体内可转化为亚硝酸盐，在各种含氮有机化合物（胺、酰胺、尿素、氰胺等）的作用下会形成具有化学稳定性的直接致癌、致畸、致突变的亚硝基化合物（亚硝基胺和亚硝基酰胺），并诱导产生肠道、胃、脑、神经系统、骨骼、皮肤、甲状腺等肿瘤疾病。

日本、英国、智利、哥伦比亚均报道过亚硝酸盐、硝酸盐与胃癌发病率的相关性很大。瑞典曾在克里斯蒂塔地区对35例癌症患者致病原因进行分析，结果表明，其中有一半以上的病例是因饮用高硝酸盐含量的地下水所致。我国的山西省阳城，河南省林县及江苏省泰县、扬中县等地区的食道（管）癌症高发病率与当地水源中高硝酸盐含量密切相关。由于硝酸盐的污染，“肥水井”现象不断增加，世界范围内地下水硝酸盐的污染已越来越严重。

因此，将再生水用于地下水回灌时，有必要对再生水中硝酸盐氮浓度进行检测和控制，其对应限值为15mg/L（GB/T 19772—2005）。

（2）检测方法

再生水中硝酸盐氮的检测方法包括酚二磺酸分光光度法（GB 7480—1987）和紫外分光光度法（GB/T 5750.5—2023）。

① 酚二磺酸分光光度法　酚二磺酸在无水条件下与硝酸根离子作用，生成硝基二磺酸酚，在碱性溶液中，生成黄色化合物，用分光光度计在410nm波长处比色测定。

② 紫外分光光度法　利用硝酸根离子在紫外区220nm波长处的吸收而定量测定硝酸盐氮浓度。溶解的有机物在220nm处和275nm处均有吸收，而硝酸根离子在275nm处没有吸收。因此，在275nm处作另一次测量，以校正硝酸盐氮值。

109 再生水中亚硝酸盐氮的检测意义及方法有哪些?

（1）检测意义

亚硝酸盐氮是指水体中含氮有机物进一步氧化，在转化成硝酸盐过程中的中间产物。亚硝酸盐作为水体氮循环的中间产物，其主要来自氨氮的亚硝化作用和硝酸盐的反硝化作用。水中存在亚硝酸盐时，表明有机物的分解过程还在继续进行，亚硝酸盐的含量若太高，即说明水中有机物的无机化过程较为强烈。

亚硝酸盐在水产养殖中是诱发各种疾病的重要环境因素，亚硝酸盐在水温过高（水温长时间维持在30℃以上）、有机质丰富的水体环境中更易生成和累积。亚硝酸盐含量升高，不仅说明池塘底部缺氧，养殖水质恶化，同时也是水生动物发病的前期征兆。作为一种氧化剂，亚硝酸盐能将血红蛋白的二价铁氧化为三价铁，使血红蛋白转化为高铁血红蛋白，失去携带氧的能力。同时，亚硝酸盐能在各种含氮有机化合物作用下，形成致癌和致突变性的亚硝胺和亚硝基酰胺等亚硝基族化合物。

再生水回用于工业用水、城市杂用水、绿地灌溉和农田灌溉时，因人或动物不会饮用，故无需对其中亚硝酸盐浓度进行控制；再生水回用于景观环境用水时，在较高的溶解氧浓度和微生物作用下，水体中亚硝酸盐易被转化为无毒无害的硝酸盐，也无需控制再生水中亚硝酸盐的浓度；但再生水用于地下水回灌时，缺氧环境下硝酸盐的还原造成亚硝酸盐的进一步积累，且我国大多数居民以地下水作为饮用水源，故需定期检测并严格控制用于地下水回灌的再生水中亚硝酸盐浓度。

因此，《城市污水再生利用　地下水回灌水质》（GB/T 19772—2005）中规定：亚硝酸盐作为再生水用于地下水回灌时的基本控制项目，其浓度限值为0.02mg/L。

（2）检测方法

再生水中亚硝酸盐的检测方法为重氮偶合分光光度法（GB/T 5750.5—2023），具体检测方法如下：在磷酸介质中，pH为1.8±0.3时，亚硝酸盐与对氨基苯磺酰胺反应，生成重氮盐，再与*N*-(1-萘基)-乙二胺偶联生成红色染料，在540nm处有最大吸收。

110 再生水中总磷的检测意义及方法有哪些?

(1) 检测意义

水体中磷以无机态的正磷酸盐、焦磷酸盐、偏磷酸盐和有机态的磷脂、核酸等形式存在。总磷是水样经消解后将各种形态的磷转变成正磷酸盐后测定的结果，以每升水样含磷毫克数计量。

大量研究证实，磷是限制海洋、湖泊等水生生态系统初级生产力水平的关键因素，磷的过量输入是引起水体富营养化问题的主要原因。瓦伦韦德在总结世界环境署的研究成果后指出，80%的水库、湖泊富营养化是受磷元素制约的，大约10%的富营养化与氮和磷元素有关，余下10%与氮和其他因素有关。因此，氮、磷元素是研究富营养化的关键所在。而在一般情况下，水体中大多数的藻类具有从大气中同化氮气的能力，这使得水体中磷浓度通常作为富营养化的标志。在美国五大湖地区对湖水进行的生物分析中发现，月牙藻对外加的磷敏感，而对氮不敏感；对安大略湖西北部的湖泊研究表明，在没有氮汇入的前提下，外源磷输入仍会引发蓝藻暴发，使生态系统的初级生产力显著提高。

有学者指出，当水体磷浓度较高时，蓝藻大量繁殖，水体从清澈变为浑浊，引起富营养化的发生。在富营养水体中，生长着以蓝藻为优势种类的大量藻类，这些藻类浮在水体表层，形成一层“绿色浮渣”，使水体透明度大幅降低，进而影响水体感官效应。此外，富营养化水体表层密集的藻类使阳光难以透射进入水体深层，而且阳光在穿射过程中被藻类吸收而衰减，所以深层水体的光合作用明显受到限制而减弱，水体溶解氧浓度大幅下降。其次，藻类死亡后不断向湖底沉积且伴随着腐烂分解过程，不仅消耗深层水体溶解氧造成缺氧现象，还会进一步加剧水体中营养盐的升高，形成富营养水体的恶性循环。

因此，需对再生水回用时的总磷浓度加以检测和控制。将再生水回于工业用水（GB/T 19923—2024）和地下水回灌（GB/T 19772—2005）时，对应总磷浓度限值分别为0.5mg/L和1.0mg/L。此外，《城市污水再生利用　景观环境用水水质》（GB/T 18921—2019）中规定，回用于观赏性景观环境用水和娱乐性景观环境用水中河道类水体的再生水，总磷浓度限值为0.5mg/L；回用于观赏性景观环境用水和娱乐性景观环境用水中湖泊、水景类水体的再生水，总磷浓度限值为0.3mg/L；回用于景观湿地环境用水的再生水，总磷浓度限值为0.5mg/L。

(2) 检测方法

再生水中总磷的检测方法包括钼酸铵分光光度法和孔雀绿-磷钼杂多酸分光光度法（GB 11893—1989）。

① 钼酸铵分光光度法　在中性条件下用过硫酸钾（或硝酸-高氯酸）使试样消解，将所含磷全部氧化为正磷酸盐。在酸性介质中，正磷酸盐与钼酸铵反应，在锑盐存在下生成磷钼杂多酸后，立即被抗坏血酸还原，生成蓝色的络合物，通常称磷钼蓝。

② 孔雀绿-磷钼杂多酸分光光度法　在中性条件下用过硫酸钾使试样消解，将所含磷全部氧化为正磷酸盐，在酸性介质中，碱性染料孔雀绿与磷钼杂多酸生成绿色离子缔合物，并以聚乙烯醇稳定显色液，直接在水相中用分光光度法测定正磷酸盐。

111 再生水中余氯的检测意义及方法有哪些?

（1）检测意义

余氯是指氯投入水中后，除了与水中细菌、微生物、有机物、无机物等作用消耗一部分氯量外，还剩下一部分氯量，剩余的这部分氯就叫做余氯，单位为mg/L。水体中余氯可分为化合性余氯和游离性余氯两大类，其中化合性余氯是指水中氯与氨的化合物，有NH_2Cl、$NHCl_2$及$NHCl_3$三种，以$NHCl_2$最为稳定，杀菌效果好，又叫结合性余氯；游离性余氯是指水中的OCl^-、HOCl、Cl_2等，杀菌速度快，杀菌能力强，但消失快，又叫自由性余氯；总余氯即化合性余氯与游离性余氯之和。

余氯过高将给水带来臭味，过低将使水失去保持杀菌的能力，降低再生水的卫生安全性。因此，不同于其他指标具体的浓度限值，再生水中余氯量应控制在一个合适的浓度范围内。从卫生学上说余氯是安全和容易把握的指标，例如，在再生水处理设施出口处若没有检测出余氯，则表明被注入的余氯被水中有机物消耗掉了，起不到消毒作用，大肠菌群数有可能上升。在污水处理厂内，若有肠道传染病发生，在病原菌流入的情况下，必须采用提高投氯量等措施。而将再生水用于景观用水、亲水用水时，若有鱼类等生物养殖，余氯会对水生生物产生影响，一般加氯方法是不适合的，所以要对此引起高度重视。此外，检测结果中的余氯若有结合性余氯时，表明处理水中含有氨氮，会与氯形成结合性余氯。

余氯可作为简单的卫生安全性指标用于日常管理。氯化合物对大多数生物有毒性，除杀菌以外，还可以抑制设备内的藻类、水蛆等产生及繁殖。当再生水回用于观赏生物养殖时，其余氯不得检出，余氯对生物的影响如表2-2所示。当用于生物饲养时，要采取脱氯处理或加氯以外的其他消毒法（如臭氧、紫外线等）以及膜处理法。

表2-2 余氯对生物的影响

实验生物	实验结果/(mg/L)	
金鱼	96h LC_{50}	0.35
鲤鱼	12～16d死亡25%	游离态0.15～0.2
鳏鱼	最大安全浓度	游离态0.2
小鲇	24h 100%致死浓度	游离态0.28～0.3
海产小鲇	16h致死浓度	游离态2.3
	50h致死浓度	游离态0.56
虹鳟	最大安全浓度	氯胺0.05
	急性毒性阈值	氯胺0.5
	2h LC_{50}	氯胺0.66
水蚤	72h LC_{50}	氯胺0.5
藻类	繁殖抑制浓度	游离态0.25～0.3

注：LC_{50}为半致死浓度。

因此，当再生水生产过程使用加氯消毒时，不仅要关注消毒效果，还应检测并控制出水中余氯量，以保证其对受纳水体及回用对象的安全性和稳定性。将再生水用于工业用水（GB/T 19923—2024）和绿地灌溉用水（GB/T 25499—2010）时，余氯浓度应分别控制在

0.1～0.2mg/L 和 0.2～0.5mg/L 范围内。将再生水用于城市杂用水时（GB/T 18920—2020），对应污水厂出水和管网末端余氯浓度限值分别为 1.0mg/L 和 0.2mg/L；用于农田灌溉用水时（GB 20922—2007），纤维作物、旱地谷物、油料作物的余氯浓度限值为 1.5mg/L，水田谷物和露地蔬菜的余氯浓度限值为 1.0mg/L；用于景观环境用水时（GB/T 18921—2019），观赏性景观环境用水、景观湿地环境用水和娱乐性景观环境用水中的河道类及湖泊类水体对余氯浓度均无要求，而娱乐性景观环境用水中的水景类水体余氯浓度应控制在 0.05～0.1mg/L 范围内。

（2）检测方法

再生水中余氯的测定方法包括碘量滴定法和 *N*，*N*-二乙基对苯二胺（DPD）分光光度法（GB/T 5750.11—2023）。

① 碘量滴定法　本法适用于测定余氯含量大于 1mg/L 的水样，其原理是氯在酸性溶液中与碘化钾起氧化作用，释放出一定量的碘，再以硫代硫酸钠标准溶液滴定碘，根据硫代硫酸钠标准溶液的消耗量计算出水样含氯量。

② DPD 分光光度法　游离氯在 pH＝6.2～6.5 时可与 DPD 直接反应生成红色化合物，用分光光度法进行测定。

112 再生水中氯化物的检测意义及方法有哪些?

（1）检测意义

氯化物是水和废水中一种常见的无机阴离子，几乎所有的水体中都有氯离子存在，它的含量范围变化很大。

许多有机氯化物为持久性有机污染物，具有低水溶性、高脂溶性、易在生物体内积累等特点，被生物有机体在生长发育过程中直接从环境介质或从消耗的食物中摄取并积蓄，对人体健康和环境造成严重危害。有机氯化物有致癌性，可以经动物和人的皮肤、呼吸道被吸收，对人造成严重危害，出现痤疮样皮疹、黄疸、四肢麻木等症状，甚至造成死亡。

若再生水中含有较高浓度的氯化物，会损害金属管道和构筑物，对配水系统有腐蚀作用。当其回用于河流、湖泊或池塘等水体中，使得受纳水体氯化物含量增加。较高浓度的氯化物对鱼类有害，试验研究表明，当水体氯化物含量处于 2000～6000 mg/L 时，导致鱼虾死亡。氯化物对水生生物的毒性不仅与氯化物的浓度有关，也与水中存在的阳离子有密切关系。氯化物对水蚤亚目的致死浓度为 4200mg/L；当水中阳离子为镁时，水中氯化物浓度达到 740mg/L，水蚤亚目就会中毒；而阳离子为钾离子时，水蚤亚目的致毒氯化物浓度只有 37mg/L。当再生水回用于农田灌溉时，较高的氯化物浓度会抑制作物生长，进而降低农作物的产量。通常情况下，植物对氯化物有一定耐受力，但是一些植物对氯化物特别敏感，例如氯化物浓度为 30mg/L 时对柠檬生长有害，浓度为 50mg/L 时不利于柑橘生长。当其浓度达到 100～350mg/L 时，氯化物对大多数植物均有致毒作用。

因此，再生水回用，尤其是回用于地下水回灌和农田灌溉用水时，需对其氯化物浓度进行严格检测和控制。城市污水再生利用标准中指出，将再生水用于地下水回灌（GB/T 19772—2005）和绿地灌溉用水（GB/T 25499—2010）时，对应氯化物浓度限值为 250mg/L；将再生水用于城市杂用水（GB/T 18920—2020）和农田灌溉用水时（GB 20922—

2007），对应氯化物浓度限值为 350mg/L；将再生水用于工业用水（GB/T 19923—2024）中的间冷开式循环冷却水补充水、锅炉补给水、工艺用水、产品用水时，氯化物浓度限值为 250mg/L，用于冷却水、洗涤用水时，氯化物浓度限值为 400mg/L。

（2）检测方法

再生水中氯化物的测量方法包括离子色谱法（HJ 84—2016）、硝酸银容量法（GB/T 5750.5—2023）和全自动电位滴定法（DB61/T 1306—2019）。

① 离子色谱法　本法利用离子交换的原理，连续对多种阴离子进行定性和定量分析。将水样注入碳酸盐-碳酸氢盐溶液，并流经系列的离子交换树脂，基于待测阴离子对低容量强碱性阴离子树脂的相对亲和力不同而彼此分开。被分开的阴离子在流经强酸性阳离子树脂时，被转化为高电导的酸型，碳酸盐-碳酸氢盐则转变成弱电导的碳酸（清除背景电导）。用电导检测器测量被转变为相应酸型的阴离子，与标准进行比较，根据保留时间定性，峰高或峰面积定量。

② 硝酸银容量法　在中性或弱碱性溶液中，以铬酸钾为指示剂，用硝酸银滴定氯化物时，由于氯化银的溶解度小于铬酸银，氯离子首先被完全沉淀后，铬酸根才以铬酸银形式沉淀出来，产生砖红色物质，指示氯离子滴定的终点。

③ 全自动电位滴定法　电位滴定法测定氯化物，是以氯电极为指示电极，以玻璃电极或双液接参比电极为参比，用硝酸银标准溶液滴定，用毫伏计测定两电极之间的电位变化。在恒定地加入少量硝酸银的过程中，电位变化最大时仪器的读数即为滴定终点。

113 再生水中硫酸盐的检测意义及方法有哪些?

（1）检测意义

硫酸盐是指由硫酸根离子（SO_4^{2-}）与其他金属离子组成的化合物，都是电解质，且大多数溶于水。硫酸盐矿物是金属元素阳离子（包括铵根）和硫酸根相化合而成的盐类。由于硫是一种变价元素，在自然界它可以呈现不同的价态，形成不同的矿物。当它以最高的价态 S^{6+} 与四个 O^{2-} 结合成 SO_4^{2-}，再与金属元素阳离子结合即形成硫酸盐。

再生水景观回用时，水体中较高的硫酸盐浓度会使受纳水体酸化，pH 值降低，危害水体生态系统安全，且水体 pH 降低会加剧沉积物中氮磷营养盐的大量释放，造成水体富营养化和缺氧现象，从而形成恶性循环。将硫酸盐浓度较高的再生水用于城市绿化时会破坏土壤结构，造成土壤板结，降低其持水性能，进而影响植被生长。此外，当再生水回用于工业用水中的循环冷却水和锅炉补给水时，硫酸盐本身虽然无害，但其在厌氧环境下易被硫酸盐还原菌还原为 H_2S，H_2S 能严重腐蚀金属设备和管道，且有恶臭性气味，会降低回用水的表观性状。大量研究已经证明，当管道中水体硫酸盐浓度较高时，硫酸盐还原菌能够利用 H_2 作为电子供体和能量来源维持自身的生长繁殖，含有氢化酶的硫酸盐还原菌会对金属表面造成严重的腐蚀影响，降低再生水工业回用的可行性及稳定性。

再生水中硫酸盐的危害还体现在以下几个方面。

① 加速了水体中甲基汞的产生。甲基汞是一种剧毒性的金属有机化合物，如果这种物质在水体中形成，会对周围生态环境和动植物生长带来极大隐患。

② 改变了水体原有生态调节功能。受到厌氧环境的促进作用，硫酸盐的还原过程会变

得非常活跃，生成大量化学衍生物，其中就包括具有高毒性的 H_2S。

③ 造成了水体中大量金属微量元素的流失。SO_4^{2-} 经过一定的反应转化成 S^{2-} 并与水中的金属离子发生化合反应产生硫化物沉淀，使水体中大量金属微量元素快速流失，进而影响水生植物生长，最终导致水体中生态平衡遭受破坏。

因此，需对再生水回用时的硫酸盐浓度进行检测和控制。将再生水回用于工业用水时（GB/T 19923—2024），用于直流冷却水、洗涤用水和用于间冷开式循环冷却水补充水、锅炉补给水、工艺用水、产品用水的硫酸盐浓度限值分别为 600mg/L 和 250mg/L；将再生水回用于城市杂用水时（GB/T 18920—2020），硫酸盐浓度限值为 500mg/L。

（2）检测方法

再生水中硫酸盐的测定方法包括离子色谱法、硫酸钡重量法和铬酸钡分光光度法（GB/T 5750.5—2023）。

① 离子色谱法　本法利用离子交换的原理，连续对多种阴离子进行定性和定量分析。水样注入碳酸盐-碳酸氢盐溶液并流经系列的离子交换树脂，基于待测阴离子对低容量强碱性阴离子树脂（分离柱）的相对亲和力不同而彼此分开。被分开的阴离子，在流经强酸性阳离子树脂（抑制柱）时，被转换为高电导的酸型，碳酸盐-碳酸氢盐则转变成弱电导的碳酸（清除背景电导）。用电导检测器测量被转变为相应酸型的阴离子，与标准进行比较，根据保留时间定性，峰高或峰面积定量。

② 硫酸钡重量法　硫酸盐在盐酸溶液中与加入的氯化钡形成硫酸钡沉淀，在接近沸腾的温度下进行沉淀并至少煮沸 20min，使沉淀陈化后过滤，洗涤沉淀至无氯离子为止。烘干或者灼烧沉淀，冷却后，称量硫酸钡的重量。

③ 铬酸钡分光光度法　在酸性溶液中，铬酸钡与硫酸盐生成硫酸钡沉淀，并释放出铬酸根离子。溶液中和后多余的铬酸钡及生成的硫酸钡仍是沉淀状态，经过滤除去沉淀。在碱性条件下，铬酸根离子呈现黄色，测定其吸光度，即可知硫酸盐的含量。

114 再生水中硫化物的检测意义及方法有哪些？

（1）检测意义

再生水中硫化物包括溶解性的 H_2S、HS^-、S^{2-}，存在于悬浮物中的可溶性硫化物、及未电离的有机、无机类硫化物。生活污水中常含有硫化物，多源于厌氧条件下细菌将硫酸盐还原或由含硫有机物的分解而生成，导致生活污水深度处理后产生的再生水含有一定浓度的硫化物。

硫化氢易从水中逸散于空气，产生臭味，且毒性很大。它可与人体内细胞色素、氧化酶中的二硫键作用，影响细胞氧化过程，造成细胞组织缺氧，危及人的生命。硫化氢除自身能腐蚀金属外，还可被污水中的微生物氧化成硫酸，进而腐蚀管道。此外，当水体中硫化物浓度过高时，微生物的正常结构将遭到破坏甚至造成菌体内酶变质，最终导致微生物失去活性。

再生水中较高的硫化物浓度对人与动、植物的健康也有影响。研究表明，由于硫化氢是与氰氢酸具有同样水平的毒性物质，当水中硫化氢浓度达到 0.15mg/m^3，会影响新放养鱼苗的生长和鱼卵的成活；硫化氢对高等植物根的毒害也很大，3～4.5mg/m^3 对柑橘类根产生影响。若用含较高浓度硫化物的再生水灌溉农田，植物的根系生长将会受到抑制，植物根部发黑继而腐烂，造成农作物枯萎减产；当再生水中 H_2S 逸散至空气，空气中 H_2S 浓度为 0.13mg/L 时就能察觉到其气味，浓度为 4.6mg/L 时气味已十分明显，且人体产生明显不适感。

为此，需对再生水中的硫化物浓度进行检测和控制。城市污水再生利用标准中指出，将再生水用于工业用水（GB/T 19923—2024）、地下水回灌用水（GB/T 19772—2005）和农田灌溉用水（GB 20922—2007）时，对应硫化物浓度限值分别为 1.0mg/L、0.2mg/L 和 1.0mg/L。

（2）检测方法

由于硫化物中硫离子很容易被氧化，硫化氢易从水样中逸出。因此，在水样采集时应防止曝气，并加入一定量的乙酸锌溶液和适量氢氧化钠溶液，使呈碱性并生成硫化锌沉淀。水样的预处理方法包括，乙酸锌沉淀-过滤法、酸化吹气法、过滤-酸化-吹气分离法。预处理后再生水水样中硫化物的测量方法包括，碘量法（HJ/T 60—2000）、间接火焰原子吸收法（GB/T 5750.5—2023）和亚甲基蓝分光光度法（HJ 1226—2021）。

① 碘量法　硫化物在酸性条件下与过量的碘作用，剩余的碘用硫代硫酸钠溶液滴定，由硫代硫酸钠溶液所消耗的量间接求出硫化物的含量。

② 间接火焰原子吸收法　当水样酸化后转化成硫化氢，用氮气带出，被含有定量且过量的铜离子吸收液吸收。分离沉淀后，通过测定上清液中剩余的铜离子，对硫化物进行间接定量。

③ 亚甲基蓝分光光度法　在含高铁离子的酸性溶液中，硫离子与对氨基二甲基苯胺作用，生成亚甲蓝，颜色深度与水中硫离子浓度成正比。

115 再生水中氰化物的检测意义及方法有哪些?

（1）检测意义

氰化物特指带有氰基（CN）的化合物，其中的碳原子和氮原子通过三键相连接。这一三键给予氰基以相当高的稳定性，使之在通常的化学反应中都以一个整体存在。因该基团具有和卤素类似的化学性质，常被称为拟卤素。水中氰化物可分为简单氰化物和络合氰化物两种。简单氰化物包括碱金属的盐类和其他金属的盐类，而络合氰化物有多种分子式。氰化物的主要污染源是小金矿的开采、冶炼、电镀、有机化工、选矿、炼焦、化肥等工业排放废水。

氰化物属于剧毒物质，对人体的毒性主要是与高铁细胞色素氧化酶结合，生成氰化高铁细胞色素氧化酶而失去传递氧的作用，引起组织缺氧窒息。尤其是氰化氢气体的质量浓度达到 0.005mg/L 时，短时间内就会引起人头痛和心律不齐等症状。不仅如此，氰化物通过皮肤吸收和刺激皮肤，也有生命危险，特别是在高温条件下，皮肤血管扩张更容易吸收氰化氢。当水体中氰化物浓度达 0.3～0.5mg/L 时，水中的鱼类及其他水生生物将死亡。此外，由于氰化物进入含水层后，与土壤中的金属元素发生络合作用，氰化物以较为稳定的络合态存在。

因此，将再生水用于地下水回灌、绿地灌溉和农田灌溉用水时，必须对再生水中氰化物浓度进行检测和控制。城市污水再生利用标准中指出，将再生水用于地下水回灌（GB/T 19772—2005）、绿地灌溉（GB/T 25499—2010）和农田灌溉（GB 20922—2007）时，氰化物浓度限值分别为 0.05mg/L、0.5mg/L 和 0.5mg/L。

（2）检测方法

检测再生水中氰化物时，测量方法包括硝酸银滴定法、异烟酸-吡唑啉酮分光光度法和异烟酸-巴比妥酸分光光度法（HJ 484—2009、GB/T 5750.5—2023）。

① 硝酸银滴定法　经蒸馏得到的碱性馏出液用硝酸银标准溶液滴定，氰离子与硝酸银作用形成可溶性的银氰络合离子，过量的银离子与试银灵指示液反应，溶液由黄色变为橙红色，即为滴定终点。

② 异烟酸-吡唑啉酮分光光度法　在中性条件下，样品中的氰化物与氯胺 T 反应生成氯化氰，再与异烟酸作用，经水解后生成戊烯二醛，最后与吡唑啉酮缩合生成蓝色染料。其色度与氰化物的含量成正比，在 638nm 波长进行光度测定。

③ 异烟酸-巴比妥酸分光光度法　在弱酸性条件下，水样中的氰化物与氯胺 T 作用生成氯化氰，然后与异烟酸反应，经水解后生成戊烯二醛，最后再与巴比妥酸作用生成紫蓝色化合物，在一定浓度范围内，其色度与氰化物含量呈正比。于 600nm 波长处测其吸光度，与标准系列比较，即可得所测样品中氰化物的含量。

116 再生水中汞的检测意义及方法有哪些?

（1）检测意义

汞，俗称水银，是一种密度大、银白色、室温下为液态的过渡金属。由于汞在大气、土壤和水体中均有分布，所以汞的迁移转化也在土壤、水与空气之间发生。大气中气态和颗粒态的汞随风飘散，通过湿沉降或干沉降落到地面或水体中。土壤中的汞可挥发进入大气，也可被降水冲淋进入地表水或渗透入地下水中。地表水中的汞一部分由于挥发而进入大气，大部分则沉淀进入沉积物。

汞含有极强的生理毒性，且具有积累性强、分布范围广的特点，是我国优先级控制的污染物。生物体内含有的汞及其化合物一旦过量就可能造成伤害，如甲基汞可通过食物链进入人体，造成反应迟钝、说话障碍等问题，严重者甚至会对中枢神经系统造成永久性损伤。随着社会发展，人类活动范围扩大，造成了一系列汞污染问题，由于汞排放到环境中造成水产品污染，日本在 20 世纪 50 年代发生“水俣病”事件，我国 70 年代松花江沿岸居民长期大量食用汞污染水产品，造成了严重的汞中毒事件，对当地生态环境造成巨大破坏。

因此，检测并控制再生水中汞的浓度对于保障其回用安全性十分必要。城市污水再生利用标准中指出，将再生水用于地下水回灌（GB/T 19772—2005）、绿地灌溉（GB/T 25499—2010）和农田灌溉（GB 20922—2007）时，对应汞浓度限值均为 0.001mg/L。

（2）检测方法

再生水中汞的检测方法包括冷原子吸收法和双硫腙分光光度法（GB/T 5750.6—2023）。

① 冷原子吸收法　汞原子蒸气对波长 253.7nm 的紫外光具有选择性吸收作用，在一定范围内，吸收值与汞蒸气浓度成正比。在室温下通入空气或氮气，将金属汞气化，载入冷原子吸收测定仪，测量吸收值，求得试样中汞的含量。

② 双硫腙分光光度法　95℃下用高锰酸钾和过硫酸钾将试样消解，把所含汞转化为二价汞。用盐酸羟胺将过剩的氧化剂还原，在酸性条件下，汞离子与双硫腙生成橙色螯合物，用有机溶剂萃取，再用碱溶液洗去过剩的双硫腙，使用分光光度计测量吸光度。

117 再生水中镉的检测意义及方法有哪些?

（1）检测意义

镉，呈银白色，易与氧气、氯化氢、二氧化硫、水蒸气、二氧化碳等反应，产生氧化镉、氯化镉、亚硫酸镉、硫酸镉等化合物，这些化合物在自然环境中不能被进一步分解，却能与多种物质反应，在多种化合物与基团间转化，形成毒性更大的物质。自然界中的镉源自矿物组分，经过多年的自然分化，镉会随雨水地表径流等途径进入自然水体。水体镉污染主要由人类频繁活动引起，例如矿山开采、工业废水排放、电镀产业兴起及含镉肥料使用等。

镉在水体环境中极其活跃，在自然环境中难以被降解，只能通过食物链层层积累。在镉超标的水体中生长，鱼类的繁殖及发育会受到严重影响甚至死亡；使用镉超标的再生水进行作物灌溉，植株会出现矮小、褪绿、生长迟缓等特征；积累在水体生物和作物植株中的镉不断积累，最终进入人体，会对人体健康造成严重危害；长期摄入含镉食物，镉会在人体肝脏和肾脏不断积累，会产生支气管炎、内分泌失调等现象，最终导致癌症的发生，危害人体健康。

20世纪60年代，日本发生了一起镉污染造成的人体健康安全事件——“痛痛病”。因当地居民长期饮用含镉超标的河水和食用以此水灌溉的作物，镉在居民体内不断积累导致人体骨质疏松、软骨化等症状，几年后患者会全身关节疼痛、行动困难，甚至呼吸也带来巨大痛苦。研究表明，当水中镉浓度为0.1mg/L时，可降低水体自净作用；镉对白鲢鱼的安全浓度为0.014mg/L；用含镉浓度为0.04mg/L的水进行农灌时，土壤和稻米受到明显污染；农灌水中镉浓度为0.007mg/L时，即可对作物生长造成胁迫。

因此，需对再生水回用时的镉浓度进行检测和控制。城市污水再生利用标准中指出，将再生水用于地下水回灌（GB/T 19772—2005）、绿地灌溉（GB/T 25499—2010）和农田灌溉（GB 20922—2007）时，对应镉浓度限值均为0.01mg/L。

（2）检测方法

再生水中镉的检测方法包括无火焰原子吸收分光光度法（GB/T 5750.6—2023）和原子吸收分光光度法（GB 7475—1987）。

① 无火焰原子吸收分光光度法　将水样或消解处理好的试样直接吸入火焰，火焰中形成的原子蒸气对光源发射的特征电磁辐射产生吸收。将测得的样品吸光度和标准溶液的吸光度进行比较，确定样品中被测元素的含量。

② 原子吸收分光光度法　被测金属离子与吡咯烷二硫代氨基甲酸铵或碘化钾络合后，用甲基异丁基甲酮萃取后吸入火焰进行原子吸收分光光度测定。

118 再生水中六价铬的检测意义及方法有哪些?

（1）检测意义

铬的化合物常见的价态有三价和六价。在水体中，六价铬一般以 CrO_4^{2-}、$Cr_2O_7^{2-}$ 和 $HCrO_4^-$ 三种阴离子形式存在，受水体pH值、有机物、氧化还原物质、温度及硬度等条件影响，三价铬和六价铬的化合物可以互相转化。六价铬均以含氧酸根的形式存在，在酸性溶液中主要是橙色的 $Cr_2O_7^{2-}$，在碱性溶液中主要是黄色的 CrO_4^{2-}。铬污染的来源主要是含铬矿石的加工、金属表面处理、皮革鞣制、印染等行业。

铬的毒性与其存在价态有关，通常认为六价铬的毒性比三价铬高100倍，六价铬更易被人体吸收且在体内蓄积，导致肝癌等疾病。六价铬一般会通过口服或者皮肤接触两种方式进入人体。六价铬进入消化系统后会引起口黏膜增厚、反胃呕吐、腹痛、肝肿大等症状，最后引发循环衰竭而死亡。皮肤接触会导致皮肤溃疡，然后变为湿疹，伴有极痒的症状。如果皮肤上有外伤，再接触六价铬化合物，会引起全身溃疡，极不利于治疗。另外，六价铬还有致畸、致癌和致突变的作用。因此，我国已把六价铬规定为实施总量控制的水体污染指标之一，这也使得再生水回用时需对其六价铬浓度进行检测和控制。

城市污水再生利用标准中指出，将再生水用于地下水回灌（GB/T 19772—2005）和绿地灌溉（GB/T 25499—2010）时，六价铬作为选择性控制项目，对应浓度限值分别为0.05mg/L和0.1mg/L。

（2）检测方法

再生水中六价铬的检测方法为二苯碳酰二肼分光光度法（GB/T 5750.6—2023），其原理为在酸性溶液中六价铬与二苯碳酰二肼反应，生成紫红色化合物，其最大吸收波长为540nm，摩尔吸光系数为4×10^4 L/(mol·cm)。

119 再生水中铁的检测意义及方法有哪些？

（1）检测意义

再生水中铁的存在形态多种多样，既可以简单的水合离子或复杂的无机、有机络合物形式存在，也可存在于胶体、悬浮物的颗粒物中，可能是二价，也可能是三价。当水样暴露于空气中，二价铁易被迅速氧化成三价铁，样品pH值大于3.5时，易导致高价铁的水解沉淀。

铁及其化合物均为低毒或微毒性，但含铁量高的水往往带黄色，有铁腥味，对水的外观有影响。如将含铁量较高的再生水作为印染、纺织、造纸等工业用水时，会在产品上形成黄斑，影响产品质量。当水中含铁量为0.5mg/L时，色度可达30度以上；水中含铁量达到1.0mg/L时，不仅色度增加，而且会有明显的铁腥味。浓度超过一定限度，就会产生红褐色的沉淀物。

生活中，含铁量高的水能在白色织物或用水器皿、卫生器具上留下黄斑，同时还容易使铁细菌繁殖，堵塞管道。水中铁含量大于0.3mg/L时水变浊，超过1.0mg/L时，水带有铁腥味；当锅炉、压力容器等设备以含铁量较高的再生水作为介质时，常造成软化设备中离子交换设备污染堵塞，承压设备结褐色坚硬的铁垢，致使其发生变形、爆管事故。此外，再生水回用过程中铁浓度过高也会对植物的生长发育产生不利影响。

因此，为保障再生水回用的安全性和稳定性，需对其铁浓度进行检测和控制。城市污水再生利用标准中指出，将再生水用于地下水回灌（GB/T 19772—2005）和城市杂用水（GB/T 18920—2020）时，对应铁浓度限值为0.3mg/L；用于绿地灌溉（GB/T 25499—2010）和农田灌溉用水（GB 20922—2007）时，对应铁浓度限值为1.5mg/L。此外，将再生水用于工业用水时（GB/T 19923—2024），用于直流冷却水和洗涤用水的铁浓度限值为0.5mg/L，而用于间冷开式循环冷却水补充水、锅炉补给水、工艺用水和产品用水的铁浓度限值为0.3mg/L。

(2) 检测方法

再生水中铁的检测方法包括火焰原子吸收分光光度法和二氮杂菲分光光度法（GB/T 5750.6—2023）。

① 火焰原子吸收分光光度法　在空气-乙炔火焰中，铁、锰的化合物易于原子化，可分别于波长248.3nm和279.5nm处测量铁、锰基态原子对铁、锰空心阴极灯特征辐射的吸收。

② 二氮杂菲分光光度法　亚铁离子在pH介于3～9之间的溶液中与邻菲啰啉生成稳定的橙红色络合物，此络合物在避光时可稳定半年。测量波长为510nm，其摩尔吸光系数为1.1×10^4L/(mol·cm)。

120 再生水中锰的检测意义及方法有哪些?

(1) 检测意义

锰是一种灰白色、硬脆、有光泽的过渡金属，纯净的金属锰是比铁稍软的金属，含少量杂质的锰坚而脆，在潮湿环境下被氧化。水体中锰以多种价态存在，水体缺氧时以可溶态的二价锰形式存在，其余条件下则多以可溶性三价锰的络合物和四价锰的悬浮物存在。

水中锰的危害已引起人们的普遍重视，含锰废水会对周边的水、土壤及生态环境造成危害。同时，过量的锰摄入则会给人体带来危害。人体摄入锰过量时，会影响其生殖机能，锰中毒也可造成中枢神经系统病变，严重者可出现帕金森氏综合症，对大脑造成严重破坏，并使肝、肾及心肌出现变形。

此外，在给排水管网方面，若水中锰含量高，则会沉积在管壁上而降低管道的通水能力，其沉淀剥落或者锰在管道末端产生沉积时，将严重影响供水水质，以及堵塞管道并增大水流阻力，引起管道的腐蚀破坏。

因此，对再生水中锰浓度进行检测和控制对于保障其回用安全性十分必要。城市污水再生利用标准中指出，将再生水用于地下水回灌（GB/T 19772—2005）和城市杂用水（GB/T 18920—2020）时，对应锰浓度限值为0.1mg/L；用于绿地灌溉（GB/T 25499—2010）和农田灌溉用水（GB 20922—2007）时，对应锰浓度限值为0.3mg/L。此外，将再生水用于工业用水（GB/T 19923—2024）时，用于直流冷却水、洗涤用水的锰浓度限值为0.2mg/L，而用于间冷开式循环冷却水补充水、锅炉补给水、工艺用水和产品用水的锰浓度限值为0.1mg/L。

(2) 检测方法

再生水中锰的检测方法包括火焰原子吸收分光光度法（GB/T 5750.6—2023）和高碘酸钾分光光度法（GB 11906—1989）。

① 火焰原子吸收分光光度法　同铁的测量方法。

② 高碘酸钾分光光度法　用高碘酸钾氧化低价锰为紫红色的高锰酸盐，于波长525nm处进行光度测定，本方法在中性（pH=7.0～8.6）溶液中，有焦磷酸钾-乙酸钠存在时，高碘酸钾可于室温下瞬间将低价锰氧化为高锰酸盐，且色泽稳定16h以上。

（四）有机污染指标的检测意义及方法

121 再生水中五日生化需氧量的检测意义及方法有哪些？

（1）检测意义

五日生化需氧量又称五日生化耗氧量（简写为 BOD_5），是水体中的好氧微生物在一定温度下将水中有机物分解成无机质，五日内氧化过程中所消耗的溶解氧量，是表示水中有机物等需氧污染物质含量的一个综合指标，间接反映了水中可生物降解的有机物量。它表明水中有机物通过微生物的生化作用进行氧化分解，使之无机化或气体化时所需消耗水中溶解氧的总量。其值越高，说明水中有机污染物质越多，污染也就越严重。

以悬浮或溶解状态存在于生活污水和制糖、食品、造纸、纤维等工业废水中的烃类化合物、蛋白质、油脂、木质素等均为有机污染物，可经好氧菌的生物化学作用而分解，由于在分解过程中消耗氧气，故亦称需氧污染物质。目前，在水污染检测与控制体系中，BOD_5 和 COD_{Cr} 作为污/废水水质检测的两项重要指标，被广泛用来反映污/废水有机污染程度，指导污/废水处理设施的日常运行。

若这类污染物质排入水体过多，由于其在水体中分解时需要消耗大量溶解氧，从而破坏水体中氧的平衡，造成水体缺氧和水质恶化，进而引发一系列的鱼类及水生生物死亡问题。同时，有机物又会通过水中厌氧菌的分解引起腐败现象，产生甲烷、硫化氢、硫醇和氨等恶臭气体，使水体变质发臭。生活污水中含有大量可降解有机物，在厌氧条件下可以产生 CH_4 和 N_2O 等温室气体，所以生活污水的处理和排放是温室气体的重要排放源。将再生水进行回用时，较高的 BOD_5 浓度会刺激输送管道内微生物的生长繁殖，加速管道堵塞和腐蚀；且作为微生物和浮游动植物生长所需的常量元素，再生水中较高的 BOD_5 浓度也会诱使受纳水体中藻类繁殖和富营养化的发生。

因此，再生水回用时需对其 BOD_5 浓度进行检测和严格控制。将再生水用于工业用水（GB/T 19923—2024）、绿地灌溉（GB/T 25499—2010）和城市杂用水（GB/T 18920—2020）时，对应 BOD_5 浓度限值分别为 10mg/L、20mg/L 和 10mg/L；将再生水用于地下水回灌时（GB/T 19772—2005），地表回灌和井灌的 BOD_5 浓度限值分别为 10mg/L 和 4mg/L；将再生水用于景观环境用水时（GB/T 18921—2019），观赏性景观环境用水和娱乐性景观环境用水中河道类水体 BOD_5 浓度限值为 10mg/L，湖泊类和水景类水体 BOD_5 浓度限值为 6mg/L，湿地景观环境用水 BOD_5 浓度限值为 10mg/L；将再生水用于农田灌溉时（GB 20922—2007），纤维作物、旱地谷物/油料作物、水田谷物和露天蔬菜对应的 BOD_5 浓度限值分别为 100mg/L、80mg/L、60mg/L 和 40mg/L。

（2）检测方法

再生水生化需氧量的检测方法包括稀释接种法和活性污泥曝气降解法（HJ 505—2009）。

① 稀释接种法　生化需氧量是指在规定条件下，微生物分解水中的某些可氧化物质过程中消耗溶解氧的量，目前国内外普遍规定（20±1）℃培养 5d，分别测定样品培养前后的溶解氧，二者之差即为 BOD_5 值，以氧的 mg/L 表示。

② 活性污泥曝气降解法　在温度为 30～35℃的条件下，用活性污泥强制曝气降解样品 2h，经重铬酸钾消解生物降解前后的样品，测定生物降解前后化学需氧量，其差值即为 BOD，可根据与标准方法的对比实验结果换算为 BOD_5 浓度。

122 再生水中化学需氧量的检测意义及方法有哪些?

(1) 检测意义

化学需氧量(COD_{Cr})与 BOD_5 相似，是指示水体有机污染的一项重要指标，能够反映水体的污染程度。一般情况下，水体中许多能被重铬酸钾氧化的有机化合物，不一定能被微生物经生化作用而氧化，如某些无机离子(如硫化物、硫代硫酸盐、亚硫酸盐和亚铁离子等)可被重铬酸钾氧化并测出含量，却不能在测定 BOD_5 时测出。所以，这 2 个指标代表的有机物范围有所不同。

化学需氧量越大，说明水体受有机物的污染越严重。如果不进行处理，有机污染物可被底泥吸附而沉积下来，后期通过释放作用进入上覆水，对水生生物造成持久毒害作用。水生生物大量死亡后，水体生态系统即被摧毁。人若以水中的生物为食，则会大量吸收这些生物体内的毒素，积累在体内，这些毒素常有致癌、致畸、致突变的作用，对人极其危险。另外，若将有机污染物浓度较高的再生水用于灌溉，则植物、农作物也会受到影响，进而对人体产生不利影响。

若将含高浓度有机物的再生水回用于景观水体，当再生水中有机物浓度过高且超过水体的自净能力时，就会导致湖泊、湿地退化，破坏水体生态平衡，从而影响整个生态圈的能量流动与物质循环。此外，作为细菌生长的最主要限制因子，COD_{Cr} 浓度也会影响输送管道内细菌的群落结构及其增殖速率，当回用于工业用水(尤其是循环冷却水)的再生水中 COD_{Cr} 浓度较高时，容易导致微生物滋生和生物黏泥，进而造成预脱盐系统出现污堵现象。

因此，再生水回用时需检测并控制其中的 COD_{Cr} 浓度。城市污水再生利用标准中指出，将再生水回用于工业用水时(GB/T 19923—2024)，对应 COD_{Cr} 浓度限值为 50mg/L；用于地下水回灌时(GB/T 19772—2005)，对应地表回灌和井灌的 COD_{Cr} 浓度限值分别为 40mg/L 和 15mg/L；回用于农田灌溉时(GB 20922—2007)，纤维作物、旱地谷物/油料作物、水田谷物和露天蔬菜对应的 COD_{Cr} 浓度限值分别为 200mg/L、180mg/L、150mg/L 和 100mg/L。

(2) 检测方法

化学需氧量的常用检测方法为重铬酸钾氧化法(HJ 828—2017)，其原理为：在强酸性溶液中，用一定量的重铬酸钾氧化水样中还原性物质，过量的重铬酸钾以试亚铁灵作指示剂，用硫酸亚铁铵溶液回滴，根据硫酸亚铁铵的用量可计算出水样中还原性物质消耗的氧量。

123 再生水中挥发酚的检测意义及方法有哪些?

(1) 检测意义

挥发酚通常是指沸点在 230℃以下的酚类，通常属于一元酚。酚类为原生质毒，属高毒物质，主要来自炼油、煤气洗涤、炼焦、造纸、合成氨、木材防腐和化工等行业。

酚类化合物是一种细胞原浆毒，其毒性作用是与细胞原浆中蛋白质发生化学反应，形成变性蛋白质，使细胞失去活性。它所引起的病理变化主要取决于酚类物质的浓度。低浓度时可使细胞变性，对局部损害虽不如高浓度严重，但低浓度时由于其渗透力强，并向深部组织渗透，因而整体负面影响更加严重。

长期饮用被酚类污染的水，可引起头昏、出疹、瘙痒、贫血及各种神经系统疾病。含酚浓度高的再生水不得用于农田灌溉，否则会使农作物枯死或减产。水中含酚 0.1～0.2mg/L，鱼体内即有酚味甚至不能食用；含酚 1mg/L，则可影响鱼的产卵和回流；酚浓度达到 5mg/L 时，鱼类就会死亡。

因此，再生水回用时需对再生水中的挥发酚浓度进行检测和控制。当再生水用于地下水回灌时（GB/T 19772—2005），对应地表回灌和井灌的挥发酚（以苯酚计）浓度限值分别为 0.5mg/L 和 0.002mg/L。当再生水用于农田灌溉时（GB 20922—2007），对应的挥发酚浓度限值应为 1.0mg/L。

（2）检测方法

再生水中挥发酚的检测方法包括 4-氨基安替比林分光光度法（GB/T 5750.8—2023）和 4-氨基安替比林萃取光度法（HJ 503—2009）。

① 4-氨基安替比林分光光度法　用蒸馏法使挥发性酚类化合物蒸馏出，并与干扰物质和固定剂分离。被蒸馏出的酚类化合物，于 pH＝10.0±0.2 的介质中，在铁氰化钾存在下，与 4-氨基安替比林反应生成橙红色的吲哚酚安替比林染料。显色后，在 30min 内于 510nm 波长下测定吸光度。

② 4-氨基安替比林萃取光度法　被蒸馏出的酚类化合物，于 pH＝10.0±0.2 的介质中，在铁氰化钾存在下，与 4-氨基安替比林反应生成橙红色的安替比林染料，用三氯甲烷萃取后，在 460nm 波长下测定吸光度。

124 再生水中阴离子表面活性剂的检测意义及方法有哪些?

（1）检测意义

阴离子表面活性剂是指在水中电离后起表面活性作用的部分带负电荷的表面活性剂的总称，是合成洗涤剂的主要成分，一般可分为磺酸盐类、硫酸酯盐类和脂肪酸盐类。现在阴离子表面活性剂已被广泛应用于日常生活和工业生产中，其使用量占表面活性剂生产总量的 40%。

阴离子表面活性剂进入水中后聚集在微粒表面产生泡沫，阻止大气与水之间的氧气交换，危害水生生物。如果阴离子表面活性剂在水体中的浓度超过 1mg/L，会抑制水生生物过氧化酶的产生，其中水绵对其最为敏感，当水中阴离子表面活性剂浓度超过 10mg/L 时，会造成水绵死亡。当再生水回用于农田灌溉时，若阴离子表面活性剂浓度较高，会对农作物的根、茎、叶、分蘖数和产量产生不同程度的不利影响。当再生水回用于绿地灌溉时，阴离子表面活性剂会在土壤中吸附和迁移，进入地下水中引起污染。

因此，当再生水进行回用时，需对其中阴离子表面活性剂浓度进行检测和控制。城市污水再生利用标准中指出，将再生水用于地下回灌（GB/T 19772—2005）、绿地灌溉（GB/T 25499—2010）、城市杂用水（GB/T 18920—2020）和工业用水（GB/T 19923—2024）时，对应的阴离子表面活性剂浓度分别为 0.3mg/L、1.0mg/L、0.5mg/L 和 0.5mg/L。此外，将再生水用于农田灌溉用水（GB 20922—2007）时，用于纤维作物/旱地谷物/油料作物和水田谷物/露天蔬菜灌溉用水对应的阴离子表面活性剂浓度限值分别为 8.0mg/L 和 5.0mg/L。

（2）检测方法

再生水中阴离子表面活性剂的检测方法包括亚甲蓝分光光度法（GB/T 39302—2020）和流动注射-亚甲蓝分光光度法（HJ 826—2017）。

① 亚甲蓝分光光度法　阴离子表面活性剂中应用最广泛的为直链烷基苯磺酸钠（LAS），本方法采用LAS作为标准物，阳离子染料亚甲蓝与阴离子表面活性剂作用，生成蓝色的亚甲蓝活性物质（MBAS）。该生成物可被氯仿萃取，其色度与浓度成正比，在波长652nm处测量氯仿层的吸光度，可用于计算阴离子表面活性剂含量。

② 流动注射-亚甲蓝分光光度法　化学反应原理同亚甲蓝分光光度法，其中流动分析注射仪工作原理为：在封闭的管路中，将一定体积的试样注入连续流动的载流中，试样与试剂在化学反应模块中按特定的顺序和比例混合、反应，在非完全反应的条件下，进入流动检测池进行光度检测。

125 再生水中石油类污染物的检测意义及方法有哪些?

（1）检测意义

石油类污染物已被列入《国家危险废物名录（2025年版）》中，在48种危险废物中排第8位。再生水中石油类污染物主要来自工业废水和生活污水，而工业废水中石油类（各类烃的混合物）污染物主要来自原油的开采、加工、运输以及各种炼制油的使用等行业。

石油类烃类化合物漂浮于水体表面，将影响空气与水体界面氧的交换；分散于水中以及吸附于悬浮微粒上或以乳化状态存在于水中的油，它们被微生物氧化分解，将消耗水中的溶解氧，使水质恶化。而积聚在土壤中的石油烃，绝大部分是高分子量的有机化合物，会附着在植物根系上形成一层黏膜，影响根系呼吸和水分吸收，引起根系腐烂。

当石油类污染物中污染强度较大且分子量较小的烃类物质含量较高时，其可以迁移进入地下水，进一步引起环境安全问题。当回用于农田或绿地灌溉的再生水中石油类污染物含量较高时，会影响土壤的透气性。因此，当再生水进行回用时，需要对其中的石油类污染物浓度进行检测和控制，回用途径不同，其对应的浓度限值也不相同。

城市污水再生利用标准中指出，将再生水用于农田灌溉时（GB 20922—2007），纤维作物、旱地谷物/油料作物、水田谷物和露天蔬菜用水对应的石油类污染物浓度限值分别为10mg/L、10mg/L、5mg/L和1mg/L；用于地下水回灌时（GB/T 19772—2005），地表回灌和井灌对应的浓度限值分别为0.5mg/L和0.05mg/L；用于工业用水时（GB/T 19923—2024），对应浓度限值为1.0mg/L。

（2）检测方法

再生水中石油类污染物的检测方法包括红外分光光度法（HJ 637—2018）和紫外分光光度法（HJ 970—2018）。

① 红外分光光度法　水样在pH≤2的条件下用四氯乙烯萃取后，测定总萃取物，为总油类。然后将萃取液用硅酸镁吸附，去除动、植物油等极性物质后，测定石油类物质含量。总油类和石油类的含量均由波数分别为$2930cm^{-1}$（CH_2基团中C—H键的伸缩振动）、$2960cm^{-1}$（CH_3基团中C—H键的伸缩振动）和$3030cm^{-1}$（芳香环中C—H键的伸缩振动）谱带处的吸光度A_{2930}、A_{2960}和A_{3030}进行计算。

② 紫外分光光度法　在pH≤2的条件下，样品中的油类物质被正己烷萃取，萃取液经

无水硫酸钠脱水，再经硅酸镁吸附去除动植物油类等极性物质后，于 225nm 波长处测定吸光度，石油类物质含量与吸光度值符合朗伯-比尔定律。

126 再生水中烷基汞的检测意义及方法有哪些?

（1）检测意义

烷基汞是一类剧毒并且有强致癌作用的有机金属化合物，以甲基汞和乙基汞为代表。甲基汞是一种有机化合物，化学式为 CH_3Hg，是一种具有神经毒性的环境污染物，在自然界中，无论是在厌氧还是需氧条件下，含汞的化合物都能被微生物转化成甲基汞或二甲基汞。乙基汞是一种有刺激气味的无色液体，常用于有机合成及制造合成纤维，不溶于水，微溶于乙醇，易溶于乙醚。

烷基汞脂溶性强，易残留在自然水体中生物体脂肪组织中，并在水体食物链中富集，进而对人类及生活在水生生态系统和湿地生态系统中的动物产生严重危害。当含有烷基汞的再生水用于农田灌溉时，烷基汞会在农作物中富集，尤其是水稻，其对甲基汞的富集能力远超无机汞 800 多倍。因此，各国政府在制定本国的环境法律、法规和标准时，都将烷基汞类化合物放在首要控制地位。我国国家环境保护总局发布的各类环保标准中也包括该类化合物，并将其作为目前环境监测的一项重要指标。《城市污水再生利用　地下水回灌水质》（GB/T 19772—2005）中规定，烷基汞作为再生水地下回灌时的选择控制项目，在地表回灌和井灌中均不得检出。

（2）检测方法

再生水中烷基汞通过吹扫捕集/气相色谱-冷原子荧光光谱法（HJ 977—2018）测定。具体步骤为：水样经蒸馏后，馏出液中的烷基汞经四丙基硼化钠衍生，生成挥发性的甲基丙基汞和乙基丙基汞；经吹扫捕集、热脱附和气相色谱分离后，再高温裂解为汞蒸气，用冷原子荧光测汞仪检测；根据保留时间定性，外标法定量。

127 再生水中甲醛的检测意义及方法有哪些?

（1）检测意义

甲醛（HCHO，分子量为 30.03）为具有刺激性臭味的无色可燃性液体，易溶于水、醇和醚，其 35%～40%的水溶液被称为“福尔马林”。

甲醛还原性强，易与多种物质结合，对人体皮肤和黏膜具有刺激作用，进入人体后易对中枢神经系统及视网膜造成损害。当含甲醛的废水排入水体后，会消耗水中的溶解氧，降低水体自净能力。2017 年 10 月 27 日公布的《世界卫生组织国际癌症研究机构致癌物清单》中，甲醛被列为一类致癌物。2019 年 7 月 23 日，甲醛被列入环境生态部发布的《有毒有害水污染物名录（第一批）》中。

因此，需对再生水中甲醛浓度进行检测和控制。当再生水回用于农田灌溉（GB 20922—2007）、绿地灌溉（GB/T 25499—2010）以及地下水回灌（GB/T 19772—2005）时，甲醛均被列为选择性控制项目，其对应浓度限值分别为 1.0mg/L、1.0mg/L 和 0.9mg/L。

（2）检测方法

再生水中甲醛的检测方法包括乙酰丙酮分光光度法（HJ 601—2011）和变色酸分光光度法（HZ-HJ-SZ-0150）。

① 乙酰丙酮分光光度法　甲醛在过量铵盐存在下，与乙酰丙酮生成黄色化合物，该有色物质在 414nm 波长处有最大吸收，有色物质在 3h 内吸光度基本不变。

② 变色酸分光光度法　在酸性条件下，甲醛与变色酸反应生成紫红色化合物，该有色化合物的最大吸收波长区间为 560～575nm，本法采用 570nm。

128 再生水中三氯甲烷的检测意义及方法有哪些?

（1）检测意义

三氯甲烷又名氯仿或三氯化碳，也被称为哥罗芳，是甲烷分子中 3 个氢原子被氯取代而生成的化合物，分子式为 $CHCl_3$。常温下为无色透明液体，有特殊气味，味甜，高折光，不燃，易挥发。纯品对光敏感，遇光照会与空气中的氧气作用，逐渐分解生成有剧毒的光气（碳酰氯）和氯化氢。

三氯甲烷可经呼吸道、消化道和皮肤进入机体。经消化道快而且完全被吸收，误服三氯甲烷后可迅速分布到全身。人经呼吸道吸入三氯甲烷时，浓度在 $120g/m^3$ 或以上时，3～5min 可造成死亡；浓度为 30～$40g/m^3$ 时，有呕吐和眩晕的感觉；浓度为 $10g/m^3$ 时，吸入 15min 后有眩晕和轻度恶心。由于三氯甲烷在土壤和地下水中易迁移，可形成重质非水相液体，且具有难降解、难修复以及对人体有很强的“三致”等特点，使其成为一类毒性较强的污染物。

因此，将再生水用于地下水回灌时（GB/T 19772—2005），需对其中三氯甲烷浓度进行检测和控制，对应浓度限值为 0.06mg/L。

（2）检测方法

再生水中三氯甲烷的常用检测方法为顶空毛细管柱气相色谱法（GB/T 5750.10—2023）。其测量原理为在恒温密闭系统中，当液（固）体的挥发性组分达到平衡后，气相和液（固）相中的挥发性组分达到相对恒定，对已达到平衡的液（固）体进行分析，取上方空间气态样品，然后进入气相色谱对气态样品进行定量分析。

129 再生水中四氯化碳的检测意义及方法有哪些?

（1）检测意义

四氯化碳（分子式为 CCl_4），又名四氯甲烷，常温常压下为无色透明、易挥发、不易燃的油状液体，有类似氯仿的微甜气味。分子量为 153.84，沸点为 76.8℃，微溶于水，可与乙醇、乙醚、氯仿及石油醚等混溶。四氯化碳曾广泛用作溶剂、灭火剂、有机物的氯化剂、香料的浸出剂、纤维的脱脂剂、粮食的蒸煮剂、金属切削中的润滑剂等，也可用来合成氟利昂、尼龙的单体，还可制取三氯甲烷和药物。

四氯化碳性质较稳定，在地表水中，因易挥发，浓度一般较低；在大气中，因水蒸气、氧、紫外线的存在，缓慢分解；但在地下水中，由于挥发扩散极少，又几乎没有生物分解，故而相对稳定。因此，地下水一旦受到四氯化碳污染，很难自净消除。

由于四氯化碳在环境中具有持久性、长期残留性和生物蓄积性，可经呼吸道、皮肤和消化道进入人体，是一种具有三致作用的有毒有害物质。因此，已被美国列为129种“水中优先控制污染物黑名单”，也被我国列入68种“水中优先控制污染物黑名单”。美国饮用水标准中规定四氯化碳不得超过3.0μg/L，《生活饮用水卫生标准》（GB 5749—2022）中四氯化碳的限值为0.002mg/L。

因此，将再生水用于地下水回灌时（GB/T 19772—2005），需对其中四氯化碳浓度进行检测和控制，对应浓度限值为0.002mg/L。

（2）检测方法

再生水中四氯化碳的检测常用吹扫捕集/气相色谱-质谱法（HJ 639—2012），其原理为：将样品中的待测物经高纯氦气吹扫出后，被吸附于吹扫捕集仪的捕集阱中，将捕集阱瞬间加热并以高纯氦气反吹，被热脱附出来的组分经气相色谱分离后，用质谱仪进行检测。通过与待测组分标准物质的保留时间和标准质谱图相比较进行定性，用内标法定量。

130 再生水中三氯乙烯的检测意义及方法有哪些?

（1）检测意义

三氯乙烯（分子式：C_2HCl_3），别名为乙炔化三氯，是一种无色透明的易挥发、不易燃的液体，属于不饱和卤代脂肪烃类化合物，有似氯仿（三氯甲烷）的气味，其化学性质比较稳定，难溶于水，能够溶于乙醇、乙醚和绝大多数有机溶剂。三氯乙烯在遇明火或在高温环境中有可能着火或爆炸，其可用作镇痛药和金属脱脂剂，也可用作萃取剂、衣服干洗剂和制冷剂等。

三氯乙烯目前已经成为珠江三角洲地区的主要化学危害因素之一，它具有很强的毒性，能够对人体的皮肤、消化道、呼吸道产生很强的刺激作用，如果长期处于液态的三氯乙烯环境中，人的眼睛和皮肤会受到很强的刺激。我国从1966年起，开始有三氯乙烯中毒调查报告。目前，作为电子元件、金属的脱脂和清洗剂，三氯乙烯被广泛应用于电子、五金、电镀等行业，其导致的“职业性急性三氯乙烯中毒”和“三氯乙烯剥脱性皮炎”时有发生，已引起社会各界关注。三氯乙烯化学性质稳定，在环境中自然衰减能力弱，但同时，其在地下环境中迁移能力强，能穿过包气带沿着土壤孔隙向下迁移，到达含水层之后可稳定存在并不断向地下水中溶解释放，造成地下水中三氯乙烯持久性污染。

因此，将再生水用于地下水回灌时（GB/T 19772—2005），需对其中三氯乙烯浓度进行检测和控制，对应浓度限值为0.07mg/L。

（2）检测方法

再生水中三氯乙烯的检测方法与三氯甲烷的检测方法相同。

131 再生水中四氯乙烯的检测意义及方法有哪些?

（1）检测意义

四氯乙烯，又名全氯乙烯，是一种有机化合物，分子式为C_2Cl_4。它容易蒸发至空气中，带显著刺激性微甜气味。2017年10月27日，世界卫生组织国际癌症研究机构公布致癌物清单，四氯乙烯（全氯乙烯）在2A类致癌物清单中。2019年7月23日，四氯乙烯

（全氯乙烯）被列入有毒有害水污染物名录（第一批）。

四氯乙烯有刺激和麻醉作用，吸入急性中毒者有上呼吸道刺激、流泪、流涎等症状；随之出现头晕、头痛、恶心、运动失调及酒醉样症状；慢性影响有乏力、眩晕、恶心、酩酊感等。皮肤反复接触后，可致皮炎和湿疹。四氯乙烯在地下水中稳定性较高，这正是工业溢漏和废物堆积造成地下水污染发生率增加的原因。四氯乙烯属于重质非水相液体，当含有四氯乙烯的再生水用于灌溉或地下水回灌时，由于其密度比水大，容易向下迁移，且四氯乙烯阻滞因子较小，从而增加了地下水与土壤受四氯乙烯污染的深度与广度。

因此，将再生水用于地下水回灌时（GB/T 19772—2005），需对其中四氯乙烯浓度进行检测和控制，对应浓度限值为0.04mg/L。

（2）检测方法

再生水中四氯乙烯的检测方法与三氯甲烷的检测方法相同，参见问题128。

132 再生水中五氯酚的检测意义及方法有哪些?

（1）检测意义

五氯酚是一种有机化合物，化学式为C_6HCl_5O，白色粉末或晶体。相对密度为1.978，熔点为190℃，沸点为310℃。难溶于水，溶于稀碱液、乙醇、丙酮、乙醚、苯、卡必醇、溶纤剂等，微溶于烃类。与氢氧化钠反应生成白色结晶状五氯酚钠。主要用作稻田除草剂，纺织品、皮革、纸张和木材的防腐剂和防霉剂。这是一种能够通过各种环境介质长距离迁移并长期存在于环境中，具有长期残留性、生物积蓄性、半挥发性和高毒性，对人类健康和环境具有严重危害的有机污染物质。

五氯酚对水生态环境以及水源地能造成不可逆转的伤害，2017年10月27日，世界卫生组织国际癌症研究机构公布致癌物清单，五氯酚被列为一类致癌物。美国国家环境局（EPA）发布的有关标准规定水体中酚类在2.56mg/L时将对淡水中水生生物产生慢性毒性作用，当浓度超过3.5mg/L时将对人体健康产生危害。

因此，将再生水用于地下水回灌时（GB/T 19772—2005），需对其中五氯酚浓度进行检测和控制，对应浓度限值为0.009mg/L。

（2）检测方法

再生水中五氯酚的检测方法与三氯甲烷的检测方法相同，参见问题128。

133 再生水中苯的检测意义及方法有哪些?

（1）检测意义

苯是一种烃类有机化合物，是最简单的芳烃，分子式是C_6H_6，在常温下是甜味、可燃、有致癌毒性的无色透明液体，并带有强烈的芳香气味。在1993年即被世界卫生组织（WHO）确定为致癌物，我国于2007年也将苯列为致癌物质。苯难溶于水，易溶于酒精、乙醚、丙酮、氯仿、汽油等有机溶剂，分子量为78.11，蒸气密度为3.62kg/m^3，熔点为5.51℃，沸点为80.1℃。

苯主要通过呼吸道吸入、肠胃和皮肤吸收等方式进入人体，苯在人体内生成苯酚，对人体神经系统和造血系统造成严重损害。轻度急性苯中毒有头痛、头晕、恶心、呕吐、轻度兴奋、步态蹒跚等症状；重度急性苯中毒会造成昏迷、抽搐、血压下降、呼吸和循环衰竭等，严重时甚至会危及生命；重度慢性苯中毒通常会导致再生障碍性贫血、白血病、不孕不育和胎儿畸形等。

苯由于其化学结构和性质比较稳定，在水中不易分解，且具有较强的毒害性；在水生生态系统中难于生物富集；对于地下水系统，很难发生光解。在白血病患者中，大部分人都与苯或含苯物质有过接触历史，苯在人体内的潜伏期很长，可以长达12～15年。作为部分地区居民饮用水源的地下水，当再生水用于地下水回灌时，必须对其中苯浓度进行检测和控制。

因此，将再生水用于地下水回灌时（GB/T 19772—2005），需对其中苯浓度进行检测和控制，对应浓度限值为0.01mg/L。

（2）检测方法

再生水中苯的检测方法为气相色谱法（GB/T 39298—2020），即利用试样中各组分在气相和固定液相间的分配系数不同将混合物分离、测定的仪器分析方法，特别适用于分析含少量苯的气体和易挥发的液体。当汽化后的试样被载气带入色谱柱中运行时，组分就在其中的两相间进行反复多次分配。由于固定相对各组分的吸附和溶解能力不同，各组分在色谱中的运行速度也不相同，经过一定的柱长后，彼此分离，按流出顺序离开色谱柱进入检测器进行检测。在记录器上绘制出各组分的色谱峰，即流出曲线。在色谱条件一定时，任何一种物质都有确定的保留参数，如保留时间、保留体积和相对保留值等。因此，在相同色谱操作条件下，通过比较已知纯物质和未知物的保留参数或在固定相上的位置，即可确定未知物为何种物质。测量峰高或峰面积，采用外标法、内标法或归一化法，即可确定待测组分的质量分数。

134 再生水中二甲苯的检测意义及方法有哪些？

（1）检测意义

二甲苯为无色透明液体，有芳香烃的特殊气味，是由45%～70%的间二甲苯、15%～25%的对二甲苯和10%～15%的邻二甲苯三种异构体所组成的混合物，易流动，能与无水乙醇、乙醚和其他许多有机溶剂混溶。二甲苯具刺激性气味、易燃，与乙醇、氯仿或乙醚能任意混合，在水中不溶，沸点为137～140℃。二甲苯属于低毒类化学物质，美国政府工业卫生学家会议（ACGIH）将其归类为A4级，即缺乏对人体、动物致癌性证据的物质。

目前水环境中存在的二甲苯主要来源于：

① 城市交通运输、石油化工及燃煤行业；

② 含二甲苯化合物的大气污染物干湿沉降、汽油及气体石油产品泄漏及化工厂废水排放；

③ 一些老填埋场的渗透及地下储油罐腐蚀引起的泄漏。

二甲苯可通过干湿沉降、吸附溶解等途径在水环境系统中进行迁移转化，如在受石油污染水体中，石油产品中的二甲苯可以溶解进入地下水，进而污染饮用水源。水环境中存在的二甲苯会对水生生物产生毒害作用，食用含有二甲苯的鱼类会对人体中枢神经系统产生胁迫，并损害人体肾或肝脏器官。我国《地表水环境质量标准》（GB 3838—2002）和《污水综合排放标准》（GB 8978—1996）已经将二甲苯列为污染参数和环境监测项目。

因此，将再生水用于地下水回灌时（GB/T 19772—2005），需对其中二甲苯浓度进行检测和控制，对应浓度限值为 0.5mg/L。

（2）检测方法

再生水中常用的二甲苯检测方法为气相色谱法（GB/T 39298—2020），具体测量方法同苯的测量，参见问题 133。

135 再生水中硝基苯的检测意义及方法有哪些?

（1）检测意义

硝基苯是一种有机化合物，呈无色或微黄色具苦杏仁味的油状液体，难溶于水，密度比水大；易溶于乙醇、乙醚和苯。硝基苯广泛应用于药品、燃料、火药、石油化工等行业，是一种重要的化工中间体。硝基苯在水中具有极高的稳定性，由于其密度大于水，进入水体的硝基苯会沉入水底，长时间保持不变。

由于硝基苯的化学稳定性，在环境中难以被生物降解而造成长时间的污染。同时，硝基苯的使用、储存和运输渗漏会产生大量的硝基苯废水，对人体健康产生毒理学影响，如贫血、皮肤过敏、癌症等。硝基苯毒性极强，很容易被皮肤吸收，造成肝或肾损伤。由于硝基的亲电作用，苯的电子密度降低，硝基苯比苯更稳定，更难被生物降解，含硝基苯的地下水修复十分困难，进而使得硝基苯成为大多数国家和地区的优先控制污染物。

此外，硝基苯具有致畸、致癌等生物毒理作用，世界各国都将其作为优先控制污染物并制定了相关的标准。我国《地表水环境质量标准》（GB 3838—2002）中规定，工业废水中硝基苯的一级、二级、三级标准为：废水中总硝基苯的含量不得超过 2mg/L、3mg/L、5mg/L，在生活饮用水等特定项目中硝基苯不得超过 17μg/L。2017 年 10 月 27 日，世界卫生组织国际癌症研究机构公布致癌物清单，硝基苯被列为 2B 类致癌物。

因此，需对再生水中硝基苯浓度进行检测和控制。《城市污水再生利用　地下水回灌水质》（GB/T 19772—2005）中规定，硝基苯作为再生水用于地下水回灌时的选择性控制项目，对应浓度限值为 0.017mg/L。

（2）检测方法

再生水中硝基苯通过气相色谱-质谱法（HJ 716—2014）测定，其步骤为：采用液液萃取或固相萃取方法萃取样品中硝基类化合物，萃取液经脱水、浓缩、净化和定容后用气相色谱仪分离，质谱仪检测，根据保留时间和质谱图定性，采用内标法定量。

136 再生水中苯胺的检测意义及方法有哪些?

（1）检测意义

苯胺类物质是指由具有芳香性取代基的胺或含氮基团与芳香烃形成的化合物。苯胺为弱碱性无色或淡黄色油状液体，微溶于水，能与 CCl_4、乙醚等多种有机溶剂以任意比例混合，遇明火、高温可燃，危害性极大。苯胺及其衍生物（烷基苯胺、邻硝基苯胺）作为有机化工原料重要中间体，广泛应用于染料、医药、橡胶、油漆、农业、香料等行业。

目前苯胺已逐渐成为引起水环境、土壤及空气污染的主要污染因子之一。对于人类及其他生物的主要影响表现为短期内经皮肤吸收或吸入大量苯胺，引起高铁血红蛋白血症和肝、肾及皮肤损害；长期低浓度接触引起中毒性肝病，甚至导致肾脏损坏及致畸致癌。

对水环境则表现为破坏水体物理和化学性质，影响水体中生物群落的稳定性，导致水体破坏及恶化。苯胺因其具有致癌、致畸、致突变的“三致”特性，以及在环境中残留时间长、生物积聚性强等特点，被美国国家环保局（EPA）列入129种优先控制污染物中，我国也将其列入“中国环境优先污染物黑名单”，并要求严格控制此类污染物的排放。2017年10月27日公布的《世界卫生组织国际癌症研究机构致癌物清单》中，苯胺被列为3类致癌物。

因此，需严格检测并控制再生水用于地下水回灌时的苯胺浓度。《城市污水再生利用 地下水回灌水质》（GB/T 19772—2005）中规定，苯胺作为再生水用于地下水回灌时的选择性控制项目，对应浓度限值为0.1mg/L。

（2）检测方法

再生水中苯胺可通过气相色谱法（GB/T 39298—2020）测定，具体测量方法同苯的测量，参见问题133。

137 再生水中氯苯的检测意义及方法有哪些?

（1）检测意义

氯苯类化合物是一类人工合成化合物，根据氯原子取代个数可分为一氯苯、二氯苯、三氯苯、四氯苯、五氯苯和六氯苯。这一类化合物化学性质较稳定，不易分解。氯原子有较高的电负性，会强烈吸引苯环上的电子，与碳原子形成很强的化合键，氯取代基越多，苯环上的电子云密度就越低，该化合物就越难发生亲电反应，化合物性质就越稳定。

氯苯类物质化学性质稳定，能在环境中长期滞留，由于其疏水性易于生物富集，氯苯类化合物通过空气挥发或者食物链进入人体后，会在神经组织及肝、肾等中性脂肪内富集，对人体器官（如肝脏、肾、皮肤黏膜）造成损伤，具有潜在致癌性，对人体健康构成威胁。我国1989年已将氯苯类化合物列入水中优先控制污染物黑名单。美国国家环保局（EPA）也将氯苯类化合物中的一氯苯、间二氯苯、对二氯苯、1，2，4-三氯苯和六氯苯列为优先控制污染物。

因此，将再生水用于地下水回灌时（GB/T 19772—2005），需对其中氯苯浓度进行检测和控制，对应浓度限值为0.3mg/L。

（2）检测方法

再生水中氯苯的检测方法为气相色谱法（GB/T 39298—2020），具体测量方法同苯的测量，参见问题133。

138 再生水中三氯乙醛的检测意义及方法有哪些?

（1）检测意义

三氯乙醛为无色液体，有刺激性气味，溶于水，易吸收水分形成固体水合物，能与乙醇、乙醚等混溶。三氯乙醛是生产某些农药、医药和其他有机合成产品的原料，主要存在于农药生产过程排放的污水中。

根据国外相关报道，三氯乙醛具有一定的致突变性。有研究结果表明，如果回用于农田或绿地灌溉的再生水中三氯乙醛含量较高，会影响植物正常生长，使植物畸形，尤其对小麦危害最大，会导致其减产甚至绝产。三氯乙醛曾经是我国种植环境的主要污染物之一，历史上曾发生过因施用含三氯乙醛的磷肥致使30多个县十几万亩小麦绝收的惨痛教训。2017年10月27日公布的《世界卫生组织国际癌症研究机构致癌物清单》中，三氯乙醛被列为2A类致癌物。

因此，三氯乙醛被列为再生水回用于农田灌溉（GB/T 20922—2007）、绿地灌溉（GB/T 25499—2010）和地下水回灌（GB/T 19772—2005）时的选择性控制项目，对应浓度限值分别为0.5mg/L、0.5mg/L和0.01mg/L。

（2）检测方法

再生水中三氯乙醛的检测方法包括吡唑啉酮分光光度法（HJ/T 50—1999）和气相色谱法（HZ-HJ-SZ-0151）。

① 吡唑啉酮分光光度法　在弱碱性条件下，1-苯基-3-甲基-5-吡唑啉酮和三氯乙醛反应，生成棕红色化合物，在480nm处测定，其吸光度与三氯乙醛的含量成正比。

② 气相色谱法　水样先以石油醚萃取除掉油溶性化合物，然后以石油醚-乙醚混合溶剂（2＋1）萃取，萃取液供色谱测定。使用涂渍10％甲基苯基硅油的填充柱，在合适的色谱操作条件下，能够将待测组分与干扰物质分离。

（五）生物指标的检测意义及方法

139 再生水中大肠菌群的检测意义及方法有哪些?

（1）检测意义

大肠菌群并非细菌学分类命名，而是卫生细菌领域的用语，它不代表某一个或某一属细菌，指的是具有某些特性的一组与粪便污染有关的细菌，这些细菌在生化及血清学方面并非完全一致。其定义为：需氧及兼性厌氧，在37℃条件下能分解乳糖产酸产气的革兰氏阴性无芽胚杆菌。从卫生学观点看，同一般细菌一样，大肠菌群数是用水安全评价应用最广泛的指标。再生水水质检测中关于大肠菌群的检测主要包括粪大肠菌群和大肠埃希氏菌两种。

粪大肠菌群是总大肠菌群中的一部分，主要来自粪便，是生长于人和温血动物肠道中的一组肠道细菌，随粪便排出体外，故称为粪大肠菌群。粪大肠菌群为总大肠菌群的一个亚种，直接来自粪便。它具有耐热的特点，在44～44.5℃的高温条件下仍可生长繁殖并将色氨酸代谢成吲哚，其他特性均与总大肠菌群相同。

大肠埃希氏菌一般指大肠杆菌，此类细菌是条件致病菌，在一定条件下可以引起人和多种动物发生胃肠道感染或尿道等多种局部组织器官感染。大肠杆菌的血清型能够引起人体或动物胃肠道感染，主要是由特定的菌毛抗原、致病性毒素等感染引起的，除胃肠道感染以外，还会引起尿道感染、关节炎、脑膜炎以及败血型感染等。目前国际公认的分类主要有六个种类的大肠杆菌，即能够致使胃肠道感染的肠道致病性的大肠杆菌（EPEC）、肠道产毒素性的大肠杆菌（ETEC）、肠道侵袭性的大肠杆菌（EIEC）、肠道出血性的大肠杆菌（EHEC）、肠集聚性的大肠杆菌（EAEC）以及近年来发现的肠产志贺样毒素同时具有一定侵袭力的大肠杆菌（ESIES）。

因此，为保障再生水回用的安全性和稳定性，需对再生水中的粪大肠菌群和大肠埃希氏菌进行检测和控制。《城市污水再生利用　工业用水水质》（GB/T 19923—2024）中规定，将再生水回用于工业用水时，粪大肠菌群限值为1000MPN/L。《城市污水再生利用　地下水回灌水质》（GB/T 19772—2005）中规定，将再生水用于地下水回灌时，地表回灌和井灌对应的粪大肠菌群限值分别为1000个/L和3个/L。《城市污水再生利用　绿地灌溉水质》（GB/T 25499—2010）中规定，将再生水回用于绿地灌溉时，非限制性绿地和限制性绿地对应的粪大肠菌群限值分别为200个/L和1000个/L。《城市污水再生利用　城市杂用水水质》（GB/T 18920—2020）中规定，将再生水用于城市杂用水时，大肠埃希氏菌不应检出。《城市污水再生利用　农田灌溉用水水质》（GB/T 20922—2007）中规定，将再生水用于农田灌溉时，粪大肠菌群数为基本控制项目，其中纤维作物、旱地谷物、油料作物和水田谷物的限值为40000个/L，而露地蔬菜的对应限值为20000个/L。《城市污水再生利用　景观环境用水水质》（GB/T 18921—2019）中规定，将再生水回用于景观环境用水时，娱乐景观环境用水中水景类水体粪大肠菌群限值为3个/L，其余水体限值均为1000个/L。

（2）检测方法

再生水中粪大肠菌群和大肠埃希氏菌的检测方法相似，采用多管发酵法（GB/T 5750.12—2023），具体检测方法如下：多管发酵法是根据大肠菌群细菌能发酵乳糖、产酸产气以及具备革兰氏染色阴性，无芽胞、呈杆状等有关特性，通过初发酵试验、平板分离、复发酵试验三个步骤进行检验，以求得水样中总大肠菌群数。

140 再生水中蛔虫卵数的检测意义及方法有哪些?

（1）检测意义

蛔虫是无脊椎动物，线虫动物门，线虫纲，蛔目，蛔科。是人体肠道内最大的寄生线虫，成体略带粉红色或微黄色，体表有横纹，雄虫尾部常卷曲。

蛔虫是世界性分布种类，是人体最常见的寄生虫，感染率可达70%以上，农村高于城市，儿童高于成人。人的蛔虫病是蛔虫寄生于人体小肠内引起的一种常见寄生虫病，在儿童中发病率相对较高。受感染后，会出现不同程度的发热、咳嗽、食欲不振或善饥、脐周阵发性疼痛、营养不良、失眠、磨牙等症状，有时还可引起严重的并发症。

2008年全国人群蛔虫感染现状调查结果显示，31个省（区、市）共检查356629人，蛔虫平均感染率12.72%。蛔虫感染者轻度、中度和重度分别占81.64%、16.64%和1.50%。感染率自东向西明显升高，东部、中部和西部地区分别为4.86%、16.47%、18.33%。人群蛔虫感染有非常显著的家庭聚集性。感染者较高的年龄组为5～9岁组（17.32%）和10～14岁组（16.69%）；男、女感染率分别为12.45%和12.99%。

为保障食品安全，世界各国均对灌溉用水中蛔虫卵数进行控制，其中联合国粮农组织规定可生食和谷类作物的灌溉水中肠线虫≤1个/L；塞浦路斯污灌水质标准规定人食用和饲料作物的灌溉水中不得检出；我国《农田灌溉水质标准》（GB 5084—2021）规定水作、旱作和熟食蔬菜的灌溉水中蛔虫卵数<2个/L，生食蔬菜灌溉水中蛔虫卵<1个/L。

因此，再生水进行回用，尤其是用于灌溉用水时，必须对再生水中蛔虫卵数进行检测和控制。《城市污水再生利用 绿地灌溉水质》（GB/T 25499—2010）中规定，将再生水用于绿地灌溉用水时，非限制性绿地和限制性绿地的对应蛔虫卵数限值分别为 1 个/L 和 2 个/L。《城市污水再生利用 农田灌溉用水水质》（GB/T 20922—2007）中规定，将再生水用于农田灌溉用水时，蛔虫卵数对应限值为 2 个/L。

（2）检测方法

再生水中蛔虫卵数的检测方法以沉淀集卵法（HJ 775—2015）为主，其检测原理主要为通过样品浓缩、杂质分离、镜检计数等环节对水中蛔虫卵数进行测定。

三、污水处理及再生利用概况

（一）建筑与小区再生水利用概况

141 什么是中水设施？中水处理站应满足哪些要求？

中水设施是指中水原水的收集、处理、供给、使用及其配套的检测、计量等全套构筑物、设备和器材的统称。

① 中水处理系统设置格栅，且格栅宜采用机械格栅。以洗浴、洗涤排水为原水的中水系统，污水泵吸水管上应设置毛发聚集器。中水还必须设有消毒设施。

② 中水处理站位置应根据建筑的总体规划、中水原水的来源、中水用水的位置、环境卫生和管理维护要求等因素综合确定，尽可能避免气味和噪声的不良影响。建筑物内的中水处理站宜设在建筑物的最底层，或主要排水汇水管道的设备层。建筑小区中水处理站和以生活污水为原水的中水处理站宜在建筑物外部，按规划要求独立设置，且与公共建筑和住宅的距离不宜小于15m。建筑物内的中水处理站宜设在其中心建筑的地下室或裙房内，处理构筑物宜为地下式或封闭式。

③ 中水处理站应根据站内各建、构筑物的功能和工艺流程要求合理布置，满足构筑物的施工、设备安装、管道敷设、运行调试及设备更换等维护管理要求，并宜留有余地，还应考虑最大设备的进出要求。中水处理站除设置处理设备的房间外，还应根据规模设药剂储存、配制、系统控制、化验及值班室等用房。

④ 中水处理站设计应满足主要处理环节运行观察、水量计量、水质取样化验监（检）测和进行中水处理成本核算的条件。应设有适应处理工艺要求的采暖、通风、换气、照明、给水排水设施，地面设有集水坑，不能重力排出时，设潜污泵排水。同时在中水处理站设计中，对采用药剂可能产生的危害（腐蚀、对环境的污染、爆炸等）应采取相应的防护措施，对处理过程中产生的臭气应采取有效的除臭措施，对机电设备所产生的噪声和振动应采取有效的降噪和减振措施，噪声值应符合国家标准《声环境质量标准》（GB 3096—2008）的要求。当有可能产生易爆气体时，配电应采取防爆措施。处理站还应具备泥、渣等的存放和外运条件。

142 建筑中水系统是怎样分类的？

建筑中水系统包括建筑物中水系统和小区中水系统。

（1）建筑物中水系统

建筑物中水宜采用完全分流系统，指中水原水的收集系统与建筑内部排水系统、建筑生活给水与中水供水系统完全分开，即建筑物内污废水分流，设有粪便污水、杂排水 2 套排水系统和给水、中水 2 套供水系统，如图 3-1 所示。

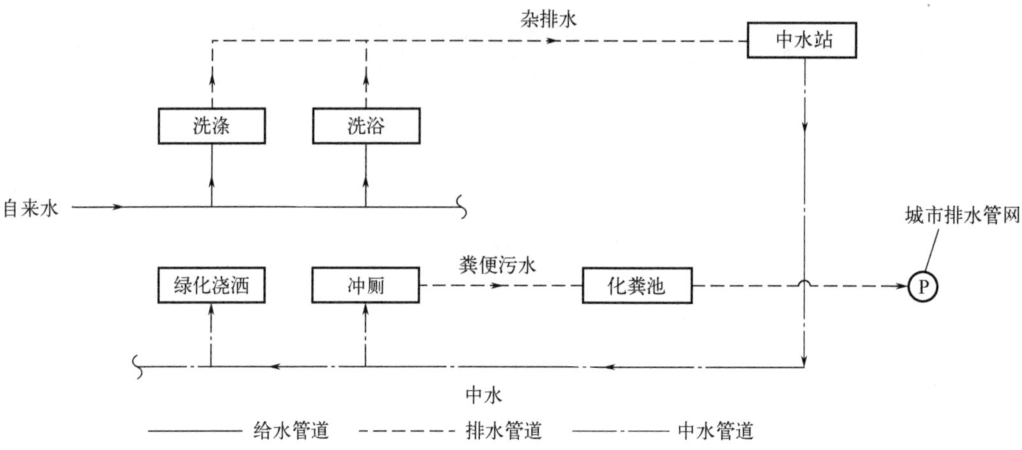

图 3-1　完全分流系统

（2）小区中水系统

按建筑物管网的覆盖程度可分为全部完全分流系统、部分完全分流系统、半完全分流系统或无分流系统的简化系统。

① 全部完全分流系统（4 套管路系统），是指原水分流系统和中水供水系统覆盖小区所有建筑物，即在小区内的主要建筑物内都设有污、废水分流系统（杂排水和粪便污水 2 套排水管道系统）和中水、自来水供水系统（2 套供水管道系统）。

② 部分完全分流系统，是指原水（污废水）分流系统和中水供水系统只覆盖了小区内部分建筑物，如图 3-2 所示，建筑物 1 中采用分质供水（自来水、中水 2 套供水管道系统）、分流收集（杂排水、粪便污水 2 套排水管道系统）的完全分流系统形式，而建筑物 2 内则是 1 套给水系统（只有自来水供水）、污废水合流排放。

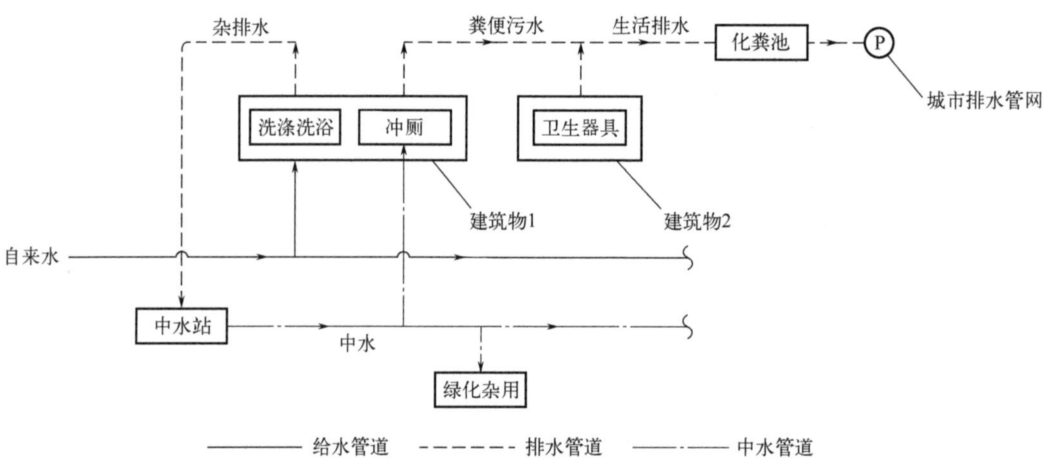

图 3-2　部分完全分流系统

③ 半完全分流系统（3 套管路系统）有 2 种常见形式。

a. 各建筑物内均设置中水、自来水 2 套供水系统，采用污、废水合流排水，以生活排水作为中水水源，见图 3-3（a）。

b. 各建筑物采用分流排水，杂排水作为中水水源，处理后的中水只用于室外杂用，建筑物内未设置中水供水系统，见图 3-3（b）。

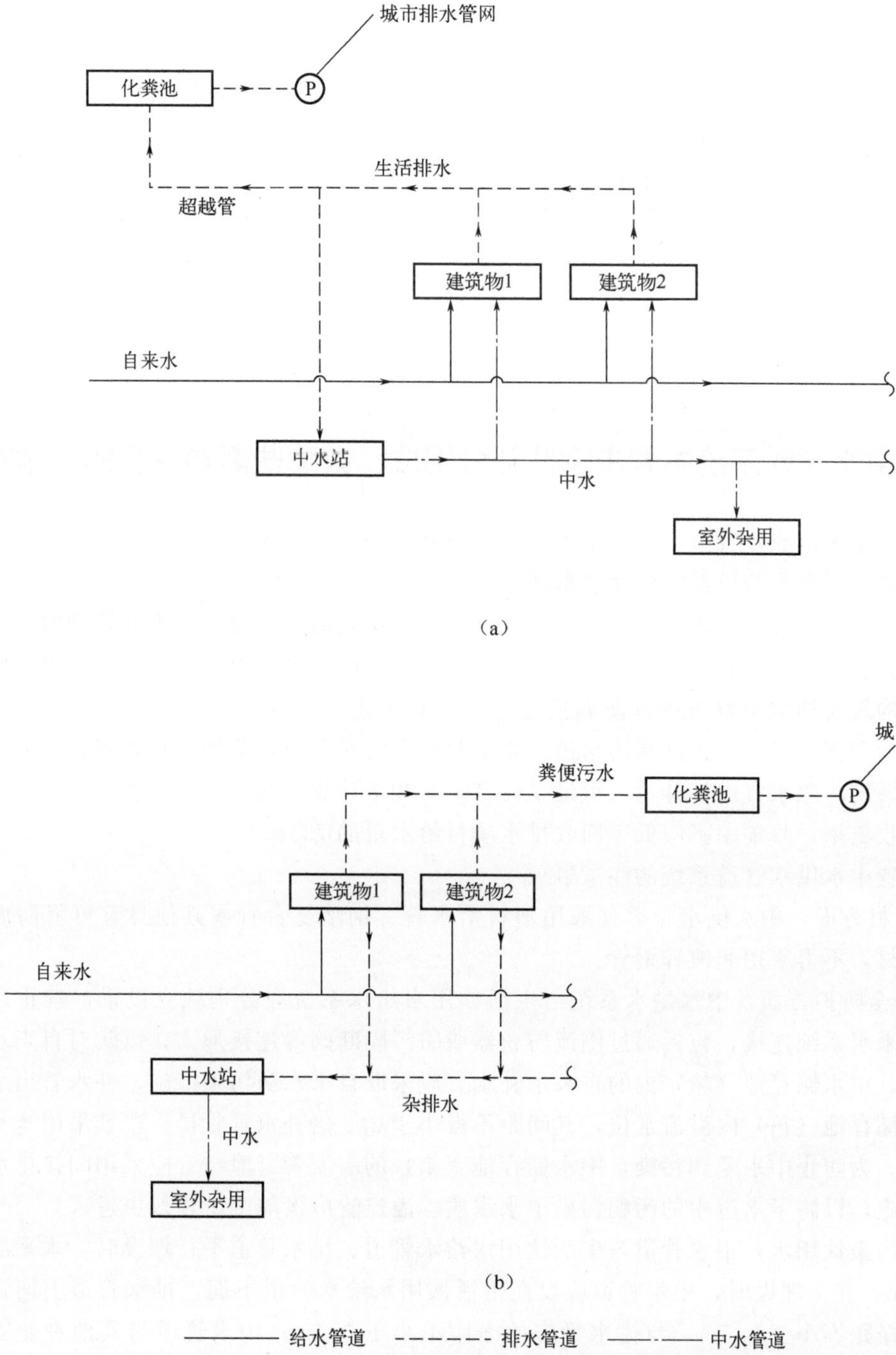

图 3-3 半完全分流系统

④ 无分流系统的简化系统（2 套管路系统），是指各建筑物内污废水合流排放，只设自来水给水系统。中水原水是综合生活污水或外接水源，处理后的中水只用于室外杂用，见图 3-4。

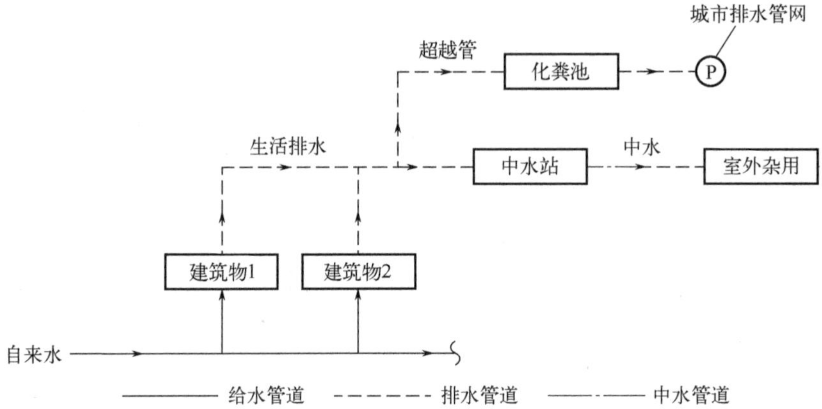

图 3-4 无分流系统的简化系统

143 中水管网系统主要由哪些部分组成？有哪些需要注意的问题？

中水管网系统由原水管道系统、中水供水管道系统两部分组成。

（1）设置原水供水管道系统的注意事项

原水管道系统宜按重力流设计，靠重力流不能直接接入的可采取局部提升等措施。原水系统应设分流、溢流设施和超越管，应在流入处理站之前能满足重力排放要求。室内外原水管道及附属构筑物均应采取防渗及防漏措施，并应有防止不符合水质要求的排水接入的措施。职工食堂和营业餐厅的含油脂污水进入原水收集系统时，应经除油装置处理后，方可进入原水收集系统。原水宜进行计量，可设置具有瞬时和累计流量功能的计量装置。原水系统应计算原水收集率，收集率不应低于回收排水项目给水量的 75%。

（2）设置中水供水管道系统的注意事项

① 在管材方面，中水供水管道宜采用塑料给水管、钢塑复合管或其他具有可靠防腐性能的给水管材，不得采用非镀锌钢管。

② 在安全防护方面，中水供水系统与生活饮用水给水系统应分别独立设置，禁止以任何形式与自来水系统连接，包括通过倒流防止器或防污隔断阀等连接形式，以防对自来水系统造成污染。中水储存池（箱）内的自来水补水管应采取自来水防污染措施，补水管出水口应高于中水储存池（箱）内溢流水位，其间距不得小于 2.5 倍补水管管径。严禁采用淹没式浮球阀补水。为防止中水受到污染，中水储存池（箱）的溢流管、泄空管应采用间接排水的空气隔断措施，以防下水道中的污物污染中水水质。溢流管应设隔网防止蚊虫进入。

为避免污染饮用水，中水管道与生活饮用水给水管道、排水管道平行埋设时，水平净距不小于 0.5m；交叉埋设时，中水管道应设在生活饮用水给水管道下面，排水管道上面，与给水管道的净距不小于 0.5m，与排水管道的净距不小于 0.4m；中水管道与其他专业管道的间距按《城市工程管线综合规划规范》（GB 50289—2016）的要求执行。

中水管道上不得装设取水龙头。当装有取水接口时，必须采取严格的防止误饮、误用的措施，如供专人使用的带锁龙头、明显标示不得饮用等。

绿化、浇洒、汽车冲洗宜采用有防护功能的壁式或地下式取水栓。

中水管道外壁应按有关标准的规定涂色和标志；水池（箱）、阀门、水表及取水栓、取水口均应有明显的“中水”标志；公共场所及绿化的中水取水口应设带锁装置。车库中用于冲洗地面和洗车用的中水龙头也应上锁或明示不得饮用。

中水管道上的标志带如图 3-5 所示，中水管道埋地标志牌如图 3-6 所示。

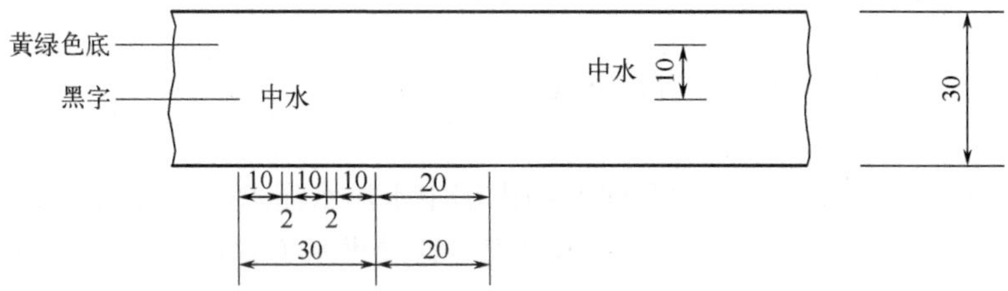

图 3-5　中水管道上的标志带样图（单位：mm）

中水冲洗厕所使用告示牌的实例如图 3-7 所示。

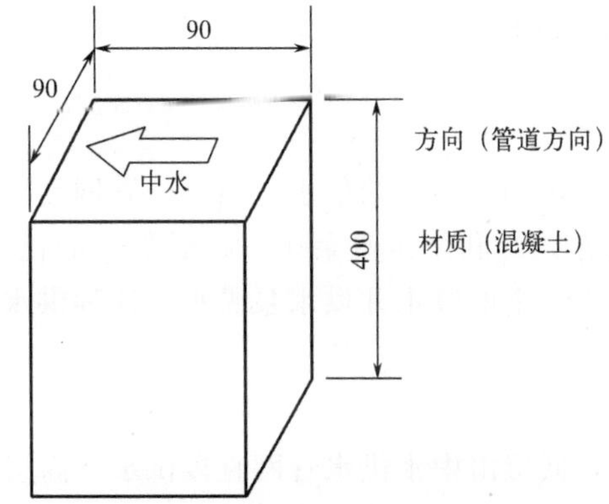

图 3-6　中水管道埋地标志牌样图（单位：mm）

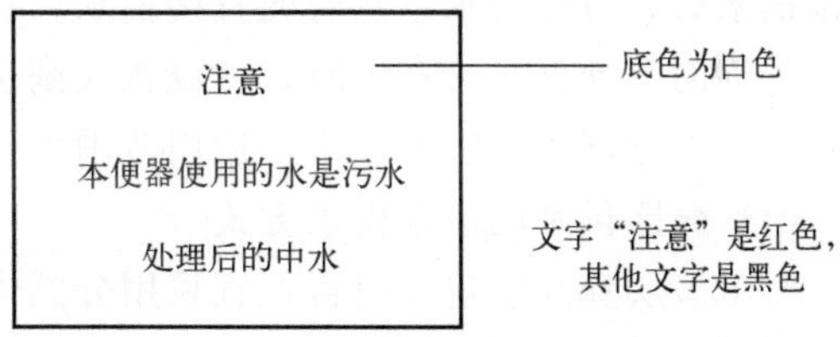

图 3-7　中水冲洗厕所使用告示牌实例

中水洒水装置、洒水水龙头使用告示牌的实例如图 3-8 所示。

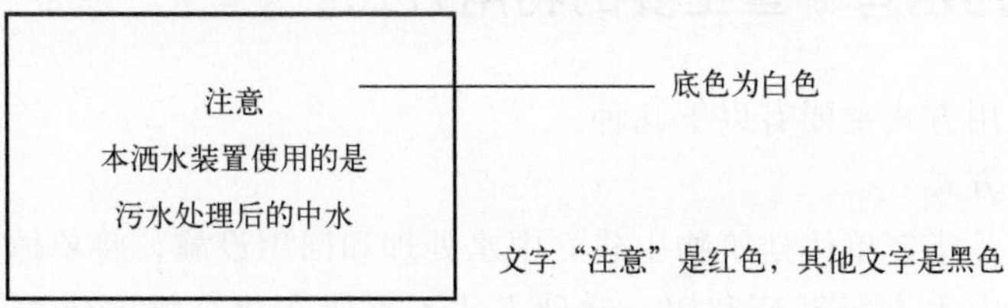

图 3-8　中水洒水装置、洒水水龙头使用告示牌实例

中水景观用水、亲水用水告示牌的实例如图 3-9 所示。

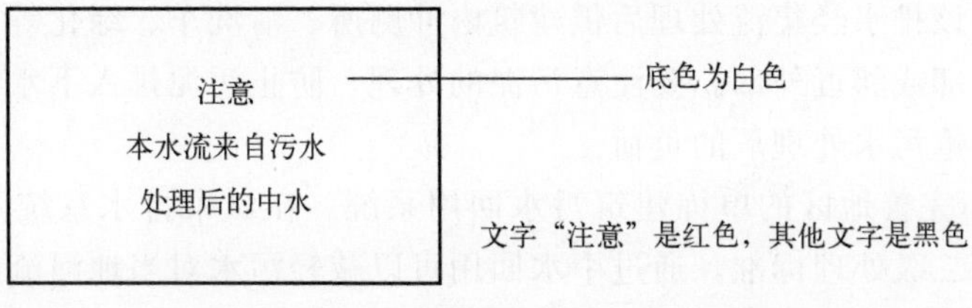

图 3-9　中水景观用水、亲水用水告示牌实例

工程验收时应逐段进行检查，防止误接。

③ 在管道敷设方面，室内中水管道宜明装，有要求时也可敷设在管井、吊顶内，除卫生间外，不宜安装于墙体内，以便于安装、维修。中水供水系统上应根据使用要求安装计量装置。

144 建筑中水系统有哪些主要的供水方式?

建筑中水系统的供水方式主要有以下几种。

（1）直接供水方式

当市政管网的水量和水压均能满足建筑物内部中水用水需求时，可以采用直接供水方式，其具有设备少、维护简单、投资少等一系列优点。这种供水方式的水平干管可设置在底层地下、地沟内或地下室天花板下，也可布置在建筑物最高层的天花板下、吊顶内或技术层中。

（2）单设屋顶水箱的中水供水方式

当室外中水配水管网的压力仅在日高峰时间不能保证室内供水，可以采用单设屋顶水箱的中水供水方式，保证中水用水高峰时室内中水供水。这种方式经济、简单，但增设水箱，增加了建筑物的荷载和项目建设的投资。

（3）设置水泵和屋顶水箱的中水供水方式

当中水管网大部分时间无法保证水压时，用水泵提水到屋顶水箱供水。当室外管网允许直接抽水时，可设置水泵从管网直接抽水，这种供水方式可利用市政余压，降低供水能耗；当室外管网不允许直接抽水时，可设置仅满足水泵吸水要求的吸水井供水泵吸水，这种供水方式对室外管网压力影响较小，适用范围大。

（4）分区供水的中水供水方式

对于多层和高层建筑而言，宜采用分区供水方式，低层由中水供水管网直接供水，高层通过加压方式供水，这样既可以节省能源，又能充分利用室外中水给水管网的水压。

145 建筑污水有哪些主要的利用方式?

建筑污水的回用方式主要有以下几种。

（1）单独循环方式

单独循环方式是指在单体建筑物中建立中水处理和回用设施，将单体建筑物产生的一部分污水处理后作为中水进行循环利用。这种方式不需要在建筑物外建立污水管道，容易实施，但其处理费用较高。这种方式还包括以下几种系统。

① 排水设施完善地区的单栋建筑污水回用系统。该系统污水水源取自本系统内的杂用水和优质杂排水。该排水经集流处理后供建筑内冲厕所、清洗车、绿化等。其处理设施根据条件设在本建筑内部或邻近外部。要注意污泥的处理，防止污泥排入下水管后导致管道内的污水浓度过高，加重污水处理厂的负荷。

② 排水设施不完善地区的单栋建筑污水回用系统。在城市排水系统不完善的地区，其水处理设施达不到二级处理标准，通过中水回用可以减轻污水对当地河流的再污染。该系统中水水源取自建筑物的排水净化池，池内的水为总的生活污水。

（2）小区循环方式

这种方式一般用于大的住宅区、较新的开发区等范围较小的地区，区内建筑可共用一套中水处理系统和中水管道系统。

（3）区域循环方式

在一个较大的地域范围内建有二级污水处理设施，区域再生水水源可利用城市污水处理厂的出水、市政雨水管道雨水、河水等，将这些水送到区域中水（再生水）处理站，经进一步深度处理后供给区域内建筑物、小区等，作消防、洗车、冲洗厕所、绿化等使用。该方式规模大，故运行费用较低，污泥容易集中处理。但由于需单独铺设再生水的输送管道，需要从城镇整体考虑。

以上几种方式的选择应用，应根据各自的特点及当时当地的实际情况而定。一般而言，单独循环方式虽然较易普及，但造价很高，从水资源的利用和经济角度出发，小区循环方式和地区循环方式可能较为有利，因为这种方式无论从运行管理、污泥处理和经济效益上讲均具有优势。

146 小区中水主要有哪些给水方式？

小区中水给水系统的供水方式主要有两种。

① 由城镇再生水管网直接供水，小区室外再生水管网中不设升压、储水设备。适用于城镇再生水管网能满足小区内所有建筑的水压、水量要求；或能满足小区大部分建筑供水要求，仅不能满足少数建筑的供水要求（建筑内部升压）的供水方式。

② 由城镇再生水管网直接供水，小区室外再生水管网中设置升压、储水设备。适用于城镇再生水管网不满足小区全部建筑或多数建筑的供水要求，需在小区室外再生水管网中设置升压、储水设备的供水方式，有以下3种情况：

a. 小区室外再生水管网中仅设置升压设备（不设储水调节池），由水泵直接从城镇再生水管网或吸水井抽水供至各用水点，适用于城镇再生水管网水量充足（满足小区高峰用水时段的用水量要求）的情况。

b. 小区仅设置水塔（不设升压设备），由城镇再生水管网供至水塔，再从水塔供至各用水点。或夜间由城镇再生水管网供水至水塔，由水塔供全天用水。

c. 小区设置升压、储水设备，城镇再生水管网的水量与水压能满足小区内多层建筑物内的再生水用水、消防用水要求和高层建筑室外消防用水量（即低压室外消防给水系统）的要求，但不满足高层建筑物内的再生水用水和消防用水要求。则从城镇再生水管网引入的低压中水管道，直接供给各建筑物低区的再生水用水和消防用水；小区设置集中加压供水设施供给各建筑物高区的再生水用水和消防用水。

147 中水处理的工艺流程有哪些要求？

中水处理工艺流程应当符合以下要求：

① 技术先进，安全可靠，处理后出水能够符合再生水的水质标准；

② 在水量平衡的前提下，经济适用；

③ 在保证中水水质的前提下，尽可能节省投资、运行费用和占地面积；
④ 处理过程中，噪声、气味、栅渣、污泥和其他因素不对环境造成严重影响；
⑤ 经过一定时间的运行实践，技术成熟、实用的处理工艺流程。

148 中水利用的污水处理系统包括哪些部分？

中水利用的污水处理系统一般由污水收集、调节、预处理单元、生化处理单元、深度处理单元、中水储存、中水输配等部分组成。其中预处理单元一般包括格栅、毛发聚集器、预曝气调节池、初沉池等。生化处理单元主要有活性污泥法和生物膜法，其中生物膜法应用较多，如生物接触氧化、生物转盘、曝气生物滤池、移动床生物膜反应器等。深度处理单元包括过滤、活性炭吸附、氧化消毒及膜过滤等，这些单元根据水质要求，或单独应用，或组合应用。

149 中水利用有哪些污水处理的工艺流程？应怎样选择？

中水利用工程中污水处理的工艺流程主要有：
① 物化处理为主的工艺流程；
② 生态处理为主的工艺流程；
③ 生物处理与物化处理相结合的工艺流程；
④ 预处理和膜分离相结合的工艺流程；
⑤ 生物处理和深度处理相结合的工艺流程；
⑥ 生物处理和生态处理相结合的工艺流程；
⑦ 曝气生物滤池处理的工艺流程；
⑧ 膜生物反应器处理的工艺流程；
⑨ 物化处理与生化处理相结合的工艺流程；
⑩ 微孔过滤处理的工艺流程。
中水利用的工艺流程具体选择方法如下：

① 当以优质杂排水和杂排水作为中水原水时，原水有机物浓度较低，处理目的主要是去除悬浮物和少量有机物，可采用以物化处理为主的工艺流程（适用于优质杂排水）、生物处理和物化处理相结合的工艺流程或预处理和膜分离相结合的工艺流程；

② 当以含有粪便污水的排水作为中水原水时，原水中有机物或悬浮物浓度高，宜采用二级生物处理与物化处理相结合的处理工艺流程，具体包括生物处理和深度处理相结合、生物处理和土地处理相结合、曝气生物滤池处理、膜生物反应器处理等；

③ 当以污水处理站二级处理出水作为中水水源时，宜选用物化深度处理、物化与生化处理结合的深度处理、微孔过滤处理工艺等。

150 建筑再生水处理工艺的具体流程是怎样的？

中水处理工艺流程应根据中水原水的水质、水量和中水的水质、水量及使用要求等因素，经过水量平衡，进行技术经济比较后确定。在确保中水水质的前提下，宜采用耗能低、效率高、经过实验或实践检验的工艺流程。常用的工艺流程如图 3-10～图 3-12 所示。

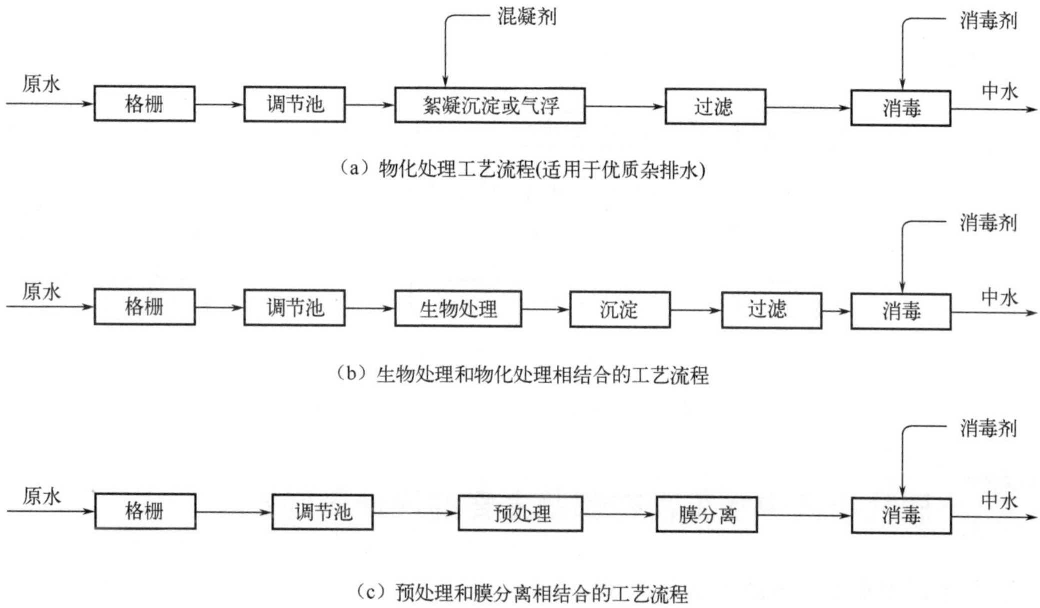

(a) 物化处理工艺流程(适用于优质杂排水)

(b) 生物处理和物化处理相结合的工艺流程

(c) 预处理和膜分离相结合的工艺流程

图 3-10　优质杂排水或杂排水为中水原水的水处理工艺流程

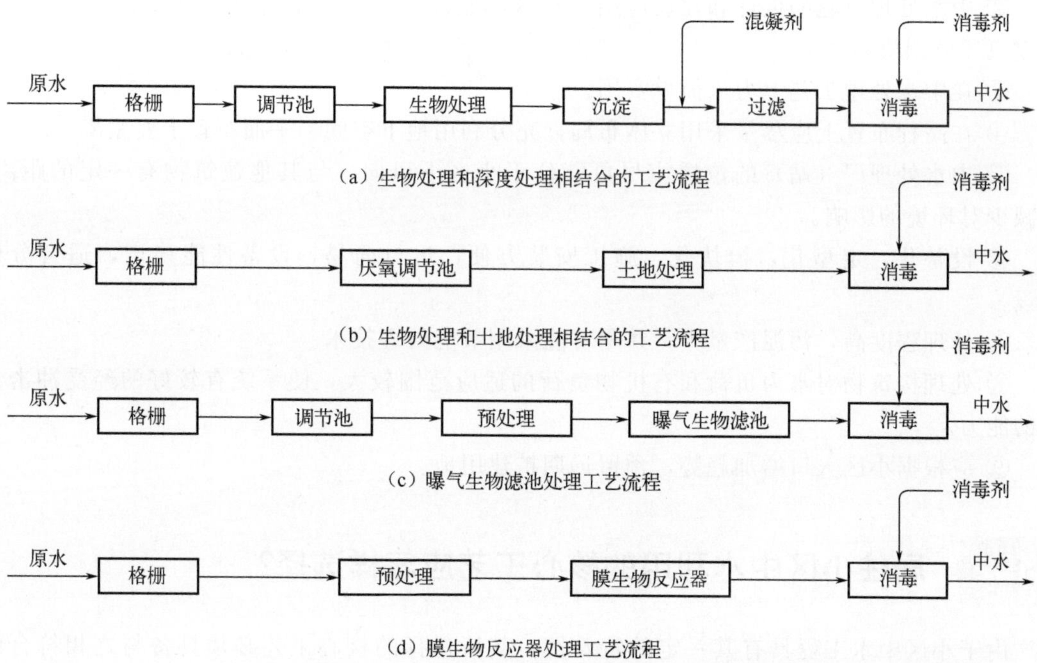

(a) 生物处理和深度处理相结合的工艺流程

(b) 生物处理和土地处理相结合的工艺流程

(c) 曝气生物滤池处理工艺流程

(d) 膜生物反应器处理工艺流程

图 3-11　含有粪便污水的排水为中水原水的水处理工艺流程

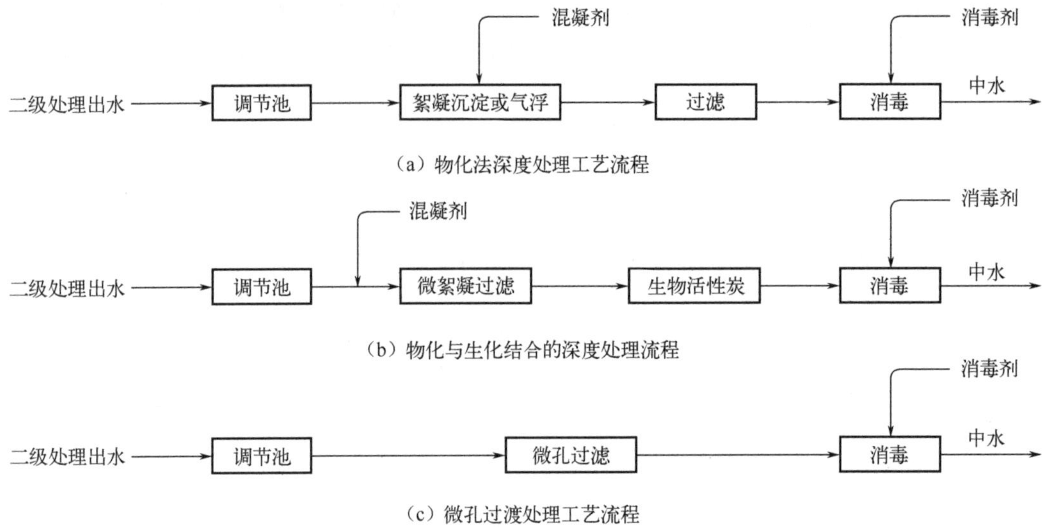

图 3-12 污水处理厂二级处理出水为中水水源的处理工艺流程

151 居住小区中水工程有哪些主要的设计原则?

居住小区中水工程的设计原则如下：

① 一般来说，不同小区对出水的要求差异较大，应根据我国《地表水环境质量标准》(GB 3838—2002) 和《污水综合排放标准》(GB 8978—1996) 的有关规定和当地环保部门的要求确定处理程度，以确保出水水质。

② 中水处理设施的设计和建设应结合小区的整体规划和建筑特点，外观设计上要与小区建筑环境相协调。

③ 在中水处理工艺上力求简单实用。

④ 在高程布置上应尽量采用立体布局，充分利用地下空间。平面布置上要紧凑。

⑤ 中水处理厂（站）的位置应尽可能位于小区下风向，与其他建筑物有一定的距离，以减少对环境的影响。

⑥ 设备化，定型化，模块化，施工安装方便，运行简易，设备性能稳定，适合分期建设。

⑦ 处理程度高，污泥产量少，并尽可能采用节能处理技术。

⑧ 处理构筑物对水力负荷和有机物负荷的适应范围较大，使系统有较好的经受冲击负荷的能力。

⑨ 应根据小区人口增加趋势，预留远期扩建用地。

152 居住小区中水利用的核心工艺应怎样选择?

由于小区中水工程具有其一定的特殊性，其所选择的核心工艺必须具备与之相符合的功能。

① 由于居民用水从时段上讲很不均匀，因此所选择的处理工艺必须具有较强的耐冲击

负荷能力。

② 物业管理公司的操作人员很难掌握专业的水处理知识，所以设计的工艺系统应便于操作和维护。

③ 我国的相关中水回用标准，对氮、磷有比较高的要求，特别是需要回用人工湖等景观水体的中水系统，为防止出现黑、臭等富营养化现象，处理设施所选择的工艺应具备脱氮除磷的功能。

④ 处理工艺要兼顾技术先进成熟和造价适中的要求，在系统投入运行后应安全可靠、稳定高效，能建以致用。

⑤ 选用的处理工艺要在保证出水水质达标的前提下，尽量保证操作简单、管理维护方便，运行费用低，从而通过中水回用实现节能减排，实现社会效益和经济效益的双赢。

生活污水处理工程中，一般都是以好氧生物处理方法为核心工艺。好氧生物处理方法分为生物膜法和活性污泥法两大类。以接触氧化为代表的生物膜法工艺的主要特点是处理效率高，适用于对去除率要求不高的快速处理方法。SBR、氧化沟等活性污泥法工艺的主要特点是处理精度高，即出水水质可以达到非常高的标准。因此，接触氧化适用于以优质杂排水为水源的中水系统；SBR、氧化沟则更适合于以全生活污水为水源的情况。

153 居住小区中水利用工程的规模和建设形式应怎样选择?

当中水系统以优质杂排水为原水水源时，由于水源量一般小于回用需求量，所以处理设施的规模根据原水水量来确定。若以全生活污水为原水水源，由于可提供充足的污水水源，为最大限度地节约用水，小区中水处理设施的规模应根据小区所有中水用途的实际需求量来确定。

由于中水设施位于居民小区内，建设时必须考虑噪声、异味及固体废物等不良因素对小区整体环境产生的负面影响，选择适当的建设形式。

① 对于处理设施中的各种水池，中小规模的工程尽量采用地下全封闭的建设形式；大中规模的可采用地上全封闭的建设形式；有条件的情况下，也可采用半开放或全开放的形式，以节省投资。对于我国过去几年曾出现的全埋地污水处理设备，无论工艺设计还是设备配置，经实践证明均不理想，不适合此类工程。

② 设备的选择要综合考虑噪声、检修、能耗等多种因素。

③ 在小区的整体规划阶段就应该充分考虑中水设施的建设形式和规划位置，尽可能降低管网建设、水池等系统的造价，并使中水构筑物更好地与小区的整体风格相融合。

④ 中水系统设计和施工时应防止中水污染给水。中水管道与给、排水管道平行埋设时，水平净距应大于 0.5m；交叉埋设时，中水管道应位于给、排水管道的中间。

154 居住小区中水工程的水源和中水用途分别是什么?

小区中水水源应依据水量平衡和技术经济比较确定，并应优先选择水量充裕稳定、污染物浓度低、水质处理难度小、安全且居民易接受的中水水源。

(1) 小区中水系统可选择的水源

① 小区内建筑物杂排水，主要包括：a. 卫生间、公共浴室的盆浴和淋浴等的排水；

b. 盥洗排水；c. 空调循环冷却水系统排污水；d. 冷凝水；e. 游泳池排污水；f. 洗衣排水；g. 厨房排水；h. 冲厕排水等。

② 小区或城市污水处理厂出水。

③ 小区附近相对洁净的工业废水，其水质、水量必须稳定，并要有较高的使用安全性，如工业冷却水、矿井废水等。

④ 小区内的雨水。

⑤ 小区生活排水。

(2) 小区中水回用的用途

水质符合现行《城市污水再生利用　城市杂用水水质》（GB/T 18920—2020）的规定时，中水可用作城市杂用水（如冲厕、道路清扫、城市绿化、车辆冲洗、建筑施工、空调冷却补给、消防用水等）；水质符合《城市污水再生利用　景观环境用水水质》（GB/T 18921—2019）的规定时，中水可用作景观环境用水；水质符合《城市污水再生利用　农田灌溉用水水质》（GB 20922—2007）的规定时，中水可用于食用作物、蔬菜浇灌用水；水质符合采暖系统补水等工艺水质要求时，中水可用于采暖系统补水等用途。

155 居住小区中水利用有哪些常用的工艺流程?

根据小区废水处理的原则，应选择处理效果稳定、产泥少、节能的处理方法。常用的工艺流程如下。

① 污水→格栅→调节池→提升泵→接触氧化池→沉淀池→消毒→出水。

② 污水→格栅→调节池→提升泵→曝气池→沉淀池（污泥回流）→消毒→出水。

③ 污水→格栅→调节池→提升泵→SBR 池或 CASS 池→消毒→出水。

④ 污水→格栅→调节池→提升泵→混凝沉淀（加药）→过滤→消毒→出水（物化方法）。

⑤ 污水→格栅→调节池→提升泵→接触氧化池→混凝过滤（加药）→消毒→出水。

⑥ 污水→格栅→调节池→提升泵→流离生化池→过滤→消毒→出水。

156 居住小区的中水处理技术有什么优点?

在各种中水回用的处理技术中，最常用的小区污水处理技术是接触氧化法。该工艺具有去除有机物效果好、生物处理效果稳定、剩余污泥产量低、抗冲击负荷等优点，但须解决曝气噪声问题。另外，活性污泥法及其他的变形工艺流程，包括氧化沟、SBR、AB 法、A/O 法、A^2/O 法等技术都在小区中水回用处理中有过应用，处理效果良好，但需对污泥进行处理。近年来膜生物反应器（MBR）、曝气生物滤池（BAF）和循环活性污泥工艺（CASS）等新技术也开始在住宅小区中水处理工程中得到应用，处理效果良好。其中以 CASS 工艺最为普遍，该工艺与传统活性污泥法比较起来具有以下优点：

① 建设费用低。省去了初次沉淀池、二次沉淀池及污泥回流设备，建设费用可节省 20%～30%。工艺流程简洁，污水厂主要构筑物为集水池、沉砂池、CASS 曝气池、污泥池，布局紧凑，占地面积可减少 35%。

② 运转费用省。由于曝气是周期性的，池内溶解氧的浓度也是变化的，沉淀阶段和排水阶段溶解氧降低，重新开始曝气时，氧浓度梯度大，传递效率高，节能效果显著，运转费用可节省 10%～25%。

③ 有机物去除率高，出水水质好。不仅能有效去除污水中有机碳源污染物，而且具有良好的脱氮、除磷功能。

④ 管理简单，运行可靠，不易发生污泥膨胀。污水处理厂设备种类和数量较少，控制系统简单，运行安全可靠。

⑤ 污泥产量低，性质稳定。

在多个工程应用基础上，我国又推出了CASS+膜过滤工艺，并且开发了一种新型过滤膜（盘片式过滤膜）来开拓CASS工艺的出水回用领域。该膜具有通量大、寿命长、耐污染强度大、易于反冲洗等优点。工程应用表明具有良好的应用前景。

157 建筑小区雨水利用的形式有哪些?

建筑小区雨水利用的形式主要有雨水入渗、收集利（回）用、调蓄排放，可采用上述系统中的1种，或者其中2种系统的组合，如雨水入渗-收集利（回）用；雨水入渗-调蓄排放等。雨水利用系统的形式、各系统负担的雨水量，应根据当地降雨量、降雨时间分布、下垫面的入渗能力、供水和用水情况等具体条件经技术经济比较后确定。

（1）雨水入渗系统

雨水入渗系统是把雨水转化为土壤水，其手段或设施主要有地面入渗、埋地管渠入渗、渗水池（井）入渗等。除地面雨水就地入渗不需要配置雨水收集设施外，其他渗透设施一般都需要通过雨水收集设施把雨水收集起来并引流到渗透设施中。雨水入渗系统对涵养地下水和抑制暴雨径流有显著作用，主要由收集设施和渗透设施组成，当具备自然入渗的条件时可不设置专用的收集和渗透设施。

（2）收集利（回）用系统

收集利（回）用系统是对雨水进行收集、储存、水质净化，把雨水转化为产品水，替代自来水使用或用于观赏水景等。经净化处理合格的雨水可用作景观用水、绿化、道路浇洒用水、循环冷却系统补水、汽车冲洗用水、或地面冲洗用水、冲厕用水、消防用水等。雨水收集利用系统具备削减外排雨水总量的作用。雨水收集利用系统由收集设施、储存设施、净化处理设施及雨水收集与输送管道系统组成。

（3）调蓄排放系统

雨水调蓄排放系统是通过雨水储存调节设施来减缓雨水排放的流量峰值、延长雨水排放时间，具有快速排除场地地面雨水、削减外排雨水高峰流量的作用。调蓄排放系统由雨水收集设施、储存调节设施和排放管道组成。天然洼地、池塘、景观水体等可作为储存调节设施，将径流高峰流量暂存，待洪峰径流量下降后雨水从调蓄池缓慢排出。雨水调蓄排放系统具有削减洪峰、减小下游雨水管道的管径和节省工程造价等优点。

158 建筑小区雨水利用入渗系统的适用和不适用条件分别有哪些?

（1）适用条件

土壤的渗透系数对雨水入渗技术影响较大，场地的土壤渗透系数（即单位水力坡度下水的稳定渗透速度）宜为$10^{-6}\sim10^{-3}$m/s，且渗透面距地下水位（即最高地下水位以上的渗透区厚度）大于1.0m；水质良好的雨水含污染物较少，可采用渗透区厚度小于1m的表面入渗或洼地入渗措施，渗透区厚度小于1m时，只能截留一些颗粒状物质；当渗透区厚度小于 0.5m 时，雨水会直接进入地下水。

对化工厂、制药厂、传染病医院建筑区等特殊场地，如采用雨水入渗等利用系统时，需要进行特殊处置。水质较差的雨水不能采用渗井直接入渗，以防对地下水造成污染。

（2）不适用条件

不得采用雨水入渗系统的场所有：

① 有陡坡坍塌、滑坡灾害的危险场所；

② 对居住环境以及自然环境造成危害的场所；

③ 自重湿陷性黄土、膨胀土和高含盐土等特殊土壤地质场所。

159 建筑小区雨水收集利用系统的适用条件及其设置注意事项有哪些?

雨水收集利（回）用系统应优先收集屋面雨水，不宜收集机动车道路等污染严重的下垫面上的雨水。回用系统的最高日设计用水量不宜小于集水面日雨水设计径流总量的 40%；雨水量足以满足需用量的地区或项目，集水面最高月雨水设计径流总量不宜小于回用管网该月用水量。收集利（回）用系统应设置雨水储存设施。当采用中水清水池接纳处理后的雨水时，中水清水池应有容纳雨水的容积。

160 建筑小区雨水调蓄排放系统的适用及不适用条件有哪些?

调蓄排放系统宜用于有削减城市洪峰和场地雨水迅速排除要求的场所。

调蓄排放系统不适用于缺水城市。

161 设置雨水利用存储设施有哪些注意事项?

雨水蓄水池宜采用耐腐蚀、易清洁的环保材料，宜设在室外地下。室外地下蓄水池（罐）的人孔或检查口应设置防止人员落入水中的双层井盖。蓄水池应设检查口或人孔，池底宜设集泥坑和吸水坑。雨水蓄水池上的溢流管和通气管应设防虫鼠措施。

雨水蓄水池应设溢流排水措施，且宜采用重力溢流。室内蓄水池的重力溢流管排水能力应大于进水设计流量。当蓄水池和弃流池设在室内且溢流口低于室外地面时，应符合下列要求：

① 当设置自动提升设备排除溢流雨水时，溢流提升设备的排水标准应按 50 年降雨重现期的 5min 降雨强度设计，并不得小于集雨屋面设计重现期降雨强度；

② 不设溢流提升设备时，应采取防止雨水进入室内的措施；

③ 雨水蓄水池应设溢流水位报警装置，报警信号引至物业管理中心；

④ 雨水收集管道上应设置能以重力流排放到室外的超越管，超越转换阀门宜能实现自动控制。

蓄水池兼作沉淀池时，还应满足进水端均匀布水、出水端避免扰动沉积物、防止水流短路的要求。调蓄池排水管道管径根据排空时间方法确定，放空时间控制在12h以内。

当采用型材拼装的蓄水池，且内部构造具有集泥功能时，池底可不做坡度。当具备设置排泥设施或排泥确有困难时，排水设施应配有搅拌冲洗系统，应设搅拌冲洗管道，搅拌冲洗水源宜采用池水，并与自动控制系统联动。

162 设置雨水利用供水系统有哪些注意事项?

雨水利（回）用供水管网中低水质标准水不得进入高水质标准水系统。建筑或小区中的雨水与再生水原水因污染物不同，宜分开蓄存和净化处理，出水可在清水池混合回用。

雨水供水系统应考虑自动补水，在雨水量不足时进行补水。补水水源可以是再生水或生活饮用水等（景观用水系统除外）。补水的水质应满足雨水供水系统的水质要求。补水能力应满足雨水中断时系统的用水要求。补水管道和雨水供水管道上均应设水表计量。

采用生活饮用水补水时，应严禁雨水对生活饮用水系统造成污染，雨水供水管道与生活饮用水管道应完全分开设置。清水池（箱）内的自来水补水管出水口应高于清水池（箱）内溢流水位，其间距不得小于2.5倍补水管径，严禁采用淹没式出水口补水；若向蓄水池（箱）补水，补水口应设在池外。

为了保证回用雨水使用安全，供水管道上不得装设水龙头；当设有取水口时，应设锁具或专门开启工具。水池（箱）、阀门、水表、给水栓、取水口均应有明显的“雨水”标识。雨水供水管外壁应按设计规定涂色或标识。

163 雨水的水质特点是什么?

雨水的水质特点有：①可生化性很差；②屋面雨水经初期径流弃流后水质比较洁净；③降雨随机性较大，季节性强，原水水源不稳定；④处理设施经常闲置。因此多采用物理、化学处理等适应间断运行的技术。

164 建筑与小区雨水处理的工艺流程有哪些?

雨水处理是将雨水收集到蓄水池后集中进行物理、化学处理或多种工艺组合等，以去除雨水中的污染物。雨水处理工艺流程应根据收集雨水的水量、水质以及雨水利（回）用的水质要求等因素，并充分考虑降雨的随机性、雨水水源的不稳定性、雨水储存设施的闲置等因素，尽量简化处理工艺流程，经技术经济比较后确定。用户对水质有较高的要求时，应增加相应的深度处理措施。雨水处理设施产生的污泥宜进行处理。

屋面雨水水质处理根据原水水质和用水水质要求可选择下列工艺流程，用水水质要求较高时，采用流程较长或较复杂的处理工艺：

① 屋面雨水→初期径流弃流→消毒→景观水体。

② 屋面雨水→初期径流弃流→雨水蓄水池沉淀→消毒→雨水清水池。

③ 屋面雨水→初期径流弃流→雨水蓄水池沉淀→过滤→消毒→雨水清水池。

（二）城镇污水再生处理与利用技术概况

165 城镇污水再生处理技术包括哪些?

城镇污水再生处理技术主要包括常规处理、深度处理和消毒。

常规处理包括一级处理、二级处理和二级强化处理，主要功能为去除SS、溶解性有机物和营养盐（氮、磷）。深度处理包括混凝沉淀、过滤（含生物过滤）、膜处理、氧化等单元处理技术及其组合技术，主要功能为进一步去除二级（强化）处理未能完全去除的水中有机污染物、SS、色度、嗅味和矿化物等。消毒是再生水生产环节的必备单元，可采用液氯、氯气、次氯酸盐、二氧化氯、紫外线、臭氧等技术或其组合技术。

166 城镇污水二级强化处理有哪些工艺？可达到怎样的水质要求?

城镇污水二级强化处理是以强化氮、强化磷或同时强化氮磷去除为主要目的的生物处理工艺，主要包括活性污泥法中的缺氧/好氧（A_NO）生物脱氮法、厌氧/好氧（A_PO）生物除磷法、厌氧/缺氧/好氧（AAO，又称A^2/O）生物脱氮除磷法、氧化沟、序批式活性污泥法（SBR）等，目前主流工艺是兼具脱氮除磷功能的A^2/O、氧化沟和SBR等，其中氧化沟可用于大型污水厂，而SBR宜用于中小规模污水再生处理。

二级强化处理适用于对营养盐去除要求较高的城镇污水再生处理，其技术特点是可有效去除BOD_5、SS、氮和磷等。正常的城镇污水经过二级强化处理出水水质可达到：$COD_{Cr}<50mg/L$，$BOD_5<10mg/L$，SS<10mg/L，氨氮<5(8) mg/L，总氮<15mg/L，总磷<0.5mg/L，色度<30度。

167 什么是城镇污水的深度处理和再生处理?

城镇污水的深度处理是以污水处理厂排放标准为目标，进一步去除二级（强化）处理未能完全去除的有机污染物、SS、色度、嗅味和矿化物等。常见的深度处理技术包括混凝、沉淀（澄清、气浮）、过滤（含生物过滤）和消毒，必要时可采用活性炭吸附、膜处理、臭氧氧化和自然处理等工艺。

城镇污水的再生处理是以回用水质要求为目标，在污水常规处理和深度处理的基础上进行的进一步处理。

168 什么是混凝沉淀技术?

混凝沉淀技术适用于城镇污水二级处理/二级强化处理出水的深度处理，同时也可作为预处理技术，保障后续处理工艺过程稳定运行。该技术利用混凝剂使水中的悬浮颗粒物和胶体物质凝聚形成絮体，然后通过沉淀的方式去除絮体，具有经济、简便、适用范围广的特点，且其对浊度、磷及表观色度均有较好的去除效果。

混凝剂混合反应方式可采用管道混合或机械搅拌等方式。宜选择铝盐和铁盐为主的混凝剂，必要时可投加有机高分子助凝剂。混凝剂投量与进出水水质、混凝剂种类有关，一般运行情况下宜为2～10mg/L（以铁或铝计）；混合反应时间宜为10～15min。沉淀设施主要有平流、竖流、辐流和斜板（管）沉淀池，也可利用澄清池去除絮体，沉淀时间宜为60～120min。

以二级处理出水为进水，混凝沉淀出水浊度可达到1～5NTU；COD_{Cr}去除率约为10%～30%；根据来水总磷浓度，总磷去除率通常为40%～80%。

169 城镇污水再生处理中的过滤技术包括哪些?

城镇污水再生处理中的过滤技术包括砂滤、滤布滤池及生物过滤技术，主要去除对象为SS，包括低浓度悬浮污泥、游离或絮凝态的微生物（藻类、霉菌、真菌等）、难溶盐（碳酸盐、硫酸盐、硅酸盐等）、金属氧化物（铁、锰、铜、镍、铝）及各类天然或合成有机物等。这些过滤技术均存在正向产水运行过程和反洗过程：产水运行过程中原水径流从上端进入滤池，经布水后均匀地从滤层端流向下端，在工作压力损失达到一定水平时进行清洗；反洗过程是将反洗径流从滤料或滤布层下端引入，在水流剪切力与滤料颗粒间碰撞摩擦力的双重作用下，黏附在滤料（布）表面的悬浮物与胶体逐步脱落，并随反洗径流从滤料层上端排出，以达到清淤的目的。反洗的流速一般大于过滤流速，反洗压力大于过滤压力。

170 砂滤技术在城镇污水再生处理中的应用概况如何?

砂滤是利用一定粒径的石英砂等无机介质过滤截留悬浮物、胶体物质，适用于混凝沉淀出水或其他有除浊要求的水的深度处理，城镇污水二级处理/二级强化处理出水浊度较低时，可采用微絮凝-砂滤，常用的砂滤池有V型滤池等。砂滤具有简单、经济、实用、运行稳定可靠的技术特点，砂滤出水浊度＜2NTU。

砂滤的粒径、滤层厚度及滤速等运行参数与采用的滤池形式有关，当采用V型滤池时，均质滤料滤层厚度宜为1.0～1.5m左右，滤速宜采用4～8m/h，根据来水浊度确定反冲洗周期。

微絮凝—砂滤具有一定的除磷效果，其对磷的去除与进水浓度以及絮凝剂投加量有关，去除率通常为20%～50%。采用微絮凝—砂滤时，如设计操作不当，可能导致滤池反冲洗周期缩短、出水浊度升高的问题，应注意防范。

171 滤布滤池技术在城镇污水再生处理中的应用概况如何?

滤布滤池是利用一定孔径的滤布过滤去除总悬浮固体，为表面过滤技术。滤布滤池具有节省能耗（一般是常规气水反冲滤池能耗的1/3）、过滤水头小、占地面积小、维护使用简便等技术特点。

滤布滤池的水力负荷宜为6～16$m^3/(m^2 \cdot h)$，滤盘直径一般为0.90～3.00m，滤盘反洗转速一般为0.5～1.0r/min，其对SS的去除率可达50%以上。但是，当SS过高或黏附性较强时，滤布易发生污染和堵塞。

172 生物过滤技术在城镇污水再生处理中的应用概况如何?

生物过滤就是利用滤料及其表面附着的生物膜去除悬浮物、氮和有机污染物，适用于城镇污水二级处理及二级强化处理出水，也可用于臭氧氧化出水的后处理。

根据处理目标不同，生物过滤又可分为曝气生物滤池和反硝化滤池。曝气生物滤池适用于氨氮的去除，反硝化滤池适用于硝态氮的去除。曝气生物滤池以氨氮为去除目标时，容积负荷一般为0.2～0.6kg氨氮/(m^3滤料·d)，滤速宜为3～6m/h，供气量宜为70m^3/kg氨氮左右；处理臭氧氧化出水时，滤速宜为4～10m/h；反硝化滤池的容积负荷一般为1～1.5kg硝态氮/(m^3滤料·d)，滤速宜为5～8m/h，外加碳源可按去除硝态氮的5～6倍(COD_{Cr}/N)计。

以二级处理出水为进水时，曝气生物滤池氨氮去除率可达90%以上，COD_{Cr}的去除率可达10%～30%，出水SS一般≤15mg/L；以臭氧氧化出水为进水时，可有效去除臭氧氧化产生的小分子有机物，如醛类等；反硝化滤池硝态氮去除率主要取决于投加的碳源量，一般为50%～90%。

曝气生物滤池在水温低时，硝化效率会下降；反硝化滤池对碳源投加控制要求高，碳源不足时会产生亚硝酸盐积累，过量时会导致出水有机物含量升高，而且应注意因生物生长而导致的滤床堵塞问题；原则上氮的去除应优先在二级强化处理单元完成。

173 城镇污水再生处理中的膜处理技术有哪些?

膜处理技术包括基于微滤和超滤的固液分离技术，以及基于反渗透的脱盐及溶解性污染物去除技术。具体包括：膜生物反应器（MBR）技术、微滤/超滤膜过滤技术；反渗透（RO）技术等。

174 二级（强化）出水深度处理中的微滤/超滤膜技术概况如何?

利用微滤膜或超滤膜去除水中SS和胶体物质的处理技术，主要包括外置式和浸没式两种应用方式，常用组件类型主要有板式、管式和中空纤维三种。微滤/超滤膜技术可替代常规的沉淀—过滤工艺，具有高效去除悬浮物和胶体物质的能力，出水水质优于常规介质过滤，特别是浸没式适用于使用沉淀—过滤工艺的城镇污水再生处理设施的升级改造。此外，占地面积小、自动化程度高，也是其主要特点。

采用微滤/超滤膜技术深度处理后的出水COD_{Cr}去除率约为5%～30%，浊度<0.2NTU，水回收率≥90%。

175 城镇污水再生处理中的反渗透技术有什么特点?

反渗透技术是利用只能透过水而不能透过溶质的反渗透膜进行水中溶解性物质去除的膜分离技术，适用于对溶解性无机盐类和有机物含量有特殊要求的再生水生产。反渗透技术具有出水水质好，有机质和无机盐含量远低于其他膜处理技术的出水等优点。

反渗透对预处理要求高，一般要求有超滤或微滤预处理，并使用一次性的保安过滤器（一般采用 5μm 滤元）；反渗透出水 pH 值偏低，需根据水质需求进行调整。反渗透有大量浓水产生，浓水无机盐和有机质含量高，其处理处置需要给予充分的考虑。

176 城镇污水再生处理氧化技术有哪些?

城镇污水再生处理采用氧化的目的主要有消毒、除臭和脱色，进一步降解和去除水中的有毒物质（如酚、砷、氰化物、硫化物、硝基化合物、有机磷农药、烷基苯磺酸盐、木质素）及铁、锌、锰、汞等金属离子。此外，对污水中的大肠杆菌等致病微生物也有杀灭功能，使超标的 BOD、COD 和 TOC 得到有效改善。

根据来水水质状况和出水水质要求，可以采用臭氧氧化技术、光催化氧化技术及紫外与过氧化氢复合等高级氧化技术。

177 城镇污水再生处理采用消毒的目的及主要技术有哪些?

消毒以灭活水中病原微生物为目的，常见消毒方式包括氯消毒、二氧化氯消毒、次氯酸钠消毒、紫外线消毒、臭氧消毒或其组合技术。

四、

再生水处理技术与方法

（一）再生水物理处理技术

178 吸附技术的主要原理是什么?

在固体-气体或固体-液体组成的两相体系中，在相界面上出现的气相组分或溶质组分浓度升高的现象称为吸附。吸附主要包括物理吸附和化学吸附两种。其中物理吸附的机理主要是靠分子间作用力实现，主要在较低温度下进行，具有选择性。化学吸附主要是靠吸附剂与吸附质之间生成化学键，有选择性，多为放热反应，在较高温度下进行，但随温度升高，吸附量降低。

179 吸附的主要过程是什么?

吸附属于一种传质过程，由吸附质分子从液相向固体吸附剂表面或内部的传质构成，该过程主要涉及的步骤依次为：

① 液相扩散（膜外扩散），吸附质分子由液相向吸附剂表面的液膜转移；

② 膜内扩散，吸附质分子在液膜内移动；

③ 孔道扩散，吸附质分子由液膜向吸附剂表面或内部孔道中的吸附活性位点转移；

④ 吸附，吸附质分子通过各种作用力与吸附剂的活性部位结合而完成吸附。

180 吸附的主要作用是什么?

固体表面的分子或原子因受力不均衡而具有剩余的表面能，当某些物质碰撞固体表面时，受到这些不平衡力的吸引而停留在固体表面上，这就是吸附。这里的固体称为吸附剂，被固体吸附的物质称为吸附质。吸附的结果是吸附质在吸附剂上浓集，吸附剂的表面能降低。

吸附法主要用于脱除水中的微量污染物，应用范围包括脱色，除臭味，脱除重金属、各种溶解性有机物、放射性元素等。在处理流程中，吸附法可作为离子交换、膜分离等方法的预处理，以去除有机物、胶体物及余氯等；也可以作为二级处理后的深度处理手段，以保证回用水的质量。

利用吸附法进行水处理，具有适应范围广、处理效果好、可回收有用物料、吸附剂可重复使用等优点，但对进水预处理要求较高，运转费用较贵，系统庞大，操作较麻烦。

181 吸附主要有哪些类型?

溶质从水中移向固体颗粒表面，发生吸附，这是水、溶质和固体颗粒三者相互作用的结果。引起吸附的主要原因在于溶质对水的疏水特性和溶质对固体颗粒的高度亲和力。溶质的溶解程度是确定第一种原因的重要因素。溶质的溶解度越大，则向表面运动的可能性越小。相反，溶质的憎水性越大，向吸附界面移动的可能性越大。吸附作用的第二种原因在于溶质与吸附剂之间的静电引力、范德华引力或化学键力，据此可将吸附分为三种基本类型。

（1）交换吸附

指溶质的离子由于静电引力作用聚集在吸附剂表面的带电点上，并置换出原先固定在这些带电点上的其他离子，通常离子交换属此范围。影响交换吸附势的重要因素是离子电荷数和水合半径的大小。

（2）物理吸附

指溶质与吸附剂之间由于分子间力（范德华力）而产生的吸附。其特点是没有选择性，吸附质并不固定在吸附剂表面的特定位置上，而多少能在界面范围内自由移动，因而其吸附的牢固程度不如化学吸附。物理吸附主要发生在低温状态下，过程放热较小，约 42kJ/mol 或更少，可以是单分子层或多分子层吸附。影响物理吸附的主要因素是吸附剂的比表面积和细孔分布。

（3）化学吸附

指溶质与吸附剂发生化学反应，形成牢固的吸附化学键和表面络合物，吸附质分子不能在表面自由移动。吸附时放热量较大，与化学反应的反应热相近，约 84～420kJ/mol。化学吸附有选择性，即一种吸附剂只对某种或特定几种物质有吸附作用，一般为单分子层吸附。通常需要一定的活化能，在低温时，吸附速率较小。这种吸附与吸附剂的表面化学性质和吸附质的化学性质有密切的关系。

物理吸附与化学吸附的异同对比情况见表 4-1。

表 4-1 物理吸附与化学吸附的比较

性质	物理吸附	化学吸附
吸附剂与吸附质之间的反应情况	物理变化，类似蒸汽凝结和气体液化	表面化学反应
吸附能	较小	较大
有无电子转移	无	有
吸附反应速率	较快，瞬间达到平衡	较慢，达到平衡所需的时间较长
吸附热	较小，与气体的汽化热接近	很大，与化学反应热相接近
是否具有选择性	选择性不强	有较强的选择性
吸附过程随温度变化的影响	在低温下显著，随温度的升高吸附量减小	吸附速率随温度的升高而增大
吸附剂与吸附质之间作用力强弱	不强，且气体中吸附质分压降低或温度升高，容易脱附	强，且不易脱附，往往需要很高的温度才能把被吸附的分子逐出
吸附层数	单层或多层	单层
吸附机理	范德华力	化学键

在实际的吸附过程中，上述几类吸附往往同时存在，难于明确区分。例如某些物质分子在物理吸附后，其化学键被拉长，甚至拉长到改变这个分子的化学性质。物理吸附和化学吸附在一定条件下也是可以互相转化的。同一物质可能在较低温度下进行物理吸附，而在较高温度下所经历的往往又是化学吸附。

182 吸附主要是通过哪些操作实现的?

吸附操作一般通过以下几种方式进行：

(1) 静态间歇式

将废水与吸附剂放在吸附池内搅拌 30min，静置沉淀后倾去清液。

(2) 动态连续式

① 固定床　吸附剂固定在吸附柱（塔）中，分为降流式和升流式两种。降流式水流由上至下，滤速 4～20m/h，吸附剂厚 3～5m，时间为 30～60min（适用于悬浮物少的废水，悬浮物多则易堵塞)。升流式水流由下至上，滤速较小。

② 移动床　定期排出饱和的吸附剂，补充装入新鲜的吸附剂，从塔顶加入。这种操作要保证上下层吸附剂不能相混，操作要求高。

③ 流化床　为专用设备，包括吸附区和再生区，操作复杂。

183 什么是吸附性能和吸附容量?

吸附剂对吸附质的吸附能力大小称为吸附性能。吸附容量是一种吸附性能的表征方法，分为静吸附容量和动吸附容量。吸附性能的种类和表征方法如图 4-1 所示。

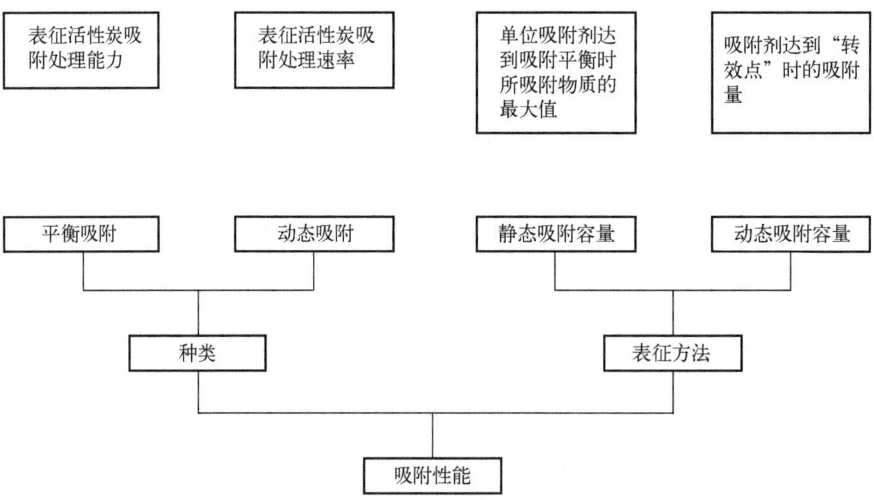

图 4-1　吸附性能的种类和表征方法

一般而言，动吸附容量比静吸附容量要小，相当于静吸附容量的 50%左右。在设计吸附装置时候，通常采用动吸附容量，也就是运行条件下的吸附容量。

184 吸附容量的影响因素有哪些？

一般而言，吸附容量主要跟吸附环境条件、吸附质性质和吸附剂性质有关，在工程应用中主要取决于吸附质在吸附床中的停留时间和吸附设备的规模。影响吸附容量的因素较多，详见图 4-2。

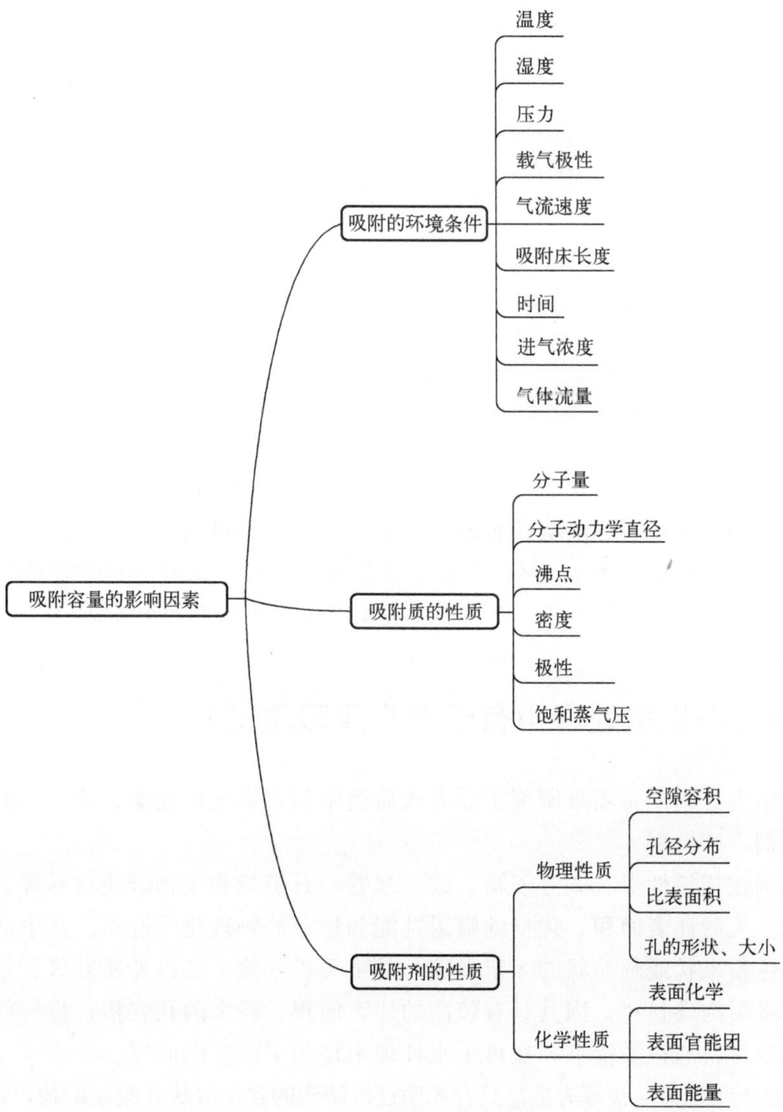

图 4-2 吸附容量的影响因素

185 如何确定吸附容量？

由吸附基本理论可知，吸附容量的确定方法有两种。

① 称量法 即称量吸附剂在吸附前后的重量，两者之差就是实际吸附操作的吸附容量。

② 吸附穿透曲线积分法 吸附容量主要受吸附温度和有机蒸汽浓度影响，因此，吸附

容量可以利用吸附穿透曲线，采取积分法来确定。

对于吸附穿透曲线积分法，吸附柱中吸附量增加应等于进出吸附柱气体中的吸附质数量的减少。可用公式（4-1）表示。

$$Q=\int_{0}^{t_D} V(C_{in}-C_{out})dt \tag{4-1}$$

式中，Q 为总吸附量，mg；V 为溶质流量，L/h；C_{in} 为进口气体浓度，mg/L；C_{out} 为出口气体浓度，mg/L；t 为吸附时间，h。

图 4-3 的阴影面积就是通过对吸附穿透曲线的积分而确定的理论吸附容量。

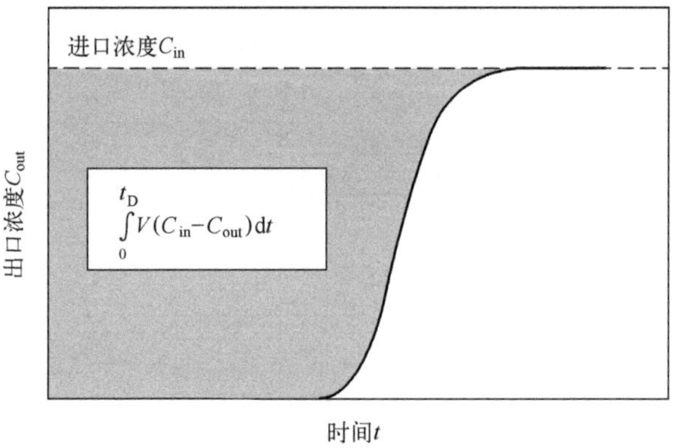

图 4-3 吸附穿透曲线积分法确定吸附量

比较上述两个方法所得到的吸附容量，是评价吸附数据可信度和吸附平衡曲线质量好坏的有效方法。如果两者误差大于 5%，可能是管路漏气问题，也可能是浓度流量测试仪器标定有问题；如果两者误差小于 5%，说明实验数据及吸附平衡曲线可用。

186 目前再生水处理中有哪些常用吸附剂？

目前，再生水处理中常用吸附剂主要有碳质吸附剂、黏土矿物类、聚合树脂类、介孔材料及其他吸附剂。

碳质吸附剂包括活性炭、碳分子筛、碳纳米管、石墨烯和生物碳质材料等。它们具有发达的孔隙结构、大的比表面积、优良的吸附性能和稳定的物理化学性质。其中活性炭又称活性炭黑，是黑色粉末状或颗粒状的无定形碳，其主要成分除了碳以外还有氧、氢等元素，为一类最早用于吸附的碳材料，因其具有较高的比表面积、较大的孔容积、良好的吸附性，并且价格适中，原材料易得等优点，在再生水处理中得到了广泛的研究。

黏土矿物是一些含铝与镁等为主，具有无序过渡结构的含水层状硅酸盐矿物，是各类土壤和沉积物的主要成分，广泛分布于自然界中。黏土矿物的种类很多，如蒙脱石、高岭石、伊利石及坡缕石等，具有成本低、吸附能力强、绿色环保等优点，在水处理中具有潜在的应用前景。

离子交换树脂、吸附树脂及其他新型树脂是一种具有吸附分离功能的高分子材料，在水处理和环境科学领域发挥着重要作用。

介孔材料是一类孔径介于 2～50mm，具有显著表面效应的多孔材料，因其具有极高的比表面积、规整有序的孔道结构、孔径极为均一可调等特点，在吸附、分离提纯等领域发挥着极其重要的作用。

其他吸附剂包括金属及其氧化物、分子印迹聚合物、壳聚糖及凝胶等。

187 什么是吸附剂再生？主要有哪些再生方法？

吸附剂再生是指吸附达到饱和后，脱除被吸附物，恢复吸附能力，达到重复使用吸附剂目的的过程。

活性炭吸附剂主要有以下几种再生方法。

(1) 加热再生法

主要包括：①脱水，滤干；②干燥（100～150℃），蒸发水，低沸点物分离、挥发；③炭化（300～700℃），有机物分解、炭化、活化；④活化（700～1000℃），重新造孔；⑤冷却，用水急冷，防止氧化。

(2) 蒸馏法

通入水蒸气进行吹脱，蒸汽用量为吸附质的 3～5 倍。

(3) 化学再生法

活性炭处理含铬废水后，用 10% 的硫酸浸泡，使六价铬转化为三价铬洗脱出来；也可用氢氧化钠转化为铬酸钠洗脱出来。活性炭除酚，用 10% 氢氧化钠淋洗。化学再生常用溶剂主要有酸、碱、苯、丙酮、醛、醇等。

(4) 化学氧化再生法

包括湿式空气氧化再生法和臭氧氧化再生法两种。

(5) 生物再生法

活性炭孔隙中负载的特定微生物（如细菌、真菌）通过酶促反应，将吸附的有机污染物（如苯系物、酚类、染料等）分解为 CO_2、水或细胞组分，从而释放活性炭的吸附位点实现再生。

188 吸附主要有哪些影响因素？

吸附主要有以下影响因素。

(1) 吸附剂的物理化学性质

① 极性分子（或离子）型的吸附剂吸附极性分子；非极性分子（非离子）型的吸附剂吸附非极性分子。

② 比表面积越大，吸附能力越强。

③ 吸附质在溶液中的溶解度越小，越容易吸附；浓度越大，越容易吸附。

④ 吸附质是有机物，其分子尺寸越小，吸附反应越快。

(2) pH 值

pH 值变化促进分子化，形成络合物等，使吸附量增加，例如活性炭吸附，pH 值越低，吸附率越高。

(3) 温度

吸附是放热反应，降低温度有利于吸附。

(4) 共存物的影响

共存物有的相互诱发，有的相互干扰，有的能独立被吸附；悬浮物质会阻塞吸附剂的孔隙，油类物质在吸附表面形成油膜，阻止吸附。

(5) 接触时间

吸附平衡时间取决于吸附速率，速率越大，达到平衡的时间越短。

189 活性炭吸附的主要机理是什么?

活性炭外观为暗黑色，具有良好的吸附性能，化学性质稳定，可耐强酸及强碱，能经受水浸、高温，密度比水小，是多孔的疏水性吸附剂。

活性炭是由含炭为主的物质作原料，经高温炭化和活化制得的疏水性吸附剂。活性炭含有大量微孔，具有巨大的比表面积，能有效地去除色度、臭味，可去除二级出水中大多数有机污染物和某些无机物，包括某些有毒的重金属。活性炭吸附是城市污水高级处理中最重要最有效的处理技术，得到了广泛的应用。

活性炭能有效吸附氯代烃、有机磷和氨基甲酸酯类杀虫剂，还能吸附苯醚、正硝基氯苯、萘、乙烯、二甲苯酚、苯酚、DDT、艾氏剂、烷基苯磺酸及许多脂类和芳烃化合物。二级出水中也含有不被活性炭吸附的有机物，如蛋白质的中间降解物质，比原有的有机物更难被活性炭吸附，活性炭对三卤甲烷（THMs）的去除能力较低，仅达到23%～60%。活性炭吸附法与其他处理方法联用，出现了臭氧-活性炭法、混凝-吸附活性炭法、Habberer工艺、活性炭-硅藻土法等，使活性炭的吸附周期明显延长，用量减少，处理效果和范围大幅度提高。

190 活性炭吸附法在再生水处理中有哪些作用?

活性炭吸附法在再生水处理中的作用主要有：

① 除去由酚、石油等引起的异味；

② 去除由各种染料形成的颜色或有机污染物及铁等形成的色度；

③ 去除农药、杀虫剂、氯代烃、芳香族化合物以及其他生物难降解有机物；

④ 去除汞、铬等重金属离子；

⑤ 去除合成洗涤剂；

⑥ 去除放射性物质。

191 活性炭吸附有哪些影响因素?

由于活性炭水处理所涉及的吸附过程和作用原理较为复杂，因此影响因素也较多。主要与活性炭的性质、水中污染物的性质、活性炭处理的过程原理以及选择的运转参数与操作条件等有关。主要有以下几点。

(1) 活性炭的性质

① 比表面积。由于吸附现象发生在吸附剂表面上，所以吸附剂的比表面积是影响吸附的重要因素之一，比表面积越大，吸附性能越好。

② 微孔分布。吸附过程可看成三个阶段，内扩散对吸附速率影响较大，所以活性炭的微孔分布是影响吸附的另一重要因素。

③ 表面化学性质、极性及所带电荷。

（2）吸附质（溶质或污染物）的性质

① 溶解度。对同一族物质的溶解度随链的加长而降低，而吸附容量随同系物的系列上升或分子量的增大而增加。溶解度越小，越易吸附。

② 分子构造。吸附质分子的大小和化学结构对吸附也有较大的影响。因为吸附速率受内扩散速率的影响，吸附质（溶质）分子的大小与活性炭孔径大小成一定比例，最利于吸附。在同系物中，分子大的较分子小的易吸附。不饱和键的有机物较饱和的易吸附。芳香族的有机物较脂肪族的有机物易吸附。

③ 极性。活性炭基本可以看成是一种非极性的吸附剂，对水中非极性物质的吸附能力大于极性物质。

④ 吸附质浓度。吸附质的浓度在一定范围时，随着浓度增高，吸附容量增大。因此吸附质（溶质）的浓度变化，活性炭对该种吸附质（溶质）的吸附容量也变化。

（3）溶液 pH 值

① 溶液 pH 值控制了酸性或碱性化合物的离解度，当 pH 值达到某个范围时，这些化合物就要离解，影响对这些化合物的吸附。

② 溶液的 pH 值还会影响吸附质（溶质）的溶解度，以及影响胶体物质吸附质（溶质）的带电情况。

③ 由于活性炭能吸附水中 OH^-，因此影响对其他离子的吸附。

④ 活性炭从水中吸附有机污染物质的效果，一般随溶液 pH 值的增加而降低，pH 值高于 9.0 时，不易吸附，pH 值越低时效果越好。在实际应用中，可通过试验确定最佳 pH 值范围。

（4）溶液温度

因为液相吸附时吸附热较小［吸附热，即活性炭吸附单位质量的吸附质（溶质）放出的总热量，以 kJ/mol 为单位］，所以溶液温度的影响较小。吸附是放热反应，吸附热越大，温度对吸附的影响越大。温度对物质的溶解度及吸附都有影响。

（5）吸附质组成

多组分吸附质共存应用吸附法处理水时，通常水中不是单一的污染物质，而是多组分污染物的混合物。在吸附时，它们之间可以共吸附，互相促进或互相干扰。一般情况下，多组分吸附时分别的吸附容量比单组分吸附时低。

（6）吸附操作条件

因为活性炭液相吸附时，外扩散（液膜扩散）速率对吸附有影响，所以吸附装置的形式、接触时间（通水速率）等对吸附效果都有影响。

192 再生水处理中应用的活性炭要满足哪些条件?

再生水处理中应用的活性炭要求其满足下列条件：

① 吸附容量大、吸附速率快、机械强度好；

② 比表面积大，微孔数量多；

③ 过渡孔［半径 20～1000Å（$1Å=10^{-10}m$）］较为发达，从而有利于吸附质向微细孔中扩散；

④ 粒度在 8～30 目范围内，保持吸附速率和水头损失的平衡；

⑤ 机械耐磨强度高。

193 活性炭吸附法有哪些优缺点?

(1) 活性炭吸附法的优点

① 可利用原有设备;

② 适用于建造粒状炭吸附装置有困难的场合;

③ 基建及设备投资较少，不增加建筑面积;

(2) 活性炭吸附法的缺点

① 粉末炭对污染负荷变动的适应性差，吸附能力未被充分利用，污泥处理困难，作业环境恶劣;

② 大多采用一次使用后废弃，一般不考虑再生，所以处理费用较贵;

③ 控制不佳时粉末炭容易发生穿透滤池问题。

194 活性炭吸附工艺有哪些类型?

在废水处理中，活性炭吸附工艺分为静态、动态两种。

(1) 静态吸附

在废水不流动的条件下进行的吸附操作称为静态吸附操作。静态吸附操作的工艺过程是把一定数量的活性炭投入要处理的废水中，不断地进行搅拌，达到吸附平衡后，再用沉淀或过滤的方法使废水和活性炭分开。如一次吸附后出水的水质达不到要求时，可以采取多次静态吸附操作。多次吸附由于操作麻烦，在废水处理中采用较少。静态吸附常用的处理设备有水池和反应槽等。

(2) 动态吸附

动态吸附是在废水流动条件下进行的吸附操作。废水处理中采用的动态吸附设备有固定床、移动床和流化床三种方式。

此外，从处理设备装置类型上考虑，活性炭吸附方式又可以分为四类，即接触吸附方式、固定床方式、移动床方式及流化床方式。

195 活性炭吸附有哪些组合工艺?

活性炭吸附的组合工艺主要有以下几种。

(1) 高锰酸钾-活性炭组合工艺

我国的一些水厂，在微污染水源处理中采用高锰酸钾-活性炭联用组合工艺，对降解有机物，提高除臭、除色能力效果显著。同时这种组合工艺对浊度降低、矾耗的节约也较显著。

(2) 生物活性炭法

生物活性炭法是在活性炭吸附技术的基础上发展起来的一种水处理技术。生物活性炭法是将活性炭作为生物膜载体，利用活性炭的吸附作用和生物膜的降解作用，去除水中污染物的一种新方法。

（3）粉末活性炭-活性污泥工艺

该法即将粉末活性炭投加到活性污泥曝气池中，形成生物活性炭，利用吸附、降解协同作用去除有机污染物。由于生物活性炭固有的机理，可以去除活性污泥法难以去除的有机物，提高活性污泥的去除效率。另一方面，活性污泥具有稳定、良好的压密性，从而降低了污泥膨胀的风险。

因其在经济和处理效率方面的优势，已被广泛地应用于工业废水处理中。

196 活性炭吸附法目前的应用情况如何？

活性炭吸附工艺是目前去除水中有机物的首选工艺。由于原料来源丰富，比表面积大，对色、味及其他有机物有良好的去除率。活性炭在水处理过程中的应用日益广泛。其中粉末活性炭对去除水中藻细胞分泌物产生的分子量低的 DOC 尤为有效，并能有效地去除水中的微囊藻毒素，在经典的慢砂滤池后加上一个活性炭滤池可除去引起水臭味的有机物，如土臭味素及 2-甲基异冰片（MIB），有效地降低出水的臭味。但活性炭对危害较大的卤代烃的吸附效果较弱，而且活性炭吸附后的再生问题一直难以得到满意的解决。目前，正在开发新型吸附材料，如活性炭纤维与多孔合成树脂等。

197 微波技术在再生水处理中有哪些应用方法？

将微波辐射技术取代传统的加热方法用于消除有机污染物是 20 世纪 80 年代后期兴起的一项新技术，微波加热具有不需传热、内外同热、没有热传递过程的热损失等特点。与传统加热法相比，微波加热的优点是快速、高效、不污染环境。微波处理废水中的污染物有两种方法，一种是活性炭吸附法，另一种是直接辐射法。

（1）活性炭吸附法

活性炭吸附法是指先将污染物吸附到活性炭表面，然后置于微波场中辐射，使污染物降解，同时使活性炭再生并有利于有机物的消解和回收利用。G. Chih 等采用低能度的微波辐射，对污水中吸附在粒状活性炭表面的有机毒物三氯乙烯、二甲苯、萘以及烃类化合物等进行解吸和消解，其最终分解率达到 100%，处理后的水质长期保持稳定。

（2）直接辐射法

直接辐射法是指把废水直接放在微波场中照射。有研究表明，把污水厂未经消化的污泥放入微波炉中加热 45min，直接的效应是污泥含水率由 75%降低到 50%以下，处理成本低，时间短、设备简单。SatoshiHorikoshi 等同时采用微波技术降解经 TiO_2 悬浮液光降解后的罗丹明 B 染料。由于微波辐照大大加快了反应过程中羟基游离基的形成，提高了 TiO_2 的表面活性，从而提高了对罗丹明 B 染料的降解效率。

微波技术在制备水处理絮凝剂中也有一定的应用。利用微波加热可合成某些分子量均匀的物质，由于加热无滞后效应，可大大加快反应速率，缩短反应周期。利用微波辐射法制备 PAM 絮凝剂，不仅时间短、效率高、反应灵敏，而且加热均匀，分子量分布均一，对废水的处理效果好。因此，用微波加热可完全替代常规加热来制备污水处理所需的有机絮凝剂。

微波技术还可以应用于水处理监测中。目前，微波技术在水处理监测中的应用主要是微波消解。微波消解的基本原理是直接以试样和酸的混合物为发热体，利用微波从内部进行加热，由于其热量几乎不向外传递，热效率很高，试样充分混合，激烈搅拌，可迅速进行分解。近几年来，微波消解已被用于水样中的磷和化学需氧量的测定。用微波消解钼酸铵分光光度法测定水中总磷，较传统消解法省时、省电，具有良好的精密度和准确度。

198 微波处理的主要工艺流程包括哪些环节？

微波水处理工艺较传统的水处理工艺流程更加简单，对进水温度和浓度也无特殊要求，其工艺流程见图 4-4。

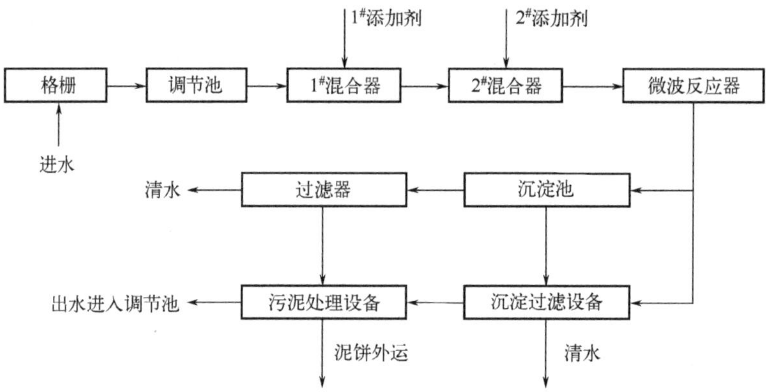

图 4-4 微波处理工艺流程

该工艺的核心是添加剂和微波反应器，进水经过格栅和调节池后进入混合器与添加剂混合，然后进入微波反应器，在微波作用下产生大量絮状体，之后进入沉淀池分离，上清液经过滤器处理后即可排放或再次利用。

199 微波化学反应器一般分为哪些类型？有哪些核心组成设备？

与微波辅助再生水处理工艺有关的微波化学反应器一般分为批处理反应器和连续处理反应器。其相应的工艺流程模式可分为两种，即批处理模式和连续流模式。在两种再生水处理工艺流程中，均会用到一些核心设备，如微波控制系统和废水处理反应器等。

（1）微波控制系统

应用在中试规模的微波控制系统则常需要根据具体要求进行定制。微波功率常设定为可进行连续调节，工作频率为 2450MHz 或 915MHz。在微波控制系统中还包含温度测定和控制单元。根据不同的要求和实验条件，可应用红外测温仪、温度计和热电偶等对温度进行准确测定；温度控制单元/方法包括空气冷却、盘管冷却、阶段性微波辐射等。

（2）废水处理反应器

用于微波辅助废水处理工艺流程的反应器必须由对微波无吸收、具有化学稳定性和热稳定性的材料制成。现阶段，常用的材料包括耐热玻璃、石英、聚四氟乙烯等，它们可以根据具体要求定制成特定形状。

人们对微波辅助废水处理工艺已开展了大量实验研究，也取得了良好的废水处理效果，但实验规模均较小，这就使大量实验室研究成果离付诸于工程实践还有较大距离；同时，大量研究均将重点放到废水的有效处理方面，对废水中低品位反应热的回收鲜有报道。

200 微波技术有哪些特点?

微波技术主要有以下特点。

（1）工程投资小

微波处理技术工期短，没有管网布置和过多的构筑物，污泥量少，可采取小型化、分散化的方式，简化工艺流程，从而降低了工程造价。

（2）处理效率高

微波技术对于难降解有机物和高浓度有机物、高色度、高盐度与高重金属的进水都有较好的处理效果。适用于各类城市、工业、商业等各种废水，适用范围广。

（3）操作弹性大，抗负荷冲击能力强

采用此工艺，进水的水质、水量发生变化时，通过调整工艺参数便能够满足出水的要求。而且微波在应用时会转化成热能，无二次污染。

（4）固液分离性能好

水中的污染物与添加剂发生物理、化学反应，在微波的作用下能够迅速形成沉降性能优良的絮状物，快速沉淀完毕，从而达到去除的目的。

（5）有杀菌效果

微波的高频穿透作用，可以高效地使细菌致死。

201 微波技术在应用过程中应注意哪些问题?

在使用微波技术的过程中，还存在着一些问题。

① 随着微波技术应用的日益广泛，它对人体健康有无影响的问题亟待明确。从微波的作用原理来看，人体也会吸收微波，对人体会产生一定的危害。因此，在使用微波时，必须防止微波泄漏，以免对人体造成不良影响。

② 微波技术在环境保护领域的应用主要是基于它的热效应，因此，准确测定或计算微波场中温度场的分布情况就显得特别重要，温度场测量的准确性对提高处理效率、控制微波泄漏和降低能耗有重大意义，目前还没有一种很理想的方法能准确计算微波场中温度场的分布。

202 什么是离子交换?

离子交换是指借助于固体离子交换剂中的离子与稀溶液中的离子进行交换，以达到提取或去除溶液中某些离子的目的，是一种属于传质分离过程的单元操作。离子交换是可逆的等当量交换反应。

早在 1850 年，就有研究人员发现了土壤吸收铵盐时的离子交换现象，但离子交换作为一种现代分离手段，是在 20 世纪 40 年代人工合成了离子交换树脂以后的事。离子交换操作的过程和设备与吸附基本相同，但离子交换的选择性较高，更适用于高纯度的分离和净化。

目前，离子交换主要用于水处理（软化和纯化）、溶液（如糖液）的精制和脱色、从矿物浸出液中提取铀和稀有金属、从发酵液中提取抗生素以及从工业废水中回收贵金属等。

203 什么是离子交换树脂？如何分类？

离子交换树脂是带有官能团（有交换离子的活性基团）、具有网状结构、不溶性的高分子化合物。通常是球形颗粒物。

离子交换树脂的全称由分类名称、骨架（或基因）名称及基本名称组成。孔隙结构分凝胶型和大孔型两种，凡具有物理孔结构的称大孔型树脂，在全名称前加“大孔”。分类属酸性的应在名称前加“阳”，分类属碱性的在名称前加“阴”。如大孔强酸性苯乙烯系阳离子交换树脂。

离子交换树脂还可以根据其基体的种类分为苯乙烯系树脂和丙烯酸系树脂。树脂中化学活性基团的种类决定了树脂的主要性质和类别。首先区分为阳离子树脂和阴离子树脂两大类，它们可分别与溶液中的阳离子和阴离子进行离子交换。阳离子树脂又分为强酸性和弱酸性两类，阴离子树脂又分为强碱性和弱碱性两类（或再分出中强酸性和中强碱性类）。

204 离子交换树脂的性能有哪些？

离子交换树脂的性能从以下几个方面介绍。

（1）粒度

树脂在水中充分的膨胀后，其不均匀程度和颗粒大小的范围称为粒度，树脂粒度大，交换速度慢；离子交换树脂的粒度对水处理的影响很大。

（2）密度

树脂的密度取决于功能基团的性质、离子形态以及共聚物的结构交联度。根据含水情况不同可分为湿态密度与干态密度，湿态密度又可分为湿视密度和湿真密度。树脂的湿真密度可用来选择双层床和混合床的树脂型号以及确定交换柱反洗膨胀率。由此可知，树脂的密度影响交换柱中树脂填装量及水处理工艺。

（3）含水量和交联度

树脂的含水量，主要取决于功能基的结构、离子形态以及树脂的骨架。湿树脂在水中充分膨胀后所含溶胀水的质量与树脂本身质量的比值就是树脂含水率，即：

$$含水率=\frac{溶胀水质量}{湿树脂质量}\times 100\% \tag{4-2}$$

交联剂使树脂的骨架连接在一起。用合成时间所用单体中含有交联剂的百分重量来表示树脂的交联度，树脂的交联度与含水量有密切关系，交联度越低，含水率越高。树脂的性能直接受交联度的影响，交联度越高，树脂对离子的选择性越强，机械强度越大，但离子的交换速度越慢。因为交联度越高，树脂的结构越紧密，从而使空隙率低，水中的溶胀率也低，因此水中离子在树脂内扩散速度小，离子间的交换也会受到影响。

（4）溶胀变化

亲水性功能基水合作用的结果即是离子交换树脂在水中的溶胀，同价的反离子水合能力越强，树脂的溶胀度越大。

在使用时，离子交换树脂的交换吸附与再生过程都能使交换树脂基团中的反离子发生变化，从而引起树脂体积的膨胀或收缩。在设计离子交换柱，特别是确定布液器的位置时，树脂的溶胀变化很重要。

（5）交换容量

离子交换能力最重要的一个性能就是离子交换树脂的交换容量，是设计离子交换装置和过程时所必需的数据。通常用每克干树脂所能交换的离子毫克当量来表示树脂的交换能力。各种离子交换树脂的交换容量利用率因树脂再生度不同、交换的残余容量不同以及性能不同而有差异。

（6）选择性

离子交换与溶液中离子的种类和浓度关系很大，在稀溶液中，离子浓度相同时，不同离子交换树脂的交换能力一般不同，这就是树脂的交换选择性。在浓度高的溶液中，树脂对不同离子的选择性差异几乎消失，选择性与离子水合半径及所带电荷有关，离子水合半径越小或所带电荷越高，就越容易进行离子交换反应。反离子的水合半径越小，电荷越高，与交换基团固定离子的作用越大，树脂对它的选择性就越强。对于带有同样电荷的离子，选择性常随原子量增大而增大。对二价离子的选择性大于对单价离子的选择性，对三价和四价离子的选择性更高。不同树脂对不同离子的选择性可用选择性系数定量表示。另外树脂的交联度越高，其选择性一般就越高。一般离子交换树脂的强型树脂是交换容易再生难，弱型树脂则是再生容易而交换难。在常温低浓度的水溶液中，存在如下的规律性。

① 强酸阳离子交换树脂　这种树脂对溶液中价数越高的离子，亲和能力越强。在同价数离子中，原子序数越大，亲和能力越强。

② 弱酸阳离子交换树脂　这种树脂对亲氢离子选择能力极强，对多价离子的选择能力也优于低价离子。

③ 强碱阴离子交换树脂　一般而言，强碱阴离子树脂的选择性随溶液中阴离子的价数增加而增大。

④ 弱碱阴离子交换树脂　弱碱阴离子交换树脂对离子的选择规律取决于溶液中的离子价态、水合离子半径和离子结构。但弱碱阴离子交换树脂对氢氧根离子具有更强的选择性。

⑤ 螯合型离子交换树脂　螯合树脂的选择性顺序与树脂种类有关。螯合树脂在化学性质方面与弱酸阳离子树脂相似，但比弱酸性树脂对重金属的选择性高。螯合树脂通常为颗粒状，树脂内金属离子与树脂的活性基团相螯合。

螯合树脂是一种专门和金属离子形成螯合物的树脂，其机理为树脂上功能原子与金属离子发生配位反应，形成螯合物稳定结构，而其他离子交换树脂是静电作用，故螯合树脂与金属离子的结合力更强。

因此，在实际应用中可针对处理水的不同污染物性质进而选择相应的离子交换树脂。

（7）树脂的稳定性

① 热稳定性　树脂的热稳定性指其在高温环境下维持物理结构、化学功能及性能的能力。不同类型树脂的耐温性差异显著，主要由骨架材料、功能基团类型及交联度等因素决定。

② 化学稳定性

a. 酸碱性：不同类型的树脂对酸和碱的稳定性有所不同。例如，聚苯乙烯树脂一般对酸的稳定性较好，但对强碱的抵抗能力相对较弱，强碱可能会导致其分子链发生降解或交联结构破坏。

b. 氧化剂和还原剂：树脂对氧化剂和还原剂的稳定性取决于其分子结构和官能团。如不饱和聚酯树脂，由于分子链中含有双键，容易被氧化剂氧化，导致性能下降，如颜色变黄、力学性能降低等。而酚醛树脂由于其分子结构较为稳定，对一般的氧化剂和还原剂具有较好的抵抗能力，但在强氧化或还原条件下，其性能也会受到影响。

205 离子交换树脂的物理性质有哪些?

离子交换树脂常见的物理性质指标如下。

(1) 树脂颗粒尺寸

离子交换树脂通常制成珠状的小颗粒，它的尺寸也很重要。树脂颗粒较细者，反应速率较大，但细颗粒对液体通过的阻力较大，需要较高的工作压力，特别是浓糖液黏度高，这种影响更显著。因此，树脂颗粒的大小应选择适当。如果树脂粒径在 0.2mm（约为 70 目）以下，会明显增大流体通过的阻力，降低流量和生产能力。

树脂颗粒大小的测定通常用湿筛法，将树脂在充分吸水膨胀后进行筛分，累计其在 20 目、30 目、40 目、50 目……筛网上的留存量，以 90%粒子可以通过其相对应的筛孔直径，称为树脂的“有效粒径”。多数通用的树脂产品的有效粒径在 0.4～0.6mm 之间。

树脂颗粒是否均匀以均匀系数表示。它是在测定树脂的“有效粒径”坐标图上，取累计留存量为 40%粒子相对应的筛孔直径与有效粒径的比例。如一种树脂（IR-120）的有效粒径为 0.4～0.6 mm，它在 20 目筛、30 目筛及 40 目筛上留存粒子分别为 18.3%、41.1%及 31.3%，则计算得均匀系数为 2.0。

(2) 树脂的密度

树脂在干燥时的密度称为真密度。湿树脂每单位体积（包括颗粒间空隙）的重量称为视密度。树脂的密度与它的交联度和交换基团的性质有关。通常，交联度高的树脂密度较高，强酸性或强碱性树脂的密度高于弱酸性或弱碱性者，而大孔型树脂的密度则较低。苯乙烯系凝胶型强酸阳离子树脂的真密度为 1.26g/mL，视密度为 0.85g/mL；而丙烯酸系凝胶型弱酸阳离子树脂的真密度为 1.19g/mL，视密度为 0.75g/mL。

(3) 树脂溶解性

离子交换树脂应为不溶性物质，但树脂在合成过程中夹杂的聚合度较低的物质，及树脂分解生成的物质，会在工作运行时溶解出来。交联度较低和含活性基团多的树脂，溶解倾向较大。

(4) 树脂膨胀度

离子交换树脂含有大量亲水基团，与水接触即吸水膨胀。当树脂中的离子变换时，如阳离子树脂由 H^+ 转为 Na^+，阴离子树脂由 Cl^- 转为 OH^-，都因离子直径增大而发生膨胀，增大树脂的体积。交联度低的树脂的膨胀度较大。在设计离子交换装置时，必须考虑树脂的膨胀度，以适应生产运行时树脂中的离子转换发生的树脂体积变化。

(5) 树脂耐用性

树脂颗粒使用时有转移、摩擦、膨胀和收缩等变化，长期使用后会有少量损耗和破碎，故树脂要有较高的机械强度和耐磨性。通常，交联度低的树脂较易碎裂，但树脂的耐用性更主要地决定于交联结构的均匀程度及其强度。如大孔树脂，具有较高的交联度者，结构稳定，能耐反复再生。

206 离子交换树脂如何命名?

1979 年我国发布了《离子交换树脂分类、命名及型号》(GB/T 1631—1979)，2008 年对规范进行了更新，发布了《离子交换树脂命名系统和基本规范》(GB/T 1631—2008)。

离子交换树脂全名称由分类名称、骨架名称和基本名称三部分组成。分类名称又分为强酸性、弱酸性、强碱性、弱碱性、螯合性、两性、氧化还原性七类；骨架名称分苯乙烯系、丙烯酸系、酚醛系、环氧系等，若树脂结构为大孔型，则名称前加“大孔”二字，在型号前加“D”；若为凝胶型，在型号后用“X”联结阿拉伯数字表示，“X”号数字为交联度。

第一、第二位数字的意义见表 4-2。

表 4-2 树脂型号中的第一、第二位数字的意义

代号	0	1	2	3	4	5	6
分类名称	强酸性	弱酸性	强碱性	弱碱性	螯合性	两性	氧化还原性
骨架名称	苯乙烯系	丙烯酸系	酚醛系	环氧系	乙烯吡啶系	脲醛系	氯乙烯系

207 什么是离子交换树脂的交换容量?

离子交换树脂进行离子交换反应的性能，表现为它的“离子交换容量”，即每克干树脂或每毫升湿树脂所能交换的离子的毫克当量数，meq/g（干）或 meq/mL（湿）。当离子为一价时，毫克当量数即是毫克分子数；对二价或多价离子，前者为后者乘离子价数。离子交换容量又有总交换容量、工作交换容量和再生交换容量三种表示方式。

① 总交换容量　表示每单位数量（质量或体积）树脂能进行离子交换反应的化学基团的总量。

② 工作交换容量　表示树脂在一定条件下的离子交换能力，它与树脂种类和总交换容量，以及具体工作条件（如溶液的组成、流速、温度）等因素有关。

③ 再生交换容量　表示在一定的再生剂量条件下所取得的再生树脂的交换容量，表明树脂中原有化学基团再生复原的程度。

通常，再生交换容量为总交换容量的 50%～90%（一般控制在 70%～80%），而工作交换容量为再生交换容量的 30%～90%，后一比率亦称为树脂的利用率。

在实际使用中，离子交换树脂的交换容量包括了吸附容量，但后者所占的比例因树脂结构不同而异。现仍未能分别进行计算，在具体设计中，需凭经验数据进行修正，并在实际运行时复核。

离子树脂交换容量的测定一般以无机离子进行。这些离子尺寸较小，能自由扩散到树脂体内，与它内部的全部交换基团起反应。而在实际应用时，溶液中常含有高分子有机物，它们的尺寸较大，难以进入树脂的显微孔中，因而实际的交换容量会低于用无机离子测出的数值。这种情况与树脂的类型、孔的结构尺寸及所处理的物质有关。

208 离子交换树脂的选择性如何?

离子交换树脂对溶液中的不同离子有不同的亲和力，对它们的吸附有选择性。各种离子受树脂交换吸附作用的强弱程度有一般的规律，但不同的树脂可能略有差异。主要规律如下。

(1) 对阳离子的吸附

高价离子通常被优先吸附，而低价离子的吸附较弱。在同价的同类离子中，直径较大的离子优先被吸附。一些阳离子被吸附的顺序为：$Fe^{3+}>Al^{3+}>Pb^{2+}>Ca^{2+}>Mg^{2+}>K^{+}>Na^{+}>H^{+}$。

(2) 对阴离子的吸附

强碱性阴离子树脂对无机酸根吸附的一般顺序为：$SO_2^{4-}>NO_3^{-}>Cl^{-}>HCO_3^{-}>OH^{-}$。

弱碱性阴离子树脂对阴离子吸附的一般顺序为：OH^{-}>柠檬酸根>SO_2^{4-}>酒石酸根>草酸根>$PO_3^{4-}>NO_3^{-}>Cl^{-}$>醋酸根>$HCO_3^{-}$。

(3) 对有色物的吸附

糖液脱色常使用强碱性阴离子树脂，它对拟黑色素（还原糖与氨基酸反应产物）和还原糖的碱性分解产物的吸附较强，而对焦糖色素的吸附较弱。这被认为是由于前两者通常带负电，而焦糖的电荷很弱。

交联度高的树脂对离子的选择性较强，大孔结构树脂的选择性小于凝胶型树脂。这种选择性在稀溶液中较大，在浓溶液中较小。

209 离子交换树脂的作用有哪些?

离子交换树脂的作用包含以下五个方面。

① 离子交换　当离子交换树脂与电解质溶液接触时，树脂离子内部的可活动反离子就解离，并与进入树脂内的溶液中的离子发生离子交换反应。

② 吸附作用　离子交换树脂与溶液接触时，还有从溶液中吸附非电解质的功能，这种功能与非离子型吸附剂的吸附行为有些类似，同时这种吸附作用也是可逆的，可用适当的溶剂使其解析，并且这种吸附是范德华力作用。

③ 吸水作用　离子交换树脂中的交换基团是强极性的，有很强的亲水性，因此，干燥的离子交换树脂有很强的吸水作用。

④ 催化作用　离子交换树脂就是高分子酸、碱，所以它和一般的低分子酸、碱一样，对某些有机化学反应起催化作用。

⑤ 脱色作用　色素大多数为阴离子型物质或弱极性物质，可用离子交换树脂去除它。特别是大孔型树脂具有很强的脱色作用，可作为优良的脱色剂。

210 离子交换树脂在水处理中的应用主要有哪些?

离子交换树脂有着十分广泛的用途，如工业领域中的催化、纯化、回收、分离，化学分析中的富集、纯化等。目前在水处理领域，离子交换树脂在给水处理中用量最大，可用于制取纯水、超纯水和软化水，以及水质软化和脱盐；在废水处理中，可除去某些有害物质，回收有价值的重金属、稀有元素和化学品；在生物制药、化工、国防等方面，可用于分离、提纯、浓缩等操作流程。

211 什么是膜分离技术?

膜分离技术发展非常迅速，在20世纪30年代是微孔过滤，40年代出现透析技术，50年代出现了电渗析，60年代开发了反渗透，70年代为液膜分离和微滤。纳滤的研究始于70年代末，且在70年代中已实现了商品化。80年代出现气体分离膜，90年代发展到以溶液渗透压为推动力的渗透气化（渗透蒸发）技术，并在继续开发新的膜技术，如膜蒸馏、膜萃取、亲和膜分离、膜反应等技术。膜法城市污水高级处理是城市污水回用的一种重要手段，主要流程为混凝沉淀、过滤、活性炭吸附以及后续的膜分离。所产生的回用水可用于工业过程用水、地下水回灌、农业用水及各种杂用水，甚至饮用水等。

212 膜分离技术的主要原理是什么?

膜分离法是利用隔膜使溶剂同溶质或微粒分离的方法，其中使溶质通过膜的方法称为渗析，使溶剂通过膜的方法称为渗透。膜分离技术由于在分离过程中不发生相变，具有较高的能量转换率及分离率，且可在常温下进行，因而在实际中得到了广泛的运用。根据溶质或溶剂透过膜的推动力的不同，膜分离法又可分为三类：以电动势为推动力的方法有电渗析和电渗透；以浓度差为推动力的方法有扩散渗析和自然渗透；以压力差为推动力的方法有压渗析、反渗透、超滤、纳滤和微孔过滤。

膜分离性能可根据膜的孔径或截留污染物的分子量（MWCs）大小来评价。具有较小孔径或MWCs的膜可去除水中分子量较小的污染物。因为分子的形状和极性会影响膜的截留，所以MWCs仅仅是一种衡量膜截留杂质能力的大致标准。压力驱动的膜分离工艺可用有效去除杂质的尺寸大小来分类。可见电渗析、反渗透主要用于去除水中离子、小分子物质，超滤、微孔过滤主要用于去除水中大分子物质，纳滤则在反渗透和超滤之间，传统过滤则主要去除水中悬浮物及颗粒物质。

213 膜分离技术的特点是什么?

膜分离技术作为一项21世纪发展潜力巨大的高新技术，具有以下几个特点。

（1）耗能低

膜分离技术在分离过程中不发生化学反应，不发生状态变化，与传统的分离方法相比，其具有耗能低的特点。

（2）可常温操作

膜分离技术可在25℃左右的常温条件下操作，其非常适合处理对温度（特别是高温）敏感的物质，例如食品、化学药品及试剂等的分离操作。

(3) 适应范围广

膜分离系统在操作过程中本身属性不会改变，不会产生物质，也不会改变其他物质的成分或性状，无需添加催化剂等，从而避免产生二次污染，可应用于分离多杂质的复杂废水；无机物、有机物的分离可以应用膜分离技术，同时病毒和细菌等的分离也可以使用。另外，一些特殊溶液体系的分离，如沸点相同或接近的物质，同样也在其分离的范围内。

(4) 所需设备简单、成本低

膜分离系统的工作动力来源于压力，因此其操作设备并不复杂，且非常容易操作，维修简单；由于设备占地面积小，水处理效果佳，膜材料和膜系统价格不高，非常适合工程改造。

(5) 可控性强

膜分离技术设备可控性强，可以利用电子信息技术实现远程操控，运行简单，利于管理，可通过与电子技术的结合实现高科技产业化管理。

214 膜的性能表征指标有哪些?

膜的性能表征指标主要有以下几种。

(1) 截留率

截留率是指溶液中被膜截留的特定溶质的量所占溶液中该特定溶质总量的比率，即对于一定分子量的物质来说，膜所能截留的程度。

$$R=\left(1-\frac{c_p}{c_f}\right)\times 100\% \tag{4-3}$$

式中，R 为截留率，%；c_p 为透过液中溶质的浓度，g/L；c_f 为原料液中溶质的浓度，g/L。

(2) 截留分子量

截留分子量（molecular weight cut off，MWCO）是指能被膜截留住的最小溶质的分子量，又称切割分子量。确定截留分子量的准确值，目前尚无统一的测试方法和基准物质，通常的做法是：将具有相似化学性质的不同分子量的一系列化合物配成缓冲溶液或者水溶液来测定它们的截留率，并作出截留率分子量曲线，根据曲线图，取截留率大于90%时所对应的分子量为膜的截留分子量。

(3) 渗透通量

渗透通量是指在一定操作条件下，每单位时间内水或溶液通过单位膜面积的透过量。

$$J_v=\frac{V}{A_m t} \tag{4-4}$$

式中，J_v 为渗透通量，L/(m^2 · h)；V 为透过液的体积，L；A_m 为有效膜面积，m^2；t 为测定时间，h。

215 制造膜的材料有哪些?

制造膜的材料包括有机聚合物和陶瓷等。

① 有机聚合物，如醋酸纤维素、聚砜、聚丙烯酯、聚酰胺等是制作膜最普遍的有机合

成材料。其中醋酸纤维素被称为第一代有机合成膜，这类膜机械强度较差，对 pH 值、温度适应范围小，容易被化学清洗药剂腐蚀和损害，易受细菌侵蚀。以聚砜为代表的第二代有机合成膜对酸碱、温度适应范围大，抗腐蚀和抗氧化性能较强。

② 以陶瓷膜为代表的无机膜为第三代膜。与聚合膜相比，陶瓷膜具有化学稳定性强，耐酸碱，机械强度大，抗微生物能力强以及耐高温等优点。陶瓷膜只有管式组件。管式组件最主要的优点是它能处理含有较大颗粒悬浮杂质的原水而不会堵塞膜通道，因而很适合净水处理。陶瓷膜的主要缺点是膜过滤面积较小，而且初期投资费用较大，为聚合膜的 2 倍。

216 什么是膜污染？其原因及处理办法是什么？

膜污染是指待处理料液中的微粒、胶体粒子、溶质大分子或无机盐等与膜发生物理化学相互作用或机械作用，在膜表面或膜孔内吸附、沉淀，造成膜孔径变小或堵塞，使膜渗透通量下降，分离特性发生不可逆变化，甚至影响膜使用寿命的现象。造成膜污染的原因主要有：膜孔堵塞、浓差极化及凝胶层、溶质吸附、微生物污染等。

目前常用的减少膜污染的方法主要有原料预处理、膜改性、膜面流体流动状态优化等。原料预处理是指在料液膜分离之前先对其进行絮凝、预过滤等处理，或向其中加入某些物质，使原料液或溶质的性质发生改变。膜改性包括物理改性和化学改性。物理改性是指在膜面覆盖一层功能性的物质，防止膜面对料液中某些物质的吸附。

在实际应用中，即使选择了较合适的膜和操作条件，随着运行时间的增长，膜渗透通量还是会逐渐降低，膜污染不可避免地要产生。因此，在应用膜分离技术时，除了要采用适当的措施来减轻膜污染，还要在膜被污染后采用合适的清洗方法对膜进行清洗以恢复其通量，延长膜的使用寿命。目前膜的清洗方法主要有物理清洗、化学清洗、酶法清洗以及电清洗。

① 物理清洗方法主要是利用机械作用，包括热水冲洗、注水浸泡与正-反冲洗、海绵球擦洗、气液混合冲洗、循环清洗、超声清洗等。该法仅对污染初期的膜有效，通常只能使膜的透水性得到一定程度恢复，清洗效果不能持久，短期运行后，膜的透水性仍会快速衰减。

② 化学清洗是较常用的清洗方法，多数膜的再生都用此方法，通常是根据膜的污染程度，用酸（盐酸、硫酸、硝酸等）、碱（氢氧化钠等）、络合剂、表面活性剂、氧化剂（次氯酸钠等）、洗涤剂等化学清洗剂对膜进行浸泡和清洗，是一种去除膜污染相对最有效的方法。

③ 酶法清洗是利用酶制剂的降解作用，使膜面及膜孔内的大分子物质降解成小分子物质，从而清除膜污染，该法的应用使膜性能的恢复程度有了很大的提高。

④ 电清洗是在膜上施加电压，使污染颗粒带上电荷，使带电粒子或分子沿电场方向移动，通过在一定时间间隔内施加电场，且在无中断操作的情况下从界面上除去粒子或分子，该方法是一种十分特殊的清洗方法，尚处于研究阶段。

217 膜分离技术目前的应用状况如何？

生物膜法和活性污泥法是同时并列发展的两种工艺。早期由于生物膜法有一些缺点，因此活性污泥法发展得较快。但近 20 年以来，各国的科学家们又纷纷研究生物膜法，因为生物膜法具有在相同的体积内生长的微生物量远远大于活性污泥法的优点。也就是说，可以大大提高处理池体的体积负荷，缩小占地面积，同时可以克服活性污泥法存在的污泥膨胀等一些缺点。

目前，关于膜技术的有关研究正在不断地发展。世界上已建了不少新型的生物膜工艺的污水处理厂。用膜分离技术代替沉淀池进行泥水分离，能使曝气池的污泥浓度大大提高，使系统可在超大泥龄、超低负荷下运行，满足各种污染物去除的要求，同时大大缩小曝气池的体积和剩余污泥排放量。目前已有一批膜分离的活性污泥法沉淀池运行，天津大学已于2000年研究出中空纤维膜生物反应器（MBR），利用膜分离技术与生物处理法结合起来，代替传统的沉淀池，使占地比传统工艺大大减少，而且出水水质达到或接近国家生活饮用水标准。正如1992年在国际水质协会召开的会议上指出：21世纪膜技术在污水处理方面将会起到非常重要的作用。

218 什么是膜生物反应器工艺?

膜生物反应器（MBR）工艺，是由膜分离与生物处理组合而成的一种新型、高效的污水处理技术。该技术于20世纪末发展起来，以膜分离过程取代重力沉降过程，用超滤膜分离与活性污泥法相结合的膜生物反应器处理有机污水，既能深度氧化废水中的有机物，又能过滤出水中的固体颗粒，并且排除物不含固体颗粒，保留生物体，延长生物体停留时间。国外对膜生物反应器的研究和应用均较早，尤其是20世纪80年代以来，膜生物反应器不断被应用于实际污水处理。膜生物反应器在国内的应用较晚，只是在最近几年才被应用到实际的污水处理中，但发展较快，不仅应用于低浓度生活污水处理，而且在处理印染废水、垃圾渗滤液、制革废水等高浓度有机废水中也有报道，相关研究也不断增加。

219 膜生物反应器工艺有哪些优点?

膜生物反应器（MBR）工艺用于再生水处理的优点主要有：

① 出水水质好，BOD、氮、磷和悬浮物浓度很低，不含细菌、病毒、寄生虫卵等，膜反应器出水指标优于再生回用标准，可用于绿化、洗车、景观等用水，也可直接补充地下水；

② 工艺流程短，所需设备少，占地面积小，由于无需设置二沉池，占地面积仅为传统活性污泥法的1/2；

③ 便于自动控制，控制污泥浓度在3000～8000mg/L范围内，可保持较高的COD去除率，同时保证膜通量，膜反应运行一定时间后，用1% NaOH+0.15% NaClO进行清洗，可恢复膜通量；

④ 利于世代时间较长的硝化细菌繁殖，提高了硝化速率，从而提高了氨氮的去除效率；

⑤ 由于污泥浓度较高，大大提高了传氧效率，节省了能耗；

⑥ 反应器的MLSS值约为$(1.5\sim3)\times10^4$mg/L，容积负荷较大，利于传统活性污泥法的改造；

⑦ 在MBR中，硝化和反硝化作用可以同时进行，脱氮能力较强；

⑧ 只需往水中加入少量明矾，粒径小于0.2μm的细小微絮凝状的磷便可以有效地分离，实现高效除磷；

⑨ MBR工艺的剩余污泥量比常规活性污泥法少50%～80%，利于处理。

220 膜生物反应器是怎样分类的?

膜生物反应器（MBR）主要由膜组件和生物反应器两部分组成。生物反应器是污染物降解的主要场所，而膜组件往往会根据水处理目的选用不同类型的膜。所以各种膜生物反应器的差异都源于这两部分的组合类型及方式。膜生物反应器主要有以下分类方式。

（1）根据膜生物反应器中膜组件的作用分类

① 膜分离生物反应器主要用于固体的截留与分离。

② 无泡曝气膜生物反应器主要用于高浓度有机废水的处理。

③ 萃取膜生物反应器一般用于处理工业废水中的优先污染物。

其中以膜分离生物反应器的应用最为广泛，通常所说的膜生物反应器也主要指该技术。

（2）按照膜组件与生物反应器的结合方式分类

① 一体式膜生物反应器是将膜组件浸没在生物反应器中，有机污染物在生物反应器中进行生物降解，水则通过负压抽吸，从膜组件的外侧进入中空纤维再引出；有时也将膜单元安置在生物池的出水端，用来代替二沉池。

② 分离式膜生物反应器则是将生物反应器与膜单元分开设置，两者之间通过泵和管道连接，目前具有实用规模的膜生物反应器系统一般都属于分离式系统。

③ 隔离式膜生物反应器是将污水和生物反应器通过选择性膜隔开，只允许目标污染物透过该膜进入生物反应器降解。

（3）按照生物反应器中微生物生长需氧情况的不同分类

按照生物反应器中微生物生长需氧情况可分为好氧和厌氧两大类，好氧膜生物反应器可细分为活性污泥法和生物膜法，厌氧膜生物反应器又可分为流化床法、UASB法、固定床法、接触氧化法和两相法等。

（4）按照膜组件中膜孔径的不同分类

按照膜组件中膜孔径的不同可分为纳滤、超滤、微滤。微滤膜生物反应器（MF-MBR）采用微滤膜作为分离介质，微滤膜的孔径一般在0.1～10μm之间。超滤膜生物反应器（UF-MBR）使用超滤膜，其孔径范围通常在0.001～0.1μm之间。纳滤膜生物反应器（NF-MBR）使用纳滤膜，其孔径更小，约为0.0001～0.001μm。

（5）按膜材料的不同分类

按膜材料不同可分为有机膜与无机膜。有机膜是指采用有机高分子材料制成的分离膜。常见的有机高分子材料包括纤维素及其衍生物、聚砜、聚醚砜、聚丙烯腈、聚酰胺、聚乙烯、聚丙烯等。无机膜是由无机材料制备而成的膜，主要包括陶瓷膜、金属膜、分子筛膜等。

（6）按膜形状的不同分类

按膜形状的不同可分为平板膜、管式膜和中空纤维膜。平板膜通常是由一层或多层具有分离功能的薄膜材料与支撑材料组成，呈平板状。管式膜是将膜材料制成管状，通常由内到外包括膜管、支撑层和外壳等部分。中空纤维膜是由大量的中空纤维丝组成的膜组件。每根中空纤维丝的外径一般在几十微米到几百微米之间，内径则更小，具有较大的比表面积。

（7）根据泵与膜组件相对位置的不同分类

根据泵与膜组件相对位置的不同分为加压式和吸压式两类。在加压式膜生物反应器中，加压泵位于膜组件的进水侧。通过加压泵对混合液施加压力，使混合液在压力作用下强制通过膜组件，实现固液分离。抽吸式膜生物反应器的泵位于膜组件的出水侧。通过抽吸泵在膜组件的另一侧产生负压，使混合液在压力差的作用下透过膜组件，进入抽吸泵并被抽出。

221 各类膜生物反应器的工作原理和优缺点分别是什么？

膜生物反应器（MBR）主要有以下三种类型，它们的工作原理和优缺点如下。

（1）分离式膜生物反应器

分离式膜生物反应器即用膜生物反应器取代传统的二沉池进行固液分离。这种工艺中，曝气池的活性污泥浓度较高，有机负荷较低，可以使世代周期长的硝化类细菌更好地降解含氮化合物和一些难降解有机物；而且反应器中的生化反应速率高、剩余污泥产生量少、出水水质好。生物膜能截留大部分细菌、病毒，具有一定的消毒能力。该反应器还有泥龄和水力停留时间可以完全独立控制，容积负荷高，运行稳定，耐冲击负荷，占地面积小，设备集中，运行管理方便等优点；缺点则主要是膜材料价格高，膜组件的价格基本上与污水厂规模成正比，易发生膜污染，膜清洗费用高，动力消耗大。

（2）曝气式膜生物反应器

曝气式膜生物反应器采用透气性膜直接供应高纯氧，而不在生物膜上形成气泡，氧传质效率可接近100%。因为在反应器中，气体的分压被控制在小于泡点的位置，从而使氧气不能进入大气而被充分利用。曝气式膜生物反应器适用于处理高需氧量的废水，以及挥发性有机物的生物降解、联合硝化，在单一生物膜上进行反硝化或有机碳氧化。

（3）萃取式膜生物反应器

萃取式膜生物反应器所用的膜组件是由硅胶或其他疏水性聚合物制成的。反应器运行的一种方式是废水流和生物膜被硅橡胶膜隔开，易挥发的有机污染物可很快通过硅橡胶膜，在生物膜中进行生物降解，而废水中的无机质不能通过硅橡胶膜，因此废水中的有害离子组分对微生物的降解作用就没有影响；另一种方式是由一个传统的生物反应器连接一个具有萃取作用的管式膜组件组成，壳侧为生物介质流，管内为废水流，硅橡胶膜按束排列于管内，选择性地将有毒污染物从废水中转移至一个经过曝气的生物介质相，并在其中进行分解，污染物由废水通过膜进入生物反应器，壳侧流动的营养介质不受管内废水的影响，从而使生物降解速率保持在较高水平。

222 影响膜生物反应器的生物学动力参数有哪些？

影响膜生物反应器的生物动力学参数主要有以下两个。

（1）有机负荷

研究表明，好氧MBR出水受容积负荷、水力停留时间（HRT）和泥龄（SRT）的影响较小，而厌氧MBR出水受冲击负荷与HRT的影响较大。

（2）污泥浓度

研究表明，生物反应器内污泥浓度的高低与膜通量的大小是密切相关的。首先，污泥黏度随着 MLSS 的变化呈现良好的线性关系，而污泥黏度与膜通量成反比关系，这说明膜通量会随着 MLSS 浓度的增加而减小。其次，随着 MLSS 的增加，污泥更容易在膜表面沉积，加快了膜污染，导致过滤阻力的增加，从而也会使膜通量降低。可见，MLSS 对膜通量的影响是复杂的。有关研究表明，膜通量与 MLSS 浓度的对数呈线性关系，即 MLSS 浓度越大，膜通量越小，处理单位水量所需的膜面积则越大，从而组件部分所需投资越大。

223 影响膜生物反应器的性能参数有哪些?

影响膜生物反应器的性能参数主要有以下几个。

（1）膜通量与操作压力

膜生物反应器有两种操作方式，一种是恒定膜通量变操作压力运行，另一种是恒定操作压力变膜通量运行。对于某一特定的系统，存在着临界膜通量，当实际的膜通量大于临界值时，膜污染严重，膜冲洗周期大大缩短。同样，当采用恒定操作压力运行时，存在一个临界的操作压力，在高于临界操作压力的条件下运行会导致膜迅速污染。临界操作压力随着膜孔径的增加而减少。

（2）膜面流速

增大膜表面的水流湍流程度可以有效地减少颗粒物质在膜表面的沉积，减缓膜污染。但是，膜面流速也不能无限地增大，因为外部的动力消耗会随其增大而增大，且当流速超过一个临界值时，会在膜表面形成一个很薄的流动液层，阻碍滤液通过膜，容易造成不可逆污染。

（3）温度

通常情况下，提高温度有利于膜的分离。有关研究证明，温度升高 1℃，可以使膜的通水量增加 2%，但升高温度会直接影响膜本身的寿命，同时对微生物的生长也不利。因此，如果情况允许，膜生物反应器应尽量在常温下运行。

（4）操作方式

为了防止膜污染，可以采取间歇抽吸方式。

224 无泡曝气膜生物反应器的工作机理是什么?

无泡曝气膜生物反应器（membrane aeration biofilm reactor），简称为 MABR，由中空纤维膜填料部分和水流部分组成。生物膜所需要的氧气是通过纤维束填料供给的，中空纤维膜不仅起着供氧作用，同时又是固着生物膜的载体。纯氧或空气通过中空纤维膜的微孔为生物膜进行无泡曝气，在中空纤维膜的外侧形成的生物膜与污水充分接触，污水中所含的有机物被生物膜吸附和氧化分解，从而使污水得到净化。MABR 主要适用于处理可生化性较高的污水，对高浓度废水处理效果良好，并可用于同时处理废水中的氨氮。

225 与常规曝气相比，无泡曝气有哪些优点?

与常规曝气相比，采用中空纤维膜进行无泡曝气具有如下优点。

① 由于曝气不产生气泡，氧直接以分子状态扩散进入生物膜，几乎百分之百地被吸收，

传质效率可高达100%，因此溶解氧不再是限制微生物生长的决定因素。

② 由于生物膜生长在中空纤维膜的外表面，所以在供氧过程中，生物膜不会受到气体摩擦，不易脱落。

③ 氧在传递到生物膜的过程中不经过液相边界层，因此，传质阻力比常规曝气法小得多，能耗大大降低。根据Pierre Cote等的试验，单位处理水量的能耗可比常规生物膜法减少30%左右。

④ 曝气过程不产生气泡，避免了传统曝气时污水中易挥发性物质（如甲苯、苯酚）随气泡进入大气而对环境造成的污染，同时不会由于表面活性剂的存在而产生泡沫。

⑤ 曝气过程中气液两相分离，溶液的混合与供氧互不干扰，因此可以各自独立设计，反应器的形式更加灵活多变。

⑥ 中空纤维膜的比表面积可高达5018m^2/m^3，为氧的传递和生物膜的生长提供了巨大的表面积，有利于反应器向小型化发展。

⑦ MABR反应器中气液两相分离，气体压力不受容器内混合状态的影响。因此，可以通过调节气体压力来控制氧的供应。对于一般废水，通过供氧控制，在保证生物膜生长需氧的同时，可以避免因过量曝气而使污水中溶解氧浓度过高，大幅度降低运行费用。对于含氮废水，通过供氧控制，只使靠近纤维膜的内层生物膜获得氧，从而达到同时硝化、反硝化和COD去除的效果。

226 如何防止滤饼层的形成?

在膜生物反应器中，活性污泥在膜表面沉积形成滤饼层是造成膜污染的主要原因。为了防止滤饼层的形成，以下几点非常重要。

① 选择透水量衰减速率低的膜，并且控制膜通量；

② 减少MBR中的短流区，避免过高的装填度；

③ 选择合理的膜工作通量；

④ 使污泥絮体颗粒尽量大，此时滤饼层有较好的透水性；

⑤ 保持生物相的良好生长，防止胞外聚合物（EPS）和丝状菌大量产生。

⑥ 将污泥浓度控制在10000mg/L以下。

227 去除滤饼层的方法是什么?

在已经出现了较厚的滤饼层后，可通过下列方法加以去除。

① 保持MBR中流体的高度紊动，但注意不要使污泥絮体破碎，否则会影响膜的透水性；

② 采用间歇高强度曝气方式运行，高错流速率有助于控制滤饼层；

③ 水力反洗可有效去除滤饼层，但只在反洗频率高时才有效；

④ 采用间歇出水方式，可有效控制滤饼层的形成。

228 膜清洗的物理技术有哪些?

膜面的堵塞物有矿物质、蛋白质、糖类等，膜分离的对象一般是各组分的混合物，各组分间存在复杂的物理化学作用，膜表面堵塞往往是各类组分共同作用的结果，难以确定其种类。发生堵塞后常用物理方法、化学方法进行清洗，必要时两种方法可交叉使用。物理清洗是利用高流速的水或空气和水的混合流体冲洗膜表面，这种方法具有不引入新污染物、清洗步骤简单等特点，但该法仅对污染初期的膜有效，清洗效果不能持久。正冲洗是最常见的物理清洗过程。逆向流正冲洗是将冲洗水从膜元件的浓水端流入，从进水端流出，往往可以进一步提高常规正冲洗的清洗效果。物理清洗对污染严重的反渗透膜的恢复效果通常有限。

（1）正冲洗

膜出水以高速低压冲洗膜表面，水力剪切作用减少膜面上的堵塞物，恢复透水量，单独使用时效果不佳。

（2）逆向流正冲洗

反压清洗即通过在膜的透过液一侧施加压力，使透过液反向透过膜。该法一方面可以冲掉堵塞在膜孔内的污染物，另一方面对料液侧膜表面的附着层也有着一定的冲洗作用。

（3）水力输送海绵球去除软质堵塞物

海绵球的直径略大于膜管直径，在水压推动下流经堵塞的膜表面，进行强制性冲洗，适用于有机胶体为主的堵塞，但操作复杂，往往会损伤膜表面。

229 膜清洗的化学清洗剂有哪些?

化学清洗过程是在清洗液中加入具有特定功效的化学药剂，对受污膜进行循环清洗或浸泡，以去除膜表面的污染物，高效恢复反渗透膜性能。在实际运行中，对于污染严重的膜，仅靠物理清洗很难使膜通量完全恢复，必须借助于化学清洗。化学清洗剂应根据膜污染物的类型和污染程度，以及膜的物理化学特性来进行选择。清洗剂可单独使用，也可复合使用。常用的化学清洗剂有碱清洗剂、酸清洗剂、酶清洗剂、表面活性剂、络合剂、消毒清洗剂、复合型清洗剂。清洗效果与清洗剂种类、浓度、温度、pH 值等有关。

（1）碱清洗剂

① 氢氧化钠溶解二氧化硅、溶解性蛋白质、皂化脂类。

② 碳酸盐调节 pH 值。

③ 磷酸盐常用于分散剂、溶解碳酸盐、调节 pH 值等。

（2）酸清洗剂

① 硫酸使用时有危险，不挥发，其成盐的溶解度较小，很少用于膜的清洗。

② 盐酸最常用，适合于低温操作，可广泛去除二氧化硅以外几乎所有堵塞物，但盐酸可能对钢材产生腐蚀，应用受到一定的限制。

③ 硝酸的化学反应剧烈，成盐溶解度大，应用较广，但对低碳钢有轻微腐蚀。

④ 氨基磺酸呈粉状，易处理，与碳酸盐、氢氧化物等堵塞物反应剧烈，对铁氧化物的溶解能力弱，其钙盐的溶解度大，适合以钙盐和氧化铁水合物为堵塞主体的膜面污染的清洗。

⑤ 柠檬酸是固体，危险小易处理，与堵塞物形成盐溶解度较大，常用于清洗剂的助剂使用。

（3）酶清洗剂

对有机物，特别是蛋白质、油脂类、多糖类的堵塞物有效，但价格昂贵，反应速率慢，需时间较长，残留的酶会影响微生物的生长。

（4）表面活性剂

主要有阴离子、阳离子、非离子类表面活性剂，可以改善清洗剂和膜面接触，减少用水量，缩短清洗时间。

① 阴离子的 pH 值呈中性，是有机发泡剂。

② 阳离子由四元氨基化合物构成，其活性较差，但在很低的浓度下也能抑制微生物的生长。

③ 非离子类表面活性剂由浓缩产品组成，具有低泡易洗脱、不受 pH 值限制的特点。

（5）络合剂

几乎与所有的金属离子络合，反应速率快，生成的螯合物大都水溶性好，并且比较稳定。

（6）消毒清洗剂

具有极强的氧化能力，消毒的同时有效地清除膜面上堵塞物中的有机物，恢复膜通量。

① 次氯酸钠可有效清除以有机物为主的堵塞物，化学反应快，清洗历时短，但腐蚀性很强，特别是 pH 值低时，对不锈钢有明显的腐蚀作用，当温度高时，溶解的氯气会逸出，对人产生危害。

② 双氧水是二元弱酸，遇光、氧化物、还原物即可分解产生大量的泡沫，是较温和的消毒剂，1.2％的水溶液可清除堵塞的有机物。

（7）复合型清洗剂，如碱性清洗剂、磷酸盐、络合剂、酶清洗剂等的混合物，比单独的清洗剂使用效果好，已有产品出售，但价格高。

230 膜生物反应器目前的应用和研究情况如何?

20 世纪 70 年代后期，大规模好氧膜生物反应器首先在北美应用，然后依次是日本、欧洲、中国。目前，MBR 工艺已在再生水回用，土地填埋场堆肥渗滤液处理，医院废水、洗毛废水、造纸废水、厕所污水、啤酒废水、调味品废水、医药中间体废水及餐饮废水处理等领域得到应用。研究表明，MBR 在上述领域的小规模应用中，均表现出了较好的处理效果。

总体上看，我国目前对膜生物反应器的研究主要有以下几个方面。

（1）膜材料

作为 MBR 中的核心部件，是工艺系统的“心脏”。其主要作用是进行固液分离。但膜的成本高、寿命短、易受污染，使 MBR 在目前使用推广中受到限制。MBR 所用的膜主要分为有机膜和无机膜，研发经济高效的膜受到专家的重视。研究表明，膜的性能主要由膜材料决定，对于构成膜材料的高分子聚合物的选择至关重要，聚合物的结构特性一方面决定了膜的宏观特性，另一方面也决定膜的微观、内在结构。因此，通过现有不同膜材料之间的结合和对膜材料的改进等方面来研发新的膜是一种较为理想的选择。选择两种或者两种以上的高聚物混合作为膜材料，可以使新的膜材料具有两种或两种以上高聚物的特性，使高聚物的特性起到互补作用。改进膜材料也是开发新型膜材料的方法之一。如通过等离子处理、化学氧化、共聚等方法对现有膜材料进行改性，改变聚合物的某些性状，使制成的分离膜具有更好的性能。

（2）膜组件

工业上为了膜能够便于安装，同时增大膜的有效面积，通常将膜以某种形式组装在一个基本框架里，实现固液分离功能，这种结构就称为膜组件（module)。膜组件是 MBR 中的重要组成部分。目前常见的膜组件有 5 种形式：中空纤维式、螺旋卷式、板框式、圆管式和毛细管式。

（3）MBR 工艺

在当前水资源日益匮乏、人们对水质的要求越来越高的情况下，出现了很多新型 MBR 工艺：斜板 MBR、高截留 MBR、真空旋转 MBR 和厌氧型 MBR 等。这些新工艺能耗低、出水水质好，近年来受到了广泛的关注。MBR 工艺目前正朝着低污染、低能耗的方向发展，未来的 MBR 需要在分子水平上克制膜污染。污水再生回用、物质能源回收、运行能耗低、安全友好型也将是未来 MBR 研究的主要方向。

（4）膜污染

膜污染是指被过滤料液中的某些组分在膜表面或膜孔中沉积导致膜渗透量下降的现象。膜污染的类型主要有三种：无机污染、有机污染、微生物污染。膜污染的影响因素比较复杂，主要有三个方面：膜的性质、过滤液性质和操作条件。在污水处理中，如何优化操作运行条件和提高装置的效率仍需重点关注，其中曝气在近几年受到研究人员高度重视。

231 膜生物反应器目前的发展趋势如何?

综合了生物反应器和膜处理技术特点的膜生物反应器是一种新型的水处理系统，由于具有占地少、能耗低等技术优势，在水处理，特别是工业废水处理及中水回用上极具潜力。但膜生物反应器中膜组件的价格、污染以及使用寿命等依然是该技术需要解决的难题。因此，膜生物反应器技术主要有以下发展趋势。

（1）对膜生物反应器中膜组件制造工艺的进一步改良

目前单独的膜处理技术已经比较成熟，研究重点集中在如何应用膜处理技术的成熟经验制造出适合膜生物反应器的膜，使膜组件经济且实用。

（2）对膜污染机理及其防治措施的进一步研究

虽然对膜污染的机理研究已有一定的成效，也有许多效果较好的防治措施，但膜污染仍然是影响膜过水通量、工作周期及使用寿命的重要因素，所以对其机理和防治的讨论还是膜生物反应器技术研究重点，即开发低成本、高性能的耐污染膜，根据不同的水质及处理要求，用不同的膜及膜组件与各种好氧和厌氧生物废水处理技术相结合，开发处理能力更强、耐污染能力更强、运行更经济的新型膜生物反应器。

（3）对于生物反应器中菌种的驯化

① 接种污泥　来源于城市污水处理厂的好氧污泥（活性污泥）、工业废水处理站的污泥或同类废水处理的成熟污泥。

② 逐步适应　低负荷启动，逐步提高原水比例。

③ 环境参数调控

a. DO 控制：维持 DO 在 2～4mg/L（好氧区)，避免过度曝气导致污泥解体。

b. pH 调节：保持 6.5～7.5，必要时投加 $NaHCO_3$ 或酸碱调节。

c. 中温菌（25～35℃)：需恒温控制，低温废水需驯化耐冷菌种。

④ 污泥性状优化

a. SV_{30}（沉降比）：正常范围20%～30%。

b. SVI（污泥指数）：80～150mL/g，过高可能预示污泥膨胀。

c. EPS含量：控制溶解性EPS（sEPS）<50mg/L，减少膜污染。

d. 排泥策略：定期排泥（如每天排5%～10%），淘汰沉降性差的污泥。

⑤ 膜组件协同驯化

a. 初期低通量运行：膜通量设为设计值的50%［如5～10L/(m^2·h)］，避免快速污染。

b. 间歇抽吸：运行8min停2min，减缓膜表面堵塞。

（4）优化MBR的操作参数和条件

在用于处理污水的膜生物反应器中，污泥浓度通常很高。高污泥浓度常导致氧传递率的降低，从而使运行能耗变大。过度的曝气不仅浪费能源、增加运行费用，还可能造成膜的损伤。适宜的运行参数是MBR运行成功的关键。合理地选择曝气装置使混合液有较高的紊动，调节曝气强度和间隔、清洗周期等运行参数，监测活性污泥浓度、形态、出水水质、水通量等参数的变化都是有效的措施。

（5）MBR工艺优化方面

国内近年研发了多种新型的MBR工艺，但相较于传统的活性污泥工艺，MBR工艺能耗较高。以后MBR工艺将朝着低能耗、低污染、安全友好型方向发展。

232 什么是反渗透？其原理主要是什么？

反渗透是用压力（1～10MPa）使溶液中的水通过反渗透膜，达到分离、提取、纯化和浓缩等目的的处理技术。因为它不仅可以除去盐类和存在于离子状态的其他物质，还可以除去有机物质、胶体、细菌和病毒。在净化工艺工况遭到破坏时，仅仅是降低了装置的出水量，净化效果却没有变化。经过近40年的不懈努力，反渗透技术已经取得了令人瞩目的进展。目前，反渗透膜与组件的生产已经相当成熟，膜的脱盐率高于99.3%，透水通量大大增加，抗污染和抗氧化能力不断提高，销售价格稳中有降；采用大孔径中空纤维超滤或微滤膜的各种预处理新工艺的不断提出，促使设备的运行管理更为简单；由于膜的性能不断提高，高压泵和能量回收装置功能交换器及段间能量回收透平的效率也在不断提高。反渗透对城市二级出水的脱盐率达90%以上，水的回收率为75%左右，COD、BOD去除率达85%以上，反渗透对含氮化合物、氯化物和磷也有良好的去除效果。

反渗透是膜分离技术的一个重要组成部分，因具有产水水质高、无污染、操作方便、运行可靠等诸多优点，而成为海水和苦咸水淡化，以及纯水制备的最节能、最简便的技术。目前已广泛应用于医药、电子、化工、食品、海水淡化等诸多行业。

当反渗透应用在城市污水处理过程中，为防止膜阻塞，二级处理出水通常采用过滤和活性炭吸附等预处理工艺。为了减小结垢的危险，有时还需要去除铁、锰。反渗透主要应用于海水和苦咸水脱盐、锅炉水软化、电子和电镀工业去离子水的生产、化学和制药工业用水的消毒和去离子，同时也可用于工业废水处理和城市污水处理，如纸浆工业漂洗废水、市政污水的深度处理等。据初步估计，国内运转的产水量大于100m^3/d的反渗透淡化装置总数量不少于500台。

233 反渗透膜是如何分类的？有哪些特性？

反渗透是以半透膜两侧压力差为推动力，使溶剂选择透过膜而实现溶剂溶质分离的过程，不涉及相变、能耗低，在海水苦咸水淡化、超纯水制备等方面发挥着重要作用。反渗透膜按材料分，可分为由乙酸纤维或三乙酸盐构成的纤维素类膜和由多种化学聚合物形成的非纤维素类膜。按其结构分，可分为非对称结构膜和复合膜。反渗透膜所需的三个基本性质为：高透水率、对大多数水溶性组分的渗透性相当低及具有良好的成膜性能。

（1）膜分离的方向性

膜的致密表层与高压盐水接触，才能达到脱盐的效果，压力越高，膜的透水量、脱盐量越高；若是多孔支撑层与高压盐水接触，脱盐率明显下降，甚至不能脱盐，说明了膜的方向性，应用时不能反向使用。

（2）膜分离的选择性

膜对水中的离子和有机物分离的选择性有几个特点：①对有机物的分离性优于无机物；②对电解质的分离性优于非电解质；③气体容易通过膜，但对 NH_3、Cl_2、H_2S、O_2、CO_2 等的去除率很低；④对无机离子的去除率与离子状态中的水合数及水合离子的半径有关；⑤对弱酸的去除率较低，如有机酸、硼酸的去除率很低。复合膜是近年来开发的一种新型反渗透膜，它是由薄而致密的复合层与高孔隙率的基膜复合而成的。复合层可选用不同的材质改变膜表层的亲和性，因而可以有效地提高膜的分离性与抗污染性；支撑层和过渡层可以做到孔隙率高，结构可随意调节，材质可与复合层相同或不同，因而，可以有效地提高膜的通量、力学性能和稳定性等。它的膜通量（透水率）在相同条件下，一般比非对称膜高约50%～100%。

234 反渗透膜在设计中需要考虑哪些问题？

为了能够使反渗透工艺的使用效果达到最佳，在设计中应选择衰减系数小的膜，要注意其预处理系统的设计、冲洗系统与化学清洗系统的设计、后处理系统的设计。

进行预处理，首先需要对不同水源地的水质进行检测，判断不同水源水中杂质的含量和种类，并根据不同杂质种类对其进行分类处理。预处理的目的是延长膜的寿命，防止膜污染，保证系统的去除性能和回收率。其程度取决于膜组件的类型、料液组成、要求系统达到的性能。预处理是将对膜有不利影响的各种因素消除或降低到最低程度，包括悬浮物的去除，调整 pH 值和温度，去除乳化油、浮油等。防止水中的微生物、胶体及其他颗粒、无机溶质离子等物质在膜面结垢，一般可通过混凝沉淀、活性炭吸附、加酸等方式。反渗透膜在运行过程中易被水中悬浮物、胶体、微生物、其他结垢物以及有机物等引起膜污染，造成膜性能下降，进而影响出水。一般认为有三种情况可使膜性能下降：

① 膜本身的化学变化，包括膜的水解、游离氯等的氧化以及强酸、强碱的作用；

② 膜本身的物理变化，包括压密、反压力作用使膜被破坏；

③ 膜受污染，这主要包括结垢物、微生物、胶体、悬浮物、有机物等在膜面及内部污染堵塞。

这三种情况都可使膜性能下降，并造成进水压力升高、产水量下降、脱盐率下降。现在主要是采用适当的给水预处理措施，严格控制反渗透装置进水水质，以及在膜污染后采用合适的化学清洗来解决。水中有机物不仅是微生物的营养物质，而且其含量高时可溶解膜材料，使膜性能劣化，造成膜污染。

235 反渗透工艺主要有哪些方式?

反渗透工艺的布置方式主要有单程式、循环式和多级串联式，如图 4-5 所示。

单程式中，原水一次通过反渗透膜装置，分别以浓水和淡水排走，常通过提高流速来防止浓差极化所造成的透水量减少和膜污染。

在循环系统中，一部分浓水回流到原水池中，并和新补充的水混合作为供水，可提高回收率。

处理水量大时，改为串联式，淡水不断流走，可有效抑制膜表面的浓差极化，提高回收率。

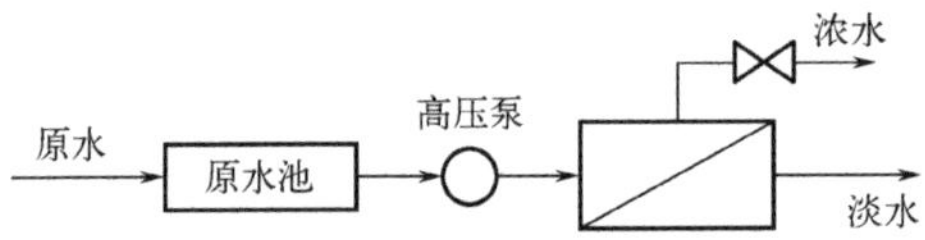

（a）单程式反渗透工艺

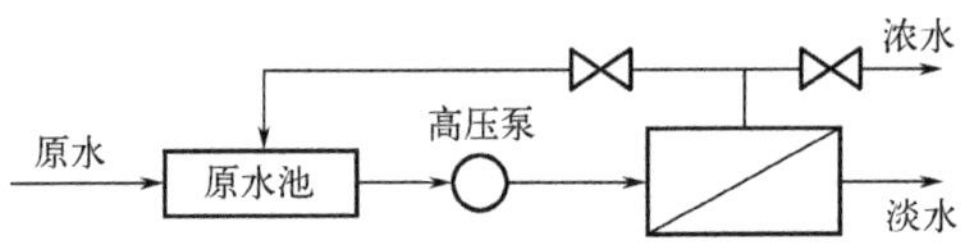

（b）循环式反渗透工艺

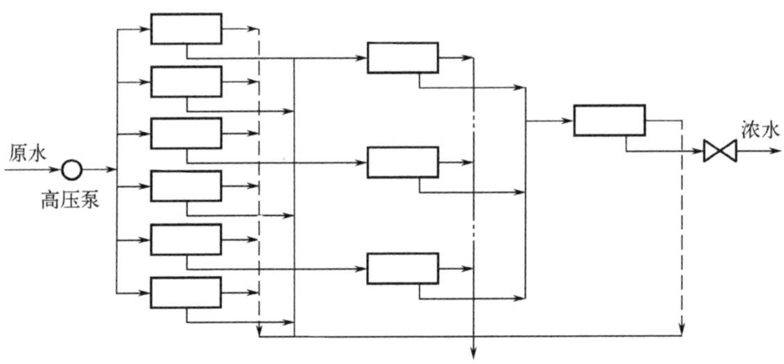

（c）多级串联式反渗透工艺

图 4-5 反渗透工艺布置方式示意图

236 什么是双膜法?

通常的双膜法是指超滤（UF）或微滤（MF）或连续微滤（CMF）＋反渗透（RO）两道工艺。双膜法污水处理技术主要采用物理手段，利用具有高隔绝能力的膜，将水中的污物隔绝。污水通过絮凝沉淀后进入超滤装置，超滤采用外面包有强隔绝能力膜的中空管，水通过膜进入中空管，而水中的悬浮物却不能进入，再将管内的水抽出进行减压，就有更多的水进入中空管内，达到去污的目的。经超滤的水加入杀菌剂、阻垢剂等药剂后，进入反渗透装置。反渗透的原理和超滤基本一样，但反渗透的膜是多层的卷式膜，采取的不是抽水加压的办法，而是给中空管外的水加压。处理后的水无菌无害，pH 值为 7，完全可以饮用，更符合工业用水要求。

燕山石化 3 万吨石化污水再生回用工程采用浸入式双膜法进行工业废水回用处理，是当今国际先进的水处理工艺技术。这种技术和外置式双膜法的区别在于不用把废水进行化学絮凝、砂石过滤两道工序，而是直接把超滤膜浸入工业废水中，经过一级处理后，再利用反渗透膜进行二级处理，最后制成纯水。这种技术的特点是工艺流程短、运行成本低、系统使用寿命长、维护方便、运行安全。微滤＋反渗透的典型实例则为天津开发区“双膜法”污水再生回用工程。该工程的处理工艺流程如图 4-6 所示。

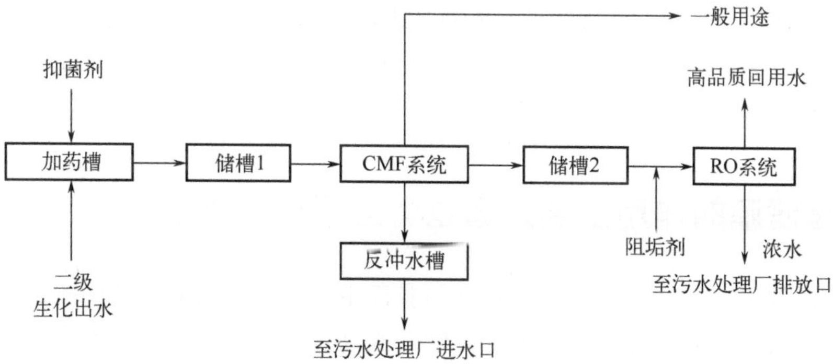

图 4-6 微滤＋反渗透工艺流程图

237 什么是超滤？其主要原理是什么？

超滤是一种以带有微孔的高分子膜（超滤膜）为过滤介质的过滤方式。超滤可以去除水中的小颗粒悬浮物、胶体、大分子有机物和细菌等。关于超滤膜的孔径范围，目前还没有统一的说法，通常情况下，超滤膜技术截留分子量的定义域控制在 500～500000 范围内，而孔径数值则是在 0.002～0.100μm 之间。在开展工作的过程中，操作静压差为 0.1～0.5MPa，至于被分离组分的直径则在 0.005～10.000μm 之间。超滤的分离原理在于其利用压力活性膜的特性，在外界推力（压力）的作用下，截留水中胶体、颗粒和分子量相对较高的物质，而水、无机盐和小的溶质颗粒则透过膜上微孔到达膜的另一侧，从而实现水和杂质的分离，达到净化水质的目的。超滤的分离机理主要是靠物理的筛分作用，在超滤分离过程中，高分子物质、胶体物质在膜表面及微孔的吸附，膜孔内被阻塞截留和膜表面的机械筛等三种作用下被超滤膜阻止，而实现分离。

238 超滤膜有哪些主要的性能？

超滤膜一般为非对称膜，其制造方法与反渗透法类似。超滤膜的活性分离层上有无数不规则的小孔，且孔径大小不一，很难确定其孔径，也很难用孔径去判断其分离能力，故超滤膜的分离能力均用截留分子量予以表述。定义能截留 90%的物质的分子量为膜的截留分子量。工业产品一般均是用截留分子量方法表示其产品的分离能力，但用截留分子量表示膜性能亦不是完美的方法，因为除了分子大小以外，分子的结构形状、刚性等对截留性能也有影响，显然当分子量一定时，刚性分子较之易变形的分子、球形和有侧链的分子较之线性分子有更大的截留率。目前用作超滤膜的材料主要有聚砜、聚砜酰胺、聚丙烯腈、聚偏氟乙烯、醋酸纤维素、混合纤维、聚酰胺、聚氯乙烯疏水性、再生纤维以及聚四氟乙烯强憎水性滤膜等。

239 超滤膜有哪些主要的性能参数？

商品超滤膜的透过能力以纯水的透过速率表示，并标明测定条件。通常用分子量代表分子大小，以表示超滤膜的截留特性，即膜的截留能力以切割分子量表示。切割分子量的定义和测定条件不是很严格，一般用分子量差异不大的溶质，在不易形成浓差极化的操作条件下测定脱除率，将表观脱除率为90%～95%的溶质的分子量定义为切割分子量。另外，要求超滤膜能耐高温，pH 值适用范围要大，对有机溶剂具有化学稳定性，以及具有足够的机械强度。

240 超滤膜的作用主要是通过哪些操作实现的？

超滤操作流程可采用错流操作，即料液与膜面平行流动，料液流速影响着膜面边界层的厚度，提高膜面流速有利于降低浓差极化影响，提高过滤通量。常用的操作模式有三种。

（1）单段间歇操作

在超滤过程中，为了减轻浓差极化的影响，膜组件必须保持较高的料液流速，但膜的渗透通量较小，所以料液必须在膜组件中循环多次，才能使料液浓缩到要求的程度，这是工业过滤装置最基本的特征。单段间歇操作有闭式和开式两种回路，闭式回路中料液从膜组件出来后不进料液槽，而直接流至循环泵入口，这样输送大量循环液所需能量仅仅是克服料液流动系统的能量损失，而开式回路中的循环泵除了需提供料液流动系统的能量损失外，还必须提供超滤所需的推动力，即压差，所以闭式回路的能耗较低。间歇操作适用于实验室或小规模间歇生产产品的处理。

（2）单段连续操作

这种操作方式与间歇操作相比，其特点是超滤过程始终处于接近浓缩液的浓度下进行，因此渗透量与截留率均较低，为了克服此缺点，可采用多段连续操作。

（3）多段连续操作

多段连续操作中各段循环液的浓度依次升高，最后一段引出浓缩液，因此前面几段中料液可以在较低的浓度下操作。这种连续多段操作适用于大规模工业生产。

241 超滤有哪些影响因素？

影响超滤的因素主要有以下 9 个。

（1）原水水质

超滤膜对浊度、总铁、总锰以及细菌都有很好的处理效果。但原水中的高分子有机物和部分无机污染物可能会在膜表面形成致密的污染层而导致透水率下降，即便反洗也很难使其剥离。因此超滤工艺中需要对原水中的高分子有机物和部分无机污染物进行预处理，否则便会造成不可避免的膜污染。

（2）透水率

透水率如果设定得过高，冬季原水的黏性系数增大，如果流速过小，便会引起胶体以及高分子物质向膜表面沉降速率增大，从而导致膜两侧压差剧增，化学洗涤的次数也明显增多。因此，在超滤膜的操作过程中，应根据季节、水温的变化调节透水率和膜表面流速，这样才能使膜的处理能力得到最大限度的发挥，从而做到经济、平稳地运行。

（3）原水中的高分子有机物

原水中如果高分子有机物较多，则大多数高分子物质会被膜截留，而透过水中主要是低分子量的分子。被截留的高分子腐殖物质，一部分附着在膜表面上使负荷逐渐增大，进入冬季时还会造成膜两侧压差急剧增高。

（4）无机物的影响

引起膜两侧压差增大的原因除了有机污染物以外，还有无机污染物的影响，进水中的Mn、Fe、Si、Ca、Cu、Zn等无机元素都可能导致膜污染。

（5）化学洗涤次数

如果化学洗涤次数不够，膜上的附着物会逐渐累积并长时间地压缩，从而形成致密压缩滤饼，而化学洗涤难以发挥作用，最终引起膜的破裂。在长期运行过程中，透过和反冲过程处于平衡状态时，虽然膜表面的大颗粒、高分子物质没有大量的沉积，但是低分子物质仍在膜的孔内逐渐附着积累，从而导致膜孔内长期附着污染，所以无论膜两侧的压力有无明显变化，根据原水水质定期进行药物洗涤是完全必要的。

（6）料液流速

提高料液流速对防止浓差极化、提高设备处理能力有利。但增大压力使工艺过程能耗增加，结果将导致费用增多。可在液流通道上设湍流促进材料，或采用振动的膜支撑物，在流道上造成压力差等方法，来改善流动状态，控制浓差极化，从而保证超滤组件的正常运行。

（7）操作压力

超滤透过通量与操作压力的关系决定于膜和边界层的性质。在实际操作过程中，往往后者控制着超滤透过通量。在用渗透压模型时，膜透过通量与压力成正比，而用凝胶化模型时，膜透过通量与压力无关。此时的透过通量称为临界透过通量。实际中超滤操作应在临界透过通量附近进行，除了克服透过膜的阻力外，还要克服通过膜表面的流体压力损失。

（8）温度

操作温度主要决定于所处理料液的化学性质、物理性质、生物稳定性，应在膜设备和处理物质允许的最高温度下进行操作，因为高温可以减少料液的黏度，从而提高传质效率，提高透过通量。

（9）操作时间

随着超滤过程的进行，浓差极化在膜表面上形成了浓缩的凝胶层，使透过通量下降。其透过通量随时间的衰减情况与膜组件的水力特性、料液的性质和膜的特性有关，当超滤运行一段时间后，就需要进行清洗，这段时间称为一个运行周期。运行周期的变化与清洗情况有关。

242 超滤在水处理中的应用主要有哪些方面?

在水处理中，超滤技术可以用来去除水中的淀粉、蛋白质、树胶、涂料等有机物，以及黏土、微生物等；此外，超滤还可用于污泥脱水，以及用来代替澄清池等。

（1）在饮用水净化中的应用

现阶段我国水污染问题较突出，尤其是工业及生活废水污染问题。人们生活水平的提高，也对饮用纯净水的品质有了更高的要求，在这样的背景下，在饮用纯净水生产运作中，开展规范化、科学化饮用水净化操作尤其重要且必要。具体需要对饮用水中的细菌、微生物等物质充分处理，对纯净饮用水中的有机物质进行有效的把控，避免对人们的日常饮用产生负面影响。而超滤膜技术便在饮用纯净水生产运作中发挥关键作用，利用超滤膜技术，能够全面有效地清除饮用水中的微米级颗粒，也能深度改善以往处理技术中无法解决纳米级颗粒的问题，进而有效提升饮用水的品质。

（2）在城市污水处理中的应用

随着我国城市化进程的加快，各类工厂也不断进行改扩建，加之人们日常生活及工作中排放的污水量也不断上升，这一定程度上加剧了环境污染，也使得许多水资源被浪费。在这样的情形下，相关部门必须要加大城市污水的处理力度，于是便通过有效运用超滤膜技术，实现对城市污水的有效处理和回收再利用。在超滤膜技术的作用下，能够实现对各类废水的过滤处理，将水中含有的有害有毒物质去除，使排放的水源能够达到国家规定排放的标准，同时在此基础上进行再处理，使其达到饮用水标准，从而实现城市污水的循环利用。

（3）在海水淡化中的应用

在地球水资源中，海水是占据比例最高的。而随着水质污染的加剧，淡水资源短缺问题愈发突显，在这样的情形下，海水淡化便成为水资源利用有效的解决方式。在海水淡化中，会采用电渗技术，这一技术虽然能够提高海水淡化的效果，但并不能达到预期目标。而通过运用超滤膜技术，既能够提升海水淡化的效果，也能够有效控制海水资源的消耗，具有完美的脱盐率，从而保证海水淡化后的水质为优质。另外，将超滤膜技术运用至海水淡化中，还能够表现出优异的分类效果，可更好地为海水淡化整体效果提供深层次的保障。

（4）在电镀废水中的应用

目前一些电镀生产企业排放的废水中会含有较多的毒性元素，如铜、镍等，这些会对动物和植物甚至是人类造成严重的危害。另外，电镀废水中还拥有许多不能被微生物吸附的离子，所以整体生化性能较弱。若是采用以往较为保守的电解法对电镀废水进行处理，不仅不能实现优异的处理效果，而且还会使得大量的资源被损耗。而通过运用超滤膜技术，能够有效清除电镀废水中的有机物总量，清除率能够达到80%以上，而且还能够为全面清除有毒化学物质提供技术保障，进而实现对环境的全面保护。

（5）含油废水的处理

在机械加工中，排放出的含乳化油废水水量虽不大，但含油浓度很高，可达10000～125000mg/L，可以采用超滤或反渗透与超滤联合工艺进行处理。钢铁延压清洗废水中含0.2%～1.0%的油，油粒直径为0.1～0.25m，用超滤分离处理，得到的浓缩液含油为5%～10%，可直接用于金属切割，过滤水重新用作延压清洗水。

（6）其他废水的处理

超滤技术还可用于纸浆和造纸废水、洗毛废水、还原染料废水、聚乙烯退浆废水、食品工业废水以及高层建筑物的生活污水处理，既可回收各种有用物质，也可以使处理后的水回用于生产或生活。

243 什么是膜的寿命？膜有哪些清洗方式？

膜的寿命是膜在正常使用条件下可以保证膜使用的最短时间，一般在规定的料液和压力下，在 pH 值允许的范围内，温度不超过 60℃时，超滤膜可使用 12～18 个月。当然超过规定的条件时，膜的寿命会缩短。

膜必须进行定期清洗，以保持一定的膜透过通量，并延长膜的寿命。清洗方法一般根据膜的性质和处理料液的性质来确定，有化学清洗和物理清洗等方式。化学清洗是利用酸、碱、表面活性剂等化学药剂配合水对膜表面进行清洗，但这种方法会对膜产生不可逆的损伤。虽然化学清洗明显也能杀死大部分细菌，但却会改变膜表面的微生物群落和增加其分泌胞外聚合物（EPS），促进膜表面污堵。物理清洗反应温和，不会对膜产生损伤，是一种利用对水流速的控制或者空气和水混合成流体对膜进行冲洗的方法。近年来对膜清洗处理方法的研究很少，Cornelissen 等先对反渗透膜用气水冲洗方式定期清洗，对比不同间隔时间的清洗效果，得出每天清洗一次效果更好；同时还设置三组利用不同清洗方式的膜装置，即化学方法组、气水冲洗方法组及两种方法联用的第三组，结果显示气水冲洗法效果更佳，去除污染更好，两种方法联用更能大幅度提高冲洗效果。

244 什么是微滤？微滤膜过滤的截留机理是什么？

微滤（MF）又称微孔过滤，它属于精密过滤，其基本原理是筛孔分离过程。微滤（MF）膜截留机理主要是以静压差为推动力，利用筛网状过滤介质膜的筛分作用进行固液分离。在静压差的作用下，小于孔膜的粒子通过膜，比膜孔大的粒子则被截留在膜面上，大小不同的组分得以分离。微滤膜具有比较整齐、均匀的多孔结构，具有孔隙率高、膜质地薄、驱动压力低等特性。其截留作用不仅与孔径大小有关，还与微粒等杂质与孔壁之间的相互作用有关。叶凌碧等通过电镜观察认为，MF 膜的截留作用机理大体分为以下几种：①机械截留作用，即直接的筛分作用；②物理作用或吸附截留作用，这主要基于吸附和电性能的影响；③架桥作用，在孔径入口处，微粒通过架桥作用也同样可以被截留；④网络模型的网络内部截留作用，这种截留是将微粒截留在膜的内部，而不是表面。

245 微滤膜有哪些特性？

微滤所用的膜为微孔膜，其材质分为有机和无机两大类，有机聚合物有醋酸纤维素、聚丙烯、聚碳酸酯、聚砜、聚酰胺等。无机膜材料有陶瓷和金属等。鉴于微孔滤膜的分离特征，微孔滤膜的应用范围主要是从气相和液相中截留微粒、细菌以及其他污染物，以达到净化、分离、浓缩的目的。微滤膜的平均孔径为 0.02～10μm，能够截留直径为 0.05～10μm 的微粒或分子量大于 1×10^6 的高分子物质，操作压差一般为 0.01～0.2MPa。原料液在压差作用下，其中水（溶剂）透过膜上的微孔流到膜的低压侧，为透过液，大于膜孔的微粒被截留，从而实现原料液中的微粒与溶剂的分离。微滤过程对微粒的截留机理是筛分作用，决定膜的分离效果的因素是膜的物理结构、孔的形状和大小。微滤膜一般为均匀的多孔膜，孔径较大，可用多种方法测定，可直接用测得的孔径来表示其膜孔的大小。

246 微滤工艺有哪些优点?

微滤工艺的主要优点有以下几个。

① 滤后水质好，能有效地去除水中的浊度、胶体、细菌、病毒和微生物。通过其处理的滤后水浊度通常小于 0.5NTU，进水浊度对滤后水浊度的影响非常小。

② 出水水质稳定。当进水水质出现意外波动时，能够保持对水中颗粒物质和细菌的去除能力，滤后水质不受影响。

③ 处理装置的小型化和自动化。比现行传统常规处理装置小 50%，装置的设计也比较简单。同时整个处理装置可以全部自动化运行，非常易于操作人员的管理和维护。

④ 用地少，微滤设备占地面积小，完成由基建到投产工作的时间短，见效快。

247 微滤与超滤、反渗透相比，有什么区别和联系?

微滤、超滤和反渗透均是以压差作为推动力的膜分离过程，它们组成了可以分离溶液中的离子、分子、固体微粒的三级分离过程。根据所要分离物质的不同，选用不同的方法。但也需说明，这三种分离方法之间的分界并不十分严格。三种工艺具体的工艺比较如表 4-3 所示。

表 4-3 微滤、超滤和反渗透的工艺比较

过程	微滤(MF)	超滤(UF)	反渗透(RO)
分离目的	溶液脱粒子、气体脱粒子	溶液脱大分子、大分子溶液脱小分子	溶剂脱溶质、含小分子溶质溶液浓缩
透过组分	溶液、气体	小分子溶液	溶剂、可被电渗析截留组分
截留组分	0.02～10μm	1～20nm 大分子溶质	0.1～1nm 粒子
透过组分在料液中含量	大量溶剂及少量小分子溶质和大分子溶质	大量溶剂及低价小分子溶质	大量溶剂
推动力	压力差约 100kPa	压力差 100～1000kPa	压力差 1000～10000kPa
传递机理	筛分	筛分	优先吸附毛细管流动、溶解扩散
膜类型	多孔膜	非对称膜	非对称膜或复合膜
进料和透过料的组态	液体或气体	液体	液体

248 什么是纳滤?

纳滤介于反渗透和超滤之间，纳滤膜的孔径范围在纳米级，其分子量截留量为数百，能阻碍水中大分子通过又不需要较高的操作压力。通常只要在低压（138～827kPa）下操作，产生的水量较大，并可阻挡分子量大于 200 的物质。纳滤可直接除去病毒、细菌，同时大幅度降低水溶性有机物（消毒副产物的前体），它可去除 90%～95%的三卤甲烷（THM），85%～95%的硬度和大于 70%的一价离子（操作压力为 482～689kPa），在软化水的同时能减少总溶解固体（TDS），纳米过滤只需反渗透法的1/4～1/3的压力，但可产生反渗透法2～3倍的水量；纳米过滤对一价阳离子和分子量低于150的有机物去除率低；对二价和高价阳离子及分子量大于200的有机物质的选择性较强；可完全阻挡分子直径在1nm以上的分子；可除去二级出水中2/3的盐度、4/5的硬度以及超过90%的溶解碳和THM前体，出水符合安全饮用水标准。为减少消毒副产物（DBPS）和溶解有机碳（DOC），用纳米过滤比传统的臭氧和活性炭处理技术要经济些。

249 纳滤有哪些特点?

纳滤膜通常是带电荷的，荷电纳滤膜可通过静电斥力排斥溶液中与膜上所带电荷相同的离子。因此，荷电膜对物质的分离性能主要是基于荷电效应和膜的纳米级微孔的筛分效应。纳滤膜技术的特点如下：

① 具有离子选择性，由于在膜上或膜中常带有荷电基团，通过静电相互作用，可实现不同价态离子的分离，故有时也称选择性反渗透。

② 操作压力低，通常比反渗透低0.5～3.0MPa，由于所施加的跨膜压差比用反渗透达到同样的渗透通量所必须施加的压差低，有时也称低压反渗透。

250 纳滤的机理是什么?

纳滤同超滤和反渗透一样，均以压力差为驱动力，但其传质机理有所不同。纳滤膜存在纳米级微孔，且大部分荷负电，对无机盐的分离行为不仅受化学势控制，同时也受电势梯度的影响。对于纯电解质溶液，因道南平衡效应，同性离子会被带电的膜活性层所排斥，如果同性离子为多价，截留率会更高，同时为了保持电荷平衡，反离子也会被截留，导致电迁移流动与对流方向相反。但是，多价反离子较单价反离子，其截留率要低，这可能是因为多价反离子对膜电荷的吸附和屏蔽作用。

对于两种同性离子混合物溶液，根据道南理论，与它们各自的单纯盐溶液相比，多价反离子比单价反离子更容易被截留。两种反离子的混合液，由于它们迁移率的不同，使低迁移的反离子的截留逐渐地减少（甚至成负截留），而高迁移的反离子的浓度增加，造成对流和电迁移的“抵消”。纳滤膜对极性小分子有机物的选择性截留是基于溶质的尺寸和电荷。溶质的传递可以理解为以下两步：第一步，根据离子所带电荷选择性地吸附在膜的表面；第二步，在扩散/对流/电泳移动性的共同作用下传递通过膜。

适用于描述纳滤膜的分离机制的模型有经典的非平衡热力学模型、细孔模型（pore-model）、电荷模型［又分为空间电荷模型（space chargemodel）和固定电荷模型（fix chargemodel）］。

251 纳滤膜有哪些类型?

目前采用的纳滤膜多为芳香族及聚酸氢类复合纳滤膜。主要有以下几种。

（1）芳香聚酰胺类复合纳滤膜

这类膜主要有美国FilmTec公司的NF-50膜和NF-70膜两种（荷负电）。

(2) 聚哌嗪酰胺类复合纳滤膜

这类膜主要有美国 FilmTec 公司的 NF-40（负电）膜和 Minneapolis 膜、MN 公司的 NF-40HF 膜、日本东丽公司的 UTC-20HF（负电）膜和 UTC-60（两性）膜、美国 AMT 公司的 ATF-30 膜和 ATF-50 膜。

(3) 磺化聚醚砜类复合纳滤膜

这类膜有日本东电工公司开发的 NTR-7400（负电）系列纳滤膜。

(4) 混合型复合纳滤膜

如日本东电工公司的 NTR-7250（负电）膜，美国 Desalination 公司开发的 Desaal-5 膜。

(5) 无机纳滤膜

除有机膜外，还有以无机材料制备的纳滤膜，如将聚磷酸盐和聚硅氧烷沉积在无机微滤膜上制备成的复合无机纳滤膜。

252 纳滤膜具有哪些分离特性?

纳滤膜的分离精度介于超滤膜和反渗透膜之间，可有效截留多价离子和分子量在 200～2000 之间的有机小分子，可部分去除单价离子和分子量低于 200 的物质。但由于纳滤膜、超滤膜和反渗透膜孔结构和表面性质的差异，三者的分离性能有很大差异。纳滤膜通常被认为是一种具有纳米级微孔结构的荷电分离膜，其表面存在大量的负电荷，膜孔径主要在 1nm 左右，对应的分子量范围约为 300～500。

目前，纳滤膜的分离机理普遍被认为是三种因素协同实现的，即尺寸筛分、道南效应和介电效应。道南效应又称静电排斥作用，揭示了带电物质在带电膜中的浓度分配差异，即与膜电性相同的离子价态增加，则截留率增加，而与膜电性相反的离子价态增加，则截留率降低。介电效应主要分为离子溶剂化能垒和镜像力作用两方面。这两种机理都是由于纳滤膜分离中存在的极端空间限制和纳米级尺度限制而产生的，且受到电荷的排斥作用影响。简单来说，由于水分子在纳米膜孔中与本体中的介电常数不同，离子从本体溶液中进入纳滤膜孔内时，溶剂化能增加，即产生了能垒，影响离子在膜孔内和孔外的分配情况，该分配情况与离子价态的平方值相关。另一方面，由于水和高分子膜材料介电常数的差异，二者受到溶液中离子的影响而产生不同的极化程度，进而在两相界面产生极化电荷，这种由离子引起的极化作用反过来作用于离子本身的现象被称为镜像力作用。由于介电效应与离子的带电性质无关，常用于补充解释纳滤膜对多价离子的高截留率。纳滤膜主要有以下分离特性：

① 对于阳离子，截留率上升顺序为：H^+、Na^+、K^+、Ca^{2+}、Mg^{2+}、Cu^{2+}。

② 对于阴离子，截留率上升顺序为：NO_3^-、Cl^-、OH^-、SO_4^{2-}、CO_3^{2-}。

③ 多价阳离子的截留率高于一价离子，因为在膜的微孔中使固定离子屏蔽所必需的高价态阳离子浓度较少。

④ 多价阴离子（如硫酸盐和碳酸盐离子），膜的负电荷被排斥在膜外，高浓度时膜电荷受到很强的屏蔽才能使这些离子进入膜中并且渗透。在三元体系（一价阳离子、两价阴离子）的情况下，较难渗透的阴离子将较易渗透的阳离子按道南平衡的方向排挤。尤其是对于硝酸盐和氯化物，硫酸盐存在时可以得到负的截留率，即电的相互作用，这些离子可沿梯度渗透。

253 纳滤膜技术在应用中还存在哪些问题?

纳滤膜有较高的膜通量，可以截留有机及无机污染物，而对人体必需的一些离子又有较大的透过率，因此，纳滤膜应用于饮用水的深度净化较其他的膜分离技术有较大的优势。目前，把纳滤膜应用于给水处理领域的主要问题是：

① 膜表面容易形成附着层，使膜的通量显著下降；

② 操作结束后，膜的清洗较困难；

③ 膜的耐用性差。

这三个问题是目前膜分离的基本问题，也是纳滤膜法水处理技术难以广泛应用的主要原因。

254 什么是膜污染指数（*FI*）?

膜污染指数（*FI*）是为反渗透膜而专门建立的进水水质衡量指标。用有效直径为42.7mm，孔径为0.45μm的微孔膜，在操作压力为0.21MPa的条件下，测定最初500mL的进料液滤过时间（t_1），在加压15min后，再次测定500mL进料液滤过时间（t_2），

按式（4-5）计算*FI*值：

$$FI=\frac{(1-t_1/t_2)\times 100}{15} \tag{4-5}$$

不同的膜组件要求进水有不同的*FI*值。如在反渗透膜中，对进水中空纤维组件的水质要求*FI*值在3左右，卷式膜组件*FI*值为5左右，管式膜组件*FI*值为15左右。再根据不同的进水水质和用途来确定进入膜组件的水质指标。从上面给出的*FI*值来看，管式膜组件对水质的耐受能力最强，中空纤维组件对水质的要求最严。而对于超滤膜的预处理要求则大大低于反渗透膜的要求。

255 膜处理技术的预处理方法有哪些?

当前，膜前预处理领域相关研究受到广泛关注，主要研究方向包括混凝、吸附、氧化、化学沉淀、电化学、生物预处理及其组合工艺等。

（1）混凝预处理

将膜过滤技术与混凝技术相结合，这已成为控制膜污染最常用的预处理方法之一。混凝预处理是当前水处理工艺中应用最广的膜污染预处理技术，吸引了大量研究者的关注。研究表明，当前的一些新型混凝预处理技术，不仅能有效去除水中颗粒物，增大絮体物粒径，还能去除地表水中的有机污染物，从而提高膜渗透通量，减缓膜污染。

（2）吸附预处理

吸附预处理是利用具有高分散性或大孔隙率且有较大比表面积的吸附剂吸附水体中溶解性有机物，再通过滤膜截留吸附剂颗粒，从而去除水中有机物，达到缓解膜污染作用的方法。吸附是降低滤膜有机污染的主要措施之一。目前，常用于膜污染预处理的吸附材料有粉末活性炭、树脂、热化氧化铝颗粒、氧化铁纳米颗粒、二氧化硅颗粒和聚砜胶体等。吸附剂

虽能强化有机物的去除，减缓超滤膜的污染速率，但吸附预处理需要设置单独的吸附处理单元，存在占地面积大、基建投资费用高等问题。

（3）氧化预处理

膜前氧化是采用臭氧、H_2O_2/UV、高锰酸盐、液氯等氧化剂对有机污染物进行矿化降解，或改变有机物结构和性质（如电荷密度、亲疏水性、分子量大小等），从而减缓膜污染形成的预处理方法。目前，臭氧是研究最多的氧化剂，具有超强的氧化能力，它不仅可以氧化大多数有机和无机物，还能有效地去除水体中的颜色及悬浮固体和微生物，被广泛用于冷却系统、混凝过程和其他水处理过程中。由于膜技术中使用的有机膜抗氧化性比较弱，残留的氧化剂可能会破坏膜材料，因此氧化预处理更利于与抗氧化性强的无机陶瓷膜联用。

（4）化学沉淀预处理

化学沉淀法是一种通过投加化学药剂，使水中可能造成膜污染的溶解态物质转化为难溶物质而析出的预处理方法。将化学沉淀法作为微滤-纳滤（MF-NF）预处理工艺用于处理稳定的垃圾渗滤液，该工艺被证明能够有效去除废液中的有机物和无机物，且结果表明沉淀作为微滤的预处理能保证低膜污染。另外，研究者利用混合沉淀-纳滤法对工业磷酸废水进行磷的回收和重金属的去除，得到了良好的净化和回收效率。可以看出化学沉淀预处理可以有效地缓解膜污染，且该方法具有投入成本低、操作简便等优点，但其仍存在处理效率不高、经过处理之后的溶液可能会对环境造成二次污染等问题。

（5）电化学预处理

电化学法指水中的难降解有机污染物在电极上发生直接电化学反应或间接电化学反应，从而实现污染物的降低或去除的方法。电化学法工艺灵活，可作为预处理，也可与其他处理技术相结合。

（6）生物预处理

生物预处理是通过膜前培养微生物，利用微生物的新陈代谢活动（生物降解、吸附、氧化、生物絮凝等）及生物填料间的拦截、吸附作用去除原水中氨氮、异臭、有机微污染物等，提高出水水质，降低进水有机物负荷的预处理方法。该方法不仅能代替预氯化工艺，大幅度降低消毒副产物三卤甲烷的生成，还能提高原水中“三致”前体物质的去除率，且相比于其他预处理技术，更绿色低碳，是一种低成本、可持续预处理技术，但不适合工业废水处理。

（7）组合工艺

单一预处理有时难以达到控制膜污染的效果，为了进一步提高膜技术处理效率，最大限度发挥各个预处理方法的优点，更好地缓解膜污染，常常将一些预处理进行组合。高锰酸钾-混凝-超滤混合工艺比直接混凝膜过滤时的强吸附阻力降低了 $0.15\times10^{10}\,m^{-1}$，组合工艺有助于减少不可恢复污染，增加膜通量，延长膜使用寿命。

（二）再生水化学处理技术

256 再生水处理技术中有哪些主要的化学技术?

再生水处理的化学技术主要有以下几种。

（1）中和法

酸性和碱性废水可用中和法处理，即向废水中加中和剂，也可用碱性废液或废渣（电石渣、石灰渣等）中和酸性废水，或用废酸液中和废碱液，达到“以废治废”的目的。

（2）化学沉淀法

在废水中加入适当的沉淀剂，使废水中的有害物质生成难溶物而沉淀除去。这是除去废水中金属离子常用的方法，通常使其生成溶度积更小的沉淀，如氢氧化物和硫化物。在处理重金属离子污染的废水时，利用沉淀转化的原理，以 FeS 为转化剂可有效地除去汞、铜、铅等有害的重金属离子。对六价铬，可以酸化后，加钡盐或铅盐生成重铬酸钡或重铬酸铅而除去。

（3）氧化还原法

利用氧化剂或还原剂将废水中的有害物质转变成无毒物或微溶物，再进行处理。如用氯气、漂白粉等将氰根转化为毒性较小的氰酸根，再使之完全氧化。氯气是常用的氧化剂，但氯气是有毒的物质，与水中的有机物反应会生成致癌性的三卤甲烷。因此，氯正逐步被溴、二氧化氯、过氧化氢、臭氧等取代。

（4）凝聚沉淀法

在含有细小悬浮物或含有呈溶胶状的污染物的废水中，加入污染物所带相反的电荷的絮凝剂，因发生电性中和，使污染物凝聚成絮状黏性大颗粒而沉降下来。常用的絮凝剂有明矾、硫酸铝、碱式氯化铝等无机盐凝结剂。由于经高性能高电荷阳离子聚丙烯酰胺（PAM）等有机聚合物絮凝剂处理的废水污泥易于脱水，污泥滤饼固体含量较大，PAM 的生产和应用正不断扩大。

（5）离子交换法

离子交换所用的树脂是一种高分子聚合物，按其所带的基团性质，可分为阳离子交换树脂和阴离子交换树脂。阳离子交换树脂是指分子中含有酸性基团的离子交换树脂，在水及其他极性溶剂中溶胀，溶液呈酸性，能使分子中的氢、钠、钾等与溶液中的其他阳离子交换。分子中含有碱性基团的称为阴离子交换树脂，在水中溶胀，水溶液呈碱性，能使其分子内的氢氧根或其他阴离子与水中的阴离子交换。

（6）高级氧化技术（AOT）

AOT 就是利用光、声、电、磁或无毒试剂催化氧化技术处理有机废水，尤其是那些难于生化降解的有机污染物。

① 光催化氧化的原理是反应中产生氧化能力极强的羟基自由基（HO·），HO·能够无选择性地氧化水中的有机污染物，使之完全分解为 CO_2 和 H_2O。但光催化反应要求处理物质有良好透光性，对于杂质多、浊度高、透光性差的高浓度污水要先用物理、生物法处理后，再用光催化降解。在工业应用方面，还有待于进一步深入研究光催化剂的固定问题及光催化反应器的开发。

② 超声波降解有机污染物的原理是利用声能促使有机物在空化氯泡内发生化学键断裂、高温分解或自由基反应，而使废水中的有机污染物降解。

③ 超临界流体技术是利用临界压力和临界温度以上的流体所具有的特异增加的溶解能力而发展起来的水处理技术。将有机废料与氧置于超临界水中，经过高温高压下的自由基反应，在几分钟内就可以将有机废料完全转化成 CO_2 和 H_2O。该法具有速度快、无需催化剂、效率高等优点，在处理常规方法难以处理的废水中的有机物和高分子材料（如酚类化合物、氯烃类化合物、含氮化合物、有机氧化物）等方面，具有显著的优越性。

257 混凝的主要作用是什么?

混凝的主要作用是去除水中悬浮颗粒和胶体微粒。一般认为混凝过程是混凝剂水解产物对水中胶体进行电中和、使其脱稳，从而形成细小的颗粒，继而絮凝为大而密实的矾花，并通过吸附架桥或网捕作用使脱稳的胶体生成粒度较大的絮凝体，再通过沉淀与过滤进行分离去除。而水中分子量较小、溶解度较大的有机物（主要是腐殖酸类中的富里酸等）在一般混凝条件下去除率很低。主要原因是由于其具有良好的亲水性而不易被混凝剂的水解产物——金属氢氧化物所吸附，有机物不但增加了胶体表面电荷，而且造成空间位阻效应。但是，如果通过改善混凝处理条件，即在低 pH 值、高混凝剂用量的强化混凝条件下形成大量金属氢氧化物，改善混凝剂水解产物的形态且使其正电荷密度上升，同时低 pH 值条件会影响有机物离解度和改变水中有机物存在形态，有机物质子化程度提高，电荷密度降低，进而降低其溶解度及亲水性，成为较易被吸附的形态。

258 混凝作用是怎么实现的?

在再生水水源中存在数量不等的胶体物质，如黏土、矿物质、二氧化硅等，混凝工艺正是针对胶体的处理过程。混凝包括凝聚和絮凝过程，凝聚过程主要是通过加入的絮凝剂与水中胶体颗粒迅速发生电中和/双电层压缩而凝聚脱稳，脱稳颗粒再相互聚结而形成初级微絮凝体。絮凝过程则是促使微絮凝体继续增长形成粗大而密实的沉降絮体。实际上，凝聚与絮凝两个阶段的间隔是瞬间的，几乎同时发生。混凝机理有双电层压缩、电中和、吸附架桥及沉淀物网捕等。

① 双电层压缩机理是指投加电解质后，电解质在溶液中形成的反离子使双电层被压缩，胶体 ξ 电位下降，最终使胶体脱稳。

② 电中和机理是指投加具有带相反电荷胶体的混凝剂，可中和水中的带电胶体，ξ 电位的绝对值随之下降，胶体脱稳，但过量加入混凝剂，会使胶体重新带电而再稳。

③ 吸附架桥机理是指线状或分支长链状的高分子物质与胶体接触时，其化学官能团被两个或两个以上的胶体吸附，而使胶粒凝聚为大的絮凝体。已架桥絮凝的胶粒，如受到剧烈的搅拌，架桥聚合物可能由另一胶体表面脱开，并重又卷回所在胶粒表面，使胶体再稳，投加过量的高分子聚合物，也会使胶体再稳。

④ 当混凝剂投加量较大而形成大量沉淀物时，可以网捕、卷扫水中胶体颗粒，产生沉淀分离，这个过程基本上是一种机械作用，产生网捕、卷扫作用所需的混凝剂量与原水杂质含量成反比。

用无机盐脱除水中胶体污染物需要掌握好用药量，用药量不够，胶体脱稳不彻底，过量了不仅浪费药剂，还会因为电解质带来胶体电荷逆转，恶化胶体脱稳凝聚。另外，处理效果还与水中胶体性质有关，对于亲水性胶体，还因溶剂化作用形成胶体外包裹一层水化膜，阻碍电解质的凝聚作用而增加耗药量，难以达到预期的处理结果。因此，实际应用前，一般是先通过对污水做“烧杯试验”，筛选适宜药剂并确定最佳投药量。

259 混凝剂包括哪些类型?

混凝剂主要包括无机混凝剂和有机高分子絮凝剂两种。

(1) 无机混凝剂

无机混凝剂中使用最广的是铝盐和铁盐。硫酸铝、氯化铝、硫酸铁、氯化铁等普通无机混凝剂和聚氯化铝(PAC)、聚硫酸铁(PFS)等无机高分子絮凝剂在城市污水处理中都有过应用。根据研究结果和已有的应用实例，上述几种无机混凝剂在适宜的投药量和合理的混凝反应条件下，都能取得大体相同的净化效果，铝盐和铁盐并用也可以取得好的应用效果。石灰本身有一定的混凝作用，当配合铁盐使用时，调整适宜 pH 值后，会有更好的去除效果。从污水处理厂的运行情况看出，近 10 年来，国外发达国家比较多地选用氯化铁加石灰作为强化一级处理混凝剂，这大概与药剂价格低廉、絮体密实、沉降性能好有关；配合石灰使用，在偏碱性条件下比使用铝盐有较佳的综合应用效果，而污泥的脱水性能也比使用铝盐要好。还要指出的是，使用铁盐产生的物化污泥一般可以与生化污泥合并后进行厌氧消化处理，聚铝、聚铁以及聚铝铁等无机高分子絮凝剂对城市污水的处理效果也是较好的，在我国应用较多，但结合处理费用等综合考虑时，不一定是最佳选择。

(2) 有机高分子絮凝剂

有机高分子絮凝剂分非离子型、阴离子型和阳离子型等类别。以合成聚丙烯酰胺(PAM)及其衍生物为主的聚合物分子量高达 1×10^7 以上，分子链上合理分布活性基团或离子性基团，对水中细小悬浮颗粒有很强的吸附架桥功能，对水中带相反电荷的胶体物质有很好的电荷中和作用、压缩双电层作用。由于城市污水胶体带负电荷，因此阳离子型高分子絮凝剂在污水处理，特别在污泥脱水过程中被广泛应用。

260 什么是两性高分子絮凝剂?

两性高分子絮凝剂是药剂分子上同时带有阴、阳离子基团的高分子聚合物。这种早已被开发的絮凝剂，在近 10 年的研究中又得到新的发展。依据 pH 值不同，两性高分子絮凝分子内的静电相互作用既可以表现为排斥力，也可表现为吸引力，因此它能与过渡金属离子、阴/阳离子电解质、染料、表面活性剂及其他两性高分子等产生络合（螯合）作用、“挤出效应”、耐电解质特性等独特的性质，从而被研究应用于污水处理、污泥脱水等方面，不仅能脱除水中胶体、悬浮颗粒，也能去除低分子有机物。这类絮凝剂近几年在德国、美国、日本等国发展迅速，已有工业产品。

261 什么是氧化耦合絮凝剂?

氧化耦合絮凝剂指的是把氧化与絮凝两种功能复合（耦合），体现药剂分子间的协同作用，组成比原有絮凝剂、氧化剂净水功能更强的药剂。据报道，用一种由改性钙盐和改性铁盐组成的催化氧化耦合絮凝剂处理城市污水，对以 COD、NH_4^+-N 为代表的有机污染的脱除率分别达到 77%和 78%，比相同条件下使用聚合氯化铝絮凝剂分别提高 16%和 48%，被认为是有良好工业应用前景的药剂。

262 助凝剂包括哪些类型?

为了提高絮凝效果，生成粗大、密实、易于分离的絮体，在水处理过程中，除投加一定量的絮凝剂之外，还要投加一些辅助絮凝的药剂，称为助凝剂。助凝剂主要有以下几种。

(1) pH 值调整剂

原水 pH 值不符合絮凝剂工艺要求，或投加絮凝剂之后使 pH 值发生较大变化，影响后续工序水质要求时，就需要投加 pH 值调整剂。主要有 CaO、$Ca(OH)_2$、Na_2CO_3、$NaHCO_3$、$CaCO_3$、H_2SO_4 等。

(2) 絮体结构改良剂

当生成的絮体小、结构松散、漂浮流失时，可投加絮体结构改良剂，以增大粒径，提高密度和机械强度。这类物质有水玻璃、活性硅酸、粉煤灰、黏土等。前两个主要作为骨架物质来强化低温和低碱度下的絮凝作用；后两个则作为絮体形成核心来加大絮体密度，改善其沉降性能和污泥的脱水性。

(3) 氧化剂

当废水中的有机物含量过高或含有表面活性剂物质时，易产生泡沫，影响絮体沉降，此时应投加 Cl_2、$Ca(OH)_2$、NaClO、漂白粉等氧化剂来破坏有机物，以提高絮凝效果。

263 影响混凝的因素有哪些?

影响混凝的因素主要有以下几个。

(1) 混凝剂的类型

选用混凝剂时，如仅单独采用无机高分子混凝剂，可有效去除细微悬浮物颗粒，但生成的絮体较小，加药量大。与无机高分子混凝剂相比，有机高分子混凝剂用量少，混凝速率快，受共存盐类、介质 pH 值及环境影响小，脱色效果也好。但无机和有机絮凝剂共用效果更佳，主要表现为：①确保澄清度；②增加絮凝粒度和吸附活性，增加絮凝强度；③提高浓缩、过滤、分离效果；④加快絮凝形成、沉淀、过滤速率，提高设备处理规模；⑤改善污泥压缩性，减少沉淀体积；⑥节省药费；⑦扩大混凝的 pH 值使用范围。

(2) 混凝剂投药量

混凝剂投加量的控制是控制混凝的关键，它决定了水中胶体的脱稳作用，与产生絮凝体的数量多少直接相关。混凝剂量取决于胶体浓度、电荷的正负和电荷数量及混凝 pH 值。若投加量不足，絮凝体过小，易穿过滤层，缩短过滤周期，影响滤后水质；若投加量过高，一方面可引发胶体再稳现象，另一方面可使形成的絮凝体过大，使滤层表面大量截污，不能充分发挥床层深度过滤作用，使滤床阻力增长过快，缩短过滤周期。

(3) pH 值

处理水的 pH 值不同，混凝剂的水解产物不同，产生的混凝效果不同。铝盐及铁盐在 pH 值较低时，水解形成以电中和脱稳作用为主的高正电荷低聚合度络离子。随着 pH 值上升，形成以吸附架桥作用和沉淀卷扫作用为主的低正电荷高聚合度络离子。pH 值对原水有机物去除有一定影响，pH 值低时，水中的腐殖质为带负电荷的腐殖酸胶体，易于去除；当 pH 值较高时，它转化为腐殖酸盐，因而去除率低。此外，水中的 pH 值是影响色度去除的主要因素，一般 pH 值为 3.5～5.0 时，易于除色；pH 值为 6～8 时，易于除浊。碱度低的水，投加混凝剂后，会使投药后的原水 pH 值下降，明显而不利于混凝。

264 混凝工艺主要要求哪些工艺条件?

混凝反应除与混凝剂本身的种类与性质有关外，还与污水的种类与表面性质、悬浮物的粒度、浓度以及污水的 pH 值、溶解盐类、水温、搅拌情况、混凝核的存在情况等有关。上述影响混凝反应的诸因素，与普通的化学反应动力学、热力学的基本原理大致相同，不再一一赘述。搅拌（混合）反应条件及其特点对混凝效果也尤为重要，仅从工程应用角度进行介绍。进行混凝反应，要求投入浑浊液中的混凝剂能快速均匀分散，使之与胶体物质迅速均匀反应，为此目的，需要进行混合搅拌。混凝反应过程中，为了使脱稳的微细颗粒形成大颗粒的絮体，也需要进行搅拌，使颗粒间相互碰撞的概率增多。这时如果搅拌强度适当，生成的颗粒物由于“碰撞”的次数增加而长大，因而缩短了絮体的成熟时间，加快了沉淀过程。

265 混凝工艺包括哪些环节?

混凝过程是为了改变水中黏土和细菌等悬浮固体的存在性质和状态，以利于后续工序的去除过程。在絮凝过程中发生容积絮凝的现象，所结成的大粒絮体首先在沉淀设备中借沉淀作用来除掉，残余的微粒则借过滤来去除。当过滤中利用接触絮凝的作用来去除水中悬浮固体时，经过混凝过程处理的水直接进入快滤池，无需设沉淀设备的处理工艺称为直接过滤。混凝工艺主要包括以下几个环节。

（1）药剂的配制和投加

配制需经过溶解和配成投加浓度两个过程。不仅固体药剂要先溶解，液体药剂有时也需先经溶解再稀释成所需浓度。投加到原水中的溶液流量需要按原水中应投的药剂剂量准确控制，因此要能根据原水水量和水质的变化随时调节。药剂溶液投加到水中需要适当的设备，投加设备往往与混合设备结合在一起。

（2）混合

混合的作用是使药剂迅速均匀地扩散到水中，创造良好的水解和聚合条件，并同时与胶体颗粒接触聚集，生成微絮粒。混合可利用取水系统中的取水泵、混水输水管或单独设置混合池（器）等。常用混合方式有水力和机械两类，水力混合简单，但不能适应流量变化；机械混合可随流量变化而调节，但机械需维修。

（3）反应（混凝）

混凝是在外力作用下，使经过凝聚阶段所形成的具有混凝性能的微絮粒进一步碰撞接触，形成更大的能从水中沉降分离的絮粒。长期以来习惯称混凝为反应，称完成混凝过程的混凝池为反应池。为达到完善的混凝，必须具有两个主要条件，即胶体系统具有良好的混凝性能，以及水流能保证胶体微粒获得适当的动力进行碰撞接触，而又不致破坏已生成的絮粒。

266 混凝剂有哪些投加方式?

按照投加的形式可以分为干投法和湿投法。干投法就是把粉末混凝剂直接投入水中，适用于投加大量药品。消石灰、硫酸铝、硫酸铁或硫酸亚铁等药剂均可使用。它的优点是占地小，但存在加药设备易堵塞、劳动强度大等缺点，不适用于容易吸潮的药品。湿投法需要先将药品溶解，包括混凝剂的溶解、配置、投加等设备。

按照投加的作用力可以分为重力投加和压力投加两种。当采用水泵混合时，药剂加在泵前吸水管或吸水井喇叭口处，一般采用重力投加。为了防止空气进入水泵吸水管内，需设一个装有浮球阀的水封箱。当采用管道混合时，若允许提高溶液池位置，也可采用重力投加；但较多的是采用水射器或计量泵压力投加。具体比较见表 4-4。

表 4-4 重力投加和压力投加的比较表

投加方式		作用原理	优缺点	适用情况
重力投加		建造高位药液池，利用重力作用将药液投入水内	优点：操作较简单、投加安全可靠 缺点：必须建造高位药液池，增加加药间层高	适用于中小型水厂（考虑到输液管线的沿程水头损失，输液管线不宜过长）
压力投加	水射器	利用高压水在水射器喷嘴处形成的负压将药液吸入，并将药液射入压力水管	优点：设备简单，使用方便，不受药液池高程所限 缺点：效率较低，如药液浓度不当，可能引起堵塞	各种水厂规模均可适用
	加药泵	泵在药液池内直接吸取药液，加入压力水管内	优点：可以定量投加，不受压力管压力所限 缺点：价格较贵，泵易引起堵塞，养护较麻烦	适用于大中型水厂

267 主要的混凝设施有哪些？

混凝设施包括混合设施和混凝池两部分。混凝设施设计是否合理，直接关系到处理后的出水水质。

（1）混合设施

混合设施可分为水泵混合、管道混合、水力混合池混合和机械混合等几种。目前我国城市污水厂多采用较简单的加药混合方式，如泵前加药混合、进水管直接加药混合、扩散混合器混合、水射器水力混合、回流板式水力混合和机械搅拌混合。采用机械搅拌器搅拌时，非常强调混合的快速均匀，这样能提高水流中颗粒的碰撞和传质速率，使混合时间缩短，而混合效率提高，能使后续设备高效率运作。

（2）混凝池

混凝池形式较多，主要分水力搅拌式和机械搅拌式两大类。我国对水力混凝池的研究开发水平较高，并在污水处理厂有较多的应用，常见的传统隔板反应池、旋流反应池及涡流反应池的反应时间为 10～30min。

268 混凝技术有哪些发展趋势？

混凝技术主要向以下几个方向发展。

（1）研制新型高效混凝剂

虽然无机与有机高分子混凝剂联用效果好，但混凝剂的发展方向是由低分子向聚合高分子发展，由成分功能单一型向复合型发展。所研制的新型高效混凝剂是由低分子无机-有机物进行共聚而生成的一种新的高分子高聚物，它既具有电中和及双电层压缩作用，又具有长链大分子强烈的吸附架桥作用。现阶段研究较多的是聚硅酸盐，包括聚硅硫酸铝（PASS）、聚硅硫酸铁及聚硅硫酸铝铁，它们实际上是由聚合硫酸铝、聚合硫酸铁与无机高分子阴离子活化硅酸合成的无机高分子混凝剂。利用活化硅酸阴离子增加聚合铝铁盐的稳定性，又保持各自的优良性能，强化了吸附架桥作用，易于形成高密度的絮体。应用这类混凝剂，加药量低，絮体沉降迅速，混凝效果好，在处理低温、低浊水和脱色、除 COD 方面有明显优势。但由于产品有效浓度低，稳定性较差，现阶段难于商业化，需现场制备。

（2）研制新型高效混凝设备

近年来，随着混凝科学的发展，有关混凝基础理论及高效混凝反应技术在国内外已取得重要进展。现代混凝技术的发展表明，混凝包括凝聚与絮凝两个过程。为使胶体快速脱稳和微絮体颗粒增大而密实，就需要深入研究凝聚和絮凝与稳流动力学过程及相互关系，创造适合于胶体颗粒快速脱稳的混合器结构，并创造适合于微絮凝体增长的微涡流，并使之形成由大到小逐渐衰减的有序水流速度梯度的反应结构。混凝过程的快速混合阶段对胶体的脱稳及其絮凝有显著影响，许多研究指出，发生在高强度下的初始凝聚过程可明显地改善颗粒的絮凝及沉降特性，尤其对电中和/吸附凝聚更重要。具有快速、剧烈混合功能的多级涡流管式混合器，以及具有适合紊流梯度和能增加微涡旋数量（实现微涡旋混凝）的带网格的竖流往复折流式高效絮凝反应器，正是在上述研究和认识的基础上设计出的新型高效混凝设备。

（3）采用微絮凝-过滤组合新工艺

近年来，为解决水中微纳米级污染物去除和低浊水难于处理的难题，人们在深入研究传统水处理工艺机理的基础上，研究了如何进一步强化絮凝过程，以扩展处理范围、提高效能、缩短反应时间、降低投资及运行成本，从整体上提高现有传统工艺技术的质量和效果，这就发展了微絮凝-过滤组合新工艺。微絮凝-过滤工艺有接触过滤、直流过滤、微絮凝-深床直接过滤。由于无传统的沉淀缓冲作用，微絮凝-过滤工艺的滤床熟化慢而停留时间短，故要求严格选择药剂，控制絮凝过程及投加量，并需要进行连续监测及配备自动化控制系统。

269 什么是强化混凝?

强化混凝（enhanced coagulation，简称 EC）是指在常规处理工艺流程中在混凝处理时投加过量的混凝剂、助凝剂或者是其他的药剂并控制一定的 pH 值，通过加强混凝与絮凝作用，从而提高常规处理中天然有机物（NOM）的去除效果，最大限度地去除消毒副产物的前体物（DBPFP），保证饮用水消毒副产物符合饮用水标准的方法。强化混凝不只在饮用水处理中有广泛的应用，在再生水的处理中也有很好的应用前景。

270 强化混凝有哪些措施?

以下措施可以强化混凝。

① 加大混凝剂投加量，使有机物的水化壳压缩，水解的阳离子与有机物阴离子电中和，消除有机物对无机胶体的影响，从而使无机胶体脱稳。不同的水质对混凝剂用量的要求不

同，混凝剂对水中大分子有机物（UV 254 值较大）和憎水性有机物有较好的处理效果。

② 投加有机或无机絮凝剂。采用具有絮凝作用的新型混凝药剂（如聚硅酸铁盐等），增加吸附、架桥作用，使有机物易被絮体黏附而下沉。

③ 调整 pH 值。水的 pH 值对有机物去除影响明显，当原水 pH 值较高时，可通过加酸来降低 pH 值，一般有机物较多时，pH 值为 5～6 的条件有利于形成腐殖酸、富里酸的聚合物。加酸一般加在混凝剂投加前，以促使混凝剂水解形成高价正电荷。

④ 投加氧化剂，使有机物氧化（高锰酸钾氧化、粉状炭吸附）。水体中的有机成分是增强水中胶体浊度稳定性的主要因素。姚重华等的研究结果表明，如果黏土悬浮液中腐殖酸的浓度增至 3mg/L（以 TOC 计），硫酸铝的投量将增至原来的 5.8 倍；如果腐殖酸的浓度增至 7mg/L，则硫酸铝的投量需增至原来的 10.2 倍，才能达到同样的混凝效果。利用常规的混凝剂再辅以助凝剂处理这种有机污染严重的水质，不能取得良好的处理效果。因此，需要高锰酸钾等强氧化剂来氧化水中的有机成分，以促进混凝剂的混凝效果，达到净化有机污染的水质的目的。

⑤ 完善混合、絮凝等设施，从水力条件（控制 G 和 GT）上加以改进，使混凝剂能充分发挥作用。比如增加混合与絮凝反应的时间、选用澄清工艺等使药剂充分发挥作用。

⑥ 铝盐混凝剂改为铁盐混凝剂（铁盐比铝盐更易于形成与腐殖酸和富里酸的聚合物），也可以起到强化混凝的效果。

271 电絮凝的原理是什么?

电絮凝的反应原理是以铝、铁等金属为阳极，在直流电的作用下，阳极被溶蚀，产生 Al^{3+}、Fe^{2+} 等离子，再经一系列水解、聚合及亚铁的氧化过程，形成各种羟基络合物、多核羟基络合物以至氢氧化物，使废水中的胶态杂质、悬浮杂质凝聚沉淀而分离。同时，带电的污染物颗粒在电场中泳动，其部分电荷被电极中和而促使其脱稳聚沉。废水进行电解絮凝处理时，不仅对胶态杂质及悬浮杂质有凝聚沉淀作用，而且由于阳极的氧化作用和阴极的还原作用，能去除水中多种污染物。电絮凝的反应原理见图 4-7。

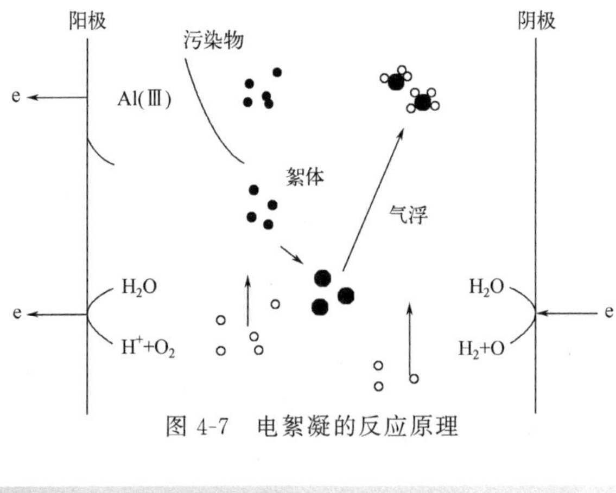

图 4-7　电絮凝的反应原理

272 什么是生物絮凝作用?

生物絮凝主要是利用微生物的吸附絮凝作用快速去除水中污染物质，同时伴有占次要位置的生物氧化作用。它与二级生物处理的不同点是后者主要利用微生物的氧化作用，将有机物降解脱除，故需要较长的生物反应时间。实现生物絮凝过程，也需利用生物絮凝剂，即通过微生物生命活动过程产生的多糖类、蛋白质、多肽或酶类物质，促进水中微细颗粒和胶体物质的吸附凝聚。因此，保证水中有适当的活性污泥是重要的。

生物絮体具有普通化学混凝絮体的基本性质，其吸附絮凝作用包括对污染物质的化学吸附、物理吸附，以及吸附架桥、网捕沉降等。此外，它还有生物吸附、吸收作用。无论是好氧污泥还是厌氧污泥，都对重金属离子有较强的吸附能力，有些学者提出生物絮凝作用的主要物质是胞外聚合物或胞外酶，也能大体反映微生物形成的絮体的基本特征。

生物吸附絮凝过程，也需要有适宜的颗粒碰撞以促进颗粒的吸附、絮凝、长大，但由于生物絮凝剂是均匀分布在水中的微量组分，不像化学强化一级处理那样需要先有高强度的混合反应。一些学者研究认为，生物絮凝反应的最佳 G 值在 $10\sim100s^{-1}$ 范围，便能不断促进生物絮体对微细颗粒和胶体物质的吸附絮凝。为使颗粒物直径增大，加速实现固液分离，可采用投加预制好的直径较大的生物絮体，乃至人工颗粒物以强化一级处理的效果。

273 生物絮凝作用在再生水利用技术中的应用现状与前景如何?

生物吸附絮凝具有不需投加化学药剂、污泥产量较少、运行费用低等明显优点，其工业应用前景广阔，但目前还没有完整的工业应用实例。前面提到 AB 法污水处理工艺已有不少污水处理厂应用，其中 A 段具有生物絮凝的实质，但一般仍归属生化处理法的 A 段工艺。这是因为对生物吸附絮凝的运行机理、影响因素、控制参数等方面还缺乏系统深入的研究，特别是对厌氧生物吸附絮凝研究更少。国内学者认为，鉴于一级处理污水 SS 含量高，HRT 短而厌氧微生物代谢期较长，生物絮凝能否经受长时间运行，特别是冬季低温条件下的考验还有待研究证实。因此，尚需进一步研究生物吸附絮凝的机理，探索适宜的处理工艺和运行参数，为生物絮凝法工程应用积累坚实的理论和技术基础。

274 什么是氧化还原法? 其主要原理是什么?

氧化还原法是加入氧化剂或还原剂将废水中有害物质氧化或还原为无害物质的方法。氧化法处理废水，关键是氧化剂的选择，使之能有效进行氧化反应，反应后的生成物无毒，即使在常温下也有较快的反应速率，反应时 pH 值变化不太大等。废水处理中常用的氧化剂有空气、氧气、臭氧、氯、次氯酸钠、二氧化氯等。

还原反应是物质所含化学元素化合价降低的反应，常用于处理含铬电镀废水。这种废水中六价铬的浓度常达 10000～20000mg/L，pH 值很低。加入还原剂后，六价铬很快还原为三价铬，再加石灰或氢氧化钠使之变为氢氧化铬沉淀除去。还原法处理含铬电镀废水是一项成熟的去除效率高的化学方法，其缺点是先加酸后要加碱（石灰），药剂消耗量大，生成的沉渣有进一步处理的问题。

275 在再生水处理技术中有哪些常用的消毒方法?

很多化学药品和物理作用可作为很好的消毒剂或消毒方式，如热、阳光、氯、溴、碘、二氧化氯、臭氧和紫外线等都是有效的消毒剂。在水量不大的消毒场合，二氧化氯的使用正不断增加。在给水领域，为减少加氯消毒副产物的影响，臭氧也开始得到越来越多的应用，但由于臭氧生产的耗电量较大，且水中剩余臭氧降解较快，对细菌的抑制时间较短。在这些有效的消毒剂中，氯是用得最多的消毒剂。与其他消毒方法相比，加氯是目前比较便宜而且较为灵活的消毒方法。加氯消毒的主要缺点是产生有机氯等有毒物质，对水生生物有影响。但所有消毒剂都有或多或少的缺点，大多数价格较高，对含有固体悬浮物的污水，其效果大大降低，也有毒性副作用或没有剩余消毒作用。

总体来说，再生水消毒方法可分为两大类，即化学消毒法和物理消毒法。化学消毒法有加氯消毒和臭氧消毒等；物理消毒法有紫外线消毒等。化学消毒法（或以化学消毒法为基础的联合消毒方式）一般都会产生消毒副产物，而紫外线消毒是唯一不会产生消毒副产物的方法，不会造成二次污染问题。

276 氯消毒的作用是什么？有哪些特点？

氯消毒主要是次氯酸的作用，即消毒剂所含的氯在水中形成次氯酸，作用于细菌的菌体蛋白质。次氯酸不稳定，易分解生成新生态氧。这些新生态氧能使细胞中的磷酸丙糖脱氢酶中的巯基被氧化而破坏，丧失了破坏葡萄糖的功能，引起细菌死亡，从而达到消毒目的。

(1) 氯氧化法的主要优点

① 氯氧化法是一种成熟的方法，在工艺设备等方面都积累了丰富的经验。

② 不少氰化厂用氯氧化法处理含氰废水能获得较满意的效果，氰化物可降低到0.5mg/L甚至更低。

③ 氰酸盐能进一步水解，生成无毒物。

④ 硫氰酸盐被氧化破坏，废水毒性大为降低。

⑤ 有毒的重金属生成难溶沉淀物，排水含重金属浓度符合国家规定的排放标准。

⑥ 如果废水中含砷，氯把三价砷氧化为五价砷，进而形成更难溶的砷酸钙而除去，砷可达标。

⑦ 氯的品种可选择，其运输、使用比较为人们所熟悉。

⑧ 既可用于处理澄清水，也可用于处理矿浆。

⑨ 既可间歇处理，也可连续处理。

⑩ 工艺、设备简单，易操作。

(2) 氯氧化法的主要缺点

① 处理废水过程中，如果设备密闭不好，CNCl逸入空气中，污染操作环境。

② 亚铁氰络物和铁氰络物中的氰化物，也不能使其形成沉淀物而去除，故总氰有时较高，尤其是处理金精矿氰化厂贫液时，由于贫液含铁高，可释放氰化物很难降低到0.5mg/L以下，总氰化物浓度更高。

③ 当用漂白粉或漂粉精处理高浓度含氰废水时，由于用量大，废水中Cl^-浓度高，与铜形成络合物，使铜超标。

④ 排水Cl^-浓度高，使地表水和土壤盐化、水利设施腐蚀。

⑤ Cl^-浓度高时使钙、镁大量溶解，废水从尾矿库渗漏出来后，污染地下水，使地下

水中钙、镁、氯浓度大为增高，严重地影响水的功能，严重时不能饮用、不能灌溉农田。

⑥ 处理尾矿浆时，如尾矿含硫较高，可能造成氯耗大为增加。

⑦ 氯系氧化剂，尤其是液氯的运输和使用有一定的危险性，因氯泄漏造成的人畜中毒、农田及鱼塘受危害的事故在其他行业时有发生。

⑧ 属于破坏氰化物的处理方法，不能回收废水中任何有用物质。

⑨ 近年来氯产品价格上涨，处理成本高。

277 余氯的概念是什么?

余氯是水经加氯消毒（液氯、二氧化氯、次氯酸钠等）接触一定时间后余留在水中的氯，以维持水中消毒剂的作用，抑制水中残余病原微生物再度繁殖。这就要求水进入管网之前向水中投加的消毒剂不仅能满足杀灭水中病原体的需要，而且还要保留一定的剩余量，防止在水的输送过程中出现病原体的再增殖。当使用二氧化氯等其他非氯类消毒剂时，就应该将余氯理解为接触一定时间后留在水中的剩余消毒剂。

余氯有游离性余氯（Cl_2、HOCl 和 OCl^-）和化合性余氯（NH_2Cl、$NHCl_2$ 和 NCl_3）两种形式，这两种形式能同时存在于同一水样中，两者之和称为总余氯。游离性余氯杀菌能力强，但容易分解，化合性余氯杀菌能力较弱，但在水中持续的时间较长，可作为管网中水是否再次受到污染的指征。一般水中没有氨或铵存在时，余氯为游离性余氯，而水中含有氨或铵时，余氯通常只含有化合性余氯，有时是游离性余氯和化合性余氯共存。余氯量必须适当，过低起不到防治病原体的作用，过高则不仅造成消毒成本的增加，而且在人体接触时可能造成对人体的伤害。

实际应用中，余氯一般用接触 30min 后和管网末端的水中氯含量来表征。再生水利用对余氯有不同的要求，如再生水用作工业用水水源时，要求在接触 30min 后总余氯≥1.0mg/L，管网末端≥0.2mg/L；用作景观环境用水时，则要求余氯≥0.05mg/L。值得注意的是，对于需要通过管道输送再生水的非现场回用情况，必须加氯消毒；而对于现场回用情况，不限制此消毒方式。

278 加氯消毒池有哪些设计要点?

加氯消毒池主要有以下设计要点。

① 一个好的氯接触池设计，其主要目的是得到的水力性能可让微生物与氯做最大程度的接触，而使氯的用量最小。混合、停留时间和投氯量是取得充分消毒效果应考虑的关键因素。良好的设计不仅要得到最佳的消毒效果，而且还应把排到环境中的有害化合物浓度减至最小，并应保持较大的过水速率，防止固体物的沉淀，从而减少池中固体物的积累。

② 氯溶液与污水的初始混合特别重要，因大多数消毒作用发生在开始接触的几分钟内，而且大部分需氯量也是消耗在这一时期。因为氯胺在污水中的形成是非常迅速的，必须明确游离氯远比氯胺消毒有效。为了让游离氯与微生物尽可能多地接触，快速混合是有效的方法，这对于有效消毒也是重要的，虽然生成氯胺的反应速率比微生物与游离氯的反应速率要快。

③ 氯溶液与污水的混合既可在紊流条件下的压力管道中实现，也可采用机械混合装置

实现。一般认为在紊流的静态混合器中是最有效的，能在最短接触时间内得到最大的杀菌率。有报道称，在紊流的静态混合器中，接触时间为0.1～0.3min，一般就可以了。在机械混合装置中，所需时间就要稍长一些。如果采用机械混合装置，氯溶液应当投加在紧靠混合装置之前的污水中。另外一种有效的混合方式，是水跃与上下往复隔板混合使用。静态混合器和隔板混合装置在减少运行维护费用方面优于机械混合装置。

④ 快速混合后，加氯消毒的污水流入接触池。一般认为平推流形式是获得有效消毒最理想的水力流形。平推流能减少短流、死角、螺旋流和涡流的发生，还能减少理论停留时间与实际停留时间的差距。也可用串联的全混流反应器来提高加氯消毒效率。在这种方法中，池形不那么重要。串联反应器的一个优点是容易再增加另外的反应器，以提高处理能力，缺点是投资和运行费用都比较高。

⑤ 对于平推流式接触池的设计，池形是一个重要的设计因素。理想的情况是采用直通的狭长接触池。例如，一段管道就是一个很好的接触反应器，但往往由于费用和空间条件的限制，这种方式一般是不能实现的。圆形接触池也用过，但一般在水力特性方面运行效果不佳。大多数接触池均以矩形为基础，这样的设计最实用。

⑥ 精心考虑接触池的进出口装置，让污水水流均匀分布于池的横断面上。一个最有效的设计方法是沿接触池进出口横断面上采用铁齿形堰。这种设计方式可以大大改善池中水流的水力特性。

⑦ 促进接触池中推流条件的常用方法是采用导流板，纵向导流板一般比横向导流板好。增加接触池的长宽比（L/W）是提高接触池工作效率的有效方法，一般长宽比不应小于25∶1。

⑧ 曝气是改进氯接触消毒池的另一方法，用压缩空气缓慢搅动可改善水力特性，并可提供微生物与余氯的接触条件，从而提高杀菌率。曝气还可减少固体物的积累，从而减少因固体物腐败而产生的需氯量。二级污水处理的出水中采用2～3mg/L的投氯量，在曝气条件下，仅15min的接触时间，就可以获得合格的杀菌效果。如果曝气不足以阻止固体物沉积，就要采用机械或其他方法清除固体物至少一次，使需氯量尽可能保持在较低的水平。

279 使用氯消毒技术需要考虑哪些因素?

使用液氯消毒，需要注意液氯的储存和运输。

① 液氯用设计压力为2MPa的钢瓶装运，充装量不得大于1.25kg/L。钢瓶漆成草绿色，用白色标明“液氯”字标。钢瓶外部应有明显的“有毒压缩气体”标志。工业使用的液氯钢瓶分500kg、1000kg两种规格。

② 液氯钢瓶应储存在阴凉干燥通风的库房，库温不超过35℃。防止日光直射，远离火种、热源，库房保持干燥以防钢瓶锈蚀。不得与液氨、易燃压缩气体、自燃物、金属粉末、有机物、松节油共储，储存时钢瓶应戴安全帽，应认真检查钢瓶阀门是否漏气，库房有无氯臭。如无法修复，应将漏气钢瓶搬出库房，浸入石灰乳中吸收漏出的氯，以防污染。

③ 搬运要轻装轻卸，防止钢瓶摩擦撞击，装车时安全阀帽应向外排在一面。钢瓶应套橡胶防撞圈。炎热季节应在早晚阴凉时搬运。

④ 发生火灾时，可用水或雾状水扑救。立即将附近钢瓶移开，若无法移开时，应在钢瓶上浇水冷却，扑火人员应戴防毒面具。

如使用漂白粉或漂粉精，应注意漂白粉不宜久存，以免其有效氯含量迅速降低。漂粉精的储存时间可长些（200d 不变质）。应储存于干燥的库房内，库房内温度在 30℃以下。与易燃、易爆、有机物、酸类、还原剂隔离存放。搬运、使用时要戴防护用品，沾染皮肤时用清水冲洗，失火时用水、砂、泡沫灭火器扑救。

氯系消毒剂普遍对人体有毒害作用，因此应做好安全防护工作。

280 臭氧消毒技术有哪些特点?

臭氧消毒主要有以下特点。

（1）高效性

臭氧是目前用于水处理中氧化性最强的化学消毒剂，其与水接触后，在水中发生氧化还原反应，产生氧化能力极强的单原子氧（O）和羟基（HO·），可在极短的时间内与几乎所有有机物发生氧化还原反应，反应连锁进行，过程迅速。有关试验研究表明，2mg·min/L 的 *CT* 值即可杀灭 99%的细菌、病毒和所有的贾第鞭毛虫孢囊。

（2）高洁性

臭氧在自然环境中可分解为氧，这是臭氧作为消毒灭菌剂的独特优点。臭氧由空气中的氧气制备而成，反应后多余的氧原子在 30min 后又结合成为分子氧（O_2）；同时，消毒氧化过程不产生卤代消毒副产物（DBPs），主要副产物是无机物和一系列小分子有机物，小分子有机物通常通过后续生物方法去除。

（3）方便性

可根据灭菌所需浓度及时间，自动设置臭氧灭菌时间，操作方便。臭氧用于废水消毒处理时的接触装置，目前多采用多孔扩散器的鼓泡塔或填料床反应器，接触时间一般为 20～30min。另外也有采用机械式涡轮注入器或静态混合器的，使用涡轮注入器的接触时间一般为 10～12min。

（4）广谱性

臭氧用于水处理消毒时一般在相对密闭的环境下进行，扩散均匀，包容性、通透性好，可达到全方位、快速、高效的消毒杀菌目的，既可以杀灭细菌繁殖体、芽孢、病毒、真菌和原虫孢体等多种微生物，还可以破坏肉毒杆菌和毒素及立克次体等，同时还具有很强的除霉、腥、臭等异味的功能。

281 使用臭氧消毒时的注意事项有哪些?

使用臭氧消毒时应注意以下事项。

① 臭氧是一种有毒气体，对人体眼和呼吸器官有强烈的刺激作用。正常大气中臭氧的体积比浓度是 $(1\sim4)\times10^{-8}m^3/m^3$，当空气中臭氧体积比浓度达到 $(1\sim10)\times10^{-6}m^3/m^3$ 时，就会使人出现头痛、恶心等症状。《工业企业设计卫生标准》（GBZ 1—2010）规定车间空气中臭氧的最高允许浓度为 $0.3mg/m^3$。为防止臭氧消毒出水携带的臭氧逸出造成人员伤害，应设置专门的臭氧尾气破坏装置，将残余的臭氧分解为氧气释放至大气中；同时，应设置臭氧泄漏监测报警装置，当环境臭氧浓度超过设定浓度时，应自动报警，关闭系统进行故障排查。

② 臭氧极不稳定，在常温常压下容易自行分解成为氧气并放出热量。在空气中，臭氧

的分解速率与温度和其浓度有关，温度越高，分解越快；浓度越高，分解越快。臭氧在水中的分解速率比在空气中的分解速率要快得多，水中的羟离子对其分解有强烈的催化作用，所以 pH 值越高，臭氧分解越快。因此不能储存和运输，必须在使用现场制备。

③ 臭氧具有强烈的腐蚀性，除铂、金、铱、氟以外，臭氧几乎可与元素周期表中的所有元素反应。因此凡与其接触的容器、管道、扩散器均要采用不锈钢、陶瓷、聚氯乙烯塑料等耐腐蚀材料或作防腐处理。

④ 臭氧在水中的溶解度只有 10mg/L，因此通入污水中的臭氧往往不能被全部利用。为了提高臭氧的利用率，接触反应池最好建成水深 5～6m 的深水池，或建成封闭的多格串联式接触池，并设置管式或板式微孔扩散器散布臭氧。

282 二氧化氯有哪些特性?

二氧化氯（ClO_2）是世界卫生组织确认的 A1 级高效、广谱、安全的杀菌剂，也是国际社会公认的氯系列消毒剂最理想的换代产品。ClO_2 的熔点为 －59℃，沸点为 10.9℃（101.325kPa）。气体密度为 3.09g/L（11℃，101.325kPa），气体颜色随浓度增大，从绿黄色至橙色，具有与氯气相似的窒息性臭味。电子结构极不饱和的 ClO_2 分子决定了它是一种爆炸性、氧化性和腐蚀性极强的不稳定气体。常压下，体积分数达 10%～15%的 ClO_2 变成黄棕色，易发生爆炸。但 ClO_2 分子在水中不发生聚合，有利于其在水中迅速扩散，在水溶液中相对较为稳定。ClO_2 是一种氧化剂，而非氯化剂，不与有机物发生氯取代反应。其有效氯含量是氯气的 2.6 倍，有许多氯气无法与之媲美的特点。目前，世界上生产的氯酸钠 90%用于生产 ClO_2，其中绝大部分用于木浆和纤维的漂白以及自来水消毒。用于饮水和污水处理时，ClO_2 以溶液形式使用。溶液中浓度 14～17mg/L 时气味明显，近似氯气，45mg/L 时有刺激性。在 20℃、0.1MPa（1 大气压）下，水中 ClO_2 的浓度为 70mg/L。ClO_2 气体在室温条件下可压缩为液态。ClO_2 气体在高于－40℃时不稳定、易爆炸，所以需要在使用现场生产。ClO_2 暴露于光线下或接触有机物，温度上升也会爆炸。ClO_2 压缩为液态，轻微的环境变化就会导致爆炸。工业上，ClO_2 运输通过混合空气以保持 ClO_2 含量在 8%～12%。在黑暗中，ClO_2 溶液可保存几个月。

283 二氧化氯消毒有哪些特点?

ClO_2 消毒主要有以下特点。

① 高效、强力。在常用消毒剂中，相同时间内达到同样的杀菌效果所需的 ClO_2 浓度是最低的。

② 快速、持久。ClO_2 溶于水后，基本不与水发生化学反应，也不以二聚或多聚状态存在。它在水中的扩散速率与渗透能力都比较快，特别在低浓度时更突出。

③ 广谱、灭菌。ClO_2 是一种广谱型消毒剂，对一切经水体传播的病原微生物均有很好的杀灭效果。ClO_2 除对一般细菌有杀死作用外，对芽孢、病毒、异养菌、铁细菌、硫酸盐还原和真菌等均有很好的杀灭作用，且不易产生抗药性，尤其是对伤寒、甲肝、乙肝、脊髓灰质炎及艾滋病毒等也有良好的杀灭和抑制效果。ClO_2 对病毒的灭活比 O_3 和 Cl_2 更有效。

低剂量的 ClO_2 还具有很强的杀蠕虫效果。

④ 无毒、无刺激。急性经口毒性试验表明，ClO_2 消毒灭菌剂属实际无毒级产品，积累性试验结论为弱蓄积性物质。用其消毒的水体不会对口腔黏膜、皮膜和头皮产生损伤，其在急性毒性和遗传毒理学上都是绝对安全的。

⑤ 安全、广泛。ClO_2 不与水体中的有机物作用生成三卤甲烷等致癌物质，对高等动物细胞、精子及染色体无致癌、致畸、致突变作用。ClO_2 对还原性阴、阳离子的氧化效果以去毒为主（H_2S、SO_2^{3-}、CN^-、Mn^{2+}），对有机物的氧化降解以含氧基团或官能团的小分子化合物为主，目前对这些产物的研究，均证明其是无毒害作用的，并且 ClO_2 使用剂量最低，因此用 ClO_2 消毒十分安全，无残留毒性。其安全性被世界卫生组织（WHO）定为A1级。

284 与其他消毒方法比较，ClO_2 消毒有什么优越性？

ClO_2 消毒的优越性主要体现在以下几个方面。

（1）对水中残存有机物的氧化，ClO_2 比氯气要优越

ClO_2 以氧化反应为主，而氯气以亲电取代为主。经氧化的有机物降解为含氧基团（羧酸）为主的产物，无氯代产物出现。如水中的酚，ClO_2 可将其氧化成醌式支链酸。而经氯气处理后，却产生臭味很大的氯酚。此外，灰黄霉素、腐殖酸也可被氧化降解，而且其降解产物不以氯仿出现。这一点是传统的氯处理方法不能实现的。ClO_2 也能去除霉味、泥土味和鱼腥味。ClO_2 还可有效地去除二甲萘烷醇、2，3，6-三氯甲氧苯、甲基异冰片（MIB）产生的异臭。

（2）ClO_2 对病原微生物消毒效果好

ClO_2 对病原微生物包括病毒、芽孢以及水路系统中的异养菌、硫酸盐还原菌和真菌均有很好的消毒效果。被称为“第四代”广谱杀菌剂的 ClO_2 作为新型饮用水杀菌剂已脱颖而出。ClO_2 的氧化性极强，是氯气的27倍。其杀菌作用是通过在水中分解出的氯气穿透细胞壁，使蛋白质变性而实现的。使用 ClO_2 作为饮用水的杀菌剂，每升水中只需加投含3%的 ClO_2 的水溶液0.4mg，就可使杀菌率达99%以上。ClO_2 杀灭大肠杆菌的效果，即使在介质pH值范围变化较大时，影响也不大。

（3）ClO_2 对河水中大肠杆菌的处理效果更为突出

有报道称，当BOD和COD分别为75mg/L与265mg/L时，99%的大肠杆菌可在1min内杀灭。如遇特殊情况，需加大剂量和增加反应时间时，ClO_2 的杀灭效果比氯气的5倍还要强。ClO_2 对孢子的杀灭作用比氯气要强。有关研究还表明，低浓度时，ClO_2 比氯气更有效，因为低浓度的 ClO_2 在水中的扩散性比氯气快。对病毒的消毒效果，ClO_2 比 O_3、Cl_2 更有效。洪水泛滥期间，ClO_2 对水源中的柯隆奇（肠道）病毒、疱疹病毒、新城疫病毒等众多病毒物有很好的消毒效果。饮用水中肉毒杆菌的毒素去除为卫生学效果的一项重要指标，0.20～0.25mg/L的 ClO_2 可在几分钟内将其杀灭，这比氯气要有效得多。对水处理系统中的水池、过滤设备和水管中的藻类、异养菌、铁细菌、硫酸盐还原菌等，ClO_2 均有较好的去除效果。这对水处理设备的长期运转是极有益的。

（4）ClO_2 的氧化性是有选择地与无机物、有机物进行反应

例如，它能与氧化物、硫化物、铁和锰等无机物以及酚、氯酚、硫醇、仲胺、叔胺等有机物起反应；但不能与氨、铵盐等无机物以及链烷、链烯、炔、醇、芳香族等有机物起反

应。而氯则是非选择性的，它能以取代、加成、氧化等多种方式与许多无机物、有机物进行反应，产生各种化合物，其中包括有毒的卤代有机物。ClO_2 这种有选择的氧化性质，在用于存在有机物污染的水中消毒时，可以大幅度地减少 THMs 的形成，只生成少量 TOX，也正是由于这种选择性氧化性质，水中许多化合物不与 ClO_2 反应而只与 Cl_2 起反应，这就大大提高了氯消毒时的“需氯量”，因而用 ClO_2 消毒时投量较低。

285 ClO_2 有哪些投加方式？投药量应怎样确定？

ClO_2 主要有以下投加方式。

① 由于 ClO_2 杀菌效果好、持续作用时间长，因此通常可采用定期投加的方式。有关试验结果表明，投加 ClO_2 后最大杀菌率通常出现在投加后的 1～3d；ClO_2 维持 99%以上异养菌杀菌率的天数有时可达到 5d 左右。ClO_2 投加周期和投加量与系统状况、浓缩倍数、水温、所用水处理剂及水体中还原性物质的多少等有关。通常 ClO_2 的投加周期为 3～5d，长的也有达到一周的。投加量大，投加周期就可以长一些。

② ClO_2 不仅能强力杀菌，而且控制藻类和黏泥也十分有效，这是氯气消毒所不能比拟的。当需要剥泥和迅速扭转水质恶化的状况时，ClO_2 采用冲击性投加，其效果常常比非氧化性杀菌剂高出一筹。

③ 当 ClO_2 作为主杀生剂投加时，可以定期或不定期地辅以投加少量氯气来增强协同消杀作用，减少杀生剂用量和维持余氯。在氯源紧张、价高的地区也可不辅加氯气，而全部用 ClO_2 作杀生剂。

④ 在氯源价廉易得、可作为日常主杀生剂的地区，ClO_2 作为辅助杀生剂投加，主要用于当加氯后效果不明显或加不上氯时，可以定期或不定期辅加 ClO_2 以控制水质恶化或维持杀生效果。

⑤ ClO_2 与氯同时或交替使用，不仅费用上可有明显的节约，而且可以获得更好的杀生效果，还可以削弱微生物的抗药性，以及减少水体中三卤甲烷（THM）等致癌物质的生成量，提高出水的安全性。

⑥ ClO_2 的投加量与系统状况、投加周期、泄漏进系统的还原性物质等诸多因素有关，一般情况下，定期投加用于正常性杀菌处理时，ClO_2 的投加量约为 0.4～0.6mg/L，若折合成含 2%ClO_2 的稳定性溶液（简称“商品液”）则为 20～30mg/L，投加周期长，投加量也相应提高。例如 3d 投加一次时，ClO_2 商品液投加量为 25mg/L，若改为 5～6d 投加一次，则投加量要达到 50mg/L。当辅以投加氯气时，ClO_2 投加量可视加氯量大小而做相应减少。当水质恶化，微生物大量繁殖时，可以定期（如几周或 1 个月一次）加量或冲击性投加 ClO_2，投加量通常在 0.6～1.2mg/L ClO_2 左右，折合成 ClO_2 商品液为 30～60mg/L。由于 ClO_2 优异的杀菌灭藻性能以及实际使用时表现出来的优良的控制生物黏泥的作用，ClO_2 可以全部或大部分取代价格高、用量大的非氧化性杀生剂。这类杀生剂作冲击性投加时，其商品投加量常常在 100mg/L 以上。

286 ClO_2 消毒法有哪些具体的应用？

ClO_2 不仅可广泛应用于自来水、医院、食品、饲养、蔬菜等杀菌保鲜及漂白，在工业上也用来杀灭异养菌、铁细菌、硫酸盐还原菌，并抑制水垢的产生。对水中的污染物，如氰化物、硫化物、酚类、胺类等有分解作用，可以除去有机胺类、有机硫化物所引起的水质异味。目前，欧美等发达国家已基本采用 ClO_2 处理饮用水，一些国家还颁布了强制使用 ClO_2 的法律和法规。美国国家环保局规定水中的 ClO_2 浓度必须在 0.10mg/L 以下，并推荐 ClO_2 为取代氯气的最优方案之一。ClO_2 的应用包括以下 6 个方面：

① 饮用水消毒。

② 污水、废水处理。ClO_2 在处理工业生产中产生的含酚废水、印染有色废水时，效果较好。ClO_2 对医院病区环境的生活废水进行消毒、除味脱色，可得到有效的净化，性能优于氯。

③ 食品、饮料防腐和保鲜。肉类、水产品、禽类等经 ClO_2 溶液浸泡，可抑制微生物繁殖。饮料中加 ClO_2 作防腐剂，可延长保质期。

④ 医疗。ClO_2 用于牙科消毒，可抑制病菌繁殖，从而有效地控制口臭、牙菌斑、牙周炎等。玻璃、塑料、陶瓷等医疗与实验用品，经 ClO_2 溶液浸泡均可达到灭菌效果。

⑤ 去除异臭异味。ClO_2 是空气清新剂和洗涤液的成分之一。

⑥ 用于集中式供水消毒。无论是水厂还是再生水供水，主要有两种类型的投加工艺，即以地面为水源的集中供水通过负压加 ClO_2 到清水池，其工艺比较成熟，但以地下水为水源的集中供水，直接加入管网需正压投加 ClO_2。由于投加管道和设备部分易被腐蚀，使正压情况下发生爆炸的安全问题较为引人关注。

287 紫外线消毒法的原理是什么?

微生物细胞中的脱氧核糖核酸（DNA）和核糖核酸（RNA）对波长为 2550～2600Å（1Å=10^{-10}m）的光波具有最大的吸收作用，而紫外线灯所产生的光波波长若恰好在此范围内，则当微生物细胞受到紫外线的直接照射时，DNA 和 RNA 的分子结构受到破坏，进而使 DNA 分子无法复制，最终导致细胞死亡。

虽然氯气和次氯酸盐消毒技术的成本最低，但是氯消毒过程中会产生有害的副产物，如三卤甲烷等。近年来，应用紫外线辐射作为饮用水和废水消毒手段已越来越得到人们的重视，这是由以下几个因素引起的：

① 对用氯和氯化合物消毒引起的公共环境影响的关注增加；

② 紫外线系统设备制造工艺和灯的质量有所改进；

③ 在生活污水排水中要求零值余氯的微量规定；

④ 关于氯，尤其是气态氯储存和处理的安全规定；

⑤ 有关氯和除氯剂的安全操作要求。

紫外线消毒一般是水处理的最后一道流程。微生物暴露于具有破坏能量级的紫外线灯下，此能量可以按照处理水量的需要变化。在设计紫外线的系统中，一般应用 2537Å 的波长，灯泡装在密封的石英管内。还必须考虑光激活作用的现象，即在暴露灯光下，重新恢复细胞活性的可能性。

288 紫外线消毒法有哪些优点?

总结紫外线消毒方法，它具有如下优点：

① 在安全方面它不涉及明显的化学品处理工作，无需氯气和其他化学品消毒剂的储存和运输工作。

② 考虑环境方面的因素，不需增加化学药品，在水中不生成可能有害的残余物质，无臭味，无噪声，对空气和水生生物无影响。

③ 在系统操作上，用紫外线消毒具有操作容易、运行管理和维修费用低、消毒处理时间短、装置简单等优点。故紫外线消毒是一种非常有发展前途的中小规模消毒方式。

④ 具有较强的适应性，受 pH 值、水温影响较小，且 UV 射线具有广谱杀菌作用。

289 紫外线消毒法在再生水处理中的应用情况如何？

再生水的消毒是紫外线污水消毒的另一个重要应用范围，也是污水消毒标准最为严格的。美国加州于 20 世纪 90 年代初委托美国国家水研究所、美国供水协会和加利福尼亚州戴维斯大学对紫外线消毒技术在再生水处理中的应用做了大量研究工作，并最早将紫外线污水消毒技术应用于再生水的消毒处理中。再生水表现为低浊度和高紫外穿透率，从美国的情况看，出水浊度按要求一般不得超过 2NTU，紫外穿透率一般在 65%～80%左右。对再生水进行紫外线消毒是出于对加氯消毒产生的“三致”副产物的担心，同时化学消毒剂可对一些农作物产生伤害或可能影响植物的生长，而农业灌溉是加州污水再生利用的主要途径。据《全球水消毒技术市场》(Global Water Intelligence，2023）不完全统计，美国采用紫外线消毒方式的污水厂占比约 30%～40%，加拿大及欧盟国家采用紫外线消毒方式的污水处理厂总体占比 40%～50%，中国采用紫外消毒方式的污水处理厂的比例整体较低，约为 10%～20%，但目前呈上升趋势。

290 影响紫外线消毒效果的因素有哪些？

影响紫外线消毒效果的因素主要包括以下几点。

（1）水质

水中颗粒物尺寸和含量对 UV 穿透力（UVT）有重要影响，进而直接影响消毒效果。颗粒物粒径小于 10μm 时，紫外线可完全穿透；粒径为 10～40μm 时，紫外线可穿透，但所需的 UV 剂量应相应增大；粒径大于 40μm 时，紫外线难以完全穿透，即使较高的剂量也难以获得预期的消毒效果。一般情况下，一级出水的 UVT 为 10%～20%，一级强化处理出水为 15%～45%，传统活性污泥系统出水为 55%～75%，二级处理过滤出水为 60%～80%。试验表明，穿透率大于 55%时一般可取得较好的消毒效果，而小于 40%时，出水微生物指标可能超标。因此实际工程中一般需要对二级出水进行必要的处理，去除颗粒物，改善消毒效果，减少紫外线剂量。

（2）紫外线杀菌灯的性能

研究实践表明，低压汞灯在波长为 253.7nm 的紫外线具有最佳的杀菌效果，其余波长的效果相对较小。因此，253.7nm 波长的谱线所占比例对 UV 系统的消毒性能具有很大的影响。另外，紫外杀菌灯随着使用时间延长会逐渐老化，测试结果显示，对于每天开关次数不超过 3 次的低压电子镇流器 UV 系统，使用 13000h 后，UV 输出可降低 35%以上。

（3）UV 反应器的设计布局

理想的 UV 反应器应确保在水流方向上的推流，垂直于水流方向上的完全混合，这样可确保水流在不发生短流的前提下，获得充分的紫外线辐射，特别是多组反应器，必须具有可靠的流量分布设计，保证水流按比例流入反应器。同时，进水端应留有足够的长度，保证水流进入第一个反应器时已均匀分布。由于微生物的光复活多发生于阳光直射作用下，为降低光复活 UV 消毒效果的影响，要求消毒后立即进入避光区域。

291 氯氧化法有哪些优缺点?

(1) 氯氧化法的主要优点

① 氯氧化法是一种成熟的方法，人们在工艺设备等方面都积累了丰富的经验。

② 不少氰化厂用氯氧化法处理含氰废水能获得较满意的效果，氰化物可降低到 0.5mg/L 甚至更低。

③ 氰酸盐能进一步水解，生成无毒物。

④ 硫氰酸盐被氧化破坏，废水毒性大为降低。

⑤ 有毒的重金属生成难溶沉淀物，排水含重金属浓度符合国家规定的排放标准。

⑥ 如果废水中含砷，氯把三价砷氧化为五价砷，进而形成更难溶的砷酸钙而除去，砷含量可达标。

⑦ 氯的品种可选择，其运输、使用比较为人们所熟悉。

⑧ 既可用于处理澄清水也可用于处理矿浆。

⑨ 既可间歇处理，也可连续处理。

⑩ 工艺、设备简单，易操作。

⑪ 投资少。

(2) 氯氧化法的主要缺点

① 处理废水过程中如果设备密闭不好，氯化氰 (CNCl) 逸入空气中，将污染操作环境。

② 亚铁氰络物和铁氰络物中的氰化物，不能形成沉淀物而去除，故总氰有时较高，尤其是处理金精矿氰化厂贫液时，由于贫液含铁高，可释放氰化物很难降低到 0.5mg/L 以下，总氰化物浓度更高。

③ 当用漂白粉或漂粉精处理高浓度含氰废水时，由于用量大，废水中 Cl^- 浓度高，与铜形成络合物，使铜超标。

④ 排水 Cl^- 浓度高，使地表水和土壤盐化、水利设施腐蚀。

⑤ Cl^- 浓度高时使钙、镁大量溶解，废水从尾矿库渗漏出来后，污染地下水，使地下水中钙、镁、氯浓度大为增高，严重地影响水的功能，严重时不能饮用、不能灌溉农田。

⑥ 处理尾矿浆时，如尾矿含硫较高，可能造成氯耗大为增加。

⑦ 氯系氧化剂，尤其是液氯的运输和使用有一定的危险性，因氯泄漏造成的人畜中毒、农田及鱼塘受危害的事故在其他行业时有发生。

⑧ 属于破坏氰化物的处理方法，不能回收废水中任何有用物质。

⑨ 近年来氯产品价格上涨，处理成本高。

292 什么是臭氧? 臭氧氧化法的主要作用原理是什么?

臭氧 (Ozone) 是一种极强的氧化剂和高效杀菌消毒剂，在水中的氧化还原电位为

2.07V，高于氯（1.36V）和二氧化氯（1.5V），仅次于氟（3.98V），居第二位。欧洲自20世纪初臭氧就应用于饮用水消毒及水的除色、除臭、除味等，获得高质量的饮用水。近年来，由于环境污染日趋严重，加上水资源的严重匮乏，臭氧技术更加引起人们的重视，全球已将臭氧技术应用于各种工业过程控制、工业废水处理、城镇污水消毒及回用、医院污水处理等方面。自然界中的臭氧主要由雷电所产生，在医疗不发达的年代，瘟疫发生后，只要有雷雨到来，即会产生大量的臭氧。雷雨过后瘟疫随之减退，这就是雷电所产生的臭氧杀灭流行病菌的原理。

臭氧可有效地杀灭自然界中的细菌、病毒，抑制其异常繁殖而保持了生态平衡。人工生产臭氧的方法，主要通过电晕放电，产生高能电子分解氧分子（O_2），经高能电子碰撞聚合为臭氧（O_3）。臭氧在灭菌、去污、漂白、除臭、分解化学物质的过程中最终还原成 O_2，不产生二次污染。臭氧由三个氧原子组成，其中一个氧原子极不稳定，故其具有极强的氧化性。臭氧通过对细菌的氧化分解以达到杀菌目的，此外还有脱氧、漂白及空气净化等功能。臭氧的密度是2.14g/L(0℃，0.1MPa)，沸点是−111℃，熔点是−192℃。臭氧在水中的半衰期一般为20～50min，随温度与湿度增高而缩短。臭氧对水的溶解力为一般氧气的13倍。臭氧为无色带有刺激性的气体，很难保存于液态下，微量吸入有清新、提神的作用。作用完的臭氧会在极短的时间里还原为氧气，不会对人体造成伤害。臭氧杀菌作用迅速，比氯气快300倍，反应所需时间短，杀菌适用pH值广，分解后无残留物。

293 臭氧氧化法具有哪些主要的优缺点?

（1）臭氧氧化法的优点

① 能分解一般氧化剂难于破坏的有机物，反应快而完全。

② 氧化物转化为 O_2 和 H_2O，不产生二次污染，治理水质好，O_3 用于再生水处理效果好，且兼有消毒作用。

③ 原料来源易得，不受运输限制，是氧化法中比较有发展前途的一种好方法。

（2）臭氧氧化法的缺点

① 耗电量较大。

② 效率低，要对发生器和反应器方面进行进一步研究。

294 什么是湿式氧化法?

湿式氧化法（wet air oxidation，WAO）是在高温、高压下，利用氧化剂将废水中的有机物氧化成 CO_2 和 H_2O，从而达到去除污染物的目的。与常规方法相比，具有适用范围广，处理效率高，极少有二次污染，氧化速率快，可回收能量及有用物料等特点，因而受到了世界各国科研人员的广泛重视，是一项很有发展前途的水处理方法。

湿式氧化工艺最初由美国的F.J.Zimmermann于1958年研究提出，用于处理造纸黑液，其工作条件是控制反应温度为150～350℃，压力为5～20MPa，处理后废水COD去除率可达90%以上。在20世纪70年代以前，湿式氧化工艺主要用于城市污泥的处理、造纸黑液中碱液回收、活性炭的再生等。进入70年代后，湿式氧化工艺得到迅速发展，应用范围从回收有用化学品和能量，进一步扩展到有毒有害废物的处理，尤其是在处理含酚、磷、氰等有毒有害物质方面已有大量文献报道，研究内容也从初始的适用性和摸索最佳工艺条件深入到反应机理及动力学，而且装置数目和规模也有所增大。

295 湿式氧化法的主要原理是什么？

湿式氧化法是指在高温（150～350℃）、高压（0.5～20MPa）操作条件下，在液相中，用氧气或空气作为氧化剂，氧化水中呈溶解态或悬浮态的有机物或还原态的无机物的一种处理方法，最终产物是 CO_2 和 H_2O。

在高温高压下，水及作为氧化剂的氧的物理性质都发生了变化，在室温到 100℃范围内，氧的溶解度随温度升高而降低，但在高温状态下，氧的这一性质发生了改变。当温度大于 150℃时，氧的溶解度随温度升高反而增大，且其溶解度大于室温状态下的溶解度。同时氧在水中的传质系数也随温度升高而增大。因此，氧的这一性质有助于高温下进行的氧化反应。湿式氧化过程比较复杂，一般认为有两个主要步骤：空气中的氧从气相向液相的传质过程；溶解氧与基质之间的化学反应。若传质过程影响整体反应速率，可以通过加强搅拌来消除。在湿式氧化反应中，尽管氧化反应是主要的，但在高温高压体系下，水解、热解、脱水、聚合等反应也同时发生。

296 湿式氧化法有哪些局限性？

湿式氧化法在实际推广应用方面仍存在着一定的局限性：

① 湿式氧化一般要求在高温高压的条件下进行，其中间产物往往为有机酸，故对设备材料的要求较高，需耐高温、高压，并耐腐蚀，因此设备费用大，系统的一次性投资高；

② 由于湿式氧化反应需维持在高温高压的条件下进行，故仅适于小流量高浓度的废水处理，对于低浓度大水量的废水则很不经济；

③ 即使在很高的温度下，对某些有机物，如多氯联苯、小分子羧酸的去除效果也不理想，难以做到完全氧化；

④ 湿式氧化过程中可能会产生毒性较强的中间产物。

297 湿式氧化法主要有哪些影响因素？

湿式氧化法主要有以下影响因素。

（1）温度

温度是湿式氧化过程中的主要影响因素。温度越高，反应速率越快，反应进行得越彻底。同时温度升高还有助于增加溶氧量及氧气的传质速率，减少液体的黏度，降低表面张力，有利于氧化反应的进行。但过高的温度又是不经济的。因此，操作温度通常控制在 150～280℃。

（2）压力

总压不是氧化反应的直接影响因素，它与温度耦合。压力在反应中的作用主要是保证呈液相反应，所以总压应不低于该温度下的饱和蒸汽压。同时，氧分压也应保持在一定范围内，以保证液相中的高溶解氧浓度。若氧分压不足，供氧过程就会成为反应的控制步骤。

(3) 反应时间

有机底物的浓度是时间的函数。为了加快反应速率，缩短反应时间，可以采用提高反应温度或投加催化剂等措施。

(4) 废水性质

由于有机物氧化与其电荷特征和空间结构有关，故废水性质也是湿式氧化反应的影响因素之一。氰化物、脂肪族和卤代脂肪族化合物、芳烃（如甲苯）、芳香族的含非卤代基团的卤代芳香族化合物等易氧化；而不含非卤代基团的卤代芳香族化合物（如氯苯和多氯联苯）则难氧化。另外，氧在有机物中所占比例越少，其氧化性越大；碳在有机物中所占比例越大，其氧化越容易。

298 湿式氧化的主要工艺是什么?

湿式氧化系统的工艺流程如图 4-8 所示。

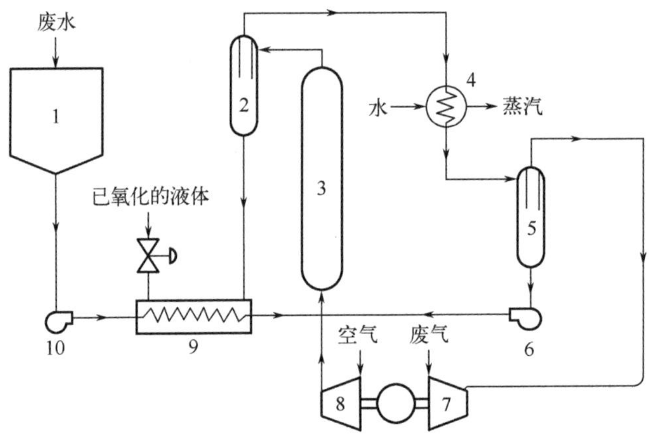

图 4-8 湿式氧化系统工艺流程

1—储存罐；2，5—分离器；3—反应器；4—再沸器；6—循环泵；7—透平机；8—空压机；9—热交换器；10—高压泵

废水通过储存罐由高压泵打入热交换器，与反应后的高温氧化液体换热，使温度上升到接近反应温度后进入反应器。反应所需的氧由空压机打入反应器。在反应器内，废水中的有机物与氧发生放热反应，在较高温度下将废水中的有机物氧化成 CO_2 和 H_2O，或低级有机酸等中间产物。反应后气液混合物经分离器分离，液相经热交换器预热进料，回收热能。高温高压的尾气首先通过再沸器（如废热锅炉）产生蒸汽或经热交换器预热锅炉进水，其冷凝水由第二分离器分离后通过循环泵再打入反应器，分离后的高压尾气送入透平机产生机械能或电能。因此，这一典型的工业化湿式氧化系统不但处理了废水，而且对能量进行逐级利用，减少了有效能量的损失，维持并补充湿式氧化系统本身所需的能量。

从经济角度分析，湿式氧化一般适用于处理高浓度废水。

299 什么是催化湿式氧化法?

催化湿式氧化法（catalytic wet air oxidation，CWAO）是一种工业废水的高级处理方法。它是依据废水中的有机物在高温高压下进行催化燃烧的原理来净化处理高浓度有机废水的，其最显著的特点是以羟基自由基（·OH）为主要氧化剂与有机物发生反应，反应中生成的有机自由基可以继续参加·OH的链式反应，或者通过生成有机过氧化物自由基后，进一步发生氧化分解反应直至降解为最终产物 CO_2 和 H_2O，从而达到氧化分解有机物的目的。

Fenton试剂为常用的催化试剂，它由亚铁盐和过氧化物组成，当pH值足够低时，在 Fe^{2+} 的催化作用下，H_2O_2 会分解产生·OH，从而引发一系列的链反应。Fenton试剂在水处理中的作用主要包括对有机物的氧化和混凝两种作用。Fenton试剂能不同程度地去除水中的有机物，如在处理饮用水中的四种三卤甲烷的动力学研究中发现，对于不同浓度的溴仿，当pH＝3.5时，H_2O_2 和 Fe^{2+} 的最佳摩尔比为1.9～3.7，不同起始浓度的溴仿在3min时降解率为65%～85%，降解机理符合准一级动力学，氯仿未发生降解。影响Fenton试剂反应的主要参数包括溶液的pH值、停留时间、温度、H_2O_2 及 Fe^{2+} 浓度等。其他催化试剂还有 H_2O_2/O_3，它是饮用水领域应用最广泛的高级氧化技术，因为只需要向臭氧发生器中加入 H_2O_2 即可。臭氧本身具有极强的氧化性，能去除大量的有机物，但对某些卤代烃及农药等有机物的氧化效果较差，将臭氧和 H_2O_2 结合使用可大大提高氧化效率，它的主要特点是在浊度较高的水中仍然运行良好。

300 什么是超临界氧化法?

为克服湿式氧化法的不足，自20世纪70年代以来，研究人员在传统的湿式氧化基础上采取了一系列改进措施。为降低反应温度和压力，同时提高处理效果，出现了使用高效、稳定的催化剂的催化湿式氧化法（catalytic wet air oxidation，CWAO）和加入更强的氧化剂（过氧化物）的湿式过氧化物氧化法（wet peroxide oxidation，WPO）。为彻底去除一些湿式氧化法（wet air oxidation，WAO）难以去除的有机物，还出现了将废液温度升至水的临界温度以上，利用超临界水的良好特性来加速反应进程的超临界水氧化法（super critical water oxidation，SCWO）。

超临界水氧化技术是20世纪80年代中期由美国学者Modell提出的一种能够彻底破坏有机物结构的新型氧化技术。其原理是在超临界水的状态下将废水中所含的有机物用氧化剂迅速分解成 H_2O、CO_2 等简单无害的小分子化合物。如今，在欧洲及美国、日本等发达国家，超临界水氧化技术得到了很大发展，出现了不少中试工厂以及商业性的SCWO装置。总体看来，发达国家尤其是美国对SCWO技术非常重视，投入了很大的精力，对这项技术也非常有信心，工业规模的装置不断兴建。在我国，超临界水氧化技术尚处于起步阶段，研究较晚，尚未有工程应用的报道，但从长远角度看，超临界水氧化作为一种新型的环境污染防治技术，必将由于其所具有的反应速率快、分解效率高等突出优势，在不久的将来得到广泛应用。

301 什么是光化学氧化法?

光化学反应是在光的作用下进行化学反应，采用臭氧或 H_2O_2 作为氧化剂，在紫外线的照射下使污染物氧化分解，从而达到再生水处理的目的。光化学氧化系统主要有UV/

H_2O_2 系统、UV/O_3 系统和 $UV/O_3/H_2O_2$ 系统。

以 UV/H_2O_2 系统为例，UV/H_2O_2 法能将污染物彻底无害化，该法对有机物的去除能力比单独用 H_2O_2 或紫外线更强。它还是一种更经济的选择，能够在短期内装配在不同地点。但它不适合处理土壤，因为紫外线不能穿透土壤粒子，光容易被阻挡，从而使 UV 的穿透率降低。另外需控制 pH 值，防止氧化过程的金属盐沉淀。UV/H_2O_2 系统主要用于低浓度废水，而不适用于高度污染的废水。用该法去除饮用水中三卤甲烷的试验研究表明，在去除三氯甲烷的同时，可减少饮用水中的总有机碳的含量，使水质进一步提高。利用 UV/H_2O_2 系统处理受四卤甲烷污染的地下水试验表明，去除率可达 97.3%～99%，其费用与活性炭处理相当。在 UV/H_2O_2 系统中，每一个 H_2O_2 分子可产生两个羟基，具有比 Fenton 试剂更好的费用-效益比。与其他方法，如 Fenton 试剂、吸附法相比，不仅能有效去除水中有机污染物，而且不会造成二次污染，也不需要后续处理。光化学氧化法具有较好的应用前景，一般可作为生物处理的前处理。而在其他一些工艺处理之后使用 UV/H_2O_2 方法是一种处理高浓度废水的可能途径。如果在光化学氧化中加入适当的催化剂，这就形成了光催化氧化法，它是一项具有广泛应用前景的新型水处理技术。

302 再生水处理中不同消毒氧化法的优缺点有哪些？

不同消毒法的性能及适用情况，一般从生物灭活效率及可靠性、环境影响和投资运行成本等方面进行比较。

（1）生物灭活效率及可靠性

不同消毒法的性能及适用情况如表 4-5 所示。

表 4-5 不同消毒法的性能及适用情况

消毒方式		液氯	二氧化氯	臭氧	UV
处理时间		30min	≤30min	5～10min	30～60s
投加量①		2～20mg/L	5～10mg/L	1～3mg/L	30～40mW/cm^2
受浊度影响		否	否	有时	是
生物灭活效率	细菌灭活效率	高	高	高	高
	病毒灭活效率	中等偏下	中等	高	高
	隐孢子虫灭活效率	低	低	高	高
	贾第鞭毛虫灭活效率	低	高	高	高
是否具有后续消毒能力②		是	是	否	否

① 各消毒方式药剂投加量受水质等因素的影响较大。

② 对于需要通过管道输送再生水的非现场回用情况必须加氯消毒；而对于现场回用情况不限制消毒方式。

（2）环境影响

许多消毒剂会对水生生物有明显的毒害作用，必须严格控制这些消毒剂在自然环境中的残留。一些物种对氯的最大忍受值为 0.002mg/L（新鲜水）和 0.01mg/L（盐水），因此，达标排放水或再生水中的残余消毒剂超过一定浓度，用作市政、景观环境用水或经其他方式与自然环境中的生物接触时，就会威胁到水生生物的正常生存和繁殖，存在一定的生态安全风险。如果处理后的污水经氯化消毒后进行获益利用，而不是直接排放到地表水体，则其环境危害会大大降低。

一般认为，臭氧可能导致有毒副产物产生，但尚未得到充分证实。二氧化氯一般不存在消毒副产物的问题，但长时间接触含有二氧化氯的气溶胶，可能会对肝、肾、中枢神经系统造成损伤；UV 消毒风险较低，但其排水容易发生光致化学反应和微生物种群的变异，特别是通过管道输送再生水而非现场回用时，管网中可能存在微生物再次繁殖的问题。

(3) 投资运行成本

再生水消毒方法的工程投资运行费用，受工程土建投资、设备、药剂、电费等因素影响，很难确定哪一种消毒方式在投资运行费用方面最优。

设计规模较大时，臭氧消毒工程投资大，UV 次之，液氯最低。运行成本为臭氧消毒最高，而后为二氧化氯、UV 和液氯消毒；占地面积为臭氧消毒最大，液氯次之，UV 最小。当设计规模较小时，UV 工程投资小于氯消毒。

（三）再生水生物生态处理技术

303 什么是人工湿地?

人工湿地是由人工建造和控制运行的类似沼泽地的地面，主要利用人工基质、植物、微生物的物理、化学、生物三重协同作用，对流过的污水、污泥进行处理的一种技术。人工湿地是一个综合的生态系统，它应用生态系统中物种共生和物质循环原理，基于结构与功能协调原则，在促进废水中污染物质良性循环的前提下，充分发挥资源的生产潜力，防止环境的再污染，获得污水处理与资源化的最佳效益。

304 人工湿地由哪几部分组成?

人工湿地一般由以下的结构单元构成：底部的防渗层（土工布、黏土）、基质层（各种填料）、腐殖质层（湿地植物的落叶及微生物的尸体）、植物层（水生、沼生与湿生植物）、动物与微生物层、水体层。

(1) 防渗层

防渗层的主要作用与功能是阻止污水向地下水体垂直渗透或向地表水体侧向渗透，避免污染地下水与地表水。防渗层通常采用质地黏重的黄土层、高密度聚乙烯（HDPE）膜与土工布等，而人工湿地底部的沉积污泥层，在厌氧状态下由微生物代谢作用产生的黏稠分泌物和形成的多糖则可以形成天然的防渗层。防渗层对于某些可能造成地下水污染与地表水污染的污废水来说十分重要。

(2) 基质层

透水性的基质层是人工湿地的核心部分。在表面流型人工湿地（FWS）中，一般直接采用土壤和植物根系构成基质层；在潜流型人工湿地（SSF）中，一般采用砾石填料和土壤或砂构成基质层。基质层的作用在于为水生、沼生、湿生植物的生长提供所需要的基质，为污水在其中渗流提供良好的水力条件，为微生物提供良好的生长载体。基质层的基质还可以吸附污染物。

（3）腐殖质层

腐殖质层中的主要物质是湿地植物的枯枝落叶、微生物和其他小动物的尸体，成熟的人工湿地可以形成很致密的腐殖质层。腐殖质层和植物的茎可以一起形成过滤带，不仅可以为微生物生长提供良好的载体，还可以很好地去除进水中的悬浮物。

（4）植物层

植物层由水生、沼生与湿生植物等适合于在饱和水和基质中生长的植物组成。人工湿地的植物能够为水体输送氧气，增加水体的活性。湿地植物在控制水质污染、降解有害物质上起到了重要的作用。

（5）动物与微生物层

人工湿地中还生活着无脊椎或脊椎动物、两栖类、爬行类、鸟类等动物，这些动物也能参与湿地系统中有机颗粒的同化过程，将有机颗粒作为营养物质吸收，从而在某种程度上去除污水中的颗粒物。人工湿地，植物淹没在水下的茎、枯枝落叶层、基质层中发育的大量微生物，有助于降解有机污染物，因此湿地系统中的微生物是降解水体中污染物的主力军。微生物通过呼吸作用将废水中的污染物分解、转化，一部分供微生物细胞的增长，一部分变成对环境无害的无机物质回归到自然界中。

（6）水体层

在表面流型人工湿地中，水体在人工湿地表面流动的过程也是污染物进行生物降解的过程。水体层还具有重要的生态功能，为鱼、虾、蟹等水生动物和水禽提供了良好的栖息场所，不仅构成了生机盎然的水生生态系统，而且还美化了环境。在潜流型人工湿地中，水体在地下基质层流动，经过物理、化学与生物作用进行污染物处理。

305 人工湿地的净化原理是什么?

人工湿地主要利用人工基质、植物、微生物的物理、化学、生物三重协同作用，对污水、污泥进行处理。其作用机理包括吸附、滞留、过滤、氧化还原、沉淀、微生物分解、转化、植物遮蔽、残留物积累、蒸腾水分和养分吸收及各类动物的作用等。污废水流经人工湿地时，SS被填料及根系阻挡截留，有机质通过生物膜的吸附及同化、异化作用而得以去除。湿地床层中因植物根系对氧的传递释放，使其周围的微环境中依次呈现出好氧、缺氧和厌氧状态，保证了水中的氮、磷不仅能被植物作为营养成分直接吸收，还可以通过微生物硝化、反硝化作用及对磷的过量积累作用从废水中去除。

306 人工湿地的优缺点有哪些?

人工湿地具有以下优点：①建造和运行费用低；②易于维护；③可进行有效可靠的废水处理；④可缓解高的水力和污染负荷冲击；⑤可直接或间接提供经济和社会效益，如水产、畜产、造纸原料、建材、绿化、野生动物栖息、娱乐和教育。总的来说，人工湿地污水处理系统是一种较好的废水处理方式，特别是它能充分发挥资源的生产潜力，防止环境的再污染，获得污水处理与资源化的最佳效益，因此具有较高的环境效益、经济效益及社会效益，适用于各种水量和水质条件下的污水处理，也由于易操作运行的特点而适用于管理水平不高的城镇污水处理。

人工湿地的不足之处是：①占地面积大；②易受病虫害影响；③生物和水力复杂。这些因素造成了人工湿地处理机制、工艺动力学和影响因素理解的困难，导致其设计运行参数不精确。因此，往往会由于设计不当使出水达不到设计要求或不能达标排放，有的人工湿地反而成了污染源。另外，已有数据表明，当植物密度增大时，人工湿地系统的处理效率也会提高，但达到其最优效率往往需2～3个生长周期，所以需建成几年后才能达到完全稳定的运行。因此，目前人工湿地技术的最大问题在于缺乏长期运行系统的详细资料。

307 人工湿地中常用的植物种类有哪些?

人工湿地设计中多选择高等水生维管植物作为人工湿地的植物，主要包括浮水植物、沉水植物、挺水植物和漂浮植物。一般要求湿地植物耐污染能力强、根系发达、茎叶茂盛、抗病虫害能力强和具有美化环境的功能，如芦苇、香蒲、水葱、菖蒲、黄菖蒲、慈姑、美人蕉、泽泻、千屈菜等。一般在保证处理能力的前提下，尽量选择本土生长的水生、沼生与湿生植物，这样能较好地适应当地的气候、土壤等条件，同时还应考虑植物在人工湿地建设地点的越冬能力。

308 人工湿地中植物的作用是什么?

湿地植物的作用如下。

① 提高人工湿地处理效率。湿地植物能减小水的流速，有利于悬浮颗粒污染物的沉降，植物根系可以消除人工湿地的短流现象，通过其根系对基质的穿透作用、根系横向和纵向的扩张作用，在基质中形成许多微小的间隙，增强了基质的疏松度，维持潜流人工湿地中良好的水力疏导性，促进污水与植物或基质的相互反应，延长人工湿地的运行寿命。

人工湿地中的植物为生物膜的形成创造了条件，一方面湿地植物的茎和叶凋落到基质表面形成多层有机碎片层，另一方面未充分分解的植物残体在人工湿地中积累而形成高孔隙度的基质层，这些都为微生物提供大量的吸附表面。此外，植物的根系亦为微生物的生长提供了一个大的表面积，有利于生物膜的形成。植物生长过程中，输送到根部的碳水化合物释放后形成根际沉积，主要包括糖类、有机酸、维生素、苯酚和其他化合物，不仅能增加土壤中矿质元素的溶解、吸附和向根表的运输，而且还为微生物提供能源和碳源，有利于微生物的生长和繁殖。通过微生物分解代谢作用，能够有效地去除污水中有机污染物和营养物质。

② 水生、沼生、湿生植物具有发达的空气输导组织，可以将空气中的氧输送至根系，这样不仅在人工湿地土壤表面有氧气，而且在芦苇、菖蒲等湿地植物床的深层土壤与基质中植物根系附近也有氧气存在。这样就在植物根系附近的土壤中生长着大量好氧细菌，在距离植物根系稍远处有很多兼性菌，而距离植物根系远的土壤中则有许多种厌氧菌生存。因此芦苇、菖蒲等湿地植物就使人工湿地形成一个好氧、缺氧、厌氧的反应器，它能够降解多种多样的有机污染物，实现生物脱氮。

③ 湿地植物能够对有机污染物和氮、磷等营养化合物进行分解和合成代谢。这包括对氮、磷的直接摄取，以及直接摄取一些环状有机化合物并使其转化为植物生长的纤维组织。这种去除方式一般占污染物去除总量的2%～5%，均不超过10%。由于不同植物的吸收能

力不同，导致对 N、P 的去除能力存在差异。Adcock 等报道水麦冬（*Triglochin palustre*）对 N、P 的去除效果是芦苇的 5 倍。Gerberg 发现芦苇对污水中氨氮的去除能力明显高于香蒲。此外，植物还能吸收污水中的重金属，并且在植物体内富集。Ellis 等人的研究结果表明，湿地中宽叶香蒲（*Typha latifolia*）和黑三棱（*Sparganium* sp.）对高速公路径流中的铅和锌有较强的摄取、同化、吸附、富集能力。Cheng 发现风车草（*Cyperus alternifoliu*）能吸收富集水体中 30%的铜和锰，对锌、镉、铅的富集也在 5%～15%。湿地植物在人工湿地污水处理中的作用不仅仅是植物本身吸收污染物，更重要的是它通过上述各种功能的发挥，协助其他组成成分增强处理效力，有利于人工湿地整体功能的发挥，提高其他组成成分降解污染物的能力。

④ 致密的植被层可以在寒冷季节起到防寒保温的作用，在一定程度上减缓冬季人工湿地处理效率下降的程度。

⑤ 植物具有美化环境的作用。人工湿地可以增加绿化面积，保持植物的多样性，也为动物提供了栖息地，同时也给人类提供了良好的休息和娱乐场所。在设计人工湿地时，可以选择一些景观效果比较好的植物如睡莲、黄花鸢尾（*Iris pseudoacorus*）、再力花（*Thalia dealbata*）、千屈菜（*Lythrum salicaria*）和菖蒲（*Acoru scalamus*）等以增加人工湿地的景观效果。

309 人工湿地中常用的基质种类有哪些?

人工湿地常用的基质类型可分为天然材料、工业副产品、人造材料三种。其中，天然基质包括黏土、砾石、石灰石、花岗岩、碎石等；工业副产品主要包括矿渣、钢渣、炉渣、粉煤灰等；人造材料主要包括轻质膨胀黏土骨料（LECA）。

基质是湿地植物生长的载体，连接了整个处理过程，过滤、沉淀和吸附污染物等都由其完成。基质类型决定了湿地的处理效果。袁东海等发现，矿渣、粉煤灰和蛭石的处理效果要优于地表土、下蜀黄土、沸石和砂子。郭本华等发现，碎石的除磷效果优于页岩、陶粒和沸石。因此，选择适合的基质并进行适当地改性可以增强人工湿地的处理效能。

310 人工湿地中基质的作用是什么?

基质是人工湿地的重要组成部分，在水质净化中发挥着至关重要的作用。基质不仅支持湿地植物的生长，为生物膜提供附着体，而且能够通过过滤、吸附、沉淀、离子交换等作用净化水质。不同基质类型对氨氮与总磷具有不同的吸附能力，同时，吸附效率受到水质、水力条件等参数影响。此外，基质材质、内部孔道结构、比表面积等均影响生物膜的形成与发展，进而间接影响人工湿地的污水净化功能。改变基质所处淹没/暴露状态、增加缓释碳源基质、增加铁碳电解基质等方式，可分别从增加补氧、强化反硝化和电化学强化的角度改善人工湿地对氨氮、总氮与总磷的去除效果。

311 人工湿地去除重金属的机理是什么?

人工湿地去除重金属的机理包括物理沉淀、过滤、化学沉淀、吸附、微生物交互作用以及植物的吸收。人工湿地植物的吸收和生物富集作用、填料的吸附沉淀作用和金属离子与S^{2-}形成硫化物沉淀是人工湿地去除重金属的主要方式。

（1）基质作用

基质对重金属的去除作用主要是通过吸附和化学作用实现的。重金属进入人工湿地系统后，便可以在人工湿地的基质系统内发生多重反应，进行吸附与解吸、络合与解络、沉淀与溶解的平衡反应。在水平潜流型或垂直潜流型人工湿地中，重金属与填料发生化学反应而留在填料中，最后被人工湿地植物吸收，或者在更换填料时被去除。另外，人工湿地基质可以使重金属转化为难迁移转化的形态。人工湿地基质对重金属的容滞过程包括重金属和矿物及基质中的腐殖酸阳离子交换，有机物络合和沉淀为氧化物、碳酸盐及硫化物。其中转化为硫化物在表面流型人工湿地处理高硫酸盐废水中是一个主要的去除重金属的方式，因为在基质层中的厌氧环境下，微生物将硫酸盐转化为S^{2-}，从而使得重金属沉淀为较为稳定的硫化物。

（2）植物作用

人工湿地植物主要通过吸附、挥发和吸收去除重金属，但植物对金属离子的摄取量仅占废水中重金属去除总量的很少一部分。人工湿地中植物对重金属的去除作用主要是调节痕量金属在固相和液相中的分布。其过程分为植物表面的快速吸附以及生物质中缓慢的沉积和迁移两个过程。人工湿地植物从大气中吸收O_2并传到根部，湿地植物的根部能够在湿地一定深度区域形成有氧区域，其中一部分O_2扩散至已沉淀的硫化物中，使其重新氧化，从而使重金属释放至液体中。湿地植物能够减缓水流的速率，使污染物颗粒的停留时间增长；湿地植物还可以释放出有机碳，传至重金属沉淀物表面使其变成还原状态。因此，种植湿地植物的结果是加强了硫的循环以及金属在氧化态和还原态间的转化。湿地植物还可以提供微生物附着和形成菌落的场所，促进微生物群落的发育。植物代谢产物和残体及溶解的有机碳可以给人工湿地中的硫酸还原菌和其他细菌提供食物源。

（3）微生物作用

人工湿地微生物在重金属废水处理中的作用主要有：

① 微生物对重金属的吸收或吸附作用；

② 微生物分泌蛋白对可溶性重金属的螯合沉淀作用；

③ 微生物对重金属形态转化的间接作用，在厌氧条件下，利用硫酸盐还原菌将硫酸盐还原成硫化氢，废水中的重金属便可以和硫化氢反应生成溶解度很低的金属硫化物沉淀而被去除。

312 人工湿地去除有机污染物的机理是什么？

（1）基质作用

人工湿地基质的过滤作用能去除污水中的有机污染物，在低有机污染物浓度下，其过滤作用的效果较好；而在高有机污染物浓度下，这种过滤作用却十分有限。此外，基质有较大的比表面积，能够在其表面形成一层生物膜，在污水流经基质表面时，污水中大量的悬浮性固体能够被填料阻挡截留，并通过附着微生物的生长和基质吸附等过程去除。不溶性有机污染物通过人工湿地基质的过滤作用被截留下来后被微生物利用；可溶性有机污染物则可通过基质附着生物膜的吸附、吸收及生物代谢过程而被分解去除。

（2）植物作用

湿地植物主要通过3种途径去除有机污染物：

① 植物直接吸收有机污染物；

② 植物根系释放分泌物和酶，可分解有机污染物；

③ 植物和根际微生物联合作用吸收、分解和富集污水中的有机污染物。

湿地植物向土壤与基质中传输氧气，使得人工湿地中的溶解氧呈区域性变化，根据距离根区的远近，土壤可分为好氧区、缺氧区和厌氧区。在好氧区，有机污染物被好氧菌分解为CO_2和水；在厌氧区，有机污染物被厌氧菌通过发酵作用分解为CO_2和CH_4。污水中的大部分有机物最终被异养微生物转化为微生物体、CO_2、CH_4、水、无机氮、无机磷。随着污水处理过程的不断进行，人工湿地中的微生物相应地繁殖生长。

（3）微生物作用

在植物根系区域内的好氧区，有机物的去除通过微生物的增殖和异化作用实现，以及有机物经由同化作用合成为新的原生质和通过胞内酶在好氧条件下迅速完成生化反应，把有机物降解为CO_2、水和氨气等并释放能量。在远离根系的缺氧区域，有机物通过生物膜被吸附，缺氧微生物通过代谢作用把好氧条件下难降解的有机物降解。在距离根区更远的厌氧区，发生厌氧消化过程。在这个过程中，通过兼性细菌和厌氧细菌的发酵作用降解有机物，部分有机物经过一级和二级代谢分解为甲烷、二氧化碳和硫化氢等。

313 人工湿地除氮的机理是什么？

人工湿地进水中氮的形态包括颗粒态氮、溶解性有机氮和无机氮。进入人工湿地系统中的氮可以通过微生物硝化/反硝化作用、植物吸收以及介质沉淀吸附等过程去除。人工湿地对污水中各类含氮物质的去除方式主要有以下几种。

（1）微生物硝化/反硝化作用

一般生活污水中氮的形式以有机氮和氨氮为主，有机氮首先在微生物的作用下转化成为氨氮，氨氮在硝化菌的作用下转化成为硝态氮，这一过程需要足够的氧气，之后硝态氮在缺氧的环境下由反硝化菌还原成为氮气，从而使水中的氮污染物得到去除。水中含氮物质的表现形式主要为NH_4^+-N、NO_3^--N、NO_2^--N和有机氮，在脱氮过程中，因湿地中存在大量的氨化菌、硝化菌、反硝化菌和适当的湿地土壤环境条件，使得氨化、硝化与反硝化作用成为主要途径。

（2）植物吸收

人工湿地植物吸收的氮素形式以铵态氮和硝态氮为主，也包括少量小分子含氮有机物，如尿素和氨基酸等。植物吸收氮的速度受植物本身净生长量和植物组织中氮浓度的限制。氮储存取决于湿地植物组织氮浓度和最终生物量积累潜力。

（3）基质沉淀吸附

人工湿地系统中的基质可以起到拦截过滤的作用，少量污水中的氮以沉淀形式留在人工湿地基质中。同时基质可以直接吸附或以离子交换的方式来固定氨氮，但不可能作为长期脱氮的方式，因为通常认为这种吸附过程是快速可逆的。

（4）挥发

当湿地中$pH>8$时，水中的NH_4^+-N便可以从中得到挥发溢出，但是这种自发的溢出，仅仅占了人工湿地氨氮去除的一小部分。

影响脱氮的因素主要有溶解氧、温度、碳源、水力停留时间、pH 等。

① 溶解氧　溶解氧主要影响湿地的好氧厌氧环境，当湿地中溶解氧含量超过 0.2mg/L 时，会影响反硝化进程，进而影响脱氮效果。

② 温度　在湿地系统中，植物、微生物的代谢、成长等活动都会受温度的影响，温度也会影响底泥对氮的吸附与解吸作用。

③ 碳源　反硝化细菌需要碳源提供能量、合成新的细胞维持生命，碳源的多少影响湿地系统中反硝化作用的进程。

④ 水力停留时间（HRT）　水力停留时间过短，湿地中的植物、微生物与湿地中的污染物接触不充分，进而生化反应也不充分，就会导致氮的去除率相对较低。反之，水力停留时间过长，就会导致污水滞留、基质堵塞等问题。因此水力停留时间是人工湿地处理效率的关键影响因素。

⑤ pH　硝化作用、反硝化作用、氨化作用的最佳 pH 范围不同，同时微生物和植物的生长代谢也对 pH 有要求。有研究表明，在酸性和中性 pH 条件下，植物根附近的硝化菌和反硝化菌活动会增强。

314 人工湿地除磷的机理是什么?

人工湿地与磷元素去除有关的过程主要有、吸附和沉淀作用、沉积作用、土壤和表覆水之间的扩散交换作用等理化作用，生化过程则有植物、附着微生物、其他微生物的吸收，植物枯枝和土壤中有机磷的分解和矿化。

湿地污水中的含磷污染物质主要由颗粒态磷、有机磷、无机磷酸盐三类组成，有机磷和溶解性低的无机磷都不能直接被湿地植物吸收利用，必须经过磷细菌代谢后，将有机磷转化为磷酸盐、将溶解性低的无机磷溶解，才能使其被植物或基质吸收或降解。无机磷是植物必需的营养元素，污水中无机磷可被植物吸收利用组成卵磷脂、核酸及 ATP 等，然后通过植物的收割而移出水体。微生物可以分解释放磷，促进植物的吸收以及同化反应。

而磷的去除途径主要是基质的吸附以及含 Ca 和 Fe 的基质与 PO_4^{3-} 反应而发生的沉淀作用，但基质对磷的吸收是一个可逆的过程。当进水中磷的浓度太低，不能满足植物和其他生物生长的需求时，生物可利用基质中因沉淀和吸附积蓄的磷。人工基质在某种程度上作为一个“磷缓冲器”调节着水中磷的浓度。但是，吸附和沉淀容易达到饱和，植物的吸收作用也是有限的。湿地环境中铝和锰及其氧化物、pH、有效性钙和钙的化合物及有机质、可溶性铁是影响湿地除磷的核心因素，其中 pH 是最关键的因素之一，相关研究得出除磷的最佳 pH 范围是 6～8。

315 人工湿地有哪些类型?

人工湿地按照其中水的流态可以分为表面流人工湿地、水平潜流人工湿地、垂直潜流人工湿地。此外，为了充分利用不同类型人工湿地的优点，越来越多的应用中采用了不同类型人工湿地的组合形式，形成了复合流人工湿地。而人工浮岛（床）湿地则是一种对植物作用的强化型湿地。

316 什么是表面流人工湿地?

表面流人工湿地（free water surface，FWS）是各类人工湿地中最接近自然湿地的一种类型，只要将现有的河道、低洼地稍加改造即可形成表面流人工湿地，改造后也不影响原有河网的防洪、泄洪功能以及低洼地的土地功能。污水在表面流人工湿地基质表面漫流，水面暴露于空气中，氧通过水面扩散补给，其示意图如图 4-9 所示。

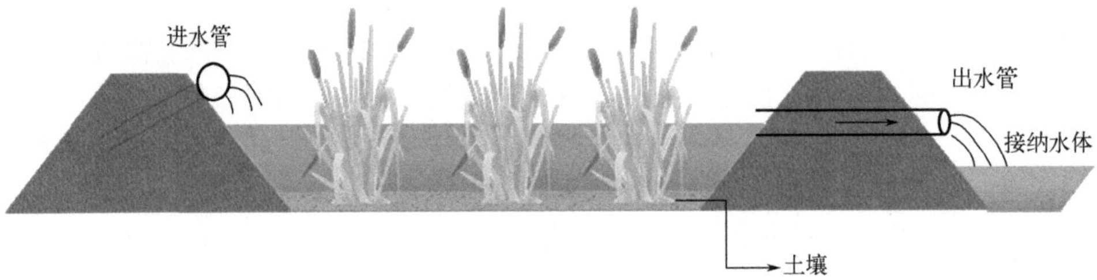

图 4-9　表面流人工湿地示意图

通常表面流人工湿地是利用天然沼泽、废弃河道等洼地改造而成的，也可以用池塘或渠道等构建而成。人工湿地池体或渠道间设隔墙分隔，有时底部亦铺设防水材料（如 HDPE 膜等）以防止污水下渗，保护地下水。池中一般填有土壤、砂、煤渣或者其他基质材料，供水生植物固定根系。

在这种类型人工湿地中，污水从进口以一定深度缓慢流过人工湿地表面，部分污水蒸发或渗入人工湿地，出水经溢流堰流出。表面流人工湿地的水面位于人工湿地基质以上，其水深一般多为 0.20～0.40m。表面流人工湿地水位较浅，水流缓慢，通常以水平流的流态流经各个处理单元。绝大部分有机物的去除是由生长在植物水下茎、杆上的生物膜来完成，因而不能充分利用填料及丰富的植物根系。

表面流人工湿地接近水面的部分为好氧层，较深部分及底部通常为厌氧层，因此具有某些与兼性塘相似的性质。但是，由于湿地植物（尤其是挺水植物）对阳光的遮挡，一般不会存在像兼性塘中藻类大量繁殖的情况。可以种植芦苇、水葱、香蒲、灯芯草等挺水植物，风眼莲、浮萍、睡莲等浮水植物，以及伊乐藻、茨藻、金鱼藻、黑藻等沉水植物。还可以种植慈姑、雨久花、玉蝉花、千屈菜、黄菖蒲、泽泻等水生花卉类的观赏植物，既可以处理污水，也可以美化环境。

317 表面流人工湿地的主要优缺点是什么?

表面流人工湿地的主要优点是：

① 投资及运行费用低；

② 建造、运行、维护与管理相对简单；

③ 对土地状况与质量要求不高。

表面流人工湿地的主要缺点在于：

① 占用土地资源较多；

② 在寒冷季节人工湿地表面会结冰，不太适合东北、西北等寒冷地区；

③ 处理不当的情况下，夏季可能滋生蝇蚊，有时会有一些臭味。

318 什么是水平潜流人工湿地?

水平潜流人工湿地（HFCW）的水面位于基质层以下。这种人工湿地污水处理系统是目前世界研究及应用最广泛的人工湿地污水处理系统，主要形式为采用各种填料的芦苇床系统。

水平潜流人工湿地由上、下两层组成，如图 4-10 所示。上层为土壤，下层为由易于使水流通的介质组成的根系层，如粒径较大的砾石、炉渣或砂层等，在上层土壤中种植芦苇、菖蒲、香蒲、水葱等水生、沼生与湿生植物。人工湿地下面铺设防渗层或防渗膜，以防止污水处理过程中渗漏流出该处理系统，污染区域地表水或地下水的水环境。人工湿地基底具有一定的坡度。水流从进口起在根系层、基质层沿水平方向出水一侧缓慢流动，出口处设水位调节装置和集水装置，以保持污水尽量与人工湿地植物根系层接触，由于植物根系对氧的传递释放，使其周围环境呈现出好氧、缺氧及厌氧三种状态，这是它去除污染物尤其是除氮的重要机理之一。

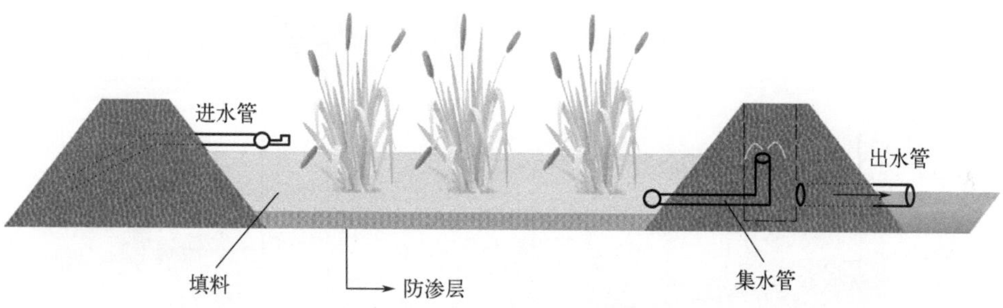

图 4-10 水平潜流人工湿地示意图

填料和植物根系的存在为各种微生物提供了附着的载体，形成了去除有机污染物的“微环境”。同时，它们也提供了污水渗流的良好水力条件。水平潜流人工湿地中好氧生化反应所需要的氧气主要来自大气的复氧和植物的传输作用，但是其数量往往不足，这也阻碍了脱氮效率的提高。对人工湿地污水进行硝化处理后，可以大幅度地提高其除氮效率。

319 水平潜流人工湿地的主要优缺点是什么?

水平潜流人工湿地的主要优点在于：

① 充分利用了人工湿地的空间，发挥了系统（植物、微生物和基质）间的协同作用，因此在相同面积情况下其处理能力比表面流人工湿地系统大幅度提高；

② 污水基本上在地面以下流动，保温效果好，适合于寒冷地区的污水处理；

③ 卫生条件较好，没有臭味，被广泛应用。

水平潜流人工湿地的主要缺点在于：

① 建造费用比表面流人工湿地建造费用高；

② 管理方面也比表面流人工湿地要复杂一些。

320 什么是垂直潜流人工湿地?

垂直潜流人工湿地（VFCW）的水流方向和基质层呈垂直状态，水流在填料床中基本呈现从上向下的垂直流动，其出水装置一般设在人工湿地底部，具体如图 4-11 所示。这种人工湿地的主要作用是提高氧向污水及基质中的转移效率，其表层通常为渗透性能良好的砂层，间歇性进水。污水被投配到砂石床上后，淹没整个表面，然后逐步垂直渗流到底部，由铺设在出水端底部的排水管网予以收集，后排出人工湿地污水处理系统。在下一次进水间隙，允许空气填充到床体的填料间，这样下一次投配的污水能够和空气有良好的接触条件，提高氧转移效率，大气中氧气可以通过灌溉期的排水、停灌期的通风和植物传输进入人工湿地污水处理系统，由此来提高 BOD 去除和氨氮硝化的效果。湿地植物也会向根区转移一部分氧。

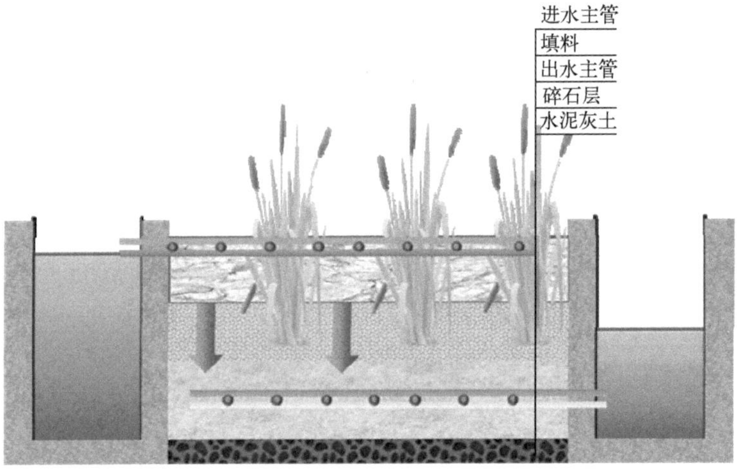

图 4-11 垂直潜流人工湿地示意图

垂直潜流人工湿地与生物滤池的原理近似。它对悬浮物处理效果不好，这可能是由于间歇配水造成短时间内水力负荷提高造成的。通常情况下不单独使用垂直潜流人工湿地，一般将它置于两级水平潜流人工湿地之间，由前级水平潜流人工湿地完成悬浮物和 BOD 的去除及有机氮的氨化作用，垂直潜流人工湿地完成氨氮的硝化作用，后一级水平潜流人工湿地完成反硝化作用。目前垂直潜流人工湿地应用相对比水平潜流人工湿地少。

321 垂直潜流人工湿地的主要优缺点是什么?

垂直潜流人工湿地的主要优点在于：

① 污染物处理效率高，效果稳定，单位面积处理效率高，硝化能力高于水平潜流人工湿地；

② 去除污染物能力强；

③ 占用土地资源少；

④ 独特的布水过程中增加的空气层，加上人工湿地中的生物特别是微生物的代谢活动产生的热量，为垂直潜流人工湿地在冬季的正常运行创造了有利条件。

垂直潜流人工湿地的主要缺点在于：

① 建设与投资费用高于表面流人工湿地与水平潜流人工湿地；

② 管理相对难于表面流和水平潜流人工湿地；

③ 应用区域比较局限，仅适合温暖地区使用，不适合寒冷地区应用；

④ 有滋生蚊蝇的可能性；

⑤ 有机物的去除能力不如水平潜流人工湿地。

322 什么是人工浮岛（床）湿地?

人工浮岛（床）湿地示意图如图 4-12 所示。

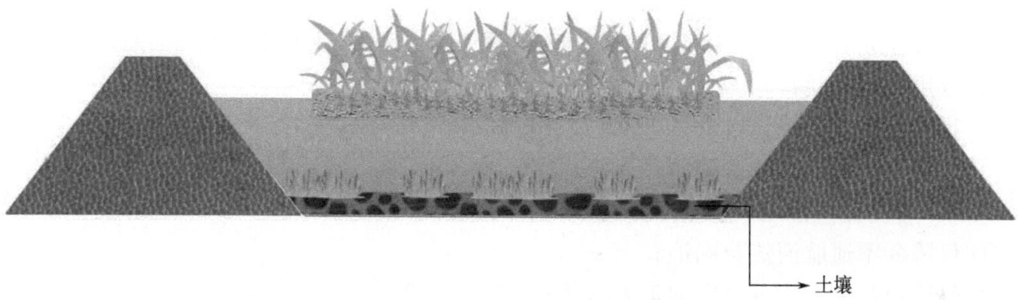

图 4-12 人工浮岛（床）湿地示意图

人工浮岛（床）技术是水上种植技术和利用浮床植物治理污染水体的总称。水上种植技术是自然水域人工浮床无土种植植物方法的简称。采用该技术将原来只能在陆地种植的植物种植到自然水域的水面上去，并能取得与陆地种植相仿甚至更高的收获量与景观效果。该技术以浮岛为载体，将有净化水质能力的水生植物或经过改良驯化的陆生植物，种植于浮岛载体上，所构建的人工生态浮岛放置于被污染水体的水面，通过植物根系及附着的微生物的吸收、吸附作用，再经过物理、生物、化学一系列反应，使水中大分子有机物及氮磷营养物质得以去除，逐步实现水质净化的目的，同时能够提供给人类物种多样化的生态景观。

人工浮岛湿地是一种长有水生、沼生与湿生植物或陆生植物，可为野生生物提供生境的漂浮岛，其主要由浮岛基质、植物和固定系统组成。在水体中设置人工浮岛，浮岛上的植物根系能够吸附和吸收水中的氮、磷等物质，储存在植物细胞中，可以降低水体 COD、TN、TP 及重金属含量。同时，浮岛上植物根系拥有巨大的表面积，为水中微生物生长提供良好的固着载体，起到“生物膜载体”的作用。人工浮岛湿地具有不同的形状、构造及植物类型，这会吸引野生动物如蝶类、鸟类、两栖动物等在此栖息，从而增加物种多样性，加快污染水环境生态修复进程。

323 人工浮岛（床）湿地的主要净化机理是什么?

人工浮岛（床）的净化机理与湖滨湿地植物带的水质净化机理相似，主要有：

① 植物茎等表面对生物特别是藻类的吸附；
② 植物的营养吸收；
③ 水生昆虫的摄饵、羽化；
④ 鱼类的摄饵、捕食；
⑤ 防止已测点的悬浮性物质再次上浮；
⑥ 日光的遮蔽效果；
⑦ 在湖泥表面的除氮。

人工浮岛湿地具有附着生物多、水中直接吸收 N、P 等特点，在抑制植物性浮游生物、提高水的透视度等方面效果比较显著。

324 人工浮岛（床）湿地的主要优缺点是什么？

人工浮岛（床）湿地的主要优点是：
① 不破坏原始环境状况下，可以解决城市河流、湖泊污染水环境治理问题；
② 应用区域广泛；
③ 投资与建设费用比较低；
④ 抑制藻类生长，收获植物体。
人工浮岛（床）湿地的主要缺点是：
① 仅适合不通航河流与湖泊；
② 仅适合污染不十分严重的地表水体；
③ 稳定性较弱，不适用于大面积的水域放置，通常用于小型水域。

325 什么是复合流人工湿地？

复合流人工湿地示意图如图 4-13 所示。

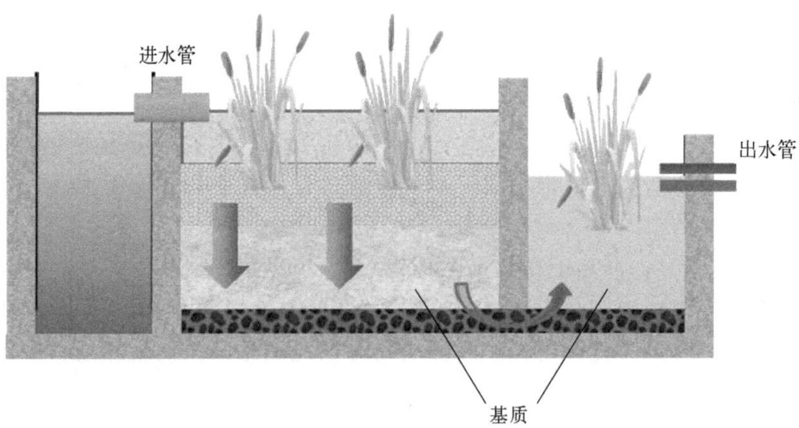

图 4-13 复合流人工湿地示意图

由于不同类型的人工湿地处理系统具有不完全相同的性能，对于某种污染物的去除效果也不尽相同，选用由两种或两种以上的处理工艺所构成的复合流人工湿地系统，可发挥各个工艺的优势，提高对污水中污染物的去除效果，以满足更高的处理出水水质要求或达到更为稳定的处理效果。因此，在场地条件等适宜的情况下，采用复合流人工湿地处理工艺很可能比单一人工湿地处理工艺更为经济有效。

复合流人工湿地的类型多样，包括：

① 人工湿地与人工湿地组合工艺，如表面流人工湿地与水平潜流人工湿地相结合、水平潜流人工湿地与垂直潜流人工湿地相结合、垂直潜流人工湿地上行流与下行流相结合；

② 人工湿地与氧化塘组合工艺，人工湿地与沟渠相结合；

③ 人工湿地与土地处理组合工艺，如土壤渗滤与人工湿地相结合、地表漫流与人工湿地相结合等。

可根据各项具体污水处理工程需要解决的问题、达到的目的以及处理系统出水的水质要求不同，选择不同的处理工艺。

326 影响人工湿地处理效果的因素有哪些?

影响人工湿地处理效果的因素有温度、溶解氧、水力条件、植物和基质种类。

（1）温度

低温条件会对植物和微生物生长产生抑制作用，进而影响人工湿地的处理效果。

（2）溶解氧

溶解氧作为人工湿地去除耗氧污染物的重要限制因素和控制条件，决定着氨氮和有机物是否能被有效去除。一般情况下湿地表层因接近大气，复氧效果好，呈现好氧状态，而底层则呈现明显的缺氧或厌氧状态；湿地进水区域氧含量相对较高，但随着水体中氨氮和有机物在好氧条件下被转化及降解，湿地沿程氧含量逐步减少，出水区域往往呈现缺氧的状态；湿地植物通过根系泌氧使近根区形成好氧状态，而远离根际的区域则形成缺氧或厌氧状态。

（3）水力条件

主要参数包括水流状况、水力停留时间、水力负荷和水位变化等。在水力性能不佳的情况下，湿地易发生短流、水流滞留及死区面积扩大等影响湿地运行的问题，因此适宜的水力状况对于保障湿地有效去污发挥着重要作用。

327 人工湿地有哪些强化措施?

（1）优化植物配置

选择适宜的植物不仅可以增强人工湿地的净化效果，方便后期运行管理，还可以降低建设成本和可能产生的生态风险。另外，利用不同植物的生长特性，通过搭配种植不同种类的植物，能有效改善湿地的微环境，更有利于微生物群落稳定，且多种植物组合的净化效果远超单种植物。

（2）优化基质配置

近年来，一些天然的材料、人工合成介质和工业副产物等逐渐被用作湿地新型基质，以优化人工湿地对氮和有机物等的去除。如黄垚洇等发现聚丙烯球的引入使 TN 去除率提高

7.87%，Deng 等发现添加生物炭的表面流人工湿地对 TN 和氨氮的去除率均有所提升。

(3) 人工充氧

脱氮微生物的氨化及硝化过程均需要氧气作为最终电子受体。普通人工湿地中溶解氧主要来源于大气扩散，但该过程缓慢且氧气在水中溶解度较低，常常限制生物脱氮过程。曝气可以明显增加人工湿地中溶解氧浓度，强化人工湿地脱氮效果。

(4) 外加碳源

碳源不足逐渐成为人工湿地中微生物反硝化脱氮过程受限的主要因素。使用污泥、植物等作为外加碳源，可以为反硝化提供碳源，促进反硝化的进行。

(5) 低温季节保温

低温会导致脱氮微生物活性降低及植物枯萎，直接对人工湿地脱氮效率造成影响，特别是在我国北方，冬天极端低温往往会导致人工湿地对污染物的去除效率大幅下降。因此，可通过在湿地表面增加覆盖物、筛选耐低温微生物等方式，提高湿地在低温季节的处理效果。

(6) 水力调节

人工湿地内不同的构造方式和水流方式会导致污水与湿地基质接触时间以及湿地内溶解氧分布的差异，会影响人工湿地对污染物的去除效果，因此可通过设置导流板等措施优化湿地的水力条件、延长湿地的水力停留时间。

328 人工湿地运行维护中有哪些注意事项?

人工湿地运行维护中的注意事项主要有以下几点：

① 采用一定时间的启动与试运行阶段；

② 定期对系统的进水和出水进行观察或检测，以保证污水的处理效果；

③ 注意植物的病害管理和野草的清除；

④ 注意预处理设施对悬浮物的去除，预防湿地堵塞；

⑤ 注意湿地水力条件，如水位和流量调节，避免短流等；

⑥ 进出水装置的周期性检查，并对流量进行校正；

⑦ 注意湿地的冬季冰冻现象；

⑧ 气味和蚊蝇的控制。

329 再生水处理中人工湿地的应用现状如何?

人工湿地污水处理系统出水水质稳定，对氮、磷和有机物的去除能力强，投资低，易于维护，耐冲击负荷强，并具有美学价值，近几十年来，人工湿地的应用发展迅速，被广泛用于中小城镇雨污水再生。目前，数百个人工湿地在欧洲运行，面积从 40～5000m^2 不等。我国太湖和巢湖流域主要污水处理厂相继建成了用于尾水深度处理的人工湿地，并建成如东平湖人工湿地、抚仙湖人工湿地、南四湖人工湿地生态示范园和石岩河人工湿地公园等。

但由于湿地系统的影响因素众多，受地域及气候条件影响较大，人们对污水进入湿地系统后污染物的迁移转化机理与过程的认识尚不充分，导致人工湿地的发展受限。因此，深入探索人工湿地处理机理，提升处理效率，实现我国水环境、水生态和水资源协同发展是未来的人工湿地技术研究趋势。同时，未来还要解决技术上存在的一些瓶颈和问题，应从以下几点进行关键技术的攻关和突破：

① 可持续的基质和植物种类。针对人工湿地效率的长期维护，需要具有较高性能和持续性的植物品种和功能填料。

② 人工湿地与其他工艺技术的复合构建。复合湿地的脱氮效果明显优于单一湿地，且人工增氧技术、微藻技术、微生物燃料电池技术、固定化微生物技术与人工湿地联合使用也可以强化脱氮。

③ 人工湿地对新兴污染物处理。人工湿地对农药、药品及个人护理品表现出了较高的去除率，但具体的去除机理还不清晰。

④ 人工湿地模型构建。人工湿地污染物去除模型除一级动力学方程和 Monod 方程外，也有应用活性污泥 1 号模型（activated sludge model No. 1，SM1），但缺少针对性、系统性的模型研究。

⑤ 在“碳中和碳达峰”背景下，进一步研究人工湿地处理效果与温室气体排放间的关系，选择具有显著低温室气体排放的人工湿地植物和具有高效固碳和碳捕集功能的人工湿地基质。

⑥ 人工湿地污水处理系统的效能评估还需要进一步加强。为了获得更好的人工湿地处理效果和生态环境效益，迫切需要对人工湿地进行全生命周期的设计-应用管理策略，最大限度地降低目前人工湿地所面临的诸如堵塞和运行不稳定的问题。

330 人工湿地设计中涉及的规范与导则有哪些？

针对人工湿地技术的应用，住建部等部委及各省陆续出台了相关导则、规范和规程，与再生水处理相关的内容如下：

① 中华人民共和国生态环境部，《人工湿地水质净化技术指南》；

② 中华人民共和国生态环境部，《人工湿地污水处理工程技术规范》（HJ 2005—2010）；

③ 中华人民共和国住房和城乡建设部，《污水自然处理工程技术规程》（CJJ/T 54—2017）；

④ 安徽省生态环境厅，《生活污水处理厂尾水人工湿地工程技术规范》（DB34/T 4384—2023）；

⑤ 河北省市场监督管理局，《人工湿地水质净化工程技术规范》（DB13/T 5184—2020）；

⑥ 天津市住房和城乡建设委员会，《天津市人工湿地污水处理技术规程》（DB/T 29-259—2019）；

⑦ 江苏省市场监督管理局，江苏省住房和城乡建设厅，《人工湿地污水处理技术规程》（DB32/T 4884—2024）；

⑧ 江苏省市场监督管理局，江苏省住房和城乡建设厅，《城镇污水处理厂尾水湿地运行与维护技术规程》（DB32/T 4788—2024）；

⑨ 山西省市场监督管理局，《表面流人工湿地治理煤矿废水工程技术规范》（DB14/T 2769—2023）；

⑩ 浙江省市场监督管理局，《人工湿地处理分散点源污水工程技术规程》（DB33/T 2371—2021）。

331 什么是污水土地处理技术?

土地处理技术是一种利用土壤与微生物的作用关系，以及植物的调节机制来实现综合净化功能的一种自然处理技术，不但具有能耗低、造价低的优势，更具有结构简单且处理效果好的优势，主要包括土地渗滤污水处理系统和地沟式处理系统两大类。

（1）土地渗滤污水处理系统

土地渗滤污水处理系统是一种利用过滤与土壤微生物分解作为处理途径的处理技术。该技术在应用过程中可以划分为快速与慢速两种不同的模式。其中，慢速渗滤处理可以通过土壤与植物结合来实现污水处理，所以在一些降水较少的区域可以有效应用，例如污水灌溉就是一种典型的渗透型处理技术。

（2）地沟式处理系统

地沟式污水处理技术是应用自然生态净化能力与人工工艺作用，充分发挥土壤的过滤与沉淀功能，进而使得土壤微生物分解并深度净化污水。在技术应用过程中，不但具有运行稳定、费用低的特点，其对于操作者的水平要求也不高，所以推广难度较小。

332 污水土地处理技术有哪些优缺点?

污水土地处理的优势在于：基本建设资金较少，运行与后期维护简单，对于污水冲击力有很好的适应性，亦能够和农业联合起来，提高土壤的肥力，增加农作物的产量。

污水土地处理的缺点在于：所需要的土地面积较大，污水存留的时间比较长；处理效果受气候等因素影响较大，不稳定；不适用于处理污染程度较高的污水；容易产生难闻的气味，并容易促使蚊虫大规模繁殖。

333 什么是稳定塘处理技术?

稳定塘也称氧化塘或生物塘，主要是利用天然净化能力来对污水进行处理的构筑物，净化过程与自然水体自净过程类似，如图 4-14 所示。氧化塘能充分利用地形，结构简单、建设费用低，处理能耗低，运行维护方便，成本低，可形成生态景观。

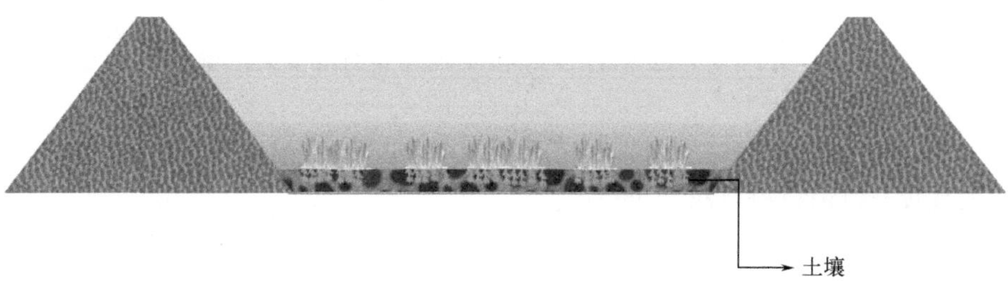

图 4-14 稳定塘示意图

334 稳定塘的净化原理是什么?

稳定塘主要是利用污水塘里面细菌和藻类的共生系统来进行水质净化。污水塘里面的细菌能够分解污染物质，并产生二氧化碳、碳酸盐等，这些物质能够作为藻类生存所必需的物质。藻类的光合作用又能够产生氧气，供给微生物进行好氧作用，从而构成了一个共生的生态系统。

335 稳定塘的分类有哪些?

不同深度的稳定塘在净化机理上是不同的，因此可以根据深度划分成为好氧塘、兼氧塘、厌氧塘、曝气塘。好氧塘所在的环境处于有氧状态；兼氧塘上层存在氧，下层主要是厌氧；厌氧塘除表层外，绝大部分是厌氧；曝气塘是配备曝气机的氧化塘。

（1）好氧塘

好氧塘主要是靠塘内藻类光合作用来提供氧气的氧化塘，一般深度为0.3～0.5m。太阳光能够直射到池底，藻类能够生长得很好，整个塘都呈好氧状态。

（2）兼氧塘

兼氧塘是一种同时存在好氧、兼性厌氧和厌氧区域的浅水氧化塘，其净化过程是好氧、兼氧和厌氧反应协同作用的结果，有效水深一般为1.0～2.5m。典型的兼氧塘从上到下可分为三层，分别为上层（好氧区）、中层（兼性厌氧区/过渡区）及底层（厌氧区）。

（3）厌氧塘

厌氧塘的有效水深一般是2.0～4.5m。厌氧塘前应设置格栅、普通沉砂池，有时也设置初次沉淀池。厌氧塘主要用来处理高浓度的有机废水，在酿酒、农牧产品加工等领域应用广泛，也可用于处理城镇污水。

（4）曝气塘

完全混合曝气塘的曝气装置强度需要确保所有的悬浮物处于悬浮状态，塘水有充足的溶解氧，能够供微生物进行分解。部分混合曝气塘不需要保持全部固体呈悬浮状态，一些固体沉淀并进行厌氧消化。曝气塘出水悬浮固体的浓度很高，排放前必须进行沉淀。

336 什么是曝气生物滤池?

曝气生物滤池是一种先进的污水生物处理技术，它综合了活性污泥和生物膜法两大类污水生物处理法各自的优点，又具有生物化学反应和物理过滤两种功能。曝气生物滤池中填装具有一定化学、物理性能要求的滤料，滤料表面上生长着大量的细菌，形成一种固定的生物膜。当污水通过滤层时，生物膜中的细菌利用滤层底部鼓入的氧，将污水中的有机污染物氧化降解，并借滤料层的过滤作用，去除污水中的非溶解性颗粒状污染物。因此曝气生物滤池出水较清澈，不需设置二沉池。曝气生物滤池的出水经消毒接触池加氯消毒后，即可排放或加以资源化利用。

曝气生物滤池在降解有机污染物的过程中，要产生大量新的细菌体并截留污水中的悬浮固体，这一过程会导致生物膜变厚，增加滤池的水头损失。当水头损失达到一定时，需要进行反冲洗，将滤层中多余的生物膜冲出。一般采用气、水联合反冲洗，冲洗用水采用曝气生物滤池出水。

337 曝气生物滤池有哪些特点?

曝气生物滤池的工艺特点主要有以下几方面：

① 占地面积小，基建投资省。曝气生物滤池可省去二沉池的占地和投资。由于采用的滤料粒径较小、比表面积大、生物量高，再加上反冲洗可有效更新生物膜，保持生物膜的高活性，这样就可在较短的时间内将污水进行快速净化，所以需要的容积小。

② 抗冲击负荷能力强，处理效果稳定，处理出水水质好，受气候影响相对较小。由于整个滤池中分布着较高浓度的微生物，反应速率高，而且微生物以膜状存在于滤池的陶粒表面，其本身就耐水量冲击，即使滤速增大较多也不会使微生物流失。曝气生物滤池可在正常负荷 2～3 倍的短期冲击负荷下运行，而其出水水质变化很小。相对于活性污泥法，温度变化对工艺的影响小，可在 10℃水温的情况下运行并能够取得良好的运行效果。

③ 对低浓度污水适应性强，不会产生由于营养物过低导致微生物无法培养的情况，且该工艺启动时间相对较短。

④ 硝化速率高，效果好，若增加回流等设施，可以实现非常好的脱氮效果。

⑤ 构筑物模块化，有利于今后的扩建，且主要设备和材料均可国内配套生产。

⑥ 可做成地下式或封闭式污水处理厂，对周围环境影响小，视觉和景观效果好。

338 曝气生物滤池的主要工作原理是什么?

曝气生物滤池以颗粒状填料及其附着生长的生物膜为主要处理介质，充分发挥生物代谢作用、物理过滤作用、生物膜和填料的物理吸附作用以及反应器内食物链的分级捕食作用，实现污染物在同一单元反应器内去除。曝气生物滤池借鉴了生物接触氧化反应器和深床过滤器的设计原理，省去了二次沉淀设备。反应器内存在着不同的好氧、缺氧区域，可同步实现硝化和反硝化，在去除有机物的同时达到脱氮的目的。

339 曝气生物滤池如何分类?

曝气生物滤池有如下几种分类方式：

① 按照形式不同，可分为上向流曝气生物滤池和下向流曝气生物滤池。

② 按照填料不同，可分为悬浮填料曝气生物滤池和沉没填料曝气生物滤池。

③ 按照使用功能不同，可分为去碳曝气生物滤池、硝化曝气生物滤池、反硝化生物滤池、水源水预处理曝气生物滤池和组合曝气生物滤池等。

340 曝气生物滤池的一般工艺流程是什么?

曝气生物滤池的一般工艺流程如图 4-15 所示，污水经格栅等除去粗大漂浮、悬浮物后，进入初沉池初步去除一部分的SS、COD、BOD等，然后进入第一级曝气生物滤池，在这一级主要是去除有机物，同时对部分氨氮进行硝化；接着污水进入第二级曝气生物滤池，对氨氮进行彻底硝化并使未完全降解的COD、BOD得以进一步降解。如要求脱氮除磷，则再增加第三级反硝化处理，同时投加药剂，进行除磷。运行过程中，在一、二级曝气生物滤池底部曝气。每运行一定时间，进行反冲洗，反冲周期一般为24～48h，采用气、水联合反冲洗，反冲洗污水再回流入初沉池进水端，与原污水混合，一并处理。

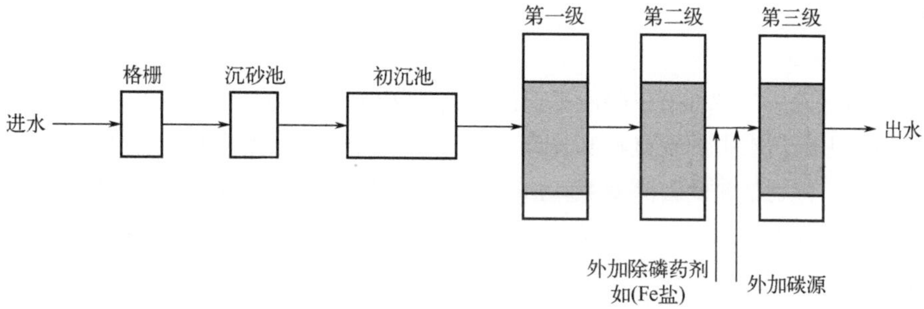

图4-15 曝气生物滤池工艺流程

341 曝气生物滤池的滤料有什么作用和要求？

曝气生物滤池中的滤料是生物膜的载体，又兼有截留悬浮物质的作用，因此它直接影响着曝气生物滤池的去除效率。同时，滤料的费用又在很大程度上影响着处理系统的基建费用和再生水的处理成本，所以滤料的选择非常重要。曝气生物滤池对滤料有如下要求：

① 表面粗糙，表面粗糙的滤料为微生物提供了理想的生长、繁殖场所；

② 密度适中，密度太大不利于反冲洗的进行，密度太小则在反冲洗时容易跑料；

③ 有一定的强度，耐摩擦，无毒、化学性质稳定；

④ 价格适中。

目前使用效果较好的一种滤料是陶粒，它是一种球形的生物载体，具有表面粗糙、密度适中、强度高、耐摩擦等一系列优点，是一种非常理想的生物曝气滤池滤料。

342 曝气生物滤池工作的主要影响因素有哪些？

影响曝气生物滤池工作的主要因素有以下几点。

（1）负荷

容积负荷是衡量曝气生物滤池处理性能的主要指标。容积负荷是指每立方米滤料每天承受进水中某种污染物的千克数［$kg/(m^3 \cdot d)$］。水力负荷是指每平方米滤料每天通过污水的立方米值［$m^3/(m^2 \cdot d)$］。生物滤池首先要满足容积负荷的要求，但如果水力负荷太低，会使滤层顶部堵塞过快，缩短反冲洗周期。

（2）进水中溶解性BOD的比例

曝气生物滤池主要通过吸附和过滤作用去除污水中的颗粒性BOD，悬浮性BOD的去除也较为容易，但对去除污水中溶解性BOD存在一定困难。所以，若污水中溶解性BOD所占比例较高，则需采用低一些的容积负荷。

（3）进水 SS 浓度

进水中的悬浮固体会影响曝气生物滤池的运行周期，故要求进行沉淀等预处理以降低进水中的 SS 浓度。通常进水 SS 浓度不影响曝气生物滤池的去除效果，但进水中 SS 过高对生物滤池生物膜的活性会有影响，使曝气生物滤池去除溶解性 BOD 的效果有所下降。

（4）水温

水温对生物处理，尤其是硝化去除氨氮有显著的影响，但对曝气生物滤池处理效果的影响相对较小。

（5）空气用量

空气用量与进水中溶解性有机物所占比例有关，这个比例越高，需要的空气量越多。若曝气生物滤池仅用于去除污水中的有机物和悬浮固体，出水溶解氧浓度应控制在 1mg/L 左右。若要求硝化去除氨氮，特别是深度去除氨氮，溶解氧浓度控制在 1mg/L 以上。提高曝气用量可增加处理效果，但当空气用量达到一定程度时，增加空气用量的作用不再明显。根据经验，对于一般的城市污水，较为经济合理的空气用量是相应于进水中 1kg BOD，需要空气 15～20m^3。

343 曝气生物滤池有哪些主要的优缺点?

（1）曝气生物滤池的优点

① 占地面积小，基建投资省。曝气生物滤池之后不设二次沉淀池，可省去二次沉淀池的占地和投资。此外，由于采用的滤料粒径较小，比表面积大，生物量高，再加上反冲洗可有效更新生物膜，保持生物膜的高活性，这样就可在较短的时间内对污水进行快速净化。曝气生物滤池水力负荷、容积负荷大大高于传统污水处理工艺，水力停留时间短（每级 0.5～0.66h），因此所需生物处理面积和体积都很小，节约了占地和投资。

② 出水水质高。由于生物滤池的滤料具有截留作用，表面生物膜还具有生物絮凝作用，所以出水的 SS 值较低。又因为生物滤池周期性的反冲洗，生物膜可以定期地得到更新，活性较高，降解效果较好。

③ 氧的传输效率和利用率都很高，曝气量小，供氧的动力消耗较低。实现氧的高利用率的机理主要有以下几点：a. 填料粒径小，气泡上升过程中不断被切割成小气泡，加大了气液接触面积，提高了氧气的利用率；b. 气泡上升过程中，受到了填料的阻力，延长了停留时间，为氧气的进一步传质提供了条件；c. 氧气可以直接渗透入生物膜，从而加快了氧气的传质速率。

④ 抗冲击负荷能力强，耐低温。这主要依赖于滤料的高比表面积和曝气生物滤池的缓冲能力。

（2）曝气生物滤池的缺点

① 对进水的 SS 要求较高。为实现在较短的水力停留时间内处理较高的有机负荷并具有截留 SS 的功能，曝气生物滤池采用的填料粒径一般都比较小。如果进水的 SS 较高，会使滤池在很短的时间内达到设计的水头损失、发生堵塞，这样就必然导致频繁的反冲洗，增加了运行费用并且管理不便。根据国外的运行经验，进水 SS 一般不超过 100mg/L，最好控制在 60mg/L 以下。这样就对曝气生物滤池前的处理工艺提出了较高的要求。

② 水头损失较大。曝气生物滤池虽具有截留 SS，代替二沉池的功能，但同时伴随着的

问题是其水头损失较大。一般来说，水头损失根据具体情况，每一级为1～2m。

③ 需反冲洗水缓冲池。在反冲洗操作中，短时间内水力负荷较大，反冲洗出水直接回流入初沉池，会对初沉池造成较大的冲击负荷。因此，需设置反冲洗水缓冲池。

344 曝气生物滤池目前还存在哪些问题?

曝气生物滤池目前还存在以下问题：

① 进水一般要求进行预处理，一定程度上增加了工艺的复杂性；

② 进水悬浮物较多时，运行周期短，反冲洗频繁；

③ 产生的污泥稳定性差，进一步处理比较困难；

④ 同步生物除磷效果不好，增加了药剂的使用量；

⑤ 污染物去除机理尚不十分明确，未能充分发挥处理潜力。

五、

再生水处理典型工艺流程及设施运行维护

345 再生水处理流程设计一般应如何考虑?

再生水处理作为二级处理的后续处理，其处理流程的选择取决于二级处理系统的工艺条件。国内外大量工程实践表明，一般在长泥龄、较完善的生化系统后，采用常规的再生水处理流程就能达到较好的处理效果。在高负荷、短泥龄的生化处理流程后进行深度处理，则往往需要采用较复杂的处理流程才能达到较满意的处理效果。主要原因是由于生化处理越完善，二级处理系统出水中的有机污染物质含量就越低。高负荷的生化处理系统尾水中往往含有大量的溶解性有机物质，这类污染物质采用常规的再生水处理工艺是难以去除的。当采用膜处理等复杂精细的深度处理工艺时，因其清洗或浓液流量较大，还会增加二级处理流程的水力负荷与有机负荷。

因此在进行再生水处理工艺选择时，应根据再生水水质标准统筹考虑二级处理系统与再生水处理系统的相互关系。

346 再生处理有哪些典型工艺流程?

污水再生处理有以下典型工艺流程，如图 5-1 所示。

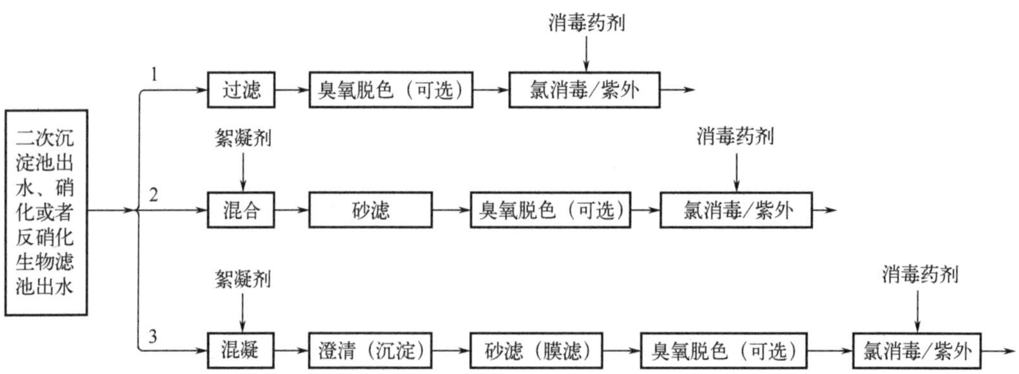

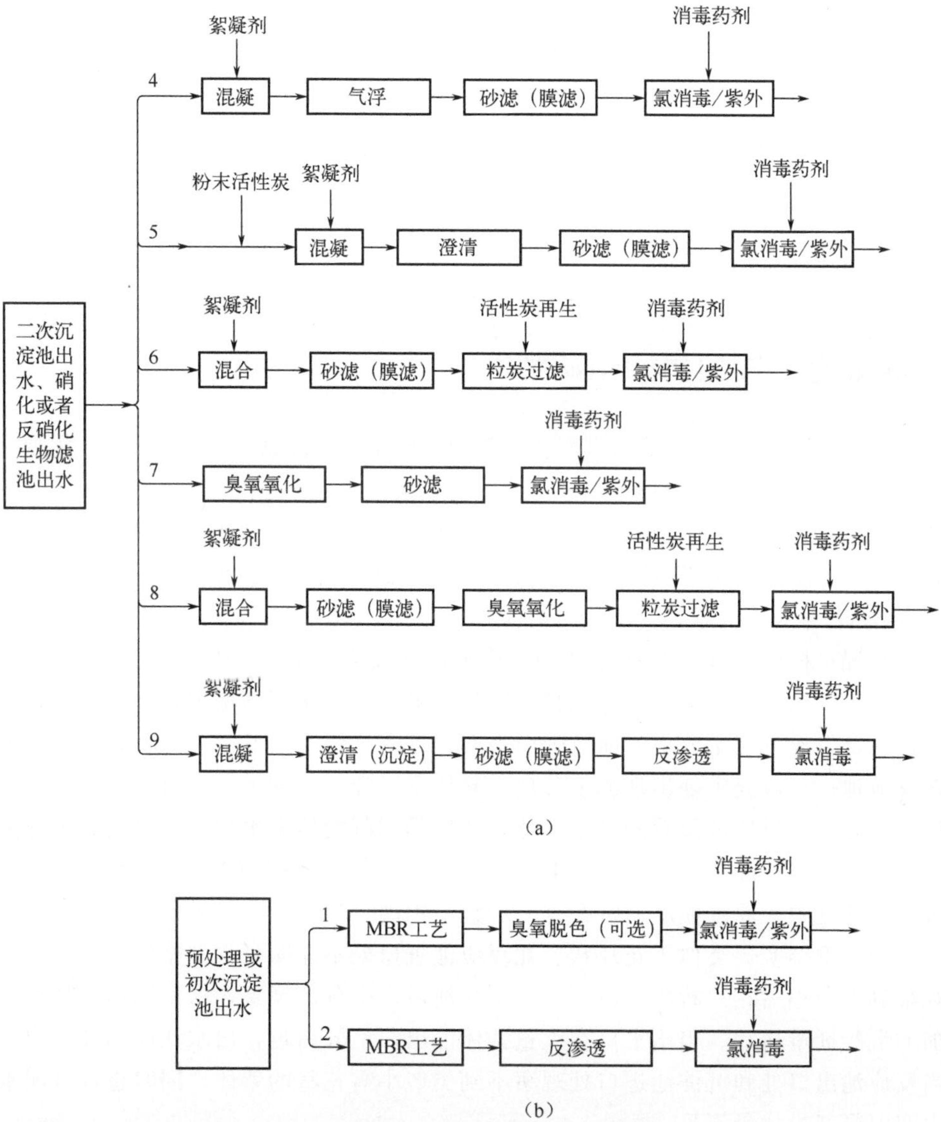

图 5-1 深度处理典型工艺流程图

347 混凝药剂的制备和投加有哪些主要事项?

采用固体药剂，需要破碎和过筛，将均匀粒径的药剂颗粒按照计量投入溶解池，禁止未经计量直接投加溶解池，并应保证充足的溶解水量。投药的入口装格栅并每 8h 左右清理一次，防止杂质流入水中。要严格控制溶液的配比，并使其充分混合溶解。直接溶解固体的药池需要机械或空气搅拌。药液配好后，继续搅拌 15min 以上，并静置 30min 方能使用。若采用液体药剂，原液可直接投加或按一定的比例稀释后投加。

所配制的溶液浓度高低关系到药效的发挥和每个工作日的配制次数。浓度太高或太低，药效都不易发挥。合适的配制浓度一般为 5%～15%。规模较小的处理系统，浓度可低于 5%；规模较大的处理系统，配制浓度可大于 10%。配制好的药液不宜放置太长时间。

混凝剂投加方法取决于药剂混合方式：

① 采用重力方式投加时，应控制液位与加药点的高度，高差不宜偏小。在加药管的始端装设高压水装置，运行期间应每隔8h冲洗一次；

② 采用水泵混合时，在泵前加药，加药管宜装在泵体吸口前0.5m处左右。泵房与絮凝池的距离不应超过120m，否则容易在管道内形成絮体，絮体到达絮凝池后又被打碎，被打碎的絮体不易下沉；

③ 采用泵后管道混合时，加药点应选在离絮凝池50～100m范围，太近混合不充分，太远会在管道内形成絮体。

348 混凝药剂投加量如何调整?

投加量与原水水质关系密切，在投药操作过程中，要及时掌握原水水质的变化，需要定期测定原水的浊度、pH值和碱度，一般每班1～2次。如果原水水质变化较大，宜每隔1～2h测定1次，以便及时调整投加量，可根据原水水质和烧杯试验结果，初步确定一个投加量，而后根据积累的进水水质和混凝剂实际投加量经验曲线，进行适当的调整。投加后，如果絮体凝结良好，沉淀池出水浊度符合要求，可不必调整投加量；否则，根据现场实际情况做适当调整。

絮体形成状况可按以下方法观察和判断：进水浊度较高（30～50NTU）时，反应池进口处可观察到密集、细小而结实的絮体颗粒，随流速降低，絮体逐渐增大，出口处颗粒间的界限明显，在后部形成的泥水分离界面清晰而透明，进入沉淀池后发生分离，说明投加量适宜。如果在反应池后部甚至中部出现泥水分离，絮体密度降低，到沉淀池时很快沉淀，说明投加量过大；反之，在反应池只看到细小絮体，在后部和沉淀池未出现泥水分离，呈浑浊模糊状，说明投加量不够。原水浊度较低（10～30NTU）时，表现出的情况会不太一样。污水深度（再生）处理中，原水浊度通常在这一变化范围内，比较具有代表性，形成的絮体颗粒比较小、轻而且不结实，类似雪花片状。在反应池进口处不能明显看到絮体，至中段和出口处才能观察到类似小雪花片状的絮体，进入沉淀池后产生分离现象，这说明运行情况较为正常，投加的混凝剂量适宜。当出水口有大量絮体涌出，呈乳白色，出水浊度增加，说明投加过量；当反应池出口处和沉淀池进口处观察不到类似小雪花状的絮体，同时也没有泥水分离现象，说明混凝剂投加量不足。

349 常见的混合方式和各自的特点有哪些?

混合的目的是均匀而迅速地将药液扩散到水中，所需时间很短，一般为10～30s，提供足够的动力使水处于剧烈的紊流状态以达到快速均匀混合是十分必要的。常见混合方式有水泵混合、桨叶机械搅拌、管式混合和跌水混合等。

(1) 水泵混合

混合效果好，不额外消耗能量，能适应各种类型处理。但泵房距离投加点较远时，经过混合的原水在管道的流动过程中有可能过早地形成絮凝体，一旦在管道中破碎，就很难重新聚集，不利于后续絮凝；当管中流速低时，还可能在管道中形成沉淀。

(2) 桨叶机械搅拌

桨叶的转速一般可以调节，可以根据不同流量和不同水质，灵活掌握，能适应于各种规模的水处理过程，缺点是需要增设机械设备，维护管理和维修量增加。

(3) 管式混合

加过药剂的原水经过管式静态混合器时，能被混合单元分割、改向并形成漩涡，使药剂均匀分散于原水中。混合效果好，构造简单，安装方便，无活动部件，不增加维修工作量。缺点是水头损失较大，当水量过小时混合效果下降。

(4) 跌水混合

要设专门的混合池，加过药剂的原水经过一道的跌落，水流在底部溅起，使药剂与原水均匀混合，构造简单，混合效果好，能适应不同规模，但水头损失稍大。

350 絮凝过程的异常现象及一般成因是什么？

一些常见故障可以通过出水水质或絮体的生成等易于观察的现象加以判断。

① 絮凝池末端颗粒状况良好，水的浊度低，沉淀池絮体颗粒细小，出水携带絮体。可能是因为絮凝池末端大量积泥，堵塞进水穿孔墙上的部分孔口，使孔口流速过大，打碎絮体，此时应停止运行进行清泥；也可能是因为沉淀池积泥，池内流速过大，此时应停池清泥。

② 絮凝池末端絮体状况良好，水的浊度低，但沉淀池出水携带絮体。可能是因为沉淀池超负荷，需降低水力表面负荷或增加沉淀池；沉淀池内存在短流也会发生此情况。如系堰板所致的短流，则调平堰板。如系温度变化引起的密度流，则在沉淀池进水口采取整流措施。

③ 絮凝池末端絮体颗粒细小，水体浑浊，沉淀池出水浊度升高。可能原因包括混凝剂投加量不足，进水碱度不足，水温过低和混凝强度过低等。如果是前 3 个原因所致，则需要增加混凝剂投加量，补充碱度，采用温度影响较小的混凝剂以及投加助凝剂等；否则管道或静态混合时，流量减少，流速降低，会导致混合强度的不足。其他类型非机械混合方式也可能发生类似情况，应加强运行的合理调度，尽量保证混合区内有充足的流速。絮凝条件改变时，会导致絮凝池内大量积泥，流速增加并缩短反应时间，效果下降。应加强运行调度，保障正常絮凝条件。

④ 絮凝池末端絮体大而松散，沉淀池出水异常清澈，但出水携带大量絮体。可能是因为混凝剂投加量过大，可通过监测进水浊度和观察絮体的形成和沉淀情况，来判断加药量是否合适。

351 改善混凝作用的常用手段有哪些？

改善混凝作用的常用手段如下。

(1) 投加少量高分子助凝剂

此法配合无机混凝剂使用，可提高混凝效果，常用的高分子助凝剂有活化硅酸、聚丙烯酰胺、骨胶、海藻酸钠等。例如对低温、低浊水可用活化硅酸助凝剂，配合铝盐或铁盐混凝剂使用，不仅絮凝速率快，絮凝体颗粒大而密实，且可节省混凝剂用量 30%～50%。投加顺序通常是：先投混凝剂，后投助凝剂，其时间间隔应在 30～60s。对于高浊度水，目前常用的助凝剂是聚丙烯酰胺。

(2) 同时投加酸或碱

其目的是调节水的 pH 值或碱度。用硫酸铝处理黏土类胶体和悬浮物时，适宜 pH 值≥

6.5；处理高色度水时，适宜pH值在5～6之间。用亚铁类无机混凝剂处理色度废水时，适宜的pH值约为8。

（3）同时投加氧化剂

其目的是氧化亲水有机杂质，提高絮凝效果。所用氧化剂有次氯酸钠、漂白粉及臭氧等，但应注意氯与有机污染物（如腐殖酸及富里酸等）反应会产生三氯甲烷致癌物，有机物经臭氧氧化以后，有可能将致突变物及二卤甲烷的母体（如腐殖酸等）大分子分解成小分子中间产物，其中也可能存在致突变物。安全的做法是最后用活性炭吸附。但投加氧化剂的方法适合于气浮工艺，在混凝沉淀工艺上，应谨慎采用。

（4）接触絮凝方法

接触絮凝介质投入澄清池进行接触絮凝，增强其絮凝核心作用，加快水体中悬浮体和胶体的絮凝速率及对杂质的吸附作用，提高水的处理深度，适宜pH值为8左右。其目的是氧化亲水有机杂质，提高混凝效率。

（5）沉淀污泥部分回流

沉淀污泥中仍含有少量絮凝剂，沉淀污泥部分回流可充分利用混凝剂，同时还可起到助凝作用，提高絮凝效果。

（6）混凝剂分次投加

分次投加絮凝剂可能会有更好的混凝效果，或全部投入一部分水体中，经充分混合后，再与另一部分未加混凝剂的水混合，有时也会出现更好的混凝效果。

352 平流沉淀池的特点及运行控制要点有哪些？

平流沉淀池运行水位一般控制在最高允许运行水位及其下0.5m之间；重力排泥时，每日累计排泥时间不得少于8h，采用其他形式排泥的，可依具体情况确定。沉淀池的出口应设质量控制点，浊度控制在规定的数值以下。平流沉淀池的停止和启用操作要注意保持滤前水的浊度无波动。平流沉淀池在启用恢复水位时，应通过沉淀池出口的连通管向被恢复池注水，当两组池水的水位一致后，方可打开该池的进水阀门。

采用桁车刮泥机时，一般间歇刮泥，与排泥周期时间一致，协同操作；采用链条式刮泥机时，既可间歇也可连续刮泥。刮泥周期长短取决于污泥的数量和质量，污泥量大或已腐败时，应缩短周期，但刮板行走速度不能超过其限值，否则会搅起已沉淀的污泥。连续刮泥易于控制，但链条和抬板的磨损会比较严重。

353 斜管（板）沉淀池的特点及运行控制要点有哪些？

斜管（板）沉淀池的颗粒沉降速速为0.3～0.6mm/s，斜管（板）倾斜角度宜为60°，可采用穿孔排泥或机械排泥。

斜管（板）沉淀池运行过程中，穿孔管式的排泥装置必须保持快开阀的完好、灵活，排泥管道的畅通，排泥频率为每8h至少一次（穿孔管管径300mm以下的排泥频率酌情增加）；启用斜管（板）时，初始的上升流速应缓慢，防止斜管（板）漂起；斜管（板）表面及斜管管内沉积产生的絮体泥渣定期用0.25～0.30MPa的水枪进行冲洗。对进入沉定池的絮凝水样进行搅拌、试验或目测，每小时至少一次，其出口浊度应控制在规定的数值以内。

354 导致沉淀工艺出现出水浊度升高的常见原因有哪些?

导致沉淀工艺出现出水浊度升高的常见原因如下：

① 工艺控制条件合理，表面负荷过大或水力停留时间过短；

② 出水堰板溢流负荷过大，堰板不平整或者沉淀池设计不合理，存在死区；

③ 入流温度或浊度变化太大，形成密度异重流；

④ 进水整流板设置不合理或损坏，风力引起出水不均匀；

⑤ 排泥不及时，池内积砂或浮渣太多；

⑥ 设备本身故障及排泥管堵塞等。

355 沉淀工艺日常运行管理注意事项有哪些?

① 每班观察并记录絮体情况，对比数据，分析异常状况，及时采取对策；

② 合理确定排泥次数和时间，避免池内积存大量污泥和池内流速过大；

③ 及时和准确排泥，排泥间隔过长或一次性排泥量过大均影响正常运行；

④ 絮凝反应池末端和沉淀池进水配水墙之间出现大量积泥时，会堵塞部分配水孔，使孔口流速过大，打碎絮体，此种情况下，应停止运行，清除积泥；

⑤ 加强巡查，确保出水堰平整，避免池内出现短流和造成絮体破坏；

⑥ 定期取样分析出水水质，并核算混合区和絮凝池的 G 值和 GT 值；

⑦ 定期巡检设备和仪器仪表运行情况，如有故障，及时进行切换或排除。

356 高效沉淀池的工艺构造情况如何?

高效沉淀池是以体外污泥循环回流为主要特征的一项沉淀澄清技术，亦即用浓缩后的具有活性的污泥作为“催化剂”，借助高浓度优质絮体群的作用，大大改善和提高絮凝及沉淀效果。

高效沉淀池是“混合凝聚、絮凝反应、沉淀分离”三个单位的综合体，即把混合区、絮凝区、沉淀区在平面上呈一字型紧密串接成一个有机的整体。其工艺构造原理如图 5-2 所示。

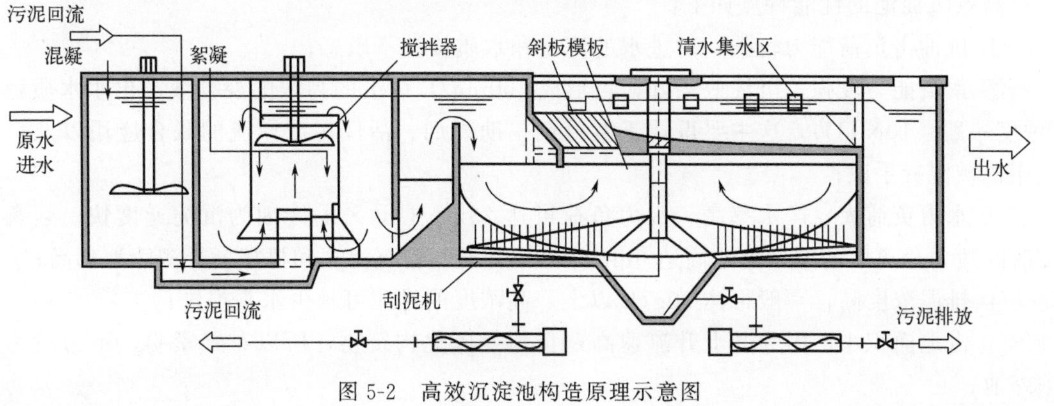

图 5-2 高效沉淀池构造原理示意图

该工艺是在传统的斜管式混凝沉淀池的基础上，充分利用加速混合原理、接触絮凝原理和浅池沉淀原理，把机械混合凝聚、机械强化絮凝、斜管沉淀分离三个过程进行优化组合，从而获得常规技术所无法比拟的优良性能。

357 高效沉淀池有何技术特点?

高效沉淀池与普通平流式混合沉淀池以及污泥循环型机械搅拌澄清池相比，有以下特点：

① 在混合、絮凝、沉淀的三个工序之间，不用管渠连接，而采用宽大、开放、平稳、有序的直通方式紧密衔接，有利于水流条件的改善和控制。同时采用矩形结构，简化了池型，便于施工，布置紧凑，节省占地面积。

② 混合与絮凝均采用机械方式，便于调控运行工况，沉淀区装设斜管，在保证水质情况下进一步提高表面负荷，增加产水量。

③ 沉淀池下部设有污泥浓缩区，底部安装带栅条刮泥机，有利于提高排出污泥的浓度(含固率可达3%以上)，可省去污泥脱水前的浓缩过程。

④ 污泥浓缩池不单独另设，而是设在沉淀池的底部，节省用地。池底采用带栅条刮泥机将污泥刮在中心锥底处排放，可提高污泥的浓缩度，并省去了排泥水处理中的浓缩过程。

⑤ 在浓缩区与混合区之间，在池体外部设有污泥的循环管路系统，使部分浓缩污泥由泵回流到混合池中，与原水和絮凝剂充分混合后，通过絮凝形成高浓度混合絮凝体，而后缓慢平稳进入沉淀区分离。

⑥ 促凝药剂采用有机高分子絮凝剂，并投加助凝剂PAM，以提高絮体凝聚效果，加快泥水分离速度。

⑦ 对关键技术部位的运行工况采用严密的高度自动监控手段，及时自动调控。例如，絮凝与沉淀衔接过渡区的水力流态状况，浓缩区泥面高度的位置，原水流量、促凝药剂投加量与污泥回流量的变化情况等。

⑧ 在清水集水支槽底部装设垂直的隔板，把上部池容积分成几个单独的水力区，以使各处水力平衡，上升流速均匀稳定，确保出水水质。

358 高效沉淀池有何性能特点?

高效沉淀池的性能特点如下：

① 抗冲击负荷能力较强，对进水的流量和水质波动不敏感；

② 絮凝能力较强，沉淀效果好，可形成500mg/L以上的高浓度混合液，出水水质稳定(浊度一般<10NTU)，这主要得益于絮凝剂、助凝剂、活性污泥回流的联合应用以及合理应用机械混凝手段；

③ 水力负荷大，产水率高，水力负荷可达$23m^3/(m^2 \cdot h)$。因为沉淀速度快，絮凝沉淀时间短，分离区的上升流速高达6mm/s，比普通斜管沉淀池和机械搅拌澄清池都高；

④ 排泥浓度高，一般可达20g/L以上，高浓度的排泥可减少水头损失；

⑤ 占地面积小，因为其上升流速高，且为一体化构筑物，所以布置紧凑，不另设污泥浓缩池；

⑥ 自动控制，工艺运行稳定，启动时间短（一般小于 30min）。

359 机械搅拌澄清池的工作原理是什么？

我国从 1964 年开始研究和应用机械搅拌澄清池，机械搅拌澄清池具有体积小、投药少、效率高，对流量变化适应强等优点。机械搅拌澄清池将混凝、沉淀、澄清三个工艺环节在一个池子内完成，如图 5-3 所示。

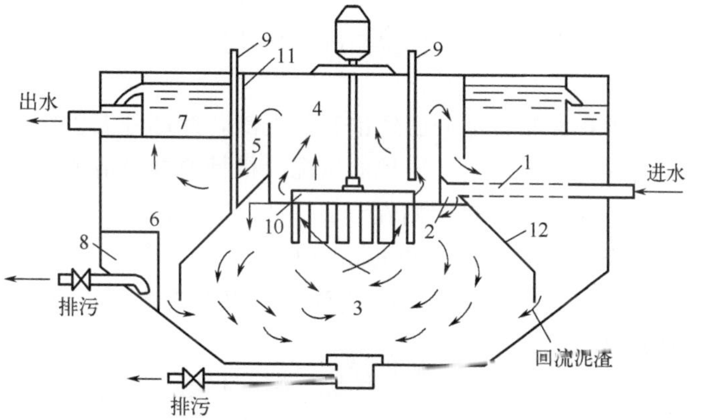

图 5-3　机械搅拌澄清池构造原理示意图

1—进水管；2—进水槽；3—第一反应室（混合室）；4—第二反应室；5—导流室；6—分离室；7—集水槽；8—泥渣浓缩室；9—加药室；10—机械搅拌器；11—导流板；12—伞形板

机械搅拌澄清池的工作原理是利用机械搅拌来实现泥渣回流。其运行原理如图 5-3 所示：原水投加混凝剂后经三角进水槽均匀进入第一反应室，经过搅拌机均匀搅拌、形成矾花后提升至第二反应室，水和矾花在第二反应室继续搅拌达到较大且稳定的矾花后，经导流室进入分离室。因分离室面积突然增大，流速降低，矾花通过重力作用，经回流缝下沉至第一反应室继续循环或通过排污管路排出，清水上升经集水槽汇集出水。

360 机械搅拌澄清池运行中应注意哪些影响因素？

（1）温度

温度对机械搅拌澄清池的影响较为明显。因投加混凝药剂为水解过程，反应需要吸热，冬季低温水解效果差，矾花形成得小且稳定性差，不利于形成活性泥渣层。此时应考虑加大混凝剂投加量或投加高分子聚合物（如聚丙烯酰胺）辅助活性泥渣层形成。药剂投加量应根据混凝烧杯实验及现场实际情况按需投加，切忌过量投药使得机械搅拌澄清池出水中存有大量未消耗药剂，影响后续工艺运行。

（2）水量

稳定的活性泥渣层是保证机械搅拌澄清池出水水质的关键，较大水量的增减会破坏泥渣层，造成泥渣层上浮，澄清出水中出现矾花。平稳运行中，如非紧急情况停止运行或加大水量，应采取间歇式加减水的方法，每次间隔时间不应少于 30min，增减水量应为正常水量的 10％～15％。

（3）浊度

水中浊度的变化是水中杂质变化趋势的最直观表现。通过混凝烧杯实验分析，大部分情况下，浊度增加，混凝药剂要随之增加。

（4）搅拌机转速

机械搅拌澄清池是通过搅拌机搅拌提升作用将池内水与药剂混合，并从第一反应室提升到第二反应室。足够的搅拌机转速可以使水和药剂充分接触，提高颗粒间碰撞、黏附几率，促进胶体脱稳，形成微小矾花。搅拌频率过低会导致搅拌不充分，矾花形成效果差；搅拌频率过高会打碎已经形成的矾花团，被打碎的矾花团会随水流进入澄清区，造成跑矾花的情况，影响出水水质。冬季水温较低时，应适当降低搅拌机转速，确保矾花稳定。

（5）排泥

在泥渣回流的过程中，存在一部分已经饱和的泥渣，此部分泥渣应及时通过排泥系统排出系统，过多的积泥会导致刮泥机出现压耙的情况。机械搅拌澄清池运行期间，应定时进行第二反应室沉降比检测，沉降比一般控制在10%～20%，沉降比高时应考虑增加排放次数或每次排放的时间；沉降比低时可以减少每次排放的时间。夏季温度升高，来水中藻类增多，为避免造成藻类在机械搅拌澄清池内黏附池壁，以及发生反应产生气泡影响泥渣层稳定，应适当增加排泥频率。

361 机械搅拌澄清池运行管理有哪些措施?

应及时掌握原水水质及其变化情况，以便根据不同的水质情况准确地确定混凝剂的投加量和使用好必需的助凝剂。运行人员对原水浊度、pH值、碱度等都必须定时进行测定，通常每班应测定1～2次。原水水质变化较大时，则1～2h测定一次，根据测定结果，及时调整药剂投加量。每次测定都应作好数据记录，以便总结经验，找出规律。

机械搅拌澄清池是依靠活性泥渣的接触吸附作用使水澄清，因此，保持泥渣的活性和适宜的浓度，对澄清池运行效果具有十分重要的意义。

① 泥渣活性的判断。泥渣的活性可通过观察进行判断。如果泥渣颗粒粗大，疏松多孔，色泽较浅，则说明活性好，吸附力强。反之，若颗粒细小，密实，色泽较深，则说明泥渣已经老化，必须及时排出池外。泥渣浓度以2500～5000mg/L为宜。

② 泥渣的活性和浓度的保持。可以采用下述方法保持泥渣的活性和浓度：

a. 调整投药量和投加点。当原水浊度较高，出水水质变坏时，应适当加大药剂投量，并采用多点投加，以促进药剂快速均匀分散；

b. 可用控制回流比的方法进行调节，例如，泥渣浓度过高，可减小搅拌的叶轮开启度，以减少泥渣回流量。

③ 对初次投入运行的澄清池，应设法尽快形成高浓度活性泥渣。若原水SS低于200mg/L，一方面应加大凝聚剂投加量，另一方面还应投加黄泥、泡花碱或聚丙烯酰胺等绒体核心类助凝剂。其中以投加黄泥最为简便易行。将黄泥打碎过筛后用水搅拌成黄泥浆，投加到第一絮凝室，投加量视原水浊度而定。当澄清池开始出水时，如发现分离室悬浮物产生分离现象并有少量矾花上浮，但水不是很浑浊，第一絮凝室泥渣含量逐渐增高，则可以认为投药和投泥量适当。

④ 对于正常运行的澄清池，每隔 1～2h 应测定一次原水与出水浊度和 pH 值，以便及时调整药剂投加量并决定是否加碱或加氯助凝。第一絮凝室和第二絮凝室的泥渣沉降比应每隔 1～2h 测定一次，掌握泥渣沉降比与原水水质、凝聚剂投加量、泥渣回流量与排泥时间之间的变化关系和规律。一般来说，如果原水浊度高，沉降比要控制低一些。

⑤ 正确的排泥，对澄清设备的正常运行是至关重要的。因此，在澄清池运行中应注意及时排泥，将池内多余的和变质的泥渣及时排掉，使池内泥渣保持平衡。但排泥历时又不能过长，因泥渣过多或过少都会影响出水水质。泥渣过多，会产生拥挤沉淀，泥渣层在分离室上移，导致一部分泥渣随上升水流到清水区，使出水水质受影响；活性泥渣过少，不能与原水中的悬浮物和胶体物质充分接触，影响吸附架桥和沉淀物卷扫作用，使混凝效果不好，从而影响出水水质。

⑥ 如果要提高澄清池运行负荷，则应在增加水量前 20～30min 内增大投药量至正常投药量的 2 倍左右，并通过排泥使泥渣层高度适当降低，然后再逐渐增加进水量，直至水质稳定后方可恢复为正常投加的药量。

⑦ 对停止运行时间较长的澄清池，重新运行时，应先开启池底放空阀，少量排除池底压实的泥渣，使底部泥渣松动，然后再进水，并适当增加凝聚剂投加量，等出水水质稳定后再逐渐恢复到正常投加的药量。

362 机械搅拌澄清池运行管理中有哪些注意事项?

机械搅拌澄清池除以上运行管理外，还应注意以下几点：

① 高温高浊期要紧防排泥不当。夏季高温高浊期原水浊度太高，澄清池必然要增加排泥频次和排泥历时，沉降比控制相对低一些，但在运行中往往控制不好排泥量，极易产生排泥过量的现象。如排泥过量，沉降比过低，回流活性泥渣量不足或没有，不能与原水中较高浓度的悬浮物充分接触絮凝，使分离区泥渣层破坏，造成乱层，清水区中浑浊物随水流流出，使水质恶化，严重时也易产生“翻池”现象。当出现排泥过量时，应及时增加凝聚剂的投加量，并投加黄泥、泡花碱或聚丙烯酰胺等绒体核心类助凝剂，尽快培养活性泥渣，恢复正常运行。如排泥量不足，沉降比过高，分离室泥渣拥挤上升，也会产生“翻池”现象。这时应增加排泥频次和排泥历时，必要时开启放空阀门辅助排泥。

② 在低温低浊期要根据实际情况投加黄泥、泡花碱或聚丙烯酰胺等绒体核心类助凝剂。因为凝聚剂参与混凝是水解反应，属于吸热反应，水温低不利于水解反应进行，致使混凝效果差，不仅矾花形成较慢，而且结构松散，颗粒细小，沉降性差；原水浊度低，悬浮物含量少，不利于活性泥渣的形成。因此，需投加适量核心类助凝剂，以增加矾花的骨架材料和改善矾花的结构，增加矾花的重量，加快矾花形成，从而提高泥水分离效果；同时投加助凝剂还可降低凝聚剂的投加量。

③ 及时清通排气管，防止气泡影响处理效果。水泵提取来的原水中含有一定量的气泡，如排气不畅，原水中的气泡不能及时排出，当气泡随水流进入分离室时，由于清水区水面面积较大，水中气泡会自动逸出，会将部分悬浮物带到清水区水面，影响出水水质。

④ 控制腐泥产生。澄清池长时间运行，池底会逐渐沉积泥渣，泥渣越沉越实，时间久了，便会腐烂变质，产生腐泥，同时生成沼气，腐泥慢慢膨胀，密度变小，在沼气气泡的携

带下，浮到清水区水面，影响水质。因此，应定期开启池底放空阀进行放空，及时排掉腐泥，并使底部泥渣松动，实现泥渣循环。

在实际生产中，不仅要注意工艺操作判断失误带来的不利影响，更应注重设备、设施的日常维护保养。人员的技术素质和管理也占据相当重要的一环，只有把各个环节有机地结合起来充分发挥作用，才能保证稳定运行，发挥最大作用。

363 水力循环澄清池的工作原理是什么?

水力循环澄清池是一种集混合、絮凝、沉淀于一体的泥渣循环型澄清池，其构造原理如图 5-4 所示。原水经过水射器喷嘴，在其周围形成负压吸入泥渣，使原水、泥渣、混凝剂充分而激烈地快速混合，从而增加悬浮颗粒间的碰撞，加快接触絮凝作用，达到泥水分离的目的。其工作原理是根据近代絮凝理论中“闪发式混合”“双电层作用”与“化学架桥作用”的观点，充分利用活性泥渣的接触絮凝活性，使其泥渣回流参与混合絮凝，通过连续加药和间歇排泥，使泥渣层一直处于新陈代谢状态中，泥渣层始终保持接触絮凝的活性。

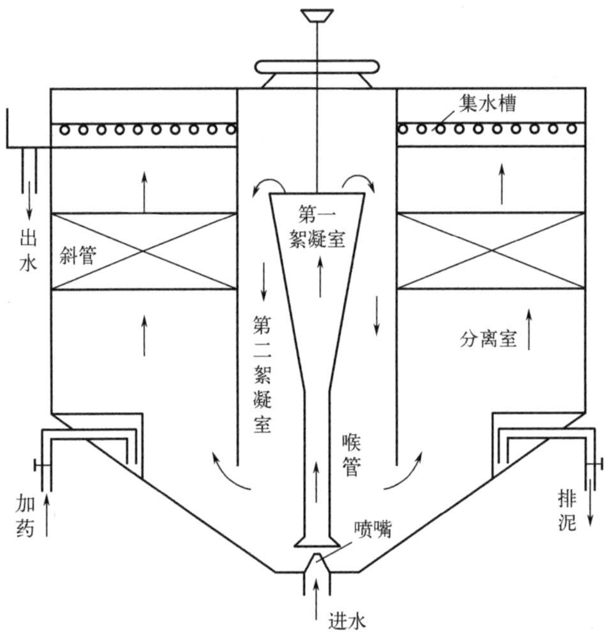

图 5-4 水力循环澄清池构造原理示意图

364 水力循环澄清池运行中应注意哪些影响因素?

水力循环澄清池运行中的影响因素如下。

(1) 加药量控制

澄清池初运转时，加药量可按正常投加量的 2 倍左右投加，以加速矾花形成。药剂配制浓度以 3%～5%为宜，设计加药量往往只给出加药量范围，小试最佳加药量只能作为实际加药量的参考，调试运行时应按照进水水质、水量和水温等因素及时合理地调整加药量，实际最佳投药量应根据矾花形成情况、絮凝体沉降性能和出水水质等情况来确定。

（2）回流比调节

澄清池投入运行后，应仔细观察泥渣形成状况及出水水质，调节喉管与喷口间距离，观察污泥回流情况，以确定喉管位置和最佳回流量。

（3）泥渣悬浮层的形成和测定方法

水力循环澄清池悬浮层泥渣浓度宜控制在4000～5000mg/L，其浓度与原水浊度、加药量、药剂品种、上升流速、水温等因素有关。正常运行中，一般以测定第一反应室5min沉降比来控制出水水质和排泥。正常沉降比宜控制在15%～20%，一般超过20%～25%时则应及时排泥，否则悬浮泥渣会上浮进入清水层，使出水水质变坏。沉降比低于10%时，应适当增加加药量，以提高泥渣层浓度。初运行时，为加速泥渣层形成，可采取适当减少进水量（为设计水量的1/3～2/3）和加大投药量（为正常加药量的2倍左右）等措施。泥渣层的形成速率主要与原水浊度有关，通常原水浊度愈高，形成时间愈短。当水浊度低时，可加入黄泥和混凝剂的混合体，待泥渣层形成后，再逐步增加进水量至设计水量。

（4）排泥系统

水力循环澄清池底部污泥积存到一定浓度时，为确保污泥的活性，剩余沉积泥渣必须及时排放。泥渣浓度一般为12～20mg/L，泥渣沉降比超过80%时，应延长排泥时间，排泥历时不可过长，以免泥渣排出太多，影响活性泥渣层浓度和出水水质。排泥次数应视泥渣浓度而定，运行中应经常观察，定时取样分析，并根据原水浊度和季节变化情况，及时调整排泥量和排泥次数。平时发现池内清水层出现泥渣翻浑现象时，应及时进行排泥。

（5）澄清池停运后重新运行

当澄清池停止运行24h后，泥渣层成压实状态，重新运转时，宜先开启底部放空阀门，排出底部少量泥渣，并适当加大进水量和投药量，使底部泥渣松动，然后调节进水量为设计水量的2/3左右，待水质稳定后，再逐步降低加药量，增大进水量至设计水量。

（6）预氯化

在投加混凝剂的同时加氯，可以防止水力循环澄清池内滋长青苔等藻类堵塞集水槽孔眼。

（7）检修

水力循环澄清池宜每年放空1～2次，进行池体清洗、检修和构配件的防腐等工作。

365 常见的气浮方法有哪些？

按水中气泡产生的方法不同，将气浮法分为三大类：充气气浮、溶气气浮和电解气浮法。目前，电解气浮法应用较少，这里主要介绍前两种。

（1）充气气浮法

充气气浮法是利用机械剪切力将混合于水中的空气分割成微小气泡以进行浮选处理的方法，又称布气浮选法。按粉碎气泡方法的不同，充气气浮又分为射流气浮、叶轮气浮和扩散板（管）气浮。图5-5为充气气浮池构造原理示意图。

（2）溶气气浮法

溶气气浮法是使空气在一定压力下溶于水中并达到过饱和状态，然后再突然降低污水压力，这时溶解于水中的空气便以微小气泡的形式从水中逸出，以进行浮选的方法。图5-6为溶气气浮池构造原理示意图。用这种方法产生的气泡直径约为20～100μm，并且可人为地

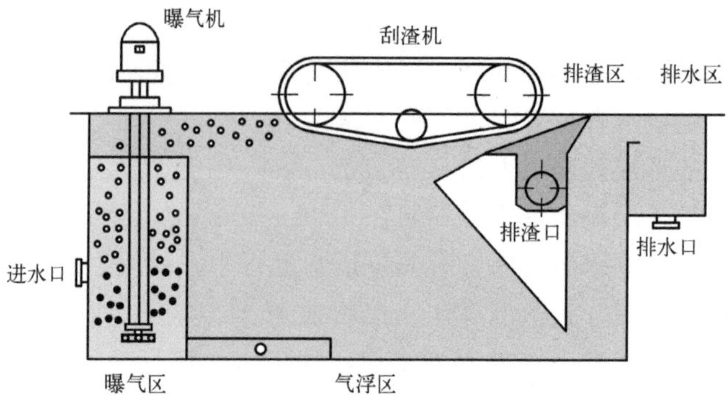

图 5-5 充气气浮池构造原理示意图

控制气泡与废水的接触时间，应用广泛。根据气泡从水中析出时所处压力的不同，溶气气浮又可分为加压溶气气浮和溶气真空气浮两种类型。前者是空气在加压条件下溶于水中，而在常压下析出；后者是空气在常压或加压条件下溶入水中，在负压条件下析出，其广泛用于含油废水的处理，通常作为除油后的补充处理和生化处理前的预处理。

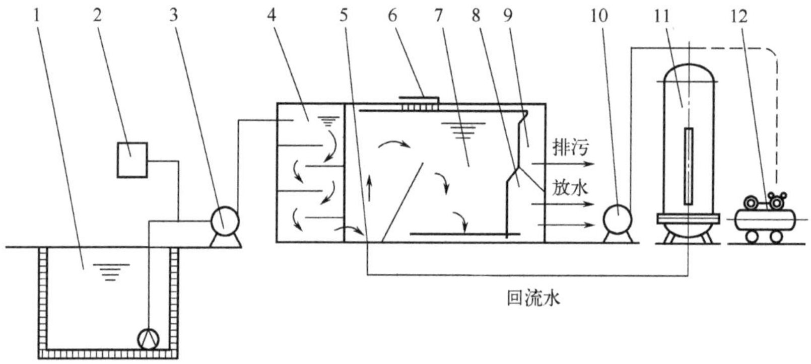

图 5-6 溶气气浮池构造原理示意图

1—调节池；2—投药设备；3—污水泵；4—折板聚凝池；5—溶气释放器；6—刮沫机；7—气浮池；8—溶气水存放池；9—污泥池；10—溶气水泵；11—溶气罐；12—空压机

366 气浮的基本原理是什么?

气浮法，又称浮选法。它是将污水通入空气，产生微小气泡作为载体，使污水中的乳化油、微小悬浮物等污染物质黏附在气泡上，形成浮选体，利用气泡的浮升作用，上升到水面，通过收集水面上的泡沫或浮渣达到分离杂质、净化污水的目的。这种方法主要用来处理污水中靠自然沉降或上浮法难以去除的乳化油或相对密度近于 1 的微小悬浮颗粒。

气浮过程包括气泡产生、气泡与颗粒（固体或液滴）附着以及上浮分离等连续步骤。实现气浮法分离的必要条件有两个：①必须向水中提供足够数量的微细气泡，气泡理想尺寸为 15～30μm；②必须使目的物呈悬浮状态或具有疏水性质，从而附着于气泡上浮。

当水中升起的空气泡与疏水粒子接近时，穿透包围粒子的水层（具有某一临界厚度），气泡与粒子黏着，一起上浮至水面，形成泡沫（亦称浮渣）。水中通入气泡后，并非任何悬浮物都能与之黏附。这取决于该物质的润湿性，即能被水润湿的程度。各种物质对水的润湿性可用它们与水的接触角来反映。浸润角越大，附着的概率越大，气泡附着在粒子表面也就越牢固。吸附现象和水中的表面活性物质、电解质均影响悬浮粒子表面的浸润性能。表面活性物质吸附在粒子表面，降低其浸润性，使粒子变为疏水性。常用的表面活性物质有植物油、脂肪酸及其盐类、硫醇、烷基硫酸盐和胺等，提高溶解气体在粒子表面的分子附着作用，也可增加粒子的疏水性。通常情况下，浸润角＞90°者称为疏水性物质，容易与气泡吸附，当该物质相对密度小于1时，适宜用气浮法。当浸润角趋近180°时，这种物质最易被气浮。浸润角＜90°者称为亲水性物质，这种物质气泡吸附不牢，不易于分离。当浸润角趋近0°时，这种物质就不能被吸附。

气浮分离的效果与气泡的大小和数量有关。废水中杂质含量提高，接触和黏着的概率也随着提高，因此，空气的单位体积耗量也就减少。上浮过程中必须稳定气泡大小，为此，加入各种泡沫生成剂，以减少相分离的表面能，如加入松脂、甲酚、酚、烷基硫酸钠等。这些物质中的一部分功能团具有捕集和生成泡沫等特性。废水中杂质粒子的重量不超过粒子对气泡的黏着力和气泡浮力，气浮性能良好的粒子尺寸大小与物质的密度有关，一般为0.2～1.5mm。

气浮过程也可与混凝法结合使用，称为混凝气浮法，气泡对新生成的絮凝物的附着概率比加药前生成的絮凝物要高些。

367 射流气浮的结构特点和运行参数有哪些?

射流气浮是采用以水带气的射流器向水中充入空气。当水从射流器喷嘴高速喷出时，将其周围的空气一起带走，使吸入室形成负压，继而从吸气管吸入空气。当水气混合体进入喉管段后进行充分混合并伴随着激烈的能量交换，空气被粉碎成微小气泡，然后进入扩散段，水气混合体降低流速，动能转化为势能，进一步压缩气泡，最后从排出口排出，进入浮选池中进行气水分离，完成浮选过程。为保证射流器不堵塞，要求悬浮物颗粒直径小于喷嘴直径，喉管直径与喷嘴直径之比为2～2.5。

射流气浮的优点是装置简单，造价低。但是它效率较低，在不投加混凝剂时，去除含油污水中乳化油的比率约为65%，且喷嘴及喉管处易被油污堵塞，故应配备蒸汽清扫措施。射流气浮池多用竖流圆形，其设计运行参数一般要求如下。

① 保证射流器不堵塞，要求悬浮物颗粒粒径小于喷嘴直径；

② 反应段上升流速为60～80m/h；

③ 分离段上升流速为6～8m/h；

④ 停留时间为8～15min；

⑤ 进水压力为98～294kPa；

⑥ 气浮渣由液位控制溢流排出；

⑦ 气水比为5%～8%；

⑧ SS去除效率一般为90%～95%。

368 加压溶气气浮法的常规设计运行参数有哪些?

加压溶气气浮法的常规设计运行参数如下：

① 一般溶气压力用200～400kPa，回流比取25%～50%。

② 根据试验时选定的混凝剂及其投加量和完成絮凝的时间及难易度，确定反应形式及反应时间，一般反应时间比沉淀所需的反应时间短些，10～15min 为宜。

③ 接触室必须为气泡与絮凝体提供良好的接触条件，其宽度还应考虑易于安装和检修的要求。为避免打碎絮体，应注意水流的衔接，反应池与气浮池可合建，进入气浮接触室的流速宜控制在 0.1m/s 以下。

④ 接触室的水流上升流速一般取 10～20mm/s，室内的水力停留时间一般不宜小于 60s。

⑤ 接触室内的溶气释放器，需根据选定的回流量、溶气压力及各种型号释放器的作用范围，确定合适的型号与数量。

⑥ 气浮分离室的水流（向下）流速，一般取 1.5～2.5mm/s，即分离室的表面负荷率取 5.4～9.0$m^3/(m^2 \cdot h)$。

⑦ 气浮池的有效水深，一般取 2.0～2.5m，水力停留时间一般为 10～20min。

⑧ 气浮池一般单格宽度不超过 10m，池长不超过 25m。

⑨ 气浮池排渣，一般采用刮渣机定期排除，刮渣机的行车速度宜控制在 5m/min 以内。

⑩ 气浮池集水应力求均匀，一般采用穿孔集水管，集水管的最大流速控制在 0.5m/s 左右。

⑪ 压力溶气罐直径，一般根据过水截面负荷率 100～150$m^3/(m^2 \cdot h)$ 选取，罐高为 2.5～3.0m。填料有瓷质拉西环、塑料斜交错淋水板、不锈钢圈填料、塑料阶梯环等。由于阶梯环具有高的溶气效率，故可优先考虑，填料层高通常取 1～1.5m。有的溶气罐做成空罐，但空罐易使水流短路，容积利用系数小。

⑫ 溶气罐顶需设放气阀，以便定期将积存罐顶的受压空气放出，否则溶气罐的容积将相应地减小，而且气浮池将有大气泡冒出，影响气浮效果。

369 溶气释放器选择的基本要求有哪些?

溶气释放器是将压力溶气水通过消能、减压，使溶入水中的气体以微气泡的形式释放出来，并迅速而均匀地与水中杂质相黏附。选择溶气释放器时的基本要求如下：

① 充分地减压消能，保证溶入水中的气体能充分地全部释放出来；

② 保证气泡的微细度，增加气泡的个数，增大与杂质黏附的表面积，防止微气泡之间相互碰撞而扩大，以减少不利于气浮过程的大粒径气泡的产生；

③ 创造释气水与待处理水中絮凝体良好的黏附条件，避免水流冲击，确保气泡能迅速均匀地与待处理水混合，提高捕捉概率；

④ 要有防止堵塞的措施，为了迅速地消能，必须缩小水流通道，因而水中杂质堵塞通道是很难避免的，故必须要有防止堵塞的措施；

⑤ 构造简单，材质要坚固、耐腐蚀，同时要便于加工、制造与拆装。尽量减少可动部件，确保运行稳定、可靠。

370 加压溶气气浮法初次运行操作时的注意事项有哪些?

加压溶气气浮法初次运行操作时的注意事项如下：

① 初次进水前，首先要用压缩空气或高压水对管道和溶气罐反复进行吹扫清洗，直到没有容易堵塞的颗粒杂质后，再安装溶气释放器。同时，要检查连接溶气罐和空压机之间管道上的单向阀方向是否指向溶气罐。

② 先开空压机，要等空压机的出口压力大于溶气罐的压力后，再打开压缩空气管道上的阀门，向溶气罐注入空气。

③ 先用清水调试压力溶气系统与溶气释放系统，待系统运行正常后，再向反应池内注入污水。

④ 压力溶气罐的出水阀门必须完全打开，以防由于水流在出水阀处受阻，使气泡提前释放、合并变大。

⑤ 控制气浮池出水调节阀门或可调堰板，将气浮池水位稳定在集渣槽口以下 5～10cm，待水位稳定后，用进出水阀门调节并测量处理水量，直到达到设计水量。

⑥ 等浮渣积存到 5～8cm 后，开动刮渣机进行刮渣，同时检查刮渣和排渣是否正常，出水水质是否受到影响。

371 气浮法日常运行管理有哪些注意事项?

气浮法日常运行管理的注意事项如下：

① 巡检时，通过观察孔观察溶气罐内的水位。要保证水位既不淹没填料层，又不低于 0.6m，以免影响溶气效果，防止大量空气窜入气浮池。

② 巡检时要注意观察池面情况。如果发现接触区浮渣面高低不平、局部水流翻腾剧烈，可能是个别释放器被堵或脱落，需要及时检修和更换。如果发现分离区浮渣面高低不平、池面常有大泡鼓出，这表明气泡与杂质絮粒黏附不好，需要调整加药量或改变混凝剂的种类。

③ 冬季水温较低影响混凝效果时，除采取增加投药量的措施外，还可利用增加回流水量或提高溶气压力的方法，增加微气泡的数量及其与絮粒的黏附，以弥补因水流黏度的升高而降低带气絮粒的上浮性能，保证出水水质。

④ 为了不影响出水水质，在刮渣时必须抬高池内水位，因此要注意积累运行经验，总结最佳的浮渣堆积厚度和含水量，掌握浮渣积累规律和刮渣时间，定期运行刮渣机除去浮渣，建立符合实际情况的刮渣制度。

⑤ 根据反应池的絮凝、气浮池分离区的浮渣及出水水质等变化情况，及时调整混凝剂的投加量等混凝参数，同时要经常检查加药管的运行情况，防止发生堵塞（尤其是在冬季）。

⑥ 做好日常运行记录，包括处理水量、水温、进出水水质、投药量、溶液气水量、溶气罐压力、刮渣周期、泥渣含水率等。

372 如何进行气浮设备的维护与保养?

气浮设备的维护与保养注意事项如下：

① 设备运行过程中应经常注意运行是否正常，发现问题应及时停止运行，进行检查，排除故障后再继续运行。

② 根据反应池的絮凝情况、气浮区浮渣及出水水质，注意调节混凝剂的投加量等参数，

特别要防止加药管的堵塞。

③ 需对减速机及空压机定期加油。一般空压机 1 个月加一次润滑油，减速机 2 个月加一次油，半年换一次油。

④ 气浮设备运行以后，应经常检查刮渣机轴承座固定螺栓是否松动，以防链条跑偏，造成脱轨或断裂。

⑤ 回流泵切不可空载运转，否则将损坏泵体机械密封圈，造成泵体渗水，并且运行时噪声加大。

⑥ 经常观察气浮池面情况，如果发现接触区浮渣面不平，局部冒出大气泡或水流不稳，应取下释放器排除堵塞；如果分离区浮渣面不平，池面上经常有大气泡破裂，则表明气泡与絮粒黏附不好，应检查并对混凝系统进行调整或采取适当措施（如投加表面活性剂等）；不合格出水返回集水池，合格出水进入后续处理系统。

⑦ 经常检查溶气罐的水位指示管，使其控制在一定的范围（一般在 60～100cm 内），以保证溶气效果，避免因溶气罐水位脱空，导致大量空气窜入气浮池而破坏净水效果和浮渣层。对已装有溶气罐液位自动控制装置的，则需注意设备的维护保养。

⑧ 在冬季水温过低时期，由于絮凝效果差，除通常需增加投药量外，有时须相应地增加回流水量或溶气压力，让更多的微气泡黏附絮粒，以弥补因水流黏度的增加而影响带气絮粒的上浮性能，才可以保证气浮机出水水质正常，保证污水处理的效果。

373 活性砂滤池构造和运行过程是什么？

活性砂滤池是采用单一均质滤料，上向流过滤，压缩空气提砂洗砂，过滤与反冲洗可以同时进行的连续过滤设备。活性砂滤池由底部带有锥斗的钢筋混凝土池体（或钢制壳体）、布水洗砂装置以及配套设备组成，其中布水洗砂装置由布水器和洗砂器等组成，是核心部件；配套设备包括空压机、储气罐、控制柜。活性砂滤池构造如图 5-7 所示。

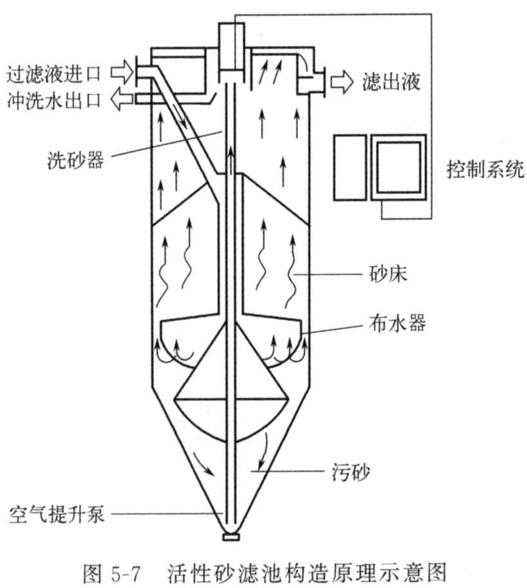

图 5-7 活性砂滤池构造原理示意图

活性砂滤池过滤时，待滤水经进水管、中心套管、布水器进入滤床下部，然后由下而上流经滤料层完成过滤，滤后水从上部出水堰溢出。同时，压缩空气通过中心套管进入提砂管，空气与水的混合体向上流动，将锥斗底部已经截留了大量悬浮物的滤料提升到上部的洗砂器。在洗砂器中，由于过水断面变大，上升流速变缓，滤料下沉落入滤料层上部。由于下部的滤料不断被提升至上部，滤料层也不断向下运动，所以也叫流动床滤池。

在流动床滤池中，滤料的清洗在两个位置连续进行。首先是在提砂管，气泡、水和砂上升形成的强烈紊流对滤料进行清洗。其次是在洗砂器，由于洗砂器再生水位低于池内水位，池内水沿洗砂器上升并不断排出，滤料则下落，上升水流可对滤料再次清洗。

流动床滤池洗砂所需的空气压力约为 0.6MPa，所以需要配置空气压缩机、储气罐和控制柜等辅助设备。控制柜实际上是一个带有电动调节阀和流量计的多路空气分配器，用于控制每个装置洗砂用气量，以调节洗砂强度。

374 活性砂滤池有哪些主要的工艺设计运行参数?

活性砂滤池主要的工艺设计运行参数如下：

① 活性砂滤池分格不宜少于 3 个独立单元，并按同时工作考虑；

② 滤料容积按平均流量负荷设计；

③ 活性砂滤池滤料为石英砂，粒径范围为 1～1.6mm，滤池深度约 2m；

④ 容积负荷范围为 0.3～2kg NO_3^--N/(m^3 · d)，一般为 0.3～0.6kg NO_3^--N/(m^3 · d)；

⑤ 平均流量时水力负荷一般为 4.8～5.5m/h，峰值流量时不超过 13.4m/h；

⑥ 固体负荷一般不超过 2.45kg/m^2，固体负荷包括进水 SS 以及生物反应过程产泥量。

375 活性砂滤池有何工艺特点?

活性砂滤池连续过滤的特点使其优点十分突出，如下：

① 没有众多的外部管道和阀门，辅助设备少，占地面积小，维护简单，滤池结构简单，基建投资省。

② 进水水质要求宽松，可长期承受较高浊度的进水。

③ 滤料清洁及时，可保证高品质、稳定的出水效果，无周期性水质波动现象。过滤效果好，出水水质稳定。

④ 滤料清洗及时，过滤水头损失小。加之辅助设备少，运行电耗低。

⑤ 洗砂耗水量少，不足处理水量的 3%。

376 D 型滤池的工作原理是什么?

D 型滤池的工作过程分为初滤过程、过滤过程和反冲洗过程。在工作过程中，每格滤池有 6 个电动蝶阀，它们分别是原水进水阀、出水阀、反冲洗排污阀、初滤阀、反冲洗进气阀和反冲洗进水阀。

(1) 初滤过程（见图 5-8）

此过程只有原水进水阀和初滤阀是打开的，其余的阀门都处于关闭状态。此过程主要是因为开始过滤时的出水水质不合格，所以就把这部分水叫初滤水，当做废水排除。一般耗时1～3min。初滤完后进入过滤过程。

图 5-8　D 型滤池初滤过程

(2) 过滤过程（见图 5-9）

在过滤过程中，只有原水进水阀和滤池出水阀是开启的，其余阀门都是处于关闭状态的。

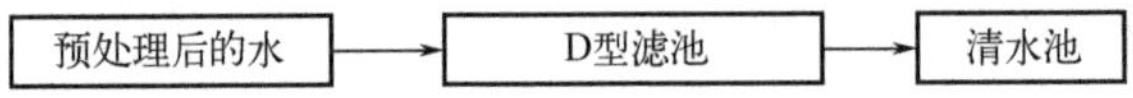

图 5-9　D 型滤池过滤过程

(3) 反冲洗过程

反冲洗分三个阶段，分别是单独气冲、气水混冲和水漂洗，其工作过程如下：

① 单独气冲过程。气冲过程如图 5-10 所示。

图 5-10　气冲过程图

此时关闭常开电磁排气阀，打开反冲洗进气阀，开启风机，空气经布气圆孔进入滤池配水布气室再经长柄滤头喷出，将滤料托起、冲散，滤料上附着的杂质通过气泡与滤料之间的摩擦、滤料之间的碰撞以及水流的剪切力的作用清洗下来并悬浮于水中，被表面扫洗水冲入排污渠中。

此过程反冲洗进风阀和反冲洗排污阀是打开的，原水进水阀处于半开状态，其余的阀门都处于关闭状态。一般耗时 3～5min，气洗强度 28～32L/(m^2·s)。

② 气水混冲过程（见图 5-11）。在气冲的同时启动反冲洗泵，打开反冲洗进水阀，反冲洗水经配水孔进入配水布气室，再经长柄滤头均匀进入滤池里。

此过程反冲洗进气阀、反冲洗进水阀和反冲排污阀是打开的，原水进水阀处于半开状态，其余的阀门都处于关闭状态。一般耗时 8～10min，气洗强度为 28～32L/(m^2·s)，水洗强度为 6L/(m^2·s)。

③ 水漂洗过程（图 5-12）。此过程反冲洗进水阀和反冲排污阀是打开的，原水进水阀处于半开状态，其余的阀门都处于关闭状态。此过程主要是通过干净水流对滤料进行漂洗，同时把滤料上的悬浮脏物排到排污管中。一般耗时 3～5min，冲洗强度为 6L/(m^2·s)。

在整个冲洗过程中伴随着表面扫洗，表面扫洗强度为 1.4～2.8L/(m^2·s)。

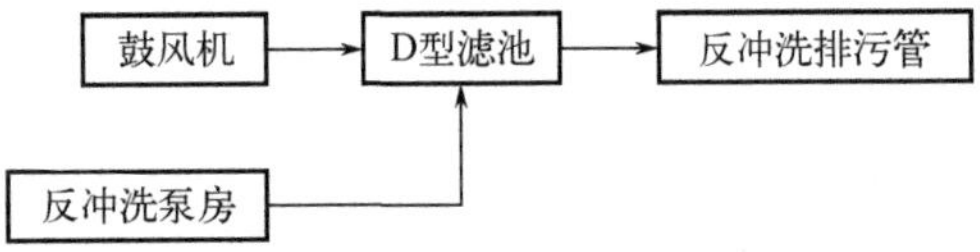

图 5-11　气水混冲图

图 5-12　水漂洗过程图

过滤时，滤床上部截留水中较大的颗粒，滤床下部窄通道截留细小颗粒（上部脱附颗粒），实现高速和高精度的过滤，工艺流程如图 5-13 所示。

反冲洗时，采用气水联合反冲洗，纤维滤料处于自由运动状态，纤维丝束随反冲洗水流散开并摆动，滤料之间的相互碰撞也加剧了纤维丝束在水中所受到的机械作用力，加剧了滤料的运动，使附着在纤维表面的固体杂质颗粒很容易脱落，从而提高了滤料的洗净度，并减少了反冲洗耗水量。

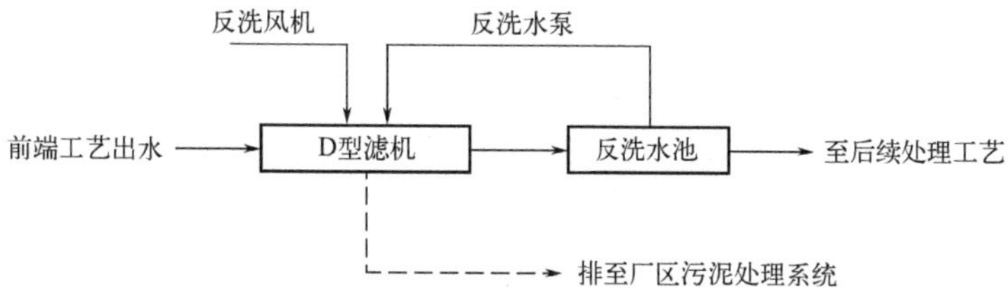

图 5-13 D型滤池工艺流程图

滤料材质为聚酯纤维，颗粒式纤维滤料，由内核与短纤维组成，内核设在中间，呈椭球形或球形，材质为PE，粒径不大于5mm，纤维为双侧布置，长度不大于45mm，纤维中间由核粒包裹扎固，使纤维分布于核粒两侧，具有反冲洗彻底、不缠绕的特点。两端是松散的纤维丝束，又称“彗尾”，中间为固定纤维丝束的“彗核”，其形状如图5-14所示。

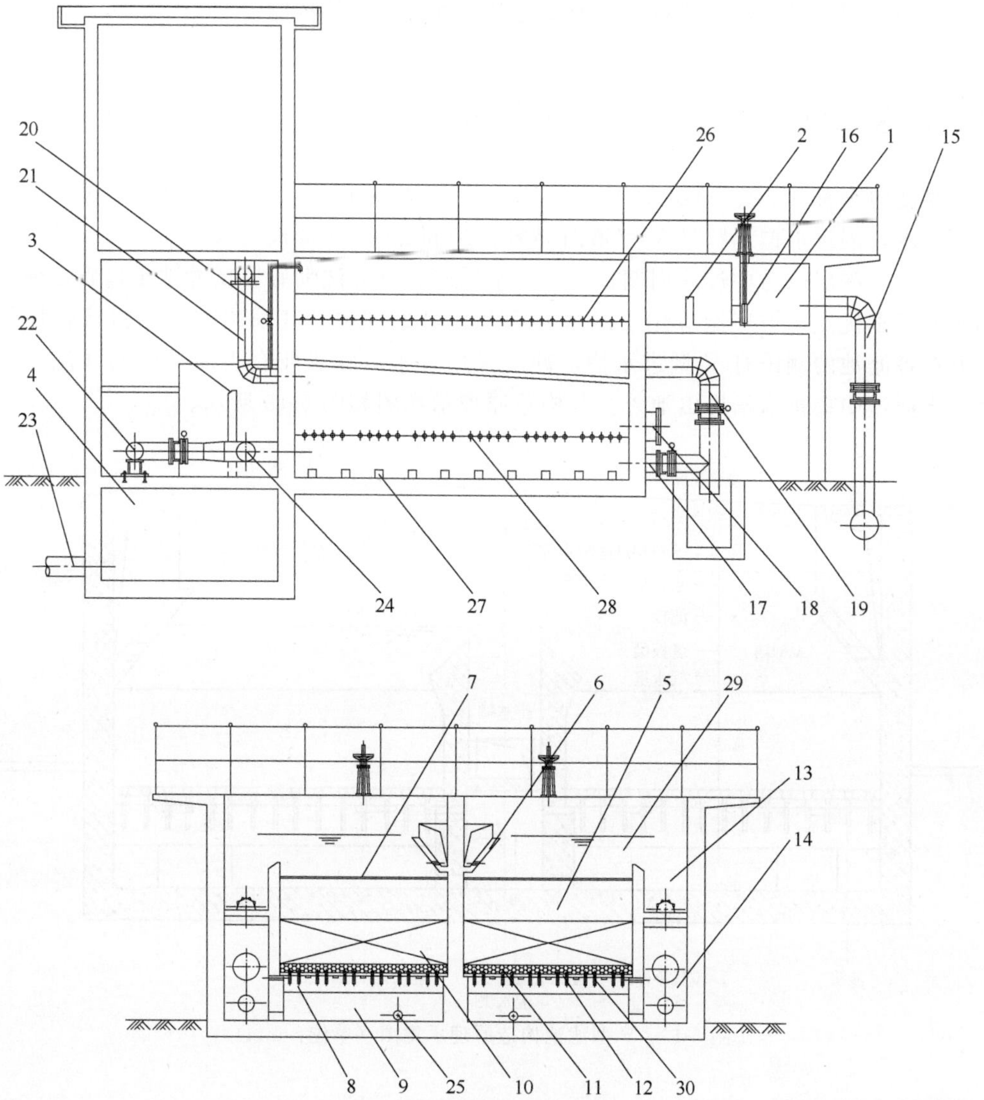

图 5-14 D型滤池构造图

1—总进水渠；2—进水堰；3—出水堰；4—清水渠；5—过滤室；6—配水槽；7—多功能拦截装置；8—滤梁；9—气水室；10—彗星式纤维滤料；11—承托层；12—高强度复合滤板；13—反洗排水槽；14—气水分配渠；15—进水管；16—进水方闸门；17—初滤水管；18—检修人孔；19—反洗排水管；20—排气管；21—反洗气管；22—反洗水管；23—出水总管；24—出水管；25—滤池放空管；26—表面扫洗孔；27—配水孔；28—布气圆孔；29—进水区；30—长柄滤头

纤维滤料形成的滤床横断面（水平）上孔隙率分布均匀，确保了过滤时水流通道大小一致，不会发生水流短路现象；滤床纵断面（垂直）孔隙率分布由上至下逐渐减少，孔隙率沿滤床纵断面呈上大下小的梯度分布，确保了过滤时水中固体悬浮物的有效分离，保证出水水质。即该滤料能形成“上疏下密”的理想滤床结构。

377 D型滤池有哪些主要设施和设备?

D型滤池设施包括滤池水泵风机房和加药、控制房，主要设备包括自动加药系统、进水泵、反冲洗水泵、反冲洗风机等。

在运行过程中，运行人员须对自动加药装置的絮凝用药量进行及时补充，对水泵进行维护检修，最关键的是反冲洗滤料的更换情况及反冲洗过程的控制。

378 V型滤池的工作原理是什么?

V型滤池全称为AQUAZUR V型滤池，是法国得利满（Degremont）公司研究、开发的专利技术，因进水槽形状呈V字形而得名。20世纪80年代被引入我国，由于其具有单池过滤面积大、深层截污、过滤周期长、出水水质好、反冲洗彻底、反冲洗水量省、便于自动化管理等诸多优点，被广泛应用于净水处理及深度处理中。其采用粒径较粗且较均匀的滤料，并在各滤池两侧设有V型进水槽，冲洗采用气水微膨胀兼有表面扫洗的冲洗方式，冲洗排泥水通过中央排水槽排出池外。其构造原理示意图如图5-15所示。

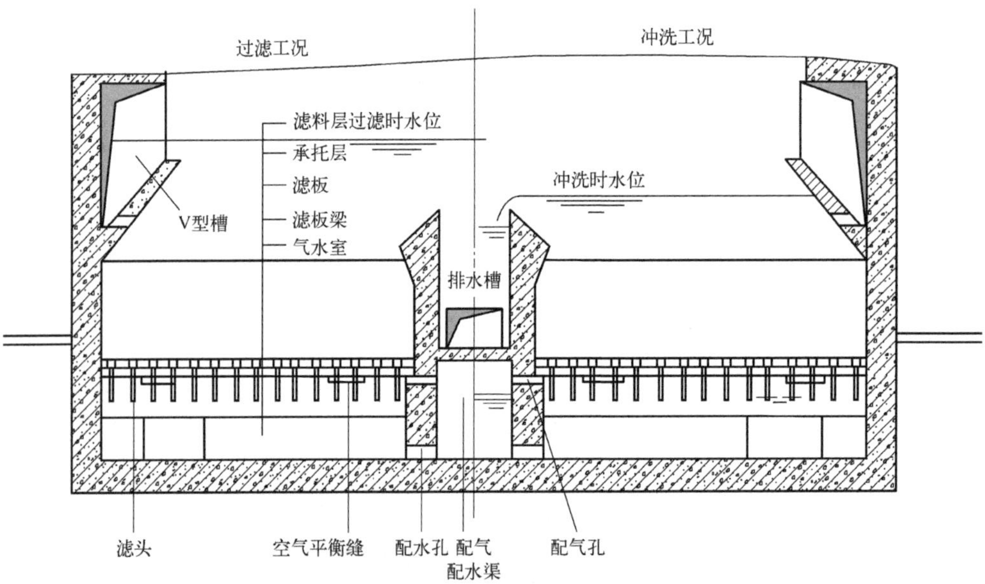

图5-15 V型滤池构造原理示意图（单位：mm）

379 V型滤池运行中存在哪些常见问题？应如何应对?

（1）V型滤池在反冲洗时出现跑砂现象

V 型滤池气冲强度最佳范围为 14～18L/(s·m^2) 时，滤池砂面至排水堰顶的保护高度最佳范围为 50～70cm；混冲阶段气冲强度高，会加重跑砂，故在运行中建议选择只开启 1 台鼓风机，将实际混冲时的气冲强度降低一半。另外，若气冲强度过大，会导致滤层底部的承托层出现上翻现象。

水厂以“保证滤池砂面至排水堰顶的保护高度为 60cm”为标准，及时拟订方案，组织对滤格进行补砂。同时安排人员定期对滤格砂层厚度进行测试，以便动态掌握砂层厚度情况。

(2) 滤格的气冲阀、水冲阀或清水阀关闭不严

这不仅影响滤格本身的冲洗效果，还出现了一组滤池中的几个滤格之间相互影响的情况，给滤池运行及相关问题的排查都增加了难度，这主要与水厂管理理念有关，如在正常情况下水厂疏于对相关阀门进行仔细校验，直到出现了其他连锁反应才引起注意。

对每个滤格的气冲阀、水冲阀、清水阀的状况进行逐一排查，针对性地开展维护保养工作，以改善气动阀门关闭不严的现象，同时规范相关维护与保养制度，避免因阀门漏气或漏水带来不良影响。

(3) 低温低浊期的滤池穿透现象

水厂每年有 3～4 个月的原水低温低浊期，这一时期，原水水温低至 8℃，浊度低至 0.8NTU，混凝时形成的絮体较小，生产上控制不好，很容易出现滤池穿透现象（出水浊度大于 0.1NTU），影响出厂水水质，降低滤池运行周期，这与 V 型滤池本身的特性有关。该类滤池属于粗滤料滤池的一种，滤料粒径较大，水厂滤料粒径为 0.85～1.2mm。

380 V 型滤池运行中有哪些管理措施?

(1) 建立 V 型滤池运行维修档案制度

对于 V 型滤池的运行，离不开一些必要的图档资料，特别是运行过程中出现的问题和解决方案。具体需要详细记载和保管的图档资料，可以概括为下列四个方面：

① V 型滤池的施工材料和竣工验收材料，主要包括施工的方案、时间安排、竣工验收时各方面参数的详细记录；

② V 型滤池的设备性能测试和检测资料；

③ V 型滤池的操作方法和维修手册；

④ V 型滤池中每组滤池滤料的筛分曲线。

建立 V 型滤池运行维修档案制度的目的，是为了在出现问题时可以快捷方便地找到相关资料，并根据数据记录判断问题来源的可能性，然后将问题的范围缩小到较小的范围，加快解决问题的进度和效率。

(2) 确定 V 型滤池优化运行方案

V 型滤池的运行，需要根据实际要求采取一些改善运行效率和效果的方案。根据 V 型滤池的特点，对其优化运行的概念可以这样理解：在保证滤池出水水质符合标准，并方便生产管理安全运行的前提下，尽可能把滤池运行的成本降到最低。由此可见，V 型滤池的优化运行是系统工程，因此在考虑优化运行时必须从多个方面综合考虑，而不能只是从单一的方面片面地考虑，在生产的具体运行中，一般需要综合考虑的方面如下：

① 对于待滤水和滤后水的水质标准。应根据水厂的工艺生产流程状况和国家的水质标

准合理确定，不能够过低，使水质达不到需要的干净程度，也不能盲目追求不必要的至高程度，而造成成本的大幅度增长，因小失大。

② 对于V型滤池反冲洗控制参数过滤时间以及堵塞值的设定。应综合考虑滤后水的水质、堵塞值和滤料再生等来确定过滤时间，因为过滤时间是V型滤池在常态下生产的主要控制参数，所以需要考虑的因素很多，而堵塞值是在非常态下的应急控制参数，可以根据经验和相关标准直接确定。

③ 对于V型滤池反冲洗步骤的设定。在V型滤池的反冲洗过程中，首先要做的是关闭进水气动闸板阀，并等到水位降至砂面以上5cm后，再打开反冲洗排水阀和进水闸板阀，这样就开始了反冲洗过程，这样的步骤避免了砂面以上待滤水被排放，达到降低运行成本的目的。

(3) 确定维修保养方案

V型滤池维修保养的具体工作内容包括三个方面：日常巡检、定期维护保养和大修检查。

① V型滤池的日常巡检具体事项有两个，一是随时在线监测滤后水浊度、过滤时间和滤池运行状态；二是每隔2h对滤池过滤、控制柜的运行状况和反冲洗设备进行检查和记录。

② V型滤池的定期维护保养具体事项有七个方面，分别为：a. 每周检查压缩空气的清理过滤器；b. 每半年校核液压计、调节阀角度转换器和堵塞计的信号输出值；c. 定期对鼓风机和空压机的润滑油进行更新；d. 每年检测一次V型滤池的自控系统；e. 每年检测一次滤池的配水均匀性；f. 每年对滤池的滤速、反冲洗强度等进行一次技术测定；g. 每年定期检查V型滤池的混凝土构筑物。

③ V型滤池大修检查的具体事项有四个，分别是滤头更换、滤料补充、滤料置换和机械设备的大修理检查。

381 反硝化深床滤池工艺原理是什么？

反硝化深床滤池采用石英砂作为反硝化生物的挂膜介质，是保障硝态氮（NO_3^--N）及悬浮物去除效果的构筑物（见图5-16）。在生物脱氮方面，深床滤池利用适量的碳源，附着

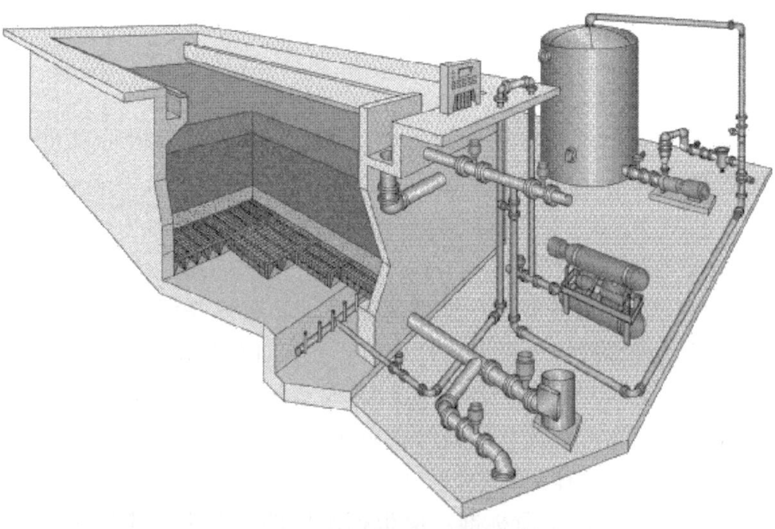

图5-16 反硝化深床滤池结构示意图

生长在石英砂表面上的反硝化细菌将 NO_x-N 转化为 N_2，完成脱氮反应；在悬浮物处理方面，具有一定深度的滤床可以较好地避免穿透现象，保证悬浮物截留效果。

反硝化深床滤池一般由池体、布水布气、过滤介质、滤料承托层、反冲洗系统、碳源投加系统、仪表自控系统等组成，其基本运行工艺流程如图 5-17 所示。

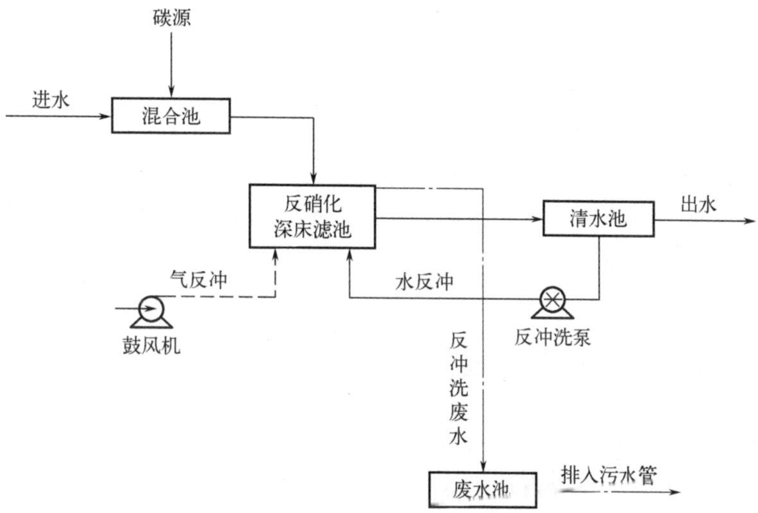

图 5-17 反硝化深床滤池运行工艺流程图

382 反硝化深床滤池主要工艺控制及要求是什么?

(1) 反冲洗

反冲洗过程模拟人的搓手模式，依靠空气和水使滤料相互搓擦，最后将截留的 SS 全部清洗出池。反硝化深床滤池的冲洗周期一般为 24～48h，每个反冲洗周期内，滤料蓄存的 SS 不宜超过 4kg TSS/m^3 滤料。典型的反冲洗操作过程如下：①关闭进出水阀门；②开启反冲洗风机和反冲洗进气阀门，气冲 3min；③开启反冲洗水泵，气水混冲 15min；④关闭反冲洗风机，单水冲 5min；⑤关闭进出水阀门，开启反冲洗进水阀和反冲洗出水阀，开启反冲洗水泵 1～2min 进行驱氮处理。为了保证良好的反洗效果和经济的冲洗水损耗率，空气冲洗强度一般为 70～95$m^3/(m^2 \cdot h)$；气水联合反冲洗时，空气冲洗强度为 90～120$m^3/(m^2 \cdot h)$，水冲洗强度为 15～25$m^3/(m^2 \cdot h)$；单独水冲洗强度为 15～25$m^3/(m^2 \cdot h)$。

(2) 驱氮

在反硝化过程中，由于硝酸（盐）氮不断被还原为氮气，深床滤池中会逐渐聚集大量的氮气，这些气体会使污水绕流于介质之间，增加了微生物与水流的接触时间，同时提高了过滤效率。但当池体聚集过多的氮气气泡时，氮气在滤床被固体悬浮物以及反硝化生物膜所截留，增加额外的水头损失。为了恢复水头，必须采用专门的扰动设备进行驱氮，一般情况下扰动频率为 2～5h，每次约 2～5min。

(3) 碳源投加控制

针对污水处理厂前端生物池及沉淀池的高效处理，整体的 TN、COD 等大大降低，可通过分析前端至后端水质情况，控制碳源投加值。若碳源投加量不足，TN 可能超标，而投加过量，出水水质中 BOD_5、SS 等反而增加，滤池也容易造成“拥堵”，反冲洗次数增加，且生产成本升高，最终达不到理想结果。反硝化滤池驯化时间一般在一个月内甚至更短，驯化培养阶段，需要投加足够的碳源，而运行稳定后，可控制为正常投加量。

碳源投加种类及投加量需要结合厂内处理水质及工艺进行调整。多级 AO+高效沉淀池+反硝化深床滤池工艺中进水 TN 波动很大时，改在缺氧池投加葡萄糖和滤池前投加乙酸钠，以此来避免出水 COD 和 BOD_5 可能过高的现象，并且碳源成本较低。

(4) 滤池功能切换

二级生物处理发挥主要的反硝化脱氮功能，后续反硝化深床滤池补充脱氮能力，同时发挥前置反硝化与后置反硝化作用，保障水质出水要求。前置反硝化一般来说碳源充足，补充投加碳源量较少，夏季时能满足出水指标要求。此时，反硝化深床滤池可切换至滤池功能，减少碳源投加，节约运行成本。

383 滤布滤池的工作原理是什么？

滤布滤池是一种表层过滤技术，与传统介质过滤技术（如普通砂滤池等）相比，具有运行管理方便、水头损失少、投资占地小等优点，其结构示意图见图 5-18。

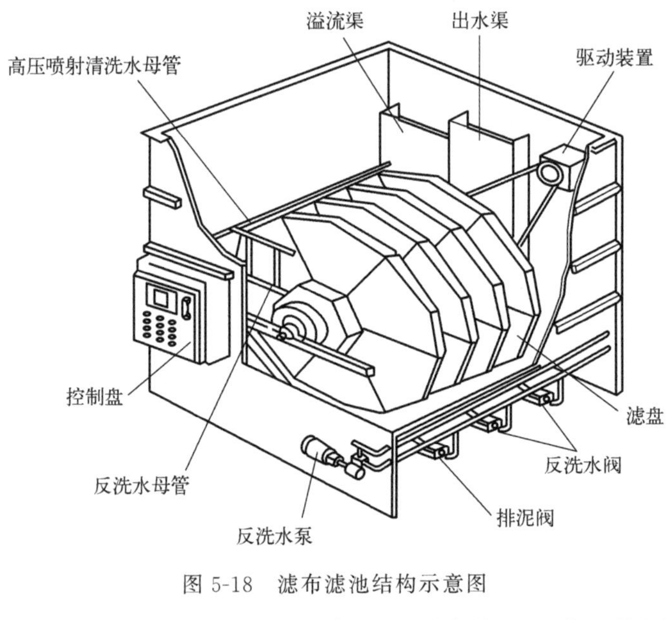

图 5-18 滤布滤池结构示意图

滤布滤池中过滤介质（即滤布，一般由高分子纤维堆积而成）的网孔直径约为 10～20μm，具有较高的除污精度，加之高分子纤维材质对二级处理出水中有机物及 SS 等具有更好的黏附性能，因而能实现在极小的过滤深度（约 1～2cm）条件下有效地去除污水中的颗粒污染物。滤布滤池的设计滤速一般为 4～8m/h，具体视滤池进水水质而定。滤池水头损失一般可设定为 0.3～0.5m，反冲洗水的消耗量不大于 3%。常见的滤布滤池形式有转盘式、钻石式和竖片式。转盘式滤布滤池在过滤时滤盘静止，清洗时则以 0.5～1.0 r/min 的速度旋转。滤池内部设有转轴、齿轮、链条等用于带动滤盘转动的部件，当出现故障时检修难度较大。钻石式和竖片式滤布滤池的区别在于滤布支撑骨架横截面不同，分别为菱形和矩形。两者在过滤和清洗时，过滤装置均静止，过滤过程和清洗过程同时进行，实现连续过滤。相比于转盘式滤布滤池，钻石式和竖片式滤布滤池的设备故障率低。

过滤时，滤前水进入滤池，自外而内进入滤盘，在液位差作用下完成过滤。此时滤盘处于静态淹没状态，悬浮物被截留在外滤布面，滤后清水通过滤盘内中心管排出。运行一段时间后，滤布上悬浮物聚集，滤前水位上升，当达到预设的清洗水位时，滤盘驱动电机启动，转动滤盘，抽吸水泵通过负压抽吸，将滤布外层附着的污物排走，即使在清洗时，仍能实现过滤。其性能特点主要有：

① 采用微孔过滤技术（一般 10μm 或以下滤径），过滤精度高，出水 SS 可稳定在 10mg/L 以下；

② 设备简单紧凑，附属设备少（仅滤盘、驱动电机、反洗泵及配套自控），无需气洗设备及专门清洗设备间；

③ 滤布表面清洗效率高，耗水少，一般清洗间隔时间为 1～2h，清洗历时为 1min 左右，清洗水量仅约为处理水量的 1%～3%；

④ 过滤水损小，一般水损≤0.2m，运行电耗低，高程上无需前端设置二次提升泵池。

384 滤布滤池运行中存在哪些常见问题及应对措施?

滤布滤池运行中存在的常见问题及应对措施如下：

① 严格控制二级出水 SS。滤布滤池容易污堵，不能正常运行，主要是 SS 负荷过大以及 SS 颗粒黏附性较强所致。二级出水 SS 直接影响滤布滤水性能（见表 5-1）。

表 5-1 滤布滤池进出水 SS 浓度及去除率

滤池进水 SS/(mg/L)	滤池出水 SS/(mg/L)	SS 去除率/%
12	6	50
20	5	75
27	9	67
37	14	62
34	13	62

② 滤布定期清洗。运行一段时间后，滤布透水效果变差，滤布内外表面需定期拆卸冲洗，现场拆解滤布，用高压水枪冲洗滤布内外表面污浊物，使滤布恢复初始功能。滤布滤池孔隙为 10μm 时，基本具备良好的 SS 过滤截留性能；针对低质量浓度出水 SS 检测特点，强调严格恒重及过滤体积宜不低于 300mL 的原则，合理设置滤池滤速及反洗，确保良好的过滤效果及出水 SS 指标。

③ 定期下临时泵（建议每月 1 次）抽取并排出滤池底部积泥。

385 滤布滤池有哪些管理措施?

控制滤池进水 SS≤30mg/L；合理设置滤池滤速及反洗；滤布内外表面需定期拆卸冲洗；滤布滤池孔隙为 10μm 时，基本具备良好的 SS 过滤截留性能；针对低质量浓度出水 SS 检测特点，强调严格恒重及过滤体积宜不低于 300mL 的原则。

386 MBR运行必须满足哪些条件？

MBR 运行必须满足以下条件：

① 跨膜压差：TMP（TMP=泵停时压力－泵运行时压力）为 0～35kPa，接近或达到 35kPa 时建议进行恢复性清洗。

② 过滤/停止时间：过滤周期为 8min，即过滤 7min/停止 1min（上述仅为推荐条件，不仅限于此）。

③ 过滤膜通量：不能高于设计流量运行。过高的运行通量会加快膜污染进程，缩短膜组件实际使用寿命。

④ 曝气强度：对普通生活污水和市政污水，推荐取 60～110$m^3/(m^2 \cdot h)$，一般取 100$m^3/(m^2 \cdot h)$。曝气强度是指单位膜组器截面投影面积上的曝气量。曝气强度过小，膜组件易污染；曝气强度过大则可能缩短膜组件的实际使用寿命。曝气强度与 MLSS 有直接关系，MLSS 越高，应选用越大的曝气强度。

⑤ 活性污泥：推荐膜池污泥浓度为 5000～10000mg/L。

⑥ 水温：膜池推荐运行水温为 10～35℃。高于 35℃会对膜使用和寿命造成不利影响；低于 10℃，膜通量下降明显。

⑦ 预处理要求：建议采用三道格栅，第一道为 15～20mm（栅缝间隙），第二道为 3～5mm（栅缝间隙或网板孔径），第三道为 0.5～1mm（栅缝间隙或网板孔径），格栅将大的杂物去除掉，以保护膜组件免受损害；同时须有曝气沉砂池，避免硬质颗粒物进入膜池对膜组件造成损害；如进水中含油量较高，须增加除油装置，避免由此造成的膜污染；如进水中铁、锰等含量较高，建议增加絮凝沉淀池。

⑧ pH 值：膜池中混合液 pH 值推荐范围为 6～9。

⑨ BOD_5 污泥负荷：为 0.05～0.15kg BOD_5/(kg MLSS·d)（受原水组成等条件的影响）。

387 MBR运行中有哪些注意事项？

MBR 运行中的注意事项如下：

① 确认全厂曝气系统、出水系统、预处理系统、控制系统正常。

② 确认全厂进出水水质、水量正常。

③ 确认膜池活性污泥浓度达到要求。可采用投加活性污泥的方法快速提高膜池活性污泥浓度，但所投加的活性污泥必须经过孔径小于等于 1.0mm 的格栅过滤，避免可能损伤膜产品的物体进入膜池。

④ 油分会造成膜严重堵塞，须避免进水混入油分。总植物油控制在 50mg/L 以下；矿物油控制在 3mg/L 以下。

⑤ 停止曝气时或曝气量不能达到要求时，严禁进行抽吸过滤。

⑥ 单廊道如需停止数个膜组器产水，则将该廊道产水流量值相应减小几个膜组器的产水量后，再关闭相应膜组器的产水手动蝶阀，否则余下膜组器产水流量可能会超过设计值，易造成膜污染。

⑦ 膜组器系统必须进行定期在线化学清洗和离线清洗。

⑧ 启动设备前应做好准备工作。MBR 系统通常采用自动和手动两种控制模式。初期运行控制真空度小于 10kPa。正常情况下，处理生活污水的 MBR 反应池内污泥浓度为 5000～8000mg/L，溶解氧平均浓度不小于 2mg/L。

388 膜的化学清洗有哪些注意事项?

膜组件按照规定的流量运行，需要定期对膜进行化学清洗。当跨膜压差达到 35kPa 时，必须进行恢复性清洗。当通过恢复性清洗仍然不能有效恢复膜通量，则应考虑离线化学清洗。

为保证膜良好的产水性能，应定期对膜进行在线化学清洗，如果跨膜压差达到或超过 35kPa 时再进行清洗，恢复效果会大受影响。

推荐在线化学清洗方法为：一周一次维护性清洗，一月一次恢复性清洗，每半年至少一次酸洗。

(1) 药品清洗的种类、频率

一般使用的药液是次氯酸钠、柠檬酸、草酸溶液。

① 维护性清洗：一周一次，$(5\sim15)\times10^{-4}$ mg/L 的次氯酸钠水溶液，药液浓度选择以实际工程需要为准。

② 恢复性清洗：一月一次，$(2\sim3)\times10^{-3}$ mg/L 的次氯酸钠水溶液。

③ 酸洗周期：每半年一次或根据膜丝具体污染情况而定，1%～2%（质量分数）的柠檬酸或草酸溶液。

(2) 药量

每平方米膜面积药剂使用量为 2～4L，另加充满输药管路需要量。

(3) 在线化学清洗步骤

① 停止过滤和曝气：需要清洗的廊道，先关闭其产水泵，并将产水气动阀关闭，1～2min 后关闭曝气，须现场确认曝气已关闭完全，如有条件可将该廊道进水及回流也关闭，然后打开供给药剂管道的阀门。

② 加入药液：在水温较低的地区，应考虑适当加热清洗溶液，提高温度，可提高清洗效果，推荐的清洗液温度为 25～35℃。打开药液注入管，注入药液；药液分三次加入，每次加入药量的三分之一。加入方式：第一次加药 5min，静止 5min；之后进行第二次加药，加药 5min，静止 5min；再进行第三次加药，加药 5min，然后关闭该廊道药剂供给阀门。

③ 加药完成后需静置 1～1.5h，然后空曝气（只曝气不产水）0.5～1h 后，开启廊道进水及回流，恢复产水为自动状态。

389 膜池混合液有哪些特性参数?

膜池混合液的特性参数如下。

(1) 混合液 pH 和温度

混合液 pH 和温度为运行中的日常监测数据，实际运行中污泥混合液的 pH 一般维持在 6.5～8.0 之间，不会发生大的波动。日常运行中需关注进水的 pH 值，若低于 6.0 或高于

9.0 时，均应及时采取应对措施。

混合液的温度主要受系统来水水温和当地气温的影响，混合液水温数据应每天监测、记录一次，作为日常运行期间膜通量和负压变化的分析依据。

（2）硬度、碱度

如进水中碱度、硬度较大，同时 pH 呈碱性，则易发生结垢现象，膜池进水水质需要进行相应调节，降低混合液 pH 值或减小硬度，以防止结垢物质在膜上累积，造成严重膜污染。

（3）MLSS/MLVSS

混合液 MLSS 值作为水厂日常监测项目，一般维持在 5000～8000mg/L，运行中可根据来水水质、水量、季节进行动态调节。

每周或每月检测一次膜池混合液 MLVSS，MLSS/MLVSS 值主要是因来水水质、膜前处理工艺、投加药剂的类型及药量等的不同而存在差异。MBR 工艺由于生化反应的 SRT 较长，MLSS/MLVSS 相比其他工艺较低，一般在 40%～70%。

（4）SV30 及 SVI、滤纸过滤性

日常运行中可将混合液 SV30 作为选择剩余污泥排放的廊道及调整系统内部污泥浓度的依据。SVI 是污泥体积指数，是衡量活性污泥沉降性能的指标，SVI＝SV30/MLSS。

混合液过滤性必须保持在 25mL/50mL 的比值 5min 以上（此值为警戒值，各污水处理厂可根据日常测定结果具体确定预警值，见图 5-19）。

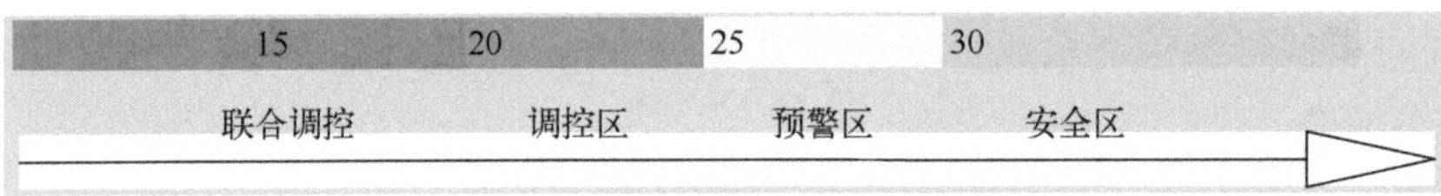

图 5-19 混合液滤纸过滤性预警值

调控措施：在实际运行中必须根据工程的实际运行情况及混合液的状况来分析过滤性恶化的具体原因，再采取针对性措施进行改善，具体见表 5-2。

表 5-2 混合液过滤性恶化原因分析与对策

序号	1	2	3
混合液表观状况	MLSS 过高或过低（SV30＞95%或＜15%）	上清液整体浑浊，含污泥悬浮絮体、残渣	上清液不透亮，发雾，含不溶性胶体物
分析原因	1. 廊道污泥分配不均 2. 未及时排泥或污泥回流比不合理 3. 污泥龄过长	1. 曝气严重过量 2. 来水含有毒物质或投加某些化学药剂（如 PAM）过量造成污泥中毒解体 3. 洗膜所用次氯酸钠浓度过高、药剂过量 4. 进水中难降解有机物浓度过高	1. 污泥总体活性变差 2. 来水中含有大分子不可降解物且为溶解态、胶体态 3. 来水中含油类或表面活性剂物质 4. 膜池混合液温度过低
应急措施	1. 均衡污泥，调节回流比 2. 控制泥龄和污泥浓度在合理范围 3. 控制合理进水营养物质比例	1. 适度降低生化池曝气，不产水时停止曝气 2. 停止有毒物质进入，投加 PAC 等物质进行调控 3. 使用合理强度的在线化学清洗，尤其冬季 4. 置换污泥或投加营养盐	1. 置换污泥或投加营养盐 2. 置换上清液或投加粉末活性炭 3. 避免大量油类或表面活性剂类物质进入膜系统 4. 降低在线化学清洗的强度 5. 投加对症的调控剂

(5) 黏度

混合液黏度监测周期可根据实际情况确定，黏度主要因温度及污泥浓度的变化而变化，正常情况在 10mPa·s 以下。温度越低，混合液污泥浓度越高，其黏度值越高。污泥黏度越高，过膜阻力越大，具体可能体现为膜运行负压升高、产水量下降。

(6) 上清液 TOC

混合液上清液 TOC 作为混合液监测的选测项目，可根据系统运行情况进行测定，混合液上清液 TOC 值一般为 10～15mg/L，最高不超过 30mg/L，其值主要反映混合液上清液中溶解性小分子有机物的量。混合液 TOC 值越小，膜污染的速率或概率越小。

(7) 剩余污泥排放量

剩余污泥排放量需根据出水水质的要求进行调整。日常运行中可根据生物污泥产量和化学污泥产量进行剩余污泥的排放量调节。

390 膜系统运行有哪些控制参数?

膜系统运行控制参数如下。

(1) 膜池液位、供风量

膜池液位一般维持在 3.8～4.2m（以实际工程为准）之间，波动不宜过大（否则会影响风机的稳定运行）；风机的供风量需根据廊道内的膜组器个数确定，再结合风量计的示值进行风机风量调节。在风量调节过程中，需要通过调节组器的曝气阀门开度，确保廊道内膜组器间以及廊道间的曝气量平均偏差在 5%以内。

(2) 单廊道产水量、压力

单廊道瞬时产水流量、泵运行压力、泵停止压力、液位等参数需要按固定周期（至少一次/天）记录，以便对膜系统的运行状态进行分析、评估。

(3) 在线清洗参数及清洗效果

在线清洗的参数（药剂名称、药液浓度、药液总量、药液注入时间、静置时间、空曝时间、清洗周期）需详细记录并存档，同时膜清洗前后产水流量、压力等也需详细记录并存档。

(4) 除磷药剂的类型及投加量

混合液除磷一般投加 PAC 或 $FeSO_4$，投加的化学药剂会对膜系统造成一定无机污染（需要进行酸洗），日常运行中需对除磷药剂投加量每日进行统计，以便对膜污染进行分析。

(5) 出水浊度

运行过程中若出水浊度高于 1NTU，需对管道、膜组器进行完整性检测，并对设备存在泄漏的部位进行修复。

391 膜系统运行维护检修有哪些内容?

膜系统运行维护检修内容如下。

(1) 膜组器曝气情况

每天（白夜至少各一次）需对所有膜组器曝气情况进行查看，如发现有曝气不均匀、曝气变小或无曝气情况等，首先应减小廊道产水量（几个膜组器曝气不均匀，则相应减小几个膜组器的流量），然后关闭曝气异常膜组器的产水手动阀门，确认管道、阀门等无误后，关闭该膜组器曝气手动阀门，之后将其拆出，对曝气系统进行检修。

① 穿孔曝气：查看曝气孔是否堵塞，如有则将相应曝气支管堵头拆下，用水冲洗曝气管，直至曝气孔畅通，确认所有曝气孔恢复正常后，再安装回原位。

② 槽式曝气：查看曝气孔或曝气槽体是否堵塞，曝气槽零部件是否有损坏，如有，则直接冲刷曝气槽体，直至所有曝气孔恢复正常，并将损坏部件更换后，再安装回原位。

（2）膜组件情况

一般半年一次，随机挑选数个膜组器，将膜组件拆出观察。

① 膜组件积累杂物情况：杂物累积区域占膜面积比例、杂物种类及所占比例（污泥、砂石、塑料袋残片、纤维、毛发等），如积泥严重则需考虑进行离线冲洗。

② 膜丝表观：新膜表观一般为白色或稍偏黄，在使用过程中，其表观颜色会发生变化，黄色或棕黄色为较正常污染，保持现有清洗方式即可；如呈暗红色或黄褐色，则无机污染较严重，需考虑使用酸洗或其他高浓度化学清洗；如呈黑色或其他颜色，则可能为异常污染。

③ 观察膜丝表面黏滑度，有机污染较多、膜池油脂类物质较多，都会导致膜表面比较黏滑，如没有除油装置则需增加。

④ 膜盒情况：观察膜盒是否有磨损情况，如有，则需记录磨损的位置、比例，同时查看膜组器压膜条是否安装到位，混合液中是否含有大量砂石、硬质杂物等。必须确保膜组件被压膜条压紧、固定。混合液中砂石含量、硬质杂物较多，则需对膜池进行清理，去除砂石、杂物，同时前处理格栅、曝气沉砂池务必正常运行。

（3）膜池底部清淤

清除淤泥工作一般一年进行一次，以免对膜运行造成不利影响。

392 膜系统有哪些常见故障？有什么排除方法？

膜系统的常见故障及排除方法如下。

（1）停止运行后再次启动

系统停止运行1～3d后再重新运行，应在风机运转1d后恢复活性污泥活性，再使系统处于自动控制状态。系统长期停止运行（超过3d），须参照MBR调试中的微生物驯化培养过程进行。

（2）风量不足

如果观察到膜组器内污水搅动程度显著减弱，应首先检查送风系统是否正常，如管路漏风、管路堵塞或风机系统故障等，确认无误后，再检查膜组器的曝气系统。

（3）跨膜压差激增及产水量减少

如果产水流量设定值未调整，观察到跨膜压差突然升高较多，或者伴随着产水量下降明显，则需按照如下步骤进行检修：

① 检查压力仪表等是否正常，需确保无误；

② 膜组器曝气情况是否正常，确定曝气大小、均匀度都正常；

③ 检查值班记录，是否有停电或风机故障等；

④ 进行空曝气1～2h（即停止产水，维持正常曝气或原曝气的1.5倍），或者水反洗

0.5h（流量为原产水流量的1～1.5倍），或者空曝时同时水反洗，如还不能恢复正常，则考虑以下方法：

⑤ 进行恢复性清洗；

⑥ 拆出相应膜组器，查看膜组件是否积泥严重，如有，则需将膜组件进行清水冲洗，再进行在线化学清洗或离线化学浸泡后恢复产水。

（4）出水浊度升高

如MBR出水浊度升高，应首先检查检测仪表、膜组器的相关管路系统是否正常，特别是产水软管与膜组器法兰连接处，再考虑检查膜组器内部产水管路及膜组件。

（5）泡沫现象

污水中的洗涤剂含量较多，曝气过程中污泥可产生较多泡沫；在膜清洗后，由于次氯酸钠引起的短期泡沫的现象（一般2～3d可自行消失），属于正常现象，可不进行处理。如果出现泡沫过多溢出，可采取如下措施：

① 喷水消泡；

② 使用醇类消泡剂。

（6）污泥颜色和气味异常

质量好的活性污泥呈深褐色。在膜池中污泥变为黑色通常意味着腐败的开始。黑色污泥往往放出硫化氢的气味，这是由于曝气相对不足所致，可暂停出水或增加曝气量。

393 膜系统运行有哪些注意事项?

膜系统运行的注意事项如下。

① 安装前膜系统要求。膜池底部必须保证一定的水平度，单廊道内膜组器支撑结构预埋件区域水平度允许偏差为±2mm；不同廊道之间，支撑结构预埋件区域水平度允许偏差为±5mm；位于池壁两侧的膜组器安装导轨垂直度允许偏差为±2mm，两导轨水平间距（包括同侧和对侧）允许误差为±5mm。应充分清理曝气、产水，在线清洗管路，如果存在金属碎片、硬质杂物等，极易导致膜产品损坏；同时，从进水泵房至膜池的所有构筑物，务必保持无杂物，以免对膜产品造成损害；须避免油分造成严重膜污染。

② 禁止接触高温、紫外线和火源。须避免膜组件被阳光及其他紫外光源照射，防雨淋，禁止高温、火源接触，保存温度为5～35℃，湿度应低于60%。

③ 严禁膜组件冰冻。

④ 严禁撞击、跌落、翻倒。严禁膜组器以及膜组件受到撞击、掉落、翻倒等冲击，以免膜产品受到损伤。

⑤ 安装膜组件时，务必用压膜条将膜组件压紧，然后固定。

⑥ 运行时需要停止曝气时，先停止产水，3～5min后方能停止曝气；曝气量不足时，须停止产水。膜组件完全浸没状态时才能进行产水。注意膜的日常维护，可采取空曝气、水反冲洗、在线药洗等一些方法来减缓跨膜压差的增长速度；同时应保持操作条件的稳定。操作条件的经常变化会加快膜的堵塞过程，加速膜污染；清除膜表面上附着的杂物时，请小心操作，不要损伤膜丝滤层。清洗膜的时候，请不要使用高压清洗机，维持一定的水压，以避免损伤膜丝滤层。

⑦ 膜组件湿润后，严禁干燥或干燥保存。

⑧ 运行过程中，应做好运行数据记录（主要包括跨膜压差 TMP、廊道产水流量、进出水水质、生化池前水质、膜池混合液性质、化学清洗记录以及其他运行记录）。

394 反渗透的工作原理是什么？

反渗透是以半透膜两侧压力差为推动力，使溶剂选择透过膜而实现溶剂溶质分离的过程，不涉及相变、能耗低，在海水苦咸水淡化、超纯水制备等方面发挥着重要作用，同时截留水中的无机盐、糖类、细菌等污染物。相比其他膜分离技术，反渗透对各类污染物质的脱除效果更好。目前，在各类实际的水处理工程中，反渗透出水水质达到了再生水的标准，得到了广泛的应用，典型工艺流程图如图 5-20 所示。

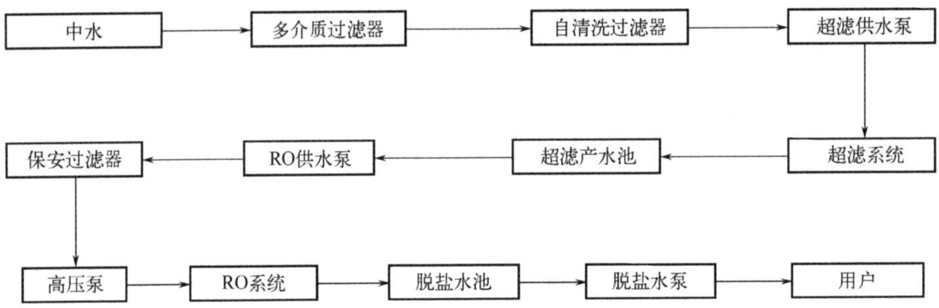

图 5-20 反渗透典型工艺流程图

395 反渗透运行中存在的问题及应对措施有哪些？

反渗透膜的性能衰减与其污染程度密不可分，究其污染原因有很多，与其进水水质、反渗透预处理工艺以及预处理效果密切相关。为了保证反渗透系统的长期安全稳定运行，除了合理选择膜元件和合理设计系统工艺外，良好的运行管理也是一个非常重要的因素。认真、细致、严格的运行管理，可延长反渗透膜元件的使用寿命。相反，反渗透系统很难达到设计目标。因此，在长期的运行管理中，应注意以下几个问题。

（1）反渗透系统运行指标及参数的管控

在反渗透系统中，SDI 值是衡量进水水质、反映反渗透预处理系统运行情况的一项重要指标。因此，每天对反渗透系统的进水进行 SDI 监测是非常重要的。一般来说，反渗透膜系统的进水要求为 SDI 小于 5。如果测定指标大于 5，说明预处理不正常，应对预处理系统进行检查和故障排除，必要时可进行化学清洗以恢复其状态。

为了防止或减少微生物污染对反渗透系统造成污堵，在反渗透处理项目的预处理工艺中投加次氯酸钠进行杀菌。然而，次氯酸钠是一种氧化性杀菌剂，反渗透进水中余氯含量过高会氧化反渗透膜元件，破坏其性能。因此，为了控制反渗透进水中的余氯浓度，在实际运行管理中，一般将反渗透保安过滤器前余氯值控制在 0.1mg/L 左右。虽然在反渗透的预处理工艺中采取了杀菌措施，但并不能完全消除水体中的微生物，一部分微生物依然随着进水进入反渗透系统，并不断滋生。为了抑制膜元件中微生物的滋生，在日常运行管理中，采用非氧化性杀菌剂对反渗透系统进行冲击性投加，控制反渗透系统中微生物的繁殖速度，减少微生物对反渗透系统的污染。同时，根据日常运行经验，定期对反渗透系统通入空气也会减少微生物的滋生，延长反渗透系统的运行周期。

在反渗透系统的设计中，根据中试结果，确定了膜通量、产水量以及回收率。在运行管理中，要求岗位严格遵守恒流调压的运行模式，根据运行参数的变化及时调整反渗透高压泵的频率，确保每套反渗透系统的产水量和回收率达到设计值。这样，随着反渗透系统运行时间的延长，通过进水压力和跨膜压差可以观察到反渗透系统的污堵情况。

膜污染是膜使用过程中不可避免的现象，随着反渗透膜运行时间的延长，水中的杂质及微生物和有机物仍会积聚在膜表面，造成污染。为了保证反渗透系统的正常产水量和回收率，需要不断地提高反渗透进水压力。对于新的膜元件，给水流道通畅，膜的阻力小，渗透性好。因此，反渗透系统初期运行阶段，反渗透系统的进水压力一般控制在 1.0MPa 左右，此时应对反渗透系统进行化学清洗。在反渗透运行后期，随着膜元件不可逆的污堵，可逐步提高化学清洗的控制压力。

(2) 反渗透系统运行数据的管理

为了最大限度地提高反渗透膜的性能，保持长期稳定运行，关键是要保持适当的运行条件，及时记录日常运行数据，对记录的数据进行整理分析，及时发现异常数据，判断出膜性能的变化趋势，及时调整运行参数或采取相应的措施防止反渗透系统的恶化。每天记录的运行数据包括进水 pH 值、进水温度、进水电导率、进水压力、段间压力、ORP 值、产水量、浓水量、产水电导率，进行检测的数据有进水余氯、进水 SDI 值。

(3) 反渗透系统的清洗

反渗透系统运行时，即使水质符合要求，日常管理严格，反渗透膜也会随着运行时间的推移而逐渐污染。随着污染物的积累，运行压力和跨膜压差逐渐升高，产水量逐渐降低，膜性能逐级衰减，需要通过清洗来恢复膜组件的性能。反渗透膜一般有两种清洗方式：物理清洗和化学清洗。物理清洗不会改变污染物的性质，通过低压、大流量的水对膜元件进行持续冲洗，将附着在膜表面的污染物或沉积物冲洗掉，恢复其性能。当反渗透膜污堵严重时，物理清洗不能完全恢复其性能，需要通过化学清洗来恢复其性能。一般情况下，当反渗透系统达到以下任一条件时，需进行化学清洗：①水质下降 10%～15%；②进水与浓水压差达到初始值的 1.5 倍；③标准化条件下产水量减少 10%～15%。

(4) 反渗透系统的停机保护

反渗透系统运行过程中，进水浓水流道中存在浓差极化现象，流道中无机物和有机物浓度较高。当设备停机时，无机物因为沉淀会在流道中发生结垢现象，高浓度的有机物会促进微生物的大量繁殖滋生。因此，反渗透系统停机时应冲洗 5～15min，并做好反渗透系统的停机保护，使其在重新投入运行时能正常运行。反渗透系统停机包括短期停机和长期停机。

① 短期停机是指 5～30d 的停机。短期停机时，采用反渗透的产水将系统内高浓度的进水和浓水置换干净，并将系统内的气体全部排净，将压力容器和管道注满反渗透产水，关闭相关阀门，每 5d 进行一次冲洗操作。

② 长期停机是指系统停机超过 30d。长期停机时，同样，将反渗透系统气体排净，冲洗干净，然后用 1%的亚硫酸氢钠溶液将反渗透系统充满，关闭相关阀门，保存在膜系统中，每 30d 进行一次杀菌剂更换。

为了保证反渗透系统的安全、稳定、长周期运行，必须弄清反渗透系统的污染源，根据其原水水质特点强化预处理系统的管理，尽可能降低反渗透系统进水污染物，最大限度地降低对膜元件的污染，减缓反渗透系统的污堵趋势。同时，为了最大限度地发挥膜元件的性能，并保持长期稳定运行，关键还在于日常的运行管理，做好日常运行数据的记录，并及时整理分析数据，及时发现反渗透系统运行的异常情况，根据不同情况采取应对措施，防止反渗透系统在短时间出现膜元件性能快速衰减或出现不可逆的损伤，延长反渗透膜的使用寿命。

396 反渗透系统的维护管理有哪些注意事项?

正确操作和维护管理是保证反渗透系统长期高性能稳定运行的关键。

(1) 运行数据记录与分析

原则上所有与系统有关的资料都必须收集、记录和建档，以便追踪反渗透系统的性能。运行数据也是发现并排除故障的有效依据。

主要记录数据为：①进水总余氯、pH 值、浊度；②预处理过滤器的压差；③各种加药的消耗量及加入浓度；④任何不正常的操作；⑤保安滤器与每一段 RO 的压力及压差；⑥RO 进水及产水的压力；⑦RO 产水、浓水、再循环水的流量；⑧RO 进水、出水的 TDS 值或电导率；⑨进水温度；⑩进水 SDI 值；⑪周期性作仪表校正及维护的记录；⑫保养的记录（如清洗记录）。除此之外，还应根据具体情况，增加一些监测项目（如含菌量等）并定期作完整的水质分析。

(2) 调整操作参数

在实际操作中，原先的设计参数总会有一定程度的变化，因而系统必须要作一些弹性调整。

系统运行的正确方法是保持产水流量、回收率、总浓水排放量（浓水排放量＋再循环流量）和运行压力符合设计范围。任何由于温度和污染所引起的水通量的变化需要通过调整进水压力补偿。但是不能超过规定的最高压力及压差，不能允许容纳太多的污垢。

如果进水水质分析报告发生变化造成结垢倾向增加，则应增加浓水排放量，用以降低回收率。当然这也需控制最大进水量以及调整各加药量。

如果系统产水量大于产水需求量时，频繁启停是不可取的，这将会影响膜的性能和寿命。可以增加产水缓冲储槽，降低进水压力，从而减少产水量。如仍希望保持原有回收率，则要保证最后的单支膜浓水流量大于规定的最小浓水流量。当然，这时反渗透系统脱盐率会有所下降。另外，也可以让多余产水返回反渗透系统前与进水混合，这样可以保证膜的水力学基本恒定，这时最终产水品质将会提高。循环返回产水对膜也具有一定清洗作用。同时，这也需要调整加药量。

(3) 性能指标标准化

反渗透系统性能变化主要由脱盐率、压差、产水量三个参数来衡量。但是，在实际运行过程中也会受到进水水质、温度、回收率的影响。为了区分这类正常现象与性能变化，做到早发现早处理，就要把参数标准化。

(4) 系统保存

几乎所有的膜系统在停机保存前应进行一次化学清洗。当了解到膜元件已经存在污染时，先清洗后保存就更为重要。清洗和杀菌后，根据不同膜加入各自的保护液。当然还需要定期检查及更换保护液。在停机保护期间，系统必须处于不结冰状态，否则还需加入防冻液。

(5) 反渗透系统运行期间的主要注意事项

① 应尽量减少反渗透系统的启停次数，减少对膜元件的机械应力。

② 当系统停运时，要用产水冲洗系统，以便将高含盐量的浓水置换掉，直到浓水出水与进水电导接近，冲洗压力约为 0.3MPa，单根复合膜压力容器流量约为 $8m^3/h$，以压差不超过最高规定值为宜。

③ 冲洗水中不应含有阻垢剂等预处理化学药品。冲洗前后应停止加药，停机后关闭进水阀。

④ 浓水排放管应高于最高膜元件，以便停机后膜元件不失水。

⑤ 进水含盐量高时，停机时候产水有回吸现象。这时要提供回吸补充水量，以免膜元件吸入空气。但要控制回吸通量，以避免复合膜复合结构的物理破坏。

⑥ 复合背压小于 0.03MPa，必要时产水处加装爆破膜。

⑦ 运行压力要小于压力容器最高允许压力。

⑧ 加药箱容积不可过大，以免使用周期过长，使某些药品挥发或者长菌。

⑨ 连续运行一个周期，最好用产水冲洗系统，方法与②相同。

⑩ 反渗透系统不作任何防止微生物生长保护措施时，最长停运时间为 24h。每 24h 定期进行冲洗。

⑪ 反渗透系统开机升压应缓慢，以减少对膜的冲击。

⑫ 絮凝剂、助凝剂与阻垢剂需兼容。严禁聚合有机阻垢剂与残留聚合阳离子絮凝剂形成胶状沉淀，严重污染膜。

⑬ 对原水水质及所使用的絮凝剂，选用合适的阻垢剂。

⑭ 根据不同的情况选择适用的氧化剂。

⑮ 再次强调注意不要超过膜的运行极限值。如最高温度、最高压力、最大进水量、最大压降、pH 范围、最大回收率、最小浓水流量、耐氯量、最大给水淤塞密度指数（SDI）和最大产水量等。

397 超滤的工作原理是什么？

超滤是一种带有微孔的高分子膜（超滤膜）为过滤介质的过滤方式。超滤可以去除水中的小颗粒悬浮物、胶体、大分子有机物和细菌等。关于超滤膜的孔径范围，目前还没有统一的说法，通常情况下，超滤膜技术截留分子量的定义域控制在 500～500000 范围内，而孔径数值则是在 0.002～0.100μm 之间，在开展工作的过程中，操作静压差为 0.1～0.5MPa，至于被分离组分的直径则在 0.005～10.000μm 之间。超滤的分离原理在于其利用压力活性膜的特性，在外界推力（压力）的作用下，截留水中胶体、颗粒和分子量相对较高的物质，而水、无机盐和小的溶质颗粒则透过膜上微孔到达膜的另一侧，从而实现水和杂质的分离，达到净化水质的目的。超滤的分离机理主要是靠物理的筛分作用，在超滤分离过程中，高分子物质、胶体物质在膜表面及微孔的吸附、膜孔内被阻塞截留和膜表面的机械筛等三种作用下被超滤膜阻止，而实现分离。

398 超滤运行中存在哪些常见问题？应如何应对？

（1）超滤工艺运行中的问题

超滤技术虽日趋成熟，但在实际运行过程中超滤膜分离技术依然面临各种问题，其中最突出的是运行维护成本高。造成膜分离过程中运行维护成本高的重要原因有以下三点：①膜寿命的缩短；②膜污染而引起的通量下降；③辅助设备的维护。

影响膜寿命长短的因素较为复杂，除膜本身强度（制膜材料、制膜工艺等）、膜组零配件质量（如封胶、O形圈、膜架等）外，还与过滤水质、整个工艺参数设置的合理性、膜系统的运行环境、膜的辅助设备等有关；而膜的污染取决于膜材料的选择性、吸附和化学稳定性、过水通量、原水水质和化学清洗的有效性等；膜辅助设备的维护指各子单元（如泵、自清洗过滤器、真空系统、气动阀门、管道、仪表、空气压缩系统、加药系统、暖通系统等）定期检查、维护保养和更新改造。

（2）膜泄漏分析

目前，压力式超滤膜及膜组件已经完成了产业化、商品化的推广，但在实际使用过程中还存在一定的问题，需要从各个角度去优化、提升。其中膜泄漏就是超滤系统日常应用中亟需解决的一项关键问题，这也是造成膜寿命缩短的最主要原因。

（3）膜泄漏的检测

膜是否泄漏主要通过完整性测试（PDT）来判断。通常超滤膜在正常过滤状态下只过水不过气，运用这个原理，在用完整性测试确定某组膜存在完整性缺失的情况下，再通过对单支膜进行声呐测试找到问题膜柱的位置进行隔离，待条件允许可用专用工具进行修补或更换。

（4）膜污染

膜的污染会造成膜通量持续下降，这是缩短膜寿命的另一大原因。膜污染可定义为由于被截留的颗粒、胶粒、乳浊液、大分子和盐等在膜表面或膜内而引起的不可逆沉积，这种沉积包括吸附、堵孔、沉淀、形成滤饼等。

399 超滤系统有哪些管理措施?

在超滤系统日常运行中，核心膜组件固然重要，而辅助子单元与配套设备的有效、稳定也不容忽视；在核心膜组件中，除了关注膜丝本身的质量之外还需重视其零配件的配置和完好情况。只有当所有子单元有效组合，稳定运行，定期维保，才能保障超滤系统的正常出水，发挥其良好的过滤截留作用。

多数的湿膜在自然干燥过程中会造成膜孔不可逆收缩，甚至发生孔塌陷，从而使膜分离性能受到严重破坏。因此无论是膜运行、清洗或是停机检修，应始终保持膜的湿润，即膜应与水或化学试剂充分接触。在运行管理中应特别注意：

① 当需停膜超过24h时，除在停用和恢复前各需进行一次反洗外，建议在停用期间用消毒剂（如次氯酸钠等）进行浸泡，一可抑制微生物滋生，二可保持膜丝湿润。次氯酸钠浸泡浓度应根据停运时间和环境温度而定，浸泡状态下需每日检测有效氯浓度，若浓度衰减需及时补加。

② 冬季低温时一般不建议停膜检修，因为膜壳内静止的水在低温下容易结冰，会伤害膜丝内部结构。

400 二氧化氯的使用方法有哪些?

二氧化氯的使用方法如下。

① 制备成稳定的二氧化氯溶液：使用 Na_2CO_3、过碳酸盐、Na_2BO_3、过硼酸盐或其他碱金属及过氧化物水溶液吸收二氧化氯气体，浓度一般为 5%～7%，使用时加活化剂酸（硫酸、柠檬酸、盐酸）、$FeCl_3$、$AlCl_3$ 等使其释放出 ClO_2。该溶液在 −5～95℃下稳定存在，不易分解，其二氧化氯浓度在 2%以上。

② 制备固体二氧化氯：先制成稳定二氧化氯溶液，然后加粉剂（如硅胶、分子筛等多孔性物质）作为吸附剂，吸收二氧化氯之后脱水变成固体，运输方便，使用时也要加活化剂，放出二氧化氯；也可用琼脂、明胶等为基质，制成缓释型二氧化氯，用于除臭，保鲜等。

③ 二氧化氯现场发生装置：应用化学法或电解法制备。

401 使用二氧化氯时的注意事项有哪些?

使用二氧化氯时的注意事项如下。

① 在水处理中，二氧化氯的投加量一般为 0.1～1.5mg/L，具体投加量视原水性质和投加用途而定。当仅用作消毒剂时，投加范围是 0.1～0.3mg/L；当兼用作除臭剂时，投加范围是 0.6～1.3mg/L；当兼用作氧化剂，除铁、猛和有机物时，投加范围是 1～1.5mg/L。

② 二氧化氯是一种强氧化剂，其输送和存储都要使用防腐蚀、抗氧化的惰性材料，要避免与还原剂接触，以免引起爆炸。

③ 采用现场制备二氧化氯的方法时，要防止二氧化氯在空气中的积聚浓度过高而引起爆炸，一般要配备收集和中和二氧化氯制取过程中析出或泄露气体的措施，或设置通风措施。

④ 在工作区和成品储藏室内，要安装有通风装置和监测及警报装置，门外配备防护用品。

⑤ 稳定二氧化氯溶液本身没有毒性，活化后才能释放出二氧化氯，因此活化时要控制好反应强度，以免产生的二氧化氯在空气中的积聚浓度过高而引起爆炸。

⑥ 二氧化氯溶液要采用深色塑料桶密闭包装，储存于阴凉通风处，避免阳光直射和与空气接触，运输时要注意避开高温和强光环境，并尽量平稳。

402 常见的紫外线消毒设备有哪些类型?

紫外线光源由紫外灯管或水银灯提供，它们发出的紫外线能穿透细胞壁并与细胞质反应而达到消毒的目的。不同型号规格的紫外灯主波长不同，应根据需要选用。紫外线消毒设备主要有两种形式：浸入式和水面式。

浸入式是把紫外灯管置于水中，此法的特点是紫外线利用率较高，杀菌消能好，但设备的构造复杂。

水面式是把紫外线灯管置于水面之上，构造简单，但由于反光罩吸收紫外线以及管线散射，杀菌效果不如前者。紫外线消毒的照射强度为 0.19～0.25W・s/cm^2，污水层深度为 0.65～1.0m。

403 常见的紫外灯管有哪些?

常见的紫外灯管有低压低强度、低压高强度和中压高强度三种，具体如下。

(1) 低压低强度紫外灯

该紫外灯产生 254nm 的单频紫外线，波长非常接近 260nm 的最佳杀菌波长，长度为 0.75～1.5m，直径为 15～20nm，操作温度在 40℃，灯管内压力为 0.007mmHg (1mmHg=133Pa)，输出紫外线为 25～27W，其中 85%～88%为 254nm 波长的单频紫外线。为了保证正常的操作温度，需要采用石英灯罩把紫外灯管和水流分割开来，防止水流冷却紫外灯，不能达到最佳操作温度。原因在于，如果紫外灯外表面温度过低，会使紫外灯内的汞蒸气凝结为液态汞，减少了可以释放紫外光子的汞原子的数量，导致紫外输出下降。随着使用时间的增加，紫外灯内电子聚集减少，电极和紫外灯罩会老化，造成紫外灯输出强度降低。随着开关次数的不同，低压低强度紫外灯的使用寿命为 9000～13000h，石英套管的寿命为 4～8 年。

(2) 低压高强度紫外灯

该灯和低压低强度紫外灯相似，不同之处在于用汞-铟合金代替了汞。同低压低强度紫外灯相比，低压高强度紫外灯内的压力为 0.001～0.01mmHg，紫外 C 波的输出能力是低压低强度紫外灯的 2～4 倍，最佳操作温度比较宽，寿命高 25%以上。

(3) 中压高强度紫外灯

该灯是过去十几年来发展的新技术，操作温度为 600～800℃，压力为 100～10000mmHg，发射多波长紫外线，大约 27%～44%的紫外能量在紫外 C 波的范围之内，仅有 7%～15%的输出在 254nm 附近。但是，中压高强度紫外灯产生的紫外 C 波的强度是普通低压低强度紫外灯的 50～100 倍。应用集中在大流量污水、暴雨溢流以及空间利用率要求很高的场合。在正常操作温度下，该紫外灯内所有汞都处于气体状态，所以它的输出能量可以在 60%～100%的范围内自由调节而不改变输出的紫外波长范围，由于操作温度高，更容易引起紫外灯罩结垢。

近年来又产生了两种新的紫外灯管技术，一为宽波段脉冲氙紫外灯，另一种为窄波段激发紫外灯。一个完整的紫外消毒系统包括紫外灯管、石英灯罩、紫外灯支撑架、镇流器和电源。镇流器包括三种类型，分别为标准型、节能型和电子型，它和紫外灯管需要配套使用，重要性仅次于紫外灯管。

404 紫外灯维护的主要内容有哪些?

紫外灯的维护主要包括以下几个方面。

(1) 灯管的更换

紫外灯管通常不会突然烧毁，但紫外发射强度会随着使用时间的增长而降低，通常紫外灯连续使用一年以后，紫外强度会降低到新灯管的 60%。新灯管的紫外强度约 $90\mu W/cm^2$，当紫外强度降低到 $70\mu W/cm^2$ 时（能够有效杀死细菌的最小有效紫外剂量)，必须更换灯管。频繁的开关对紫外灯寿命的影响非常大，远远超过连续使用对紫外灯的损害，应该尽最大可能减少紫外灯的开关次数。

(2) 性能监测

应当定期监测紫外消毒设备前和设备后水样的细菌种类和数量，以监测紫外消毒设备的性能。并且要对紫外消毒设备下游水样进行细菌培养实验，以检测细菌的复活能力。

(3) 灯管清洁

通过紫外消毒设备的水中含有许多悬浮固体，这些悬浮固体会沉积在紫外灯管的外表面，降低紫外线透过灯管进入水体的能力，要尽可能地降低紫外设备入水的SS含量，并且定期清洁紫外灯管，清洁频率取决于水质。

(4) 监测紫外剂量

应该使用紫外强度计来测量透过紫外灯管进入水体的紫外线的剂量，如果紫外线剂量过低，将不能有效杀灭细菌。紫外强度计可以确定何时需要清洁和更换灯管。

405 液氯投加设备的基本组成和作用是什么？

氯是有毒物质，氯通常以液氯形式装钢瓶供应，使用时是在有压条件下进行操作。为了保证投加液氯时的安全和计量准确，一般采用安全加氯设备，通常用的投氯设备是转子投氯机。

来自氯瓶的氯气首先进入旋风分离器，再通过弹簧薄膜阀和控制阀进入转子流量计和中转玻璃罩，经水射器与压力水混合，溶解于水内被输送到投氯点。各部分作用如下。

(1) 旋风分离器

用于分离氯气中可能有的锈垢、油污等悬浮杂质，可定时打开分离器下部旋塞予以排除。

(2) 弹簧薄膜阀

当氯瓶中压力小于0.1MPa时，此阀即自动关闭，以保证瓶内氯气具有一定剩余压力。

(3) 氯气控制阀及转子流量计

用于控制和测定投氯量。

(4) 中转玻璃罩

用来观察投气机工作情况，此外尚有以下几种作用。

① 稳定加氯量。当玻璃罩内进氯量小于水射器抽吸量时，罩内呈负压状态，水箱过来的水便进入此罩，以补充水射器的抽吸量。

② 防止压力水倒流。玻璃罩中的单向阀用以防止水射器的压力水（当水射器停止工作时）倒流进来。

③ 水源中断时，由于罩内的负压继续吸去平衡水箱的水，当平衡水箱中的水位低于单向阀口时，便自动吸入空气破坏罩内的真空。

(5) 平衡水箱

可补充和稳定中转玻璃罩内的水量。当水流中断时，使中转玻璃罩破坏真空。

(6) 水射器

除从中转玻璃罩内抽吸所需的氯，并使之与水混合、溶解于水外，还起使中转玻璃罩内保持负压的作用。

406 深度处理出水加氯量如何控制？

深度处理中，除要求达到一定的消毒效果外，还要求再生水管网末端保持一定的余氯量。总的加氯量由以下两部分组成：实际消毒需氯量和游离性余氯量。实际需氯量除直接用于杀灭细菌的氯量之外，还包括氧化污水中的一些还原性物质所需的氯量，如H_2S、

SO_3^{2-}、NO_2^-、Fe^{2+}、Mn^{2+}、NH_4^+、胺及一些有机物。游离性余氯是指氯接触一定时间后，水中所剩的 Cl_2、HClO 和 ClO^- 的总和。总加氯量的确定一般也由试验确定，程序如下。

① 取深度处理系统中滤池的出水水样，测定水样中的大肠菌群数。如果出水作为工业冷却水，则细菌总数也应作为消毒的一个控制指标，因此还应测定水样中的细菌总数。

② 自二级出水取若干水样。例如，取 8 个水样，每个为 100mL。

③ 向每个水样中加入不同的氯量。例如向 8 个水样中分别加入 0.20mg、0.25mg、0.3mg、0.35mg、0.40mg、0.45mg、0.50mg、0.55mg 氯，则每个水样中的氯浓度为 2.0mg/L、2.5mg/L、3.0mg/L、3.5mg/L、4.0mg/L、4.5mg/L、5.0mg/L、5.5mg/L。

④ 加氯之后，用玻璃棒搅拌每个水样。搅拌时间与实际运行中污水在接触池内的水力停留时间相同。

⑤ 到达接触时间后，分别测定每个水样中的大肠菌群数和游离性余氯的浓度。余氯测定可用比色法或仪器法。

⑥ 确定加氯量。在以上试验结果中，确定既满足大肠菌去除效果，又满足游离性余氯要求的最小加氯量。如果出水回用于工业冷却水，还应同时满足对细菌总数去除的要求。

二级生化出水采用混凝沉淀和过滤工艺进行深度处理时，加氯量一般控制范围为 3～6mg/L。

407 加氯间的安全措施有哪些?

加氯间的安全措施如下。

① 操作人员的值班室要和加氯间分开设置，并在加氯间安装监测的警报装置，随时对其中的氯浓度进行检测。

② 加氯间要靠近加氯点，两者间距不宜超过 30m，加氯间建筑要坚固防火，耐冻保温、通风良好、大门外开，并与其他工作间严格分开，没有任何直接连通。由于氯比空气密度大，因此当氯气在室内泄漏后，会将空气排挤出去，在封闭的室内下部积聚并逐渐向上扩散，所以加氯间的底部必须安装强制排风设施，进气孔要设在高处。

③ 加氯间应单独设置，并备用检修工具，设置防爆灯具、防毒面具和抢救器具等。照明和通风设备的开关也设在此处。在进入加氯间之前，先进行通风。通向加氯间的压力水管必须保证不间断供水，并保持水压稳定，同时还要有应对突然停水的措施。当发现氯瓶有严重泄漏时，戴好防毒面具，打开喷淋装置，然后将氯瓶阀门关闭。

④ 当发现现场有人急性氯气中毒后，要迅速将中毒者转移至空气新鲜通风的地方。呼吸困难者，应当让其吸氧，严禁进行人工呼吸，可以用 2%的盐酸氢钠溶液为其洗眼、鼻及口等部位，还可以让其吸入雾化的 5%碳酸氢钠溶液，并通知医疗救护中心前来救援。

408 如何进行氯瓶的管理?

氯瓶的管理包括以下内容。

① 氯瓶内压力一般为 0.6～0.8MPa，氯瓶出厂时留有 15%的气态氯空间，不能在太阳下暴晒或靠近其他高温热源，以免汽化时压力过高发生爆炸。液氯和干燥的氯气对铜、铁和

钢等金属没有腐蚀性，但遇水或受潮时，化学活性增强，能腐蚀大多数金属，因此，液氯钢瓶必须保持 0.05～0.1MPa 的余压。若没有压力表，可将氯瓶放在台秤上，使用过程中随时观察余重，不能全部用空，防潮湿空气进入。

② 液氯变成氯气要吸收热量，1kg 液氯变成 2kg 氯气约需要 289 kJ 热量。在气温较低时，氯瓶从空气中吸收的热量有限，液氯汽化的数量受到限制时，需要对氯瓶进行加热。但切不可用明火、蒸汽直接加热氯瓶，也不宜使氯瓶温度升高太多或太快，一般可使用 15～25℃的温水连续淋洒氯瓶对氯瓶加温。

③ 要经常用 10%氨水检查加氯机与氯瓶的连接处是否泄漏，如果发现加氯机的氯气管出现堵塞现象，切不可用水冲洗，可以用钢丝疏通，再用打气筒或压缩空气将杂物吹掉。

④ 开启前要检查氯瓶的放置位置是否正确，立式钢瓶要竖放，出氯口在上。卧式有两个口，务必使两口连线垂直地面。上口出气态氯，下口出液态氯。上口气态氯与加氯机连接。开氯瓶阀门时，要先缓慢开半圈，随即用 10%氨水检查是否漏气，一切正常后再逐渐打开。如果阀门难以开启，不能用榔头敲击，也不能用长扳手硬扳，以防将阀杆拧断。

409 如何进行加氯系统的操作?

(1) 开启操作规程

① 开启加压泵射流系统或开启压力水阀门，待中转玻璃罩有气泡翻腾后，开启平衡水箱进水阀门，使水箱适当有少量水从溢水管溢走。

② 打开氯瓶阀门，再打开分阀门，并用 10%氨水检查氯瓶与加氯机之间的管线连接及阀门是否泄漏。

③ 打开投氯机控制阀门，并通过流量计调节加氯量。加氯量应经试验确定。对于生活污水，可参用下列数值：一级处理水排放时，投氯量为 20～30mg/L；不完全二级处理水排放时，投氯量为 10～15mg/L；二级处理水排放时，投氯量为 5～10mg/L。

混合池的混合时间为 5～15s，当用鼓风混合，鼓风强度为 $0.2m^3/(m^3 \cdot min)$。当用隔板式混合池时，池内平均流速不应小于 0.6m/s。

接触池的接触时间不小于 30min，保证加氯量不少于 1.5mg/L。

(2) 关闭操作规程

① 关闭氯瓶阀门，再关阀门，并用 10%氨水检查氯瓶与加氯机之间的管线连接及阀门是否泄漏。

② 待转子跌落到零点后，关闭加氯机控制阀，然后再关闭平衡水箱进水阀门。

③ 待中转玻璃罩翻泡逐渐无色后，再关闭加压泵射流系统或压力水阀门。

410 氯中毒的紧急处理措施有哪些?

在操作现场，一般将氯浓度限制在 0.006mg/L 以下。当高于此值时，人体会有不同程度的反应。长期在低氯环境中工作会导致慢性中毒，表现为：眼黏膜刺激流泪；呼吸道刺激咳嗽，并导致慢性支气管炎；牙龈炎、口腔炎、慢性胃肠炎；皮肤发痒、痤疮样皮疹等症状。短时间内暴露在高氯环境中，可导致急性中毒。轻度急性氯中毒表现为：喉干胸闷，脉搏加快等轻微症状。重度急性氯中毒表现为：支气管痉挛及水肿，昏迷或休克等严重症状。在处理严重急性中毒事故中，应注意以下事项：

① 迅速将中毒者转移至新鲜空气中。

② 对于呼吸困难者，严禁进行人工呼吸，应让其吸氧。

③ 如有条件，也可雾化吸入5%的盐酸氢钠溶液。

④ 用2%的碳酸氢钠溶液或生理盐水为其洗眼、鼻和口。

⑤ 严重中毒者，可注射强心剂。

以上为现场非专业医务人员采取的紧急措施，如果时间允许或条件许可，首要的是请医务人员处理或急送医院。

411 臭氧发生器有哪些种类？分别有哪些特点？

按臭氧产生的原理不同，目前的臭氧发生器主要有三类：高压放电式臭氧发生器、电解式臭氧发生器、紫外线式臭氧发生器。

（1）高压放电式臭氧发生器

该类臭氧发生器是使用一定频率的高压电流制造高压电晕电场，使电场内或电场周围的氧分子发生电化学反应，从而制造臭氧。这种臭氧发生器具有技术成熟、工作稳定、使用寿命长、臭氧产量大等特点。水处理领域通常采用高压放电式臭氧发生器来制备臭氧。

（2）电解式臭氧发生器

电解式臭氧发生器通常是通过电解纯净水而产生臭氧，在电解池里，水在电极材料的催化作用下被电解成氢气、氧气和臭氧。在阳极产生氧气、臭氧和水，在阴极产生氢气。这种发生器能制取高浓度的臭氧水，制造成本低，使用和维修简单。但由于臭氧有产量无法做大、电极使用寿命短、臭氧不容易收集等方面的缺点，其用途范围受到限制。这种发生器只是在一些特定的小型设备上或某些特定场所内使用，不具备取代高压放电式发生器的条件。

（3）紫外线式臭氧发生器

紫外线式臭氧发生器是使用特定波长（185mm）的紫外线照射氧分子，使氧分子分解而产生臭氧。由于紫外线灯管体积大、臭氧产量低、使用寿命短，所以这种发生器使用范围较窄，常用于消毒碗柜。

412 高压放电式臭氧发生器有哪些种类？分别有哪些特点？

高压放电式臭氧发生器的分类如下。

① 按发生器的高压电频率划分，有低频（50～60Hz）、中频（400～1000Hz）和高频（>1000Hz）三种。低频发生器由于体积大、功耗高等缺点，已基本退出市场。中、高频发生器具有体积小、功耗低、臭氧产量大等优点，是现在最常用的产品。

② 按使用的气体原料划分，有氧气型和空气型两种。氧气型通常是由氧气瓶或制氧机供应氧气。空气型通常是使用洁净干燥的压缩空气作为原料。由于臭氧是靠氧气来产生的，而空气中氧气的含量只有21%，所以空气型发生器产生的臭氧浓度相对较低，效率较低，能耗较高。而采用氧气作为气源制取臭氧时，产生的臭氧浓度可以达到10%（质量比）或者更高。

③ 按冷却方式划分，有水冷型和风冷型。臭氧发生器工作时会产生大量的热能，需要冷却，否则臭氧会因高温而边产生边分解。水冷型发生器冷却效果好，工作稳定，臭氧无衰减，并能长时间连续工作，但结构复杂，成本稍高。风冷型冷却效果不够理想，臭氧衰减明显。总体性能稳定的高性能臭氧发生器通常都是水冷型的。风冷一般只用于臭氧产量较小的中低档臭氧发生器。

④ 按介电材料划分，常见的有石英管（玻璃的一种）、陶瓷板、陶瓷管、玻璃管和搪瓷管等几种类型。使用各类介电材料制造的臭氧发生器在市场上均有销售，其性能各有不同。玻璃介电体成本低、性能稳，是人工制造臭氧使用最早的材料之一，但机械强度差。陶瓷和玻璃类似，但陶瓷不易加工，特别在大型臭氧机中使用受到限制。搪瓷是一种新型介电材料，介质和电极于一体，机械强度高、可精密加工、精度较高，在大中型臭氧发生器中广泛使用，但制造成本较高。

413 影响臭氧发生的主要因素有哪些?

（1）外界因素（非构造因素）

① 原料选用。原料气体的含氧量高，制备臭氧所需的动力则少。制备同样数量的臭氧，用空气所消耗的动力是用氧气所消耗的动力的二倍左右。

② 驱动电压和频率。对单位电极表面积来说，臭氧产率与电极电压平方成正比，因此电压越高，产率越高。但电压过高易造成介电体被击穿以及损伤电极表面，故一般采用15～20 kV的电压。提高交流电的频率，可以增加单位电极表面积的臭氧产率，而且对介电体的损伤较小，一般采用50～500Hz的频率。

③ 水分和尘粒。原料气中的水分和尘粒对反应过程不利，当以空气为原料时，在进入臭氧发生器之前必须进行干燥和除尘预处理。

（2）构造因素

① 冷却方式。工业型臭氧发生器的功率大，在交流高频电压作用下气体放电时，气体电离及介电材料的损耗会使臭氧发生管内气体温度上升，而臭氧在较高温度下极易分解，造成臭氧产量减少。冷却放电间隙中的工作气体可以有效地控制温升，冷却效果越好，发生器的臭氧产率越高，并可避免电极与介电体的损坏。

② 介电常数与介电体厚度。单位电极表面积的臭氧产率与介电体的介电常数成正比，与介电体厚度成反比。因此应采用介电常数大、厚度薄的介电体。

414 臭氧氧化有机物的原理是什么?

臭氧是一种强氧化剂，可以使难降解的高分子有机物得到氧化、降解。臭氧对水中有机物的氧化过程可分为直接氧化和间接氧化。直接氧化是臭氧与水中有机物直接反应生成羧酸等简单有机物或生成二氧化碳和水的过程。该过程有选择性，除了与含有双键等不饱和化合物以及带有供电子取代基（酚羟基）的芳香族化合物反应速度较快，与其他有机物直接反应速度很慢。间接氧化是通过自身分解生成的羟基自由基对有机物进行无选择地快速氧化。在实际的水处理反应中，臭氧去除有机物的效率是直接氧化和间接氧化的叠加，这两种反应进行的程度取决于不同的反应条件。

415 影响水处理中臭氧氧化效果的因素有哪些?

影响水处理中臭氧氧化效果的因素有以下几个。

(1) 臭氧的投加量

在较低的臭氧浓度下,臭氧浓度的升高使反应速度加快,为达到对某种染料期望的去除效果,必须增加臭氧的投加量。但臭氧的投加量超过一定量后,氧化剂投加量的增加对污染物去除效果的提高并不明显。

(2) pH 值

低 pH 值条件有利于臭氧直接氧化反应,而高 pH 值和有机物含量高的条件则有利于羧基自由基的间接氧化反应。由此可以推测,反应体系 pH 值由低到高的变化,是反应体系的主导反应由直接反应向间接反应的过渡过程。pH 值的升高有利于提高臭氧对有机物的氧化速率和氧化性能。

(3) 臭氧与污水的接触方式

臭氧与污水的接触方式对消毒效果也会产生影响,如采用鼓泡法,则气泡分散的愈小,臭氧的利用率愈高,消毒效果愈好。气泡大小取决于扩散孔径尺寸、水的压力和表面张力等因素,多采用微孔曝气头来释放臭氧。

(4) 接触时间

臭氧在水中的半衰期只有 20min 左右,在最初接触的 10min 内臭氧有持续氧化作用,30min 后就不再产生作用。

416 常用臭氧-水接触反应装置的形式有哪些?

臭氧-水的接触反应系统是一种将臭氧投入水中并使之与水中的有机物、细菌、金属离子进行化学反应及消毒生化反应的过程。目前,国内常用于水处理的臭氧-水的接触反应设备主要有微气泡扩散器(包括接触池和鼓泡塔)、蜗轮注入器、固定混合器及压力喷射器等。

(1) 接触池

接触池是三级处理中运行较多的类型,这种池型属活塞流反应器原理。是由多孔扩散室串联组合而成,室与室之间用隔板隔开,在池底或池顶交替地将各室连通,在池底布置有微孔扩散器。优点是能耗低,处理效果较好,能适应流量的变化;缺点是接触时间长,喷头堵塞时布气不均匀。

(2) 鼓泡塔

鼓泡塔的工作特点就是被处理水自塔顶进入,经喷淋装置向下流,而臭氧气体自设置在塔底部的微孔扩散设备扩散成微小气泡上升,气水逆流接触而完成其处理过程。鼓泡塔的优点是能耗低,其缺点是喷头堵塞时,布气不匀,混合效果较差,易返混。

(3) 涡轮注入器

蜗轮注入器的工作特点就是处理水(有压)流入扩散室内,由电机带动叶轮高速旋转,在水通过叶轮孔眼吸入,再由叶轮边缘喷出时,将臭氧抽吸到水中并与之混合。蜗轮注入器具有混合效果好、接触时间较短、体积较小等优点。缺点是需电机驱动,耗费电能。多用于部分投加,淹没深度<2m。

（4）固定混合器

固定混合器是一种直接在管道中装设固定螺旋形元件的强制性气水混合接触反应器，由于混合器内构成了复杂的流体流路和实现了均匀的等剪切混合，强化了传质过程，因此混合效果好。静态混合器的优点是设备体积小，占地少；设备费用低，维修保养简单。缺点是水头损失较大。

（5）喷射器

压力喷射器有将整个水量喷射的全部喷射器和只将部分水量喷射的部分喷射器。全部喷射器就是使压力水通过一个水射器产生负压，将臭氧吸入器内，气-液立即混合，混合液导入器底，再从器底翻到上面，完成其传质过程。部分喷射器是全部喷射器的一种改进方式，也称“支流喷射”器。它只需将处理水的一部分（5～10%）给予加压，通过喷射器与全部所需投加的臭氧化气混合，再同其余的水混合，最后进入接触反应器。压力喷射器的优点是混合充分，不用机械搅拌。但接触时间较短、水量大时，耗电量大、能耗费用较高。

417 臭氧接触池的构造特点有哪些？设计参数如何选取？

三级处理中臭氧接触池常采用多扩散室接触池，由两段到三段接触室串联而成，每段接触室包括布气区和后续反应区，并由竖向导流隔板分开，以满足较长接触时间的需求。

为防止臭氧接触池中少量未溶于水的臭氧逸出后进入环境空气而造成危害，臭氧接触池采取全封闭的构造。

臭氧在水中的溶解度只有10mg/L，因此通入污水中的臭氧往往不能被全部利用。为了提高臭氧的利用率，接触反应池最好建成水深5～6m的深水池，并设置管式或板式微孔扩散器散布臭氧。

为保证接触池的设计合理、可靠，应通过模拟实验取得设计参数，在没有模拟实验条件时，可按下述经验参数设计：

① 降解COD，臭氧消耗量按降解1mg/L COD，需要消耗4mg/L O_3（臭氧化气）考虑；接触时间为15～60min。

② 消毒，臭氧投加量为5～15mg/L；接触时间为6～15min；或接触3～5min，接触后停留10～15min。

418 臭氧脱色的原理是什么？设计参数如何选取？

污水二级出水致色有机物的特征结构是带双键和芳香环，代表物是腐殖酸和富里酸。臭氧通过与含有不饱和官能团的有机物反应，破坏不饱和双键使水脱色。臭氧的投加量和接触时间应根据污水水质和排放水体要求，通过模拟实验确定。没有模拟实验条件时，可参考下述经验参数：

① 臭氧投加量：2.5～5mg/L。

② 接触时间：10～20min。

419 如何保证臭氧处理系统的安全运行？

保证臭氧处理系统的安全运行须注意以下事项。

① 系统设备管道防腐处理。臭氧气体具有很强的腐蚀性，在潮湿情况下腐蚀性最强。因此，臭氧发生设备、输送臭氧的管道、阀门及接触反应设备均采取防腐措施。如使用碳钢材料必须涂防腐涂层，最好使用不锈钢管、玻璃钢管、ABS、PVC、PP-R 塑料管等。接触池在使用钢筋混凝土材料时应加防腐涂层。

② 设置通风排气设备。臭氧具有毒性，空气中臭氧浓度达到 0.1mg/m^3 时就对人的眼睛、鼻、喉及呼吸道产生刺激作用，在 0.01～0.02mg/m^3 时可闻到臭味。因此在臭氧发生装置车间应设置通风设备，万一发生泄漏可及时排出臭氧。

臭氧比空气重，通风机应安装在靠近地面处。

③ 设置臭氧气体泄漏检测仪及报警设施。臭氧气体泄漏检测仪检测下限应低于 0.15mg/m^3，检测上限至少应大于 0.3mg/m^3。当室内环境空气中臭氧含量达到 0.15mg/m^3 时，应自动开启机械通风装置同时进行预报报警；当室内环境空气中臭氧含量达到 0.3mg/m^3 时，应进行警报报警并及时关闭臭氧发生装置。

④ 臭氧发生器为高压放电设备，应设置接地装置，接地电阻应小于 4Ω。操作应严格按照设备使用说明书及有关电器使用要求进行。

⑤ 必须设置尾气处理或尾气回收装置，反应后排出的臭氧尾气必须经过分解破坏或回收利用，达到排放标准，否则将污染大气。

420 臭氧接触池尾气处理的方法及要求有哪些?

尾气破坏器一般采用高温加热（380℃）或加热催化（40℃）的方式分解臭氧。高温加热方式电能消耗量大，但运行可靠，是当前消除臭氧尾气使用最广泛的技术。加热催化氧化方式具有较好的经济性，目前大多数催化剂都是钯、氧化锰和氧化镍类化合物，使用前应考虑尾气中是否含有使催化剂中毒的成分，如氯、硫。

421 臭氧氧化法应如何分类?

臭氧氧化法主要是催化氧化法，如碱催化氧化、光催化氧化和多相催化氧化等，具体处理方法有：①臭氧（O_3）/H_2O_2；②臭氧（O_3）/UV（紫外光）；③臭氧（O_3）/固体催化剂（金属及其氧化物，活性炭等）。

从反应机理看，①属于碱催化臭氧化；②属于光催化臭氧化；③属于多相催化臭氧化。碱催化臭氧化反应的途径是：通过氢氧根离子催化，生成羟基自由基，再氧化分解有机物。光催化氧化是以紫外线为能源，以臭氧为氧化剂，利用臭氧在紫外线照射下生成的活泼次生氧化剂来氧化有机物。多相催化臭氧化是近几年发展起来的新技术，其金属催化的目的是促进臭氧（O_3）的分解，以产生活泼的·OH 自由基强化其氧化作用，常用的催化剂有 CuO、Fe_2O_3、NiO、TiO_2、Mn 等。

422 活性炭及其孔隙结构如何分类?

活性炭拥有不规则的石墨微晶结构，孔隙分布十分发达，是一种疏水非极性吸附剂。国际纯粹化学与应用化学联合会（IUPAC）将活性炭孔隙分为了微孔、中孔和大孔三类，并提出了分类标准：<2nm 的为微孔，2～50nm 之间的为中孔，>50nm 的为大孔，如图 5-21 所示。

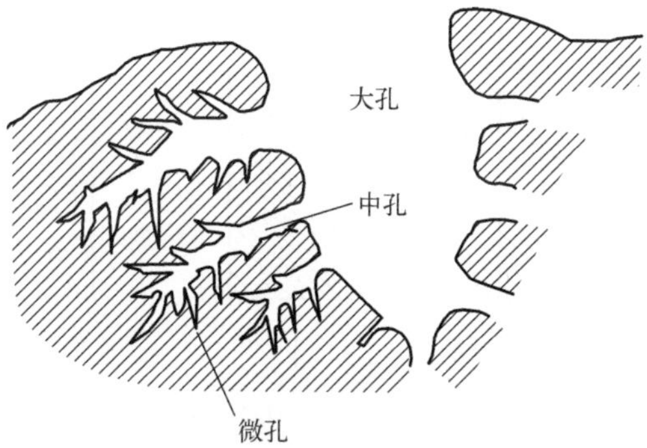

图 5-21 活性炭孔隙分类示意图

微孔在活性炭孔隙中占的比例较大，比表面积通常占总比表面积的 90%以上，这部分也是活性炭吸附小分子有机物的主要部位；中孔一般占比表面积的 5%以下，对于大分子有机物具有一定吸附功能，同时也为有机物进入微孔提供了通道，又称输送孔；大孔相对而言分布较少，一般在活性炭表面，吸附功能较弱。

活性炭分类标准较多，可以按照原材料、实际用途、颗粒大小、制作方法等分为不同的种类。列举如下：

① 按原材料分类：可分为煤质活性炭、骨质炭（由动物的骨头制成）、木质活性炭、矿物质活性炭、果壳活性炭、再生炭等。

② 按实际用途分类：可分为液相吸附活性炭和气相吸附活性炭。一般气相吸附炭多采用微孔很多的活性炭，如椰壳炭；液相吸附炭多采用微、中、大孔分布较均匀的活性炭，如煤质炭。

③ 按制作方法分类：可分为浸渍处理活性炭、物理活化活性炭、化学品活化活性炭和涂布处理活性炭。

④ 按颗粒大小分类：可分为颗粒活性炭（granular activated carbon，GAC）、粉末活性炭（powder activated carbon，PAC）和炭纤维（activated carbon fibre，ACF）。粉末活性炭由于吸附速度快、价位低、对突发性水污染事件处理效果显著、管理方便、投加量少等优点，被广泛应用于水处理中，但是粉末炭难以再生，通常处理完就被丢弃；颗粒活性炭常存在于深度水处理工艺中的炭滤池中，可以起到吸附＋过滤作用，通常与臭氧、紫外等工艺联用，对水中溶解性有机物有明显的去除效果。活性炭的形态无论是颗粒状还是粉末状，都对吸附容量没有影响，只会对吸附速率造成影响。炭纤维是一种新型的吸附材料，它的微孔分布非常窄且直接暴露在纤维表面，所以相对于颗粒活性炭和粉末活性炭来说，吸附性能更为高效。

423 活性炭吸附主要有哪些工艺形式?

活性炭吸附有静态和动态两种，前者主要以搅拌池的形式出现，后者主要以固定床、移动床和流动床的形式出现，如图 5-22 所示。各种吸附方式的特点及优缺点见表 5-3。

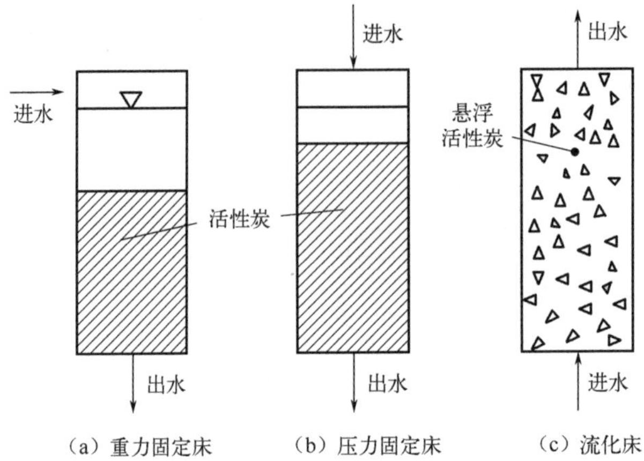

图 5-22 几种吸附柱类型

表 5-3 几种活性炭吸附方式简介

吸附方式	特点	优点	缺点
搅拌池吸附	将粉末活性炭 PAC 投加到反应池中，通过机械搅拌作用使 PAC 与原水快速吸附达到平衡，通过沉淀、过滤等方式炭水分离	反应时间短，吸附效率高，处理效果稳定	使用范围局限，在实际中应用很少
固定床吸附	与砂滤池构造类似，将颗粒活性炭 GAC 填充在固定床，水体连续流入与流出，通过吸附作用使水中溶解性有机物得以去除，定期进行反冲洗操作。当出水水质不达标时，表明活性炭已经吸附饱和，此时需要进行活性炭再生。按水流方向可分为上向流和下向流，下向流又分为压力式和重力式	应用范围广，管理方便，去除效果好。活性炭上易于生长微生物，发生生物协同作用	下向流出水水质好但水损较大，需要定期冲洗；上向流容易造成炭流失
移动床吸附	水流的流动方向与活性炭流动方向相反，水从底部流入，从顶部排出，吸附一段时间后，底层活性炭优先达到饱和，将其排出进行再生，把新炭从顶部加入。每次填充的新炭占总体的 5%～20%	占地面积小，无需反冲洗	操作复杂，难度大，炭层排出不均匀，不利于活性炭上微生物生长
流动床吸附	水处于上向流，在床内与活性炭连续的逆行流动，饱和的活性炭从底部排出，由于活性炭处于流动状态，所以与水接触面积大但接触时间小，不适合去除水中溶解性有机物，但适合去除含较多悬浮物的水体	吸附速率快，对悬浮物较多的水体处理效果好	同移动床

424 活性炭吸附的影响因素有哪些?

影响活性炭吸附的因素主要有三个：活性炭性质、吸附质性质和吸附条件。活性炭性质主要包括孔径分布、平均孔径、比表面积、孔容积、表面官能团、零电荷点、元素组成等物理化学特性；吸附质性质主要包括极性、带电性、酸碱性、分子量大小、亲疏水性、熔沸点等性质；吸附条件主要包括反应温度、投加量、反应时间、pH 值、离子强度等。其中，活性炭本身的性质起主导作用，通过改性等方式改变活性炭的理化结构，加强其对吸附质的吸附特性。

六、再生水处理典型案例

（一）北石桥污水深度处理再生利用工程项目

1 项目概况

北石桥污水净化中心污水深度处理回用工程是国家发展和改革委员会确定的全国五个污水再生利用示范项目之一（西部地区唯一），建设总规模为 $10\times10^4m^3/d$，一期规模为 $5\times10^4m^3/d$。该厂地处西安市西郊工业区，具有较好的工业用户开发条件，此外深度处理水还可以就近提供市容环卫、绿化用水。按照污水再生利用工作方案要求，工程设计就建设规模、建设年限、处理工艺、技术路线选择、管网布置、工程总投资及资金筹措渠道以及再生水价等进行了深入细致的工作。一期工程包括 $5\times10^4m^3/d$ 深度处理厂和配套 10.6km 供水管道。建设投资 6980 万元，其中处理厂投资 5320 万元，供水管网投资 1460 万元。本工程于 2001 年 9 月开工，2003 年 4 月通水调试，2004 年 6 月通过工程竣工验收。

2 设计方案及内容

（1）再生水处理规模、水质标准及工艺流程

根据净化中心自 1998 年 5 月运行以来的二级处理水量、水质统计资料和主要再生水用户对水质水量的要求，确定污水深度处理与再生利用工程的设计规模和水质标准。

① 处理规模。1999 年 1 月至 2003 年 12 月，对二级处理系统实际运行情况进行了统计分析，其处理水量为 $(11.25\sim15.8)\times10^4m^3/d$，因此再生水水源可靠且稳定。设计处理规模：近期为 $5\times10^4m^3/d$，远期（2010 年）可达 $10\times10^4m^3/d$。

② 深度处理设计出水水质。深度处理厂进水水质采用北石桥污水净化中设计二级处理出水水质：pH 为 6～9，$BOD_5=20mg/L$，$COD_{Cr}=100mg/L$，SS=20mg/L，NH_4^+-N=25mg/L，出水水质标准依据彼时我国《城市污水回用设计规范》（CECS 61：94）、《工业循环冷却水水质标准》（GB/T 50050—2017）、《生活杂用水水质标准》（CJ/T 48—1999）和国内外其他城市回用水标准并参照用户要求而确定具体指标，见表 6-1。

③ 模型试验及工艺技术路线选择。为保证北石桥污水再生利用工程技术可靠，进行了污水再生利用项目的深度处理模型试验。设计了 5 种工艺试验方案，即：方案 A（直接过滤）、方案 B（微絮凝过滤）、方案 C（絮凝—助凝—过滤）、方案 D（絮凝—沉淀—过滤）、

方案 E（絮凝—助凝—沉淀—过滤）。通过技术与经济分析，拟定方案 D 为设计方案并改变进水水质，对方案 D 进行可靠性试验以检验工艺运行的可靠性。方案 D 可靠性试验及方案 D、E 模型试验结果见表 6-2。

表 6-1 深度处理出水水质标准

项目	水质标准	项目	水质标准
浊度/NTU	5	总固体/(mg/L)	1000
BOD_5/(mg/L)	10	总硬度/(mg/L)	450
COD_{Cr}/(mg/L)	50	总碱度/(mg/L)	350
色度/度	30	铁离子/(mg/L)	0.3
pH	6～9	氯化物/(mg/L)	300
TP/(mg/L)	1	余氯/(mg/L)	0.2(管网末端)
TN/(mg/L)	15(夏季)	异养菌总个数/(个/mL)	$<5\times10^5$
NH_4^+-N/(mg/L)	10(夏季)	臭味	无不快感

表 6-2 方案 D 可靠性试验与方案 D、E 模型试验结果

指标项目	方案 D 可靠性试验 滤柱周期:21h,34min			方案 D 可靠性试验 滤柱周期:21h,34min			方案 E 可靠性试验 滤柱周期:21h,24min		
	平均进水	平均出水	平均去除率	平均进水	平均出水	平均去除率	平均进水	平均出水	平均去除率
浊度/NTU	15.66	3.38	58.4%	4.17	2.0	52.4%	8.54	1.61	81.5%
COD_{Cr}/(mg/L)	28.37	8.24	62.9%	19.71	13.62	30.7%	33.5	16.19	51.4%
SS/(mg/L)	21.24	0.78	68.8%	1.37	0.52	61.2%	6.29	1.80	57.5%
NH_4^+-N/(mg/L)	0.65	0.39	41.6%	0.41	0.30	26.0%	2.11	1.63	22.7%
TP/(mg/L)	0.51	0.35	64.6%	0.28	0.09	66.7%	0.35	0.04	90.3%

④ 深度处理工艺流程。依据污水再生利用模型试验结果，结合国内外城市污水深度处理工程实践，本工程采用絮凝反应—沉淀—过滤污水深度处理工艺。具体工艺流程见图 6-1。

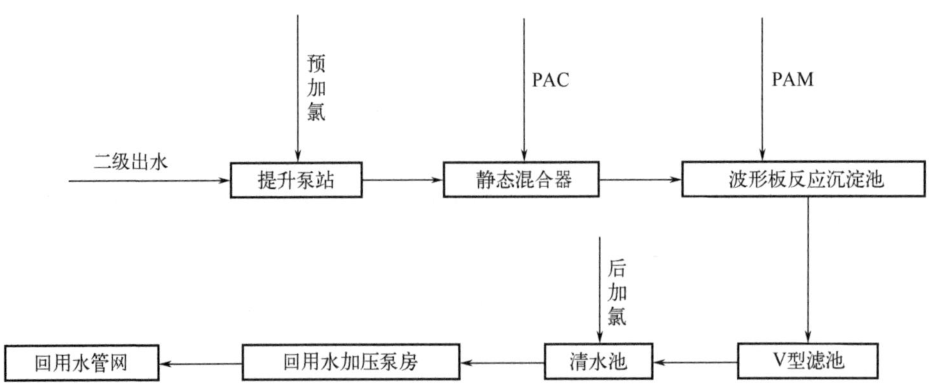

图 6-1 再生水深度处理工艺流程图

(2) 主要构筑物及设备

污水深度处理厂的主要工艺构筑物及设备有提升泵站、静态混合器、絮凝反应沉淀池、V型滤池、再生水清水池及加压泵房、加氯系统、加药间、废水调节泵房和污泥脱水车间等，具体设计选型详述如下。

① 提升泵房。直接在二级处理系统中的接触池出水渠取水。泵房按 $1\times10^5m^3/d$ 规模一次建成，安装 NP3300-181 型淹没式潜水泵 5 台，4 用 1 备，近期安装 3 台（2 用 1 备），单台流量为 $1141.4m^3/h$，扬程为 13m，配电机功率为 58kW。泵房平面尺寸为 12.6m ×9m，地下式钢筋混凝土结构，地下深 6.25m，泵房内设有进水整流配水槽，水泵开启由液位计控制。

② 静态混合器。选用 GW-800 型管式静态混合器 2 套，混合器长 4.2m，管径为 800mm。

③ 絮凝反应沉淀池。絮凝反应池与沉淀池合建，共 2 组，近期先建设一组，每组分 2 格，平面尺寸为 29.55m×23.2m。反应池中安装水力波形板反应器，共 3 级，总反应时间为 9.4min，停留时间为 14.1min，$GT=2.9\times10^4s^{-1}$，反应器主要设计参数见表 6-3。

表 6-3 波形板反应器主要设计参数

反应室	波峰间隙/mm	平均流速/(m/s)	波峰间流速/(m/s)	停留时间/min	速度梯度/s^{-1}
第一反应室	30	0.14	0.209	1.3	201.4
第二反应室	50	0.065	0.097	2.7	42.6
第三反应室	60	0.049	0.065	5.4	19.68

沉淀池采用平流式，每格长 16.65m，宽 11m，有效水深为 3.4m，设计水平流速为 10mm/s，颗粒沉速为 0.2mm/s。沉淀池中加设侧向流波形板沉淀器，板间距为 80mm，倾角为 60°，波高为 100mm，弦长为 500mm，沉淀时间为 27.75min。进水端设穿孔配水墙，出水端设出水强制穿孔整流墙。沉淀池污泥通过 *DN*200 穿孔排泥管定时排至池外集泥槽，然后重力排至废水调节泵房。

④ V 型滤池。沉淀池出水经气水反冲洗 V 型滤池进行最终净化。设计把 V 型滤池、反冲洗泵房、中心控制室等合建（见图 6-2）。滤池设在室内，为钢筋混凝土结构，上面为钢网架结构，反冲洗泵房（水和气）建在地下室，1 层为配电室、检修间，2 层为中心控制室、办公室等。平面尺寸为 46.6m×27.4m。滤池分为 4 格，每格尺寸为 12m×5m，滤料为单层石英砂均质滤料，厚度为 1.2m，有效粒径为 1.2mm，不均匀系数为 1.3～1.4，承托层为级配砾石 2～8mm，厚度为 50mm。主要设计参数：滤速为 8～10m/h，反冲洗周期为 20h，每次反冲洗 12～15min，其中单独水冲强度 $Q_{水}=4.17L/(s\cdot m^2)$，气水同时反冲洗水冲强度 $Q'_{水}=2.09L/(s\cdot m^2)$，单独气冲强度 $Q_{气}=16.67L/(s\cdot m^2)$，表面横扫强度 $Q_{扫}=2.65L/(s\cdot m^2)$。当滤池水位达到一定液位，反冲洗过程即开始。每次只反冲洗 1 格，每格滤池每天仅反冲洗 1 次。设计反冲洗操作分为三个步骤：首先是气冲 2～3min，之后为气水同时反冲洗 4～5min，最后再水冲 6～7min。反冲洗排水经砂滤池排水槽排至废水调节泵房。砂滤后清水经反冲洗水池，在满足反冲洗所需储水量后，多余的水经溢流堰进入再生水清水池。反冲洗储水池中安装 LT-CP3300-181 型淹没式潜水泵 2 台，1 用 1 备，每台流量为 $920m^3/h$，扬程为 10m，配电机功率为 37kW，另外还设有 3HE-250 型罗茨鼓风机 2 台，1 用 1 备，风量为 $58.9m^3/min$，风压为 39.2kPa。

⑤ 再生水清水池及加压泵房。设计再生水清水池 4 座，近期先建 2 座，单池容积为 $4050m^3$，平面尺寸为 30m×30m，有效水深为 4.5m。清水池为地下式钢筋混凝土结构，池内设有液位变送器 1 套。加压泵房按远期 $1\times10^5 m^3/d$ 规模一次建成，并按照再生水用户不同要求，采用分压供水。西郊热电厂为集中大用户，距处理厂较近，其要求到厂压力 ≥0.2MPa。因此，泵房内安装一大一小 2 台离心泵，流量分别为 $1260m^3/h$ 和 $612m^3/h$，扬程分别为 36m 和 42m，功率分别为 178kW 和 76kW，专供热电厂；其余 5 台（4 用 1 备，近期 2 台），流量为 $1260m^3/h$，扬程为 42m，功率为 178kW，水泵为变频调速控制，供水至再生水供水管网，送至较远的用户。水泵的运行通过管网压力和再生水池内液位信号来控制。

⑥ 加氯系统。滤后清水采用液氯消毒，投氯点分别设在提升泵房集水井（预加氯）和再生水池进水处，投氯量按预加氯量 2mg/L、后加氯量 5mg/L 设计。滤后水经加氯消毒后，在再生水池中停留约 2h，进入再生水供水管网，出水管上设有余氯分析取样设备。加氯间及氯库利用北石桥污水净化中心现有加氯设施（包括加氯机、蒸发器等），加氯机 2 台，单台投加量为 32kg/h。预加氯量是根据流量比例投加，后加氯量是根据出厂水中余氯量控制。

⑦ 加药间。设计加药间与配电室分建，一层砖混结构，按远期一次建成，平面尺寸为 27.3m×11.4m。投加混凝剂为聚氯化铝（PAC），助凝剂为聚丙烯酰胺（PAM），所选药剂及投加量均根据模型试验结果，其中 PAC 投加量为 30mg/L，PAM 投加量为 0.2mg/L。近期安装 PAC、PAM 投加装置各 1 套，包括干粉吸入装置、搅拌器、溶液箱计量泵等，PAC 计量泵 3 台（2 用 1 备），单台 $Q=63L/h$，$N=0.37kW$。投加量按进水量来调节计量泵的频率和冲程自动控制。

⑧ 废水调节泵房。设计废水调节泵房可以调节滤池的反冲洗排水量，调节和截留絮凝反应沉淀池排泥水，保证处理厂生产废水排放畅通。调节泵房为地下式钢筋混凝土结构，平面尺寸为 17.3m×6.3m，池深为 7.5m，安装 WQB300-10-18.5 型潜污泵 2 台（1 用 1 备），单台流量为 $300m^3/h$，扬程为 10m，配电机功率 13.5kW（见图 6-3）。

图 6-2　V 型滤池实景图

图 6-3　加压送水泵房

⑨ 污泥脱水车间。日产污泥约 3300kg，设计利用净化中心污泥脱水车间预留脱水机位置。机房内现安装 2000 E 型带式压滤机 2 台，处理能力为 $16\sim21m^3/h$，1 套投药装置。本次设计再增加 2 台 KD10-2000 型带式压滤机，处理能力为 $17\sim25m^3/h$，新安装脱水机与原有脱水机联合使用，日工作时间为 14h，3 用 1 备；机房内还安装 30-6 LTBN 型污泥投配泵

3台（2用1备），单台流量为10～25m^3/h，扬程为60m，功率为4kW；自动投药装置1套，投加量为3～5kg/t SS；无轴螺旋输送机2套，长度为10m，分别与压滤机配套。药剂制备与投加、进泥、脱水、出泥和清洗等过程均可实施自控联动操作。

（3）平面布置功能分格

深度处理厂位于北石桥污水净化中心东南侧，污泥脱水车间以东，中心南围墙以北，污泥浓缩池以南。净化中心厂区主干道将深度处理厂分为东、西两区，工程设计共占地34.92亩（1亩＝666.67m^2），其中一期工程利用净化中心预留空地17亩，不需征地，节省工程造价，且可利用净化中心道路和辅助设施。总平面布置见图6-4，总平面效果图见图6-5。

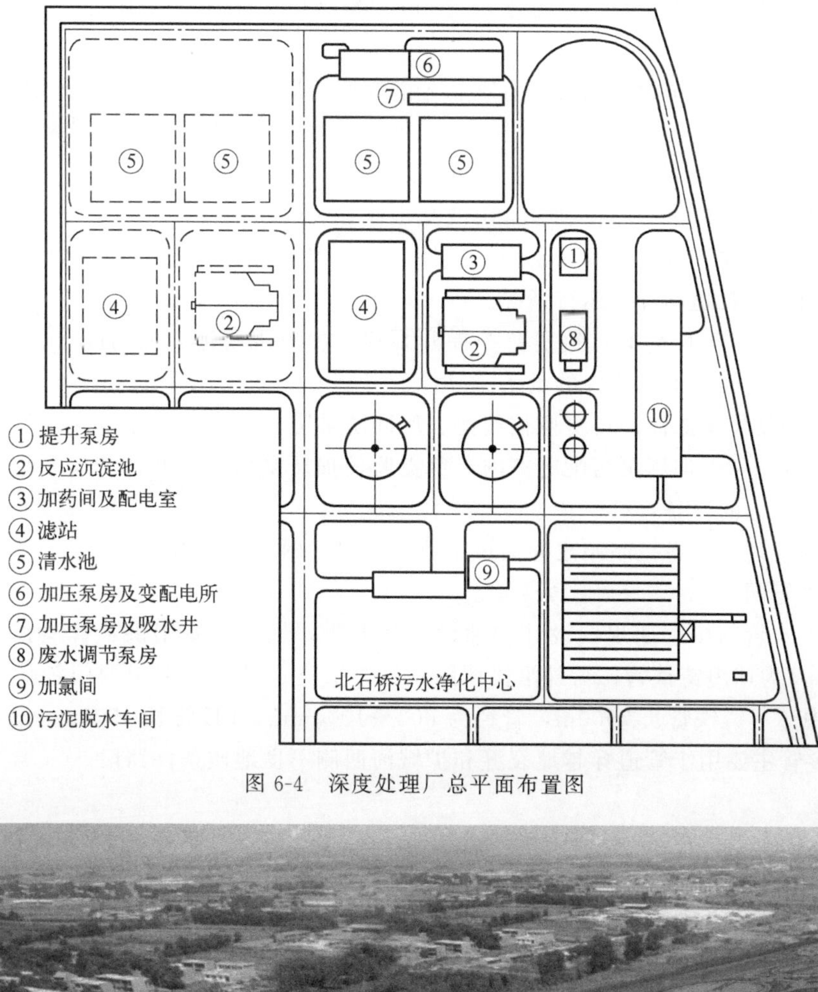

图6-4 深度处理厂总平面布置图

图6-5 深度处理厂总平面效果图

深度处理厂厂区生产构（建）筑物按工艺流程依次布置，利用道路将各构筑物按其功能分为四个区格。提升泵房和废水调节泵房布置在最西侧，向东依次为反应沉淀池、加药间及配电室、气水反冲洗滤池及中心控制室、清水池、加压泵房和变配电室。构（建）筑物尽量合建，以便少占地，使厂区构（建）筑布置功能明确，层次分明。

（4）建筑与环境设计

深度处理厂建筑、环境设计与现状净化中心环境协调，水厂的布局及建筑造型格调新颖，环境优美且富有时代感，厂区绿化以草坪和灌木为主，并在清水池上布设小品雕塑等，使深度处理厂具有生机和活力。道路设计主要考虑合理划分各处理构（建）筑物的功能组合，方便运输和操作员巡视，厂区主干道宽 6m，次干道宽 3.5m，采用混凝土路面。

（5）控制系统

深度处理厂自控系统设计以集中管理、分散控制为原则。根据工艺流程及构筑物在厂区内的平面布置，本系统设计由一个中心监视管理站、3 个 PLC 子站及通讯网络组成，以完成对整个工艺流程及全部设备的自动控制和监视。

中心监视管理站位于中心控制室，由两套工业控制计算机组成，正常时两套计算机分别担负监视和管理工作，故障时互为备用。另外，中心控制室还设有马赛克模拟控制屏，可显示工艺流程图及构筑物和设备运行情况。

PLC1 控制站位于加药间，负责监控提升泵房、反应沉淀池、加药间、废水调节泵房、进水流量井、加氯间等构筑物内的设备。

PLC2 控制站位于滤池，负责监控滤池、反冲洗泵房、鼓风机房等构筑物内的设备。

PLC3 控制站位于加压泵房配电室内，负责监控加压泵房吸水井、加压泵房、出水流量计量井等构筑物内的设备。

中心监视管理站与各控制站之间通过工业光纤以太网进行通讯。

（6）配水管网

再生水配水管网按远期规模设计和铺设，其中西郊热电厂专用供水管道长 1100m，管径为 500mm，为球墨铸铁管；另外沿昆明路，经丰庆路、环城西路至西门铺设供水管道长 9500m，其中球墨铸铁管长 7900m，管径为 600～1000mm，PE 管长 1900m，管径为 300～400mm，PE 管主要用于管道穿越地裂缝和护城河西侧不良地质条件路段。

3 运行效果

本工程于 2001 年 9 月开工建设，2003 年 4 月通水调试，实际运行一年多时间，无停产和检修现象，2004 年 3～6 月平均出水水质符合设计和用户要求（见表 6-4）。经一年的试运行，再生水工程单组满负荷运行时，出水水质经西安市环境监测站检测符合景观、城市杂用、工业冷却水水质标准。2004 年 6 月该工程通过主管部门竣工验收。

表 6-4　北石桥污水深度处理厂出水水质检测结果

项目	水质标准	实际检测值	项目	水质标准	实际检测值
浊度/NTU	5	0.81	色度/度	30	5
BOD_5/(mg/L)	10	—	pH	6～9	7.48
COD_{Cr}/(mg/L)	50	9.35	TP/(mg/L)	1	—

续表

项目	水质标准	实际检测值	项目	水质标准	实际检测值
TN/(mg/L)	15	11.07	铁离子/(mg/L)	0.3	0.018
NH_4^+-N/(mg/L)	10	0.3	氯化物/(mg/L)	300	1153.52
总固体/(mg/L)	1000	718.33	余氯/(mg/L)	0.2	>0.2
总硬度/(mg/L)	450	213.83	总大肠菌群/(个/L)	$<5\times10^5$	≤30
总碱度/(mg/L)	350	193.82	臭味	无不快感	无不快感

4 项目设计及运行调试特点

(1) 工艺技术稳妥可靠

处理工艺是在净化中心二级出水水质水量统计分析基础上，按照安全、可靠、高效、实用、先进的原则，经过模型试验筛选确定，该工艺对水量、水质的变化具有缓冲作用，适应性强。工艺运行灵活多样，根据原水质变化情况，设计上考虑了超越絮凝沉淀池，按微絮凝过滤工艺运行的可能性，既可保证水处理安全可靠，又可降低运行费用。

(2) 加氯、加药系统设计合理

根据模型试验，对不同类型的混凝剂进行筛选，结果表明，对于北石桥净化中心二级出水，混凝剂采用聚氯化铝（PAC），助凝剂采用聚丙烯酰胺（PAM）效果最佳。加氯设施充分利用净化中心现有加氯设备，分预加氯和后加氯，可有效地阻止藻类在絮凝反应沉淀池及滤池上滋生，满足加氯消毒的效果。

(3) 分压供水，节省能耗

本工程再生水用水大户为西郊热电厂，日需水 $3.5\times10^4 m^3/d$，占一期工程供水量的 70%；设计加压泵房按分压供水选择设备，不仅满足用户要求，而且降低运行成本。

(4) 构（建）筑物尽量合建，节省投资和占地面积

本工程设计反应池与沉淀池合建，反应池中放置水力波形板反应器，可大大降低反应设备维修工作量；沉淀池中加设侧向流波形板沉淀器，可缩短沉淀时间，提高沉淀效率，设计沉淀时间约为常规平流式沉淀池的 1/3～1/2，从而减少沉淀池池长，降低工程造价。滤站包括了 V 型滤池、反冲洗泵房、中心控制室等建（构）筑物，减少了占地面积。

(5) 重视系统的调试，寻求最佳运行工况

以往工程建设注重施工安装质量，但把住设计、施工质量关是为系统运行营造良好的先天条件，而做好系统的调试工作（特别是采用自动控制方式的系统），则是系统稳定、高效、经济的关键。故只有通过系统的调试才能达到最佳的运行状态和效果。该工程中的一些关键性的控制参数，如混凝剂投加量、加氯量、沉淀池排泥时间、滤池反冲洗周期等均在实际运行中进行了调试，同时也很好地培训了深度处理厂的工作人员，能够为今后处理厂的运行积累经验。

(6) 工程项目实施后经济效益可观

根据西安市北石桥污水净化中心污水再生利用成本分析论证，2002 年西安市物价局下文批复“关于北石桥污水净化中心污水再生利水价格的通知”，再生水不含税试销价格为 1.17 元/m^3，西安市彼时居民用水价格是 1.5 元/m^3，工业用水价格是 1.86 元/m^3。若以

热电厂为例，每天需要的再生水量是 $3.5\times10^4 m^3$，每立方米再生水 1.17 元，全年水费为 1495 万元，而相应的自来水费为 2376 万元，仅此一项全年可节约水费 881 万元。由此可见，再生水具有潜在的市场竞争力，可给用水单位带来显著的经济效益。

（7）设计应具备灵活性

对于二级生物处理（尤其是具有一定除磷、脱磷效果的工艺）来说，其出水水质已经可以直接用于一些领域，无需做进一步处理，而对一些特殊用户则需进一步处理。所以，污水处理厂内的再生水生产系统在设计上要留有一定的灵活性，配水系统要便于分质供水，以便控制成本。

（二）综合生活污废水的再生回用工程项目

1 项目概况

某新建环保示范小区内设再生水处理站。该小区占地面积为 1.40ha，总建筑面积为 $92000m^2$，主要由 1＃、2＃、3＃三栋高层住宅楼组成。其污水排放总量为 $283.50m^3/d$，通过生物化学方法与物理化学方法相结合的处理技术，使出水水质达到当时的《生活杂用水水质标准》（CJ/T 48—1999）的要求。处理后的再生水主要用于小区住宅楼的冲厕、小区绿化、浇洒道路、冲洗车库和景观补水；再生水回用率可达到 60％。

2 设计方案及内容

（1）小区再生水处理系统设计

由于该小区地势落差较大（＞4m），且 1＃住宅楼位于小区低点，生活污废水不能重力流收集至再生水站。通过方案优化和水量计算，采用 2＃、3＃住宅楼的生活污废水作为再生水水源，能够满足杂用水水量需求。根据小区的总体规划，为便于使用和维护管理，中水处理站设于 2＃和 3＃住宅楼中间的绿化带下。该再生水处理站采用地下式，独立设置，且靠近主要集水和用水地点，其地上建筑与景观小品相结合。

以生活污水为原水的再生水工程可分为以优质杂排水和杂排水为原水的再生水工程、以综合生活污水为原水的再生水工程以及以粪便水为主要原水的再生水工程。后两类再生水工程一般均采用以生物处理为主或生物处理与物化处理结合的工艺流程，由于其进水有机物浓度较高，部分再生水工程以厌氧处理作为前置工艺单元强化生物处理的工艺流程。

以优质杂排水和杂排水为原水的再生水工程工艺流程：原水→格栅→调节池→絮凝沉淀或气浮/生物处理→沉淀→过滤→消毒→再生水。

以综合生活污水为原水的再生水工程代表性工艺流程主要有以下三种：

① 以生物接触氧化为主的工艺流程：原水→格栅→调节池→生物接触氧化→沉淀→过滤→消毒→再生水。

② 以水解-生物接触氧化为主的工艺流程：原水→格栅→水解酸化调节池→两级生物接触氧化→沉淀→过滤→消毒→再生水。

③ 以厌氧-土壤处理为主的工艺流程：原水→水解池或化粪池→土壤处理→消毒→植物

吸收利用。

近年来，在某些城市城区和近郊区建成了若干以粪便水为主要原水的公厕再生水工程，将粪便排水处理后用于冲厕，同时解决粪便消纳问题。针对粪便排水有机物浓度高的特点，公厕再生水工程采用以生物处理为主、物化处理为辅的工艺流程。其代表性工艺流程如下：

① 以多级沉淀分离-生物接触氧化为主的工艺流程：原水→沉淀1→沉淀2→接触氧化1→接触氧化2→沉淀3→接触氧化3→沉淀4→过滤→活性炭→消毒→再生水。

② 以膜式生物反应器为主的工艺流程：原水→化粪池→膜式生物反应器→消毒→再生水。

该项目是以综合生活污水为原水的小区再生水利用工程，其中水水源中含有粪便水和厨房洗涤排水，含有较多的有机物，需要在工艺流程中加入厌氧处理作为生物处理的前置阶段，以利于后续的生物处理。本设计采用以水解-生物接触氧化为主的工艺流程。该工艺采用化粪池作为前置厌氧处理构筑物。本工艺在对常见工艺进行适当调整后，采取如图6-6所示的工艺流程。

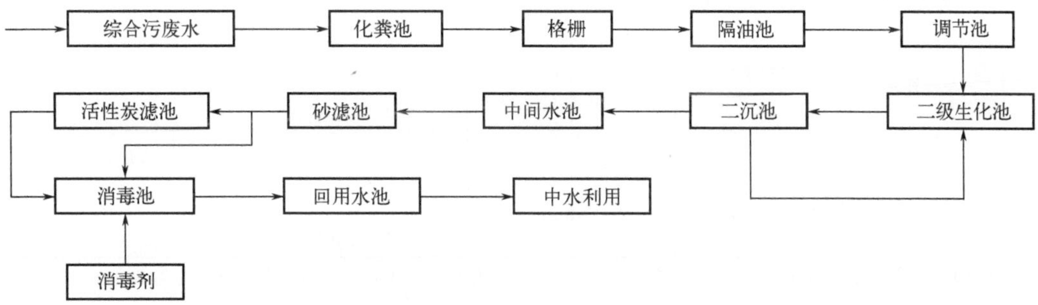

图6-6 中水处理工艺流程图

2＃、3＃住宅楼生活污废水由管道收集，经化粪池处理后，重力流进入再生水处理站，多余部分生活污废水经溢流排入小区污水管网；生活污废水经过细格栅除去水中杂质，再由隔油池滤除水中油脂，进入调节池，由提升泵提升至生物接触氧化池。污废水进入生物接触氧化池，均匀地流入填料层，水、空气、生物膜三者充分接触、反应，出水进入竖流式沉淀池，污泥沉入污泥斗，部分污泥回流至生物接触氧化池。水流经出水堰汇入中间水池，再由中间水泵提升进入石英砂过滤器，水中悬浮颗粒被截留，清水进入活性炭过滤器，在活性炭的吸附和截留作用下，水中的微小悬浮颗粒以及异味被处理，出水经消毒后流入回用中水池，再由再生水变频泵组加压分区供给小区各用水点。

工艺特点如下：

① 耐冲击负荷能力强，净化效率高，系统运行稳定，处理过程无气味；

② 处理流程简单，构筑物可实现一体化，实现无人管理；

③ 无需污泥驯化，挂膜容易，脱膜快，微生物生长快，启动时间短；

④ 占地面积小，投资省，运行费用低；

⑤ 污泥达到动态平衡，不用外排污泥。

(2) 中水水量平衡计算及主要设备技术参数

① 中水水量平衡计算。2＃、3＃住宅楼均为27层，每层6户，每户按3.5人计算，根据当时的《建筑给水排水设计规范》(GB 50015—2003)，2＃、3＃住宅楼为Ⅱ类普通住宅，

最高日生活用水定额为 250 (L/人·d)，2#、3#住宅楼的总给水量为 283.50m^3/d；居住小区生活排水量取给水量的 85%，则 2#、3#住宅楼的总排水量为 240.97m^3/d。具体水量平衡计算见表 6-5，分配方式如图 6-7 所示。

表 6-5 中水用水量标准及用水量

序号	用水名称	用水量标准	时变化系数 K_h	单位数量	用水量			备注
					最大日/(m^3/d)	平均时/(m^3/h)	最大时/(m^3/h)	
1	小区住宅冲厕	52.5L/(人·d)	2.45	1536 人	80.64	3.36	8.23	T=24h
2	小区绿化	2.0L/(m^2·d)	1.5	4000m^2	16.00	4.00	6.00	2 次/d 2h/次
3	小区浇洒道路	3.0L/(m^2·d)	1.5	2000m^2	6.00	3.00	4.50	1 次/d 2h/次
4	汽车库地面冲洗	3.0L/(m^2·次)	1.0	4500m^2	13.50	6.75	6.75	1 次/d 2h/次
5	水景补水	循环水量 100m^3/h	1.5	循环水量的 2.0%	20.00	2.00	3.00	T=10h
6	水景溢流	溢流水量 0.72m^3/h	1.5		17.28	0.72	1.08	T=24h
7	合计				153.42	19.83	29.56	

注：根据当时的《建筑中水设计规范》(GB 50336—2002)，住宅冲厕用水的分项给水百分率为 21%。

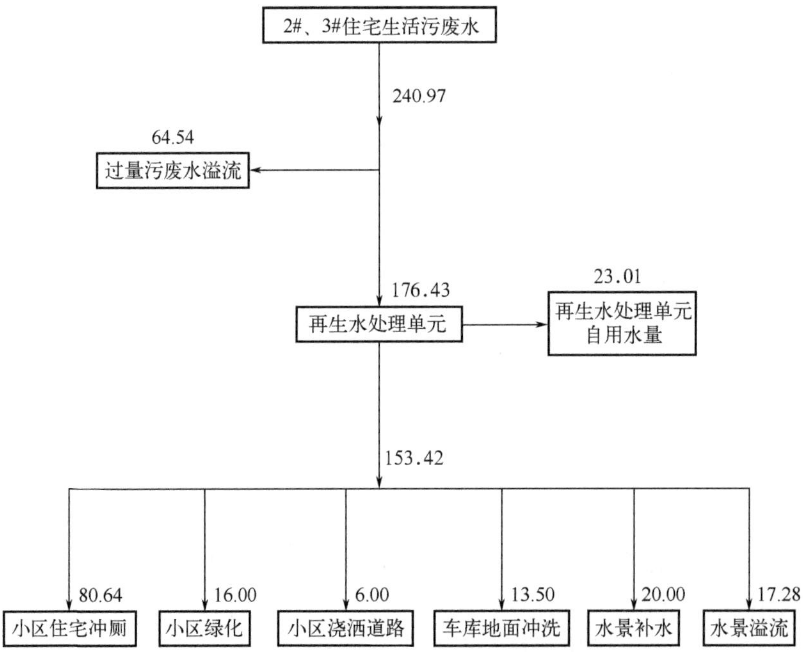

图 6-7 水量平衡图（单位：m^3/d）

再生水处理工艺的自耗水量为中水回用水量的 15%，实际需要收集的再生水原水量如式 (6-1) 所示：

$$Q_{py}=1.15Q_h=1.15\times153.42=176.43(m^3/d) \tag{6-1}$$

2#、3#住宅楼生活污废水的溢流水量为：

$$240.97-176.43=64.54(m^3/d) \tag{6-2}$$

再生水处理设施处理能力：

$$q=Q_{py}/t=176.43/17=10.38(m^3/h) \tag{6-3}$$

式中，Q_h 为再生水回用水量，m^3/d；q 为设施处理能力，m^3/h；Q_{py} 为经过水量平衡计算后的中水原水量，m^3/d；t 为再生水设施每日设计运行时间，h，取17h。

设计处理水量取 $10m^3/h$。

② 主要设备技术参数。

a. 化粪池：顶面可过汽车，有覆土，有地下水，有效容积为 $50m^3$，化粪池的型号为G11-50 SQF。

b. 格栅：不锈钢机械格栅，细格栅条空隙宽度≤8mm。

c. 调节水池：设计处理水量为 $10m^3/h$，水量时变化系数为2.3，水力停留时间为5h，池容为 $115m^3$。

d. 生物接触氧化池：设计进水 BOD^5 浓度为150mg/L，出水 BOD^5 浓度为10mg/L，填料容积负荷为 $1.5kg\ BOD_5/(m^3\cdot d)$，接触时间为4h，气水比为15。

e. 竖流式沉淀池：设计进水浊度为150mg/L，出水浊度为50mg/L，表面负荷为 $1.5m^3/(m^3\cdot h)$，沉淀时间为1.5h。

f. 石英砂过滤器：设计进水浊度为50mg/L，出水浊度为≤5mg/L，平均滤速为8～10m/h。

g. 活性炭过滤器：设计进水浊度为50mg/L，出水浊度为≤5mg/L，平均滤速为8～10m/h。

h. 加药系统：设计投药浓度为7～10mg/L，消毒剂为次氯酸钠溶液，消毒接触时间>30min，余氯量为0.5～1m/h。

(3) 再生水处理系统的运行和管理

① 再生水收集系统。2#、3#住宅楼生活污废水作为再生水原水，在化粪池内停留时间不小于12h，重力流进入再生水处理站前设污水闸门井，闸门井内安装可电动控制升降的闸板，控制按钮设于再生水站控制室。当再生水原水收集满足处理要求或处理站停止运行时，可关闭闸板，停止再生水原水流入再生水处理站的调节池内。此时，再生水原水经溢流井排入小区污水管网，由小区终端化粪池集中处理后，再排入城市污水检查井。溢流井的井底降低300mm，可截留再生水原水中的砂砾杂质，兼沉砂池作用，从而减轻再生水处理站内的固体杂质量。

② 再生水回用系统。考虑再生水处理设施运行的间歇性，再生水回用水池容积为 $80m^3$，当再生水处理设施需要检修，或因季节性变化，原水采集不足时，再生水回用水池应设事故应急补水系统。采用城市自来水作为应急水源，在应急补水管上设电动阀，当再生水回用水池水位到达事故水位时，控制系统获得缺水信号，并传讯号开启电动阀，向再生水池补水；到达指定水位时，自动关闭电动阀。应急补水管由水池顶部进入，高于溢流水位，且在应急补水管上加管道倒流防止器。严禁生活给水管道与再生水管道连接。

再生水供水系统必须独立设置，在再生水泵房内设二组变频恒压供水装置，采用分区供水，以满足小区住宅卫生间冲厕及小区其他再生水用水点的水量和水压。再生水供水管道采用外热镀锌复合钢管（内衬 PE），再生水管道外壁印制“再生水”标识，不得在再生水管道上装设取水龙头，有取水接口时，采取严格的防止误饮、误用的措施。

再生水处理站的电源采用双回路系统，以确保再生水处理和再生水供水系统的正常运行。

（三）西北地区某工业厂区雨水收集利用工程项目

1 项目概况

西北地区某工业厂区项目由厂房、办公楼、宿舍楼及配套的公共附属用房组成。项目规划总用地面积为 70354.88m^2。其中，建筑占地面积为 40242.65m^2，道路、停车场及广场面积为 21892.23m^2，绿地面积为 8220m^2。本项目厂区外暂无市政雨水管道，因此设计采用雨水调蓄池对雨水进行收集储存，降雨结束后，将雨水提升排至室外低洼空地。雨水经分流井弃流初期雨水后，收集的清净雨水经处理，用于园区内绿化灌溉及道路冲洗。雨水收集利用工艺流程如图 6-8 所示。

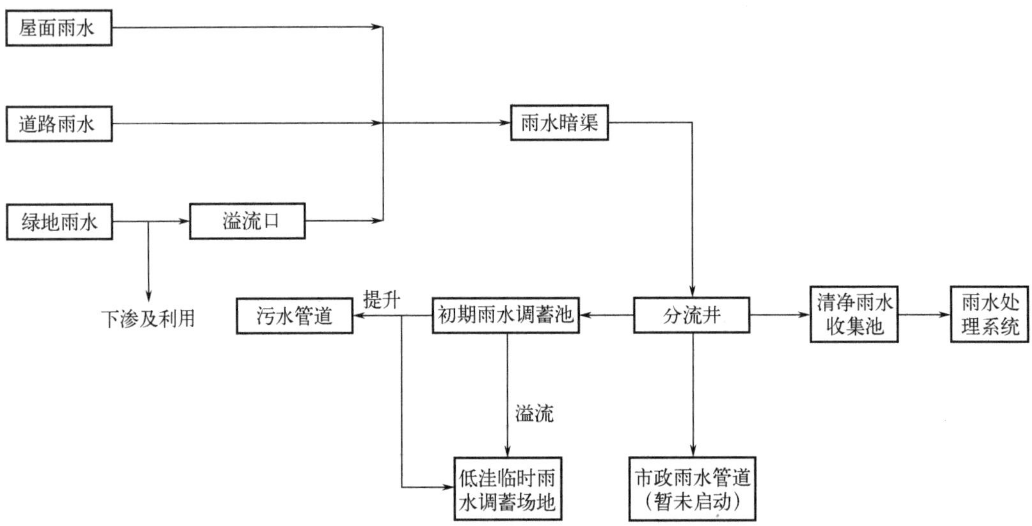

图 6-8 雨水收集利用工艺流程图

2 设计方案及内容

（1）雨水收集

① 屋面雨水收集。该工业园区办公楼、宿舍楼及公共附属用房的屋面雨水采用重力流雨水排放方式，为保证水质，采用金属、黏土和混凝土材料作屋面。对于厂房屋面采用虹吸式雨水斗收集雨水，为减少雨水进水时的掺气量，加设一个整流器。

② 路面、停车场和广场的雨水收集。本项目中路面、停车场和广场均采用了透水铺装，如透水混凝土、透水砖等。当降雨量较小时，雨水可直接渗入地下，降雨量较大时，地面径

流汇入埋深较浅的雨水暗渠中。

③ 绿地的雨水收集。该项目采用下凹式绿地，绿地是天然的雨水集水区。降雨时地面径流直接汇入绿地，可以补充植物生长所需。下凹式绿地的雨水口设置在绿地内，雨水口比绿地高 5cm，比路面低 5cm。降雨初期，雨水首先在绿地内下渗；当雨量增大，绿地内水位高于雨水溢流口时，多余的雨水通过溢流口进入雨水暗沟中。

④ 初期雨水弃流。雨水径流污染属于面源污染，具有突发性和非连续性的特点。由于雨水地表径流对地面的冲刷作用，一般初期雨水中污染物含量比较高，典型初期雨水水质见表 6-6。随着降雨时间的持续，雨水中的污染物含量会逐渐减小且趋于稳定，雨水水质明显提高，因此需对初期雨水进行弃流。本项目采用分流井＋初期雨水调蓄池的形式对初期雨水进行弃流。

表 6-6 初期雨水水质 单位：mg/L

污染物	COD	BOD_5	NH_4^+-N	TP	SS
浓度	452.9	135.9	23.3	3.19	550.6

(2) 水量分析计算

① 某市气候条件。某市属暖温带半湿润大陆季风气候，雨量适中，四季分明。年平均气温为 15℃左右，年降水量为 500～750mm，主要集中在夏秋两季。

② 可收集雨水量分析。该园区的地形平整，高差不大，雨水可顺自然地形通过雨水暗沟流入雨水蓄水池中。项目考虑雨水全部收集，总汇水面积为 70354.88m^2。

根据《建筑与小区雨水控制及利用工程技术规范》(GB 50400—2016)，可以查得各种性质的下垫面的雨水径流系数。各下垫面参数见表 6-7，结合各种地面的径流系数可确定综合径流系数（Ψ'）。

表 6-7 雨量径流系数

下垫面类型	下垫面对应面积 S/m^2	雨量径流系数 Ψ
硬屋面	40242.65	0.90
绿地	8220.00	0.15
透水铺装地面	21892.23	0.30

具体计算如下：

$$\Psi' = \sum S_i \Psi_i / S \tag{6-4}$$

式中，Ψ_i 为雨水径流系数；S_i 为汇水面积，m^2；S 为总汇水面积，m^2；Ψ'为综合径流系数。

经计算，该工业园区的综合径流系数 Ψ'为 0.63。

③ 雨量计算。设计采用某市的暴雨强度公式：

$$q = \frac{2210.87(1+2.915\lg P)}{(t+21.933)^{0.974}} \tag{6-5}$$

式中，q 为设计暴雨强度，L/(S·hm^2)；t 为降雨历时，min；P 为设计重现期，年。根据 GB 50400—2016，雨水设计重现期取 3 年，降雨历时 $t=t_1+t_2$，其中 t_1 为地面积水时间，取 10min，t_2 为管道内雨水流行时间。依据雨量计算公式，可以计算出该项目的雨水设计总流量为 584.91L/s。

④ 初期雨水弃流量。根据 GB 50400—2016，屋面雨水弃流采用 2～3mm 径流厚度，地面采用 3～5mm 的径流厚度。

初期径流弃流量按下式计算：

$$W_i = 10\delta F \tag{6-6}$$

式中，W_i 为设计初期径流弃流量，m^3；δ 为初期径流厚度，mm；F 为汇水面面积，hm^2。

本项目屋面雨水弃流径流厚度取 2mm，路面及广场的径流厚度取 3mm，考虑到下凹绿地本身具有截污能力，因此不再重复计算雨水弃流量。本项目初期雨水弃流量共 146.15m^3，弃流雨水经调蓄池后排入污水管网，清净雨水进入雨水回收系统（见图 6-9）。

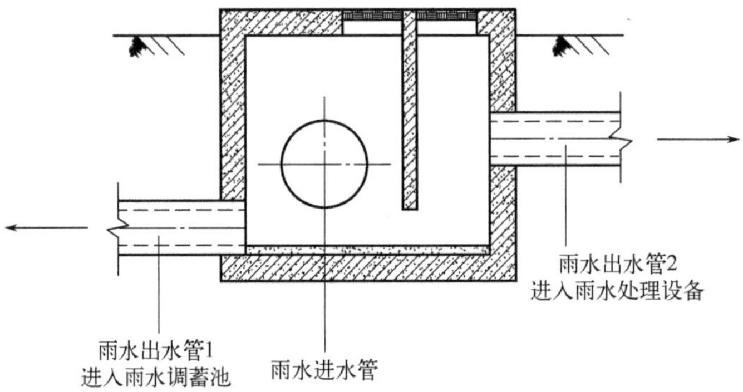

图 6-9　雨水分流井

⑤ 雨水调蓄池。本项目设置的雨水调蓄池主要有两方面的作用，一是储存雨水，经处理后用于小区绿化灌溉和道路冲洗；二是错峰排放，减少洪流流量时市政管网的排水负荷。

根据（GB 50014），用于削减排水管道洪峰流量时雨水调蓄池的有效容积计算公式：

$$V=\left[-\left(\frac{0.65}{n^{1.2}}+\frac{b}{t}\cdot\frac{0.5}{n+0.2}+1.10\right)\lg(\alpha+0.3)+\frac{0.215}{n^{0.15}}\right]\cdot Q\cdot t \tag{6-7}$$

式中，V 为调蓄池有效容积，m^3；α 为脱过系数，取值为调蓄池下游设计流量和上游设计流量之比；Q 为调蓄池上游设计流量，m^3/min；t 为降雨历时，min；b，n 为暴雨强度公式参数。

通过上述计算得知上游设计流量为 584.91L/s，下游调蓄池再生水泵提升流量为 150L/s，脱过系数 α 为 0.22，通过上式可以计算出雨水调蓄池的有效容积为 488.44m^3。调蓄池满流后经溢流管排至市政管网中，图 6-10 为雨水调蓄池剖面图。

（3）雨水处理系统

雨水中污染物主要以无机物为主，并含有大量的泥砂。雨水的可生化性较差，因此雨水处理一般采用物理或者化学的处理方法，同时便于适应季节间断运行的技术要求。本项目雨水经过雨水截留井后进入雨水处理设备的蓄水池中，采用“混凝—过滤”工艺，具体工艺流程见图 6-11。该工艺中混凝剂采用聚合氯化铝（PAC），雨水中的悬浮物质经混凝后在石英

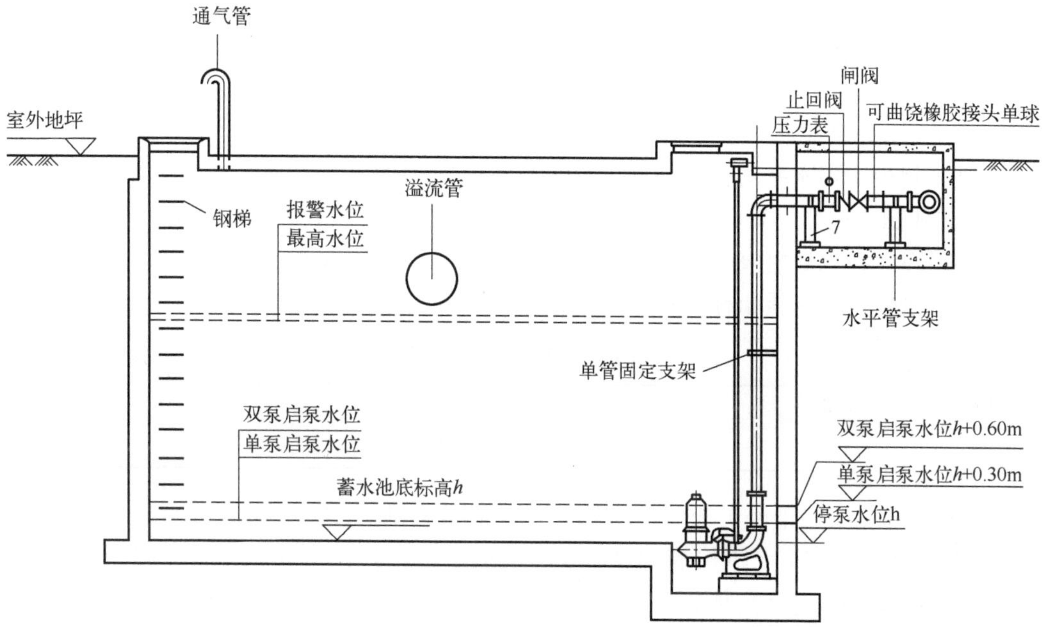

图 6-10 雨水调蓄池剖面图

砂过滤器中过滤，最后采用次氯酸钠对水体进行消毒。消毒后的水储存在清水池中，以供园区内道路冲洗及绿化灌溉使用。

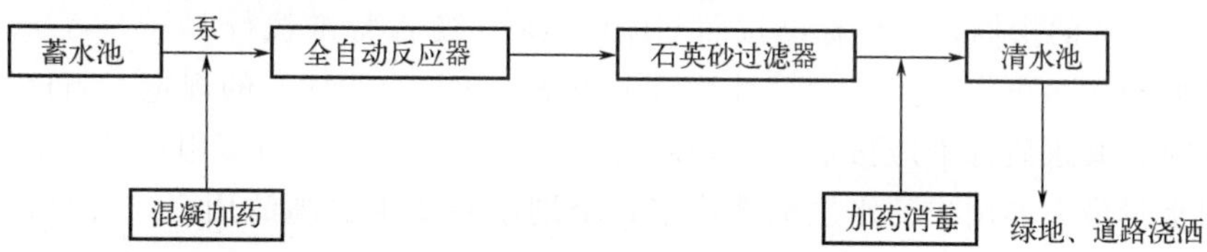

图 6-11 雨水处理工艺流程图

（四）新津红岩再生水厂工程项目

1 项目概况

新津红岩再生水厂位于成都市新津区，设计总规模为 $20\times10^4 m^3/d$，分两期实施；近期规模为 $8\times10^4 m^3/d$，设计年限为 2020 年；远期总规模为 $20\times10^4 m^3/d$，设计年限为 2030 年。采用全地埋式建设模式，项目工艺流程为“预处理＋A^2/O-AO/MBR＋臭氧催化氧化”，处理后尾水除 TN 外，主要污染因子按照《地表水环境质量标准》（GB 3838—2002）Ⅲ类水要求进行限制，TN 标准执行四川省地方标准《四川省岷江、沱江流域水污染排放标准》（DB51/ 2311—2016）。本项目最大供水用户为城市杂用水，再生水源水为 MBR 出水，仅余氯指标不满足要求，其余主要控制指标均优于再生水水质要求。因此在 MBR 出水的基础上进行补氯即可满足要求。配套建设地面活水公园，总投资为 77906.78 万元。

2 设计方案及内容

(1) 再生水处理规模、水质标准及工艺流程

① 处理规模。污水平均日处理量定为 $8\times10^4 m^3/d$，根据《成都市环境保护局关于天府新区南区产业园（金华、普兴、邓双片区）规划环境影响报告书审查意见的函》（成环环函[2018] 14 号），在规划期限内再生水规模不低于 20%。再生水为 $1.6\times10^4 m^3/d$。

② 设计进、出水水质指标。设计进水指标见表 6-8。

表 6-8 设计进水水质表 单位：mg/L

污染物	BOD_5	COD_{Cr}	SS	TN	NH_3-N	TP
浓度	150	350	240	50	10	5.5

本项目尾水主要污染因子按照《地表水环境质量标准》（GB 3838—2002）Ⅲ类水要求进行限制，TN 标准执行四川省地方标准《四川省岷江、沱江流域水污染排放标准》（DB51/ 2311—2016），详见表 6-9。

表 6-9 设计出水水质表 单位：mg/L

污染物	BOD_5	COD_{Cr}	SS	TN	NH_3-N	TP
浓度	4	20	10	10	10	0.2

未列入表 6-9 的指标，排放标准按照 GB 18918 一级 A 标准执行。

根据《城镇污水再生利用工程设计规范》（GB 50335—2016）的规定，当再生水同时用于多种用途时，其水质标准应按最高要求确定。对于向服务区域内多用户供水的城市再生水厂，可按用水量最大的用户的水质标准确定，个别水质要求更高的用户，可自行补充处理，直至达到该水质标准。

本项目最大供水用户为城市杂用水。由于目前新津县再生水处于建设初期，不排除其他用途。因此确定本项目再生水水质主要控制指标见表 6-10。

表 6-10 本项目再生水水质主要控制指标

项目	水质标准	项目	水质标准
浊度/NTU	≤5	悬浮物(SS)/(mg/L)	≤10
BOD_5/(mg/L)	≤10	总硬度/(mg/L)	450
COD_{Cr}/(mg/L)	≤60	总碱度/(mg/L)	350
色度/度	≤30	铁离子/(mg/L)	≤0.3
pH	6.5～9.0	锰离子/(mg/L)	≤0.2
TP/(mg/L)	≤1.0	氯化物/(mg/L)	≤250
TN/(mg/L)	≤15(夏季)	余氯/(mg/L)	0.2(管网末端)
NH_3-N/(mg/L)	≤10(夏季)	溶解氧/(mg/L)	≥1.0
阴离子表面活性剂/(mg/L)	≤0.5	异养菌总个数/(个/L)	≤3
总固体/(mg/L)	≤1000	臭味	无不快感

再生水源水为 MBR 出水，仅余氯指标不满足要求，其余主要控制指标均优于再生水水质要求。因此在 MBR 出水的基础上进行补氯即可满足要求。

③ 工艺技术路线选择。本工程处理后 TN 标准执行四川省地方标准《四川省岷江、沱江流域水污染排放标准》（DB51/ 2311—2016），TP、氨氮、COD 和 BOD 执行按照《地表水环境质量标准》（GB 3838—2002）Ⅲ类水要求进行限制。该规范标准要求较高，常规的二级处理不能满足要求，因此必须结合二级与三级处理选择主体工艺。结合目前在北京、昆明等城市部分污水处理厂出水执行类地表类Ⅳ类水水质的成功案例，本工程选取两种比较成熟的、有实际成功案例的工艺进行比选，分别为短流程工艺（主要为 MBR 工艺）或长流程深度处理工艺（增加后续脱氮除磷及过滤单元）。

方案一：预处理＋二级生物处理＋深度处理工艺

方案二：预处理＋生物膜反应器（MBR）工艺

方案一与方案二的对比见表 6-11。

表 6-11　方案一与方案二对比

比较项目	方案一：二级生物处理＋深度处理工艺	方案二：MBR 工艺
主要特点	需增加后续处理单元，适用于建设面积较充足的新建和改造，可以通过不同的工艺组合适应不同的进水水质	生化池及 MBR 池污泥浓度高（6～8g/L），占地稍小，适用于厂区建设面积不足的新建和改造，尤其适用于地埋式污水处理厂
预处理要求	无需在细格栅后建超细格栅	需在细格栅后建超细格栅，防止膜丝断裂，提高膜的使用寿命
COD/BOD 去除效果	相同停留时间条件下，污泥浓度较 MBR 低，效果稍差，对于难降解 COD，区别不大	COD/BOD 去除负荷高
TN、氨氮处理效果	取决于前端的生化处理单元；对 TN 高的情况可以设置专门的处理单元进行强化处理	氨氮处理效果好，TN 处理受进水水质有一定影响
TP 处理效果	除磷单元单独设置，化学污泥与生化处理单元分离，对生化处理无影响	选择合适的药剂，可与膜处理工艺配合稳定，达到处理要求
SS 处理效果	采用砂过滤，出水 SS 稳定达标率稍差	出水 SS 稳定，满足要求
土地利用率	相对 MBR 低	高
设计施工周期	较长	短
工程投资/万元	65000（地下式）	59000（地下式）
年耗电量/10^4kW・h	1284.8	1762
单方电耗/(kW・h/m^3)	0.44	0.60
运行费用	低	高
管理维护	有成熟的管理经验，操作简单，运行费用相对较低	需定期对膜进行清洗，耗药量大，膜池需单独的鼓风系统，耗电量高

综上所述，MBR 占地相对较少，适用于地埋式污水处理厂、用地紧张的新建污水处理厂或者是已建污水处理厂改造，可以通过采用 MBR 工艺置换土地，提高土地利用率。

对于红岩再生水厂而言：a. 用地紧张，需综合考虑其用地布局；b. 由于采用常规工艺的地埋式污水处理厂，其占地大，投资反而更高。

综上所述，本工程出水处理工艺（包含深度处理工艺）推荐采用方案二：预处理＋MBR 工艺。

④ 工艺流程。本工程采用预处理＋MBR 工艺。具体工艺流程见图 6-12。

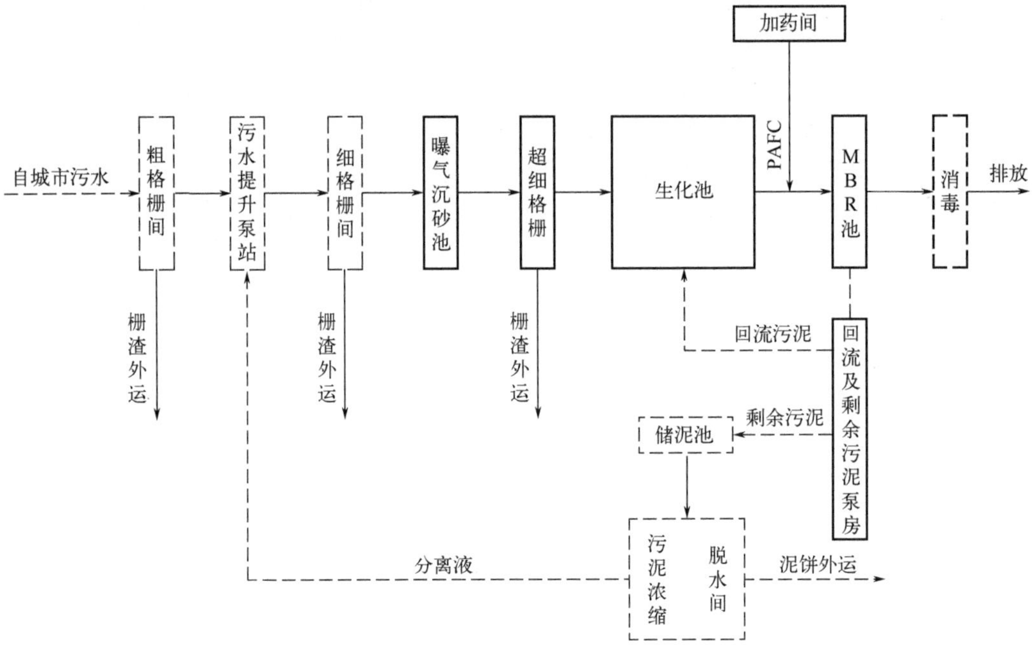

图 6-12 工艺流程图

（2）主要构筑物及设备

再生水厂主要工艺构筑物及设备包括截流井、粗格栅及提升泵房、中格栅、细格栅渠、曝气沉砂池及超细格栅渠、调节池、MBR 生化池、MBR 膜池、膜设备综合用房、鼓风机房、紫外线消毒器、废水池、巴氏计量槽、储泥池与污泥浓缩脱水间、加药及碳源投加间、接触池、加氯间、臭氧车间、高级催化氧化池，具体设计选型详述如下。

① 截流井。截流井土建规模为 $20\times10^4 m^3/d$，总变化系数 $K_Z=1.30$，共设 2 座截流井。

a. 主要设计参数如下。

1＃截流井设计规模：土建工程按 $12\times10^4 m^3/d$，一次建成。

2＃截流井设计规模：土建工程按 $8\times10^4 m^3/d$，一次建成。

b. 结构尺寸如下。

1＃截流井土建尺寸：$L\times B\times H=21.9m\times14.6m\times15.95m$，内分 3 格，钢筋混凝土结构。

2＃截流井土建尺寸：$L\times B\times H=20.5m\times13.3m\times4.45m$，内分 3 格，钢筋混凝土结构。

c. 主要设备如下。

1＃截流井：电动调流调压刀闸阀 1 台（DN1000，$PN=1.0MPa$）；电动调流调压刀闸阀 2 台（DN800，PN=1.0MPa）；液动重锤关闭阀 1 台（DN1000，N=2.2kW）；液动重锤关闭阀 2 台（DN800，N=2.2kW）；电磁流量计 1 台（DN1000）；电磁流量计 2 台（DN800）；低噪声屋顶风机 8 台（Q=5438m^3/h，风压 485Pa，N=2.2kW）；低噪声屋顶风机 2 台（Q=4514m^3/h，风压 231Pa，N=1.1kW）；单梁悬挂起重机 1 套（T=2t，h=24m，L=7m，S=6.5m，自重 1.18t）；潜污泵 1 台（Q=10m^3/h，h=20m，N=1.50kW）；潜水排砂泵 2 台（Q=53m^3/h，h=20m，N=4kW）。

2#截流井：电动调流调压刀闸阀 1 台（DN800，PN=1.0MPa）；电动调流调压刀闸阀 2 台（DN600，PN=1.0MPa）；液动重锤关闭阀 1 台（DN800，N=2.2kW）；液动重锤关闭阀 2 台（DN600，N=2.2kW）；电磁流量计 1 台（DN800）；电磁流量计 2 台（DN600）；低噪声屋顶风机 6 台（Q=1682m^3/h，风压 256Pa，N=1.1kW）；低噪声屋顶风机 4 台（Q=1130m^3/h，风压 167Pa，N=1.1kW）；单梁悬挂起重机 1 套（T=2t，h=24m，L=7m，S=6.5m，自重 1.18t）；潜污泵 1 台（Q=10m^3/h，h=9m，N=1.50kW）；潜水排砂泵 2 台（Q=53m^3/h，h=9m，N=4kW）。

② 粗格栅及提升泵房、中格栅。本工程土建规模为 $8\times10^4 m^3/d$，总变化系数 K_Z=1.31。设 2 座粗格栅，1 座污水提升泵房。

a. 粗格栅及提升泵房

ⅰ. 主要设计参数如下。

设计规模：土建工程按 $8.0\times10^4 m^3/d$，一次建成。

过栅流速：V=0.65～1.0m/s。

栅条间隙：b=20mm。

栅前水深：h=1.5m。

安装倾角：75°。

最大过栅水头损失：Δh=0.20m。

静扬程：10.85m。

ⅱ. 结构尺寸如下。

1#粗格栅井土建尺寸为：$L\times B\times H$=16.65m×3.8m×8.7m，内分 2 格，钢筋混凝土结构。

2#粗格栅井土建尺寸为：$L\times B\times H$=12.5m×3.0m×2.3m，内分 2 格，钢筋混凝土结构。

污水提升泵房土建尺寸为：$L\times B\times H$=7.25m×15.0m×9.8m，内分 2 格，钢筋混凝土结构。

ⅲ. 主要设备如下。

1#粗格栅采用回转式粗格栅机，2 台，单格 B=1.6m，设备宽度为 1.0m，间隙为 20mm，α=75°，N=0.75kW，渠道高度为 8.7m。

2#粗格栅采用回转式粗格栅机，2 台，单格 B=1.2m，设备宽度为 1.0m，间隙为 20mm，α=75°，N=0.75kW，渠道高度为 2.87m。

无轴螺旋输送机，2 台，L=8.0m，输送量≥3.0m^3/h，螺旋直径为 ϕ260mm，N=2.2kW。

每格格栅前后设有铸铁镶铜闸门，闸门尺寸为：$L\times B$=1000mm×1000mm，功率 N=2.2kW，共 6 套；$L\times B$=800mm×800mm，功率 N=2.2kW，共 6 套，配手电两用启

闭机。

格栅前后设超声波液位差计 2 套。

设潜污泵 4 台，3 用 1 备。单台参数：$Q=1461m^3/h$，$H=13m$，电机功率 $N=62kW$。

泵房内设 MD_1 型电动葫芦 1 套，起重量 $G=2t$，起升高 $H=12m$，配电机功率 $N=5.3kW$。

泵房吸水池设超声波液位计 2 套，量程为 0～8m，用于监测前池水位和控制水泵启停。

b. 中格栅

ⅰ. 主要设计参数如下。

过栅流速：$V=0.6\sim1.0m/s$。

栅条间隙：$b=5mm$。

栅前水深：$h=1.82m$。

最大过栅水头损失：$\Delta h\approx0.60m$。

ⅱ. 结构尺寸：分 4 格，钢筋混凝土结构，平面尺寸 $A\times B\times H=13.10m\times7.1m\times2.72m$。

ⅲ. 主要设备：采用内径流孔板式格栅 4 台，栅条间隙 5mm，配用电机功率 1.5kW。

③ 细格栅渠、曝气沉砂池及超细格栅渠。细格栅渠、沉砂池及超细格栅渠，1 座，规模为 $8\times10^4m^3/d$，总变化系数 $K_Z=1.31$。细格栅渠、沉砂池及超细格栅渠合建。

a. 细格栅

ⅰ. 主要设计参数如下。

过栅流速：$V=0.6\sim1.0m/s$。

栅条间隙：$b=3mm$。

栅前水深：$h=1.215m$。

最大过栅水头损失：$\Delta h\approx0.415m$。

ⅱ. 结构尺寸：分 4 格，钢筋混凝土结构，平面尺寸 $L\times B\times H=10.00m\times7.5m\times2.1m$。

ⅲ. 主要设备：采用内径流孔板式细格栅 4 台，3 用 1 备，栅条间隙 3mm，配用电机功率 1.5kW。

b. 曝气沉砂池

ⅰ. 主要设计参数如下。

设计规模：按 $8\times10^4m^3/d$ 设计。

总变化系数：$K_Z=1.31$。

水力停留时间：2.5min（峰值流量）。

水平流速：0.1m/s。

曝气量：$0.20m^3$ 空气/m^3 污水。

ⅱ. 结构尺寸：$L\times B\times H=15.08m\times9.1m\times3.5m$。

ⅲ. 主要设备如下。

除砂机，2 套，砂水混合物输送至砂水分离器，分离后的干砂外运。排砂量按 $1.2\sim1.7m^3/d$，含水率 60%进行设计。

螺旋砂水分离器 1 台，设备处理量 $Q=12\sim20L/s$，电机功率 $N=0.55kW$，转速 $n=5r/min$，螺旋直径 $d=280mm$；

c. 超细格栅

ⅰ. 主要设计参数如下。

设计处理规模：$Q=8\times10^4\text{m}^3/\text{d}$。

栅条间隙：$b=1\text{mm}$。

栅前水深：$h=3.055\text{m}$。

最大过栅水头损失：$\Delta h\approx0.38\text{m}$。

超细格栅根据格栅前后水位差和时间间隔自动开停；压榨机、中压水泵与超细格栅机联动，高压水泵每3h启动一次，运行时间1～2min。

ⅱ. 结构尺寸：$L\times B\times H=9.42\text{m}\times9.1\text{m}\times3.965\text{m}$；

ⅲ. 主要设备

内径流孔板式膜格栅，4台，2用2备，栅条间隙为1mm，配用电机功率为1.5kW。

④ 调节池

a. 功能：提高污水厂对水量、水质的抗冲击能力，对水质和水量进行均化，并预留空间，经过改造后可对污水进行水解酸化。

b. 调节池主要设计参数如下。

设计处理规模；$Q=8\times10^4\text{m}^3/\text{d}$。

停留时间：$T=4.0\text{h}$（平均流量，调节时间）。

c. 主要工程内容：设调节池一座，钢筋混凝土结构，$L\times B\times H=64.10\text{m}\times50.85\text{m}\times8.20\text{m}$。

d. 主要设备如下。

设潜水搅拌器14台，螺旋桨直径$\phi=0.65\text{m}$，推力为2475N，转速为470rpm，额定功率$N=10\text{kW}$。

设潜水混流泵3台，2用1备；水泵参数：$Q=2168\text{m}^3/\text{h}$，$H=8.0\text{m}$，$N=75\text{kW}$，钢套筒式安装。

⑤ MBR生化池。MBR生化池2座，单座规模为$4\times10^4\text{m}^3/\text{d}$，总变化系数$K_Z=1.31$。

a. 主要设计参数如下。

ⅰ. 厌氧池（A1）：水力停留时间为1.32h；污泥浓度为4000～5000mg/L；溶解氧浓度为0～0.2mg/L；缺氧池向厌氧池的回流比为100%；进出水总磷浓度为5.5mg/L、0.3mg/L。

ⅱ. 第一缺氧池（A2）：水力停留时间为4.4h；污泥浓度为6000～7000mg/L；溶解氧浓度为0.2～0.5mg/L；好氧池向缺氧池的回流比为400%。

ⅲ. 好氧池（O）：水力停留时间为6.6h；污泥浓度为8000～9000mg/L；溶解氧浓度为1～2mg/L；膜池向好氧池的回流比为400%。

ⅳ. 第二缺氧池（A3）：水力停留时间为3.1h；污泥浓度为8000～9000mg/L；溶解氧浓度为0.2～0.5mg/L；膜池向好氧池的回流比为400%。

b. 主要设备（单座工程量）如下。

厌氧区共设置3套潜水搅拌器，单台功率为$N=5.5\text{kW}$，叶轮直径为580mm，2用1冷备。

第一缺氧区共设置5台潜水推流器，4用2冷备，单台功率为4.3kW，叶轮直径为2500mm。

第二缺氧区共设置3台潜水推流器，2用1冷备，单台功率为5.7kW，叶轮直径为2500mm。

好氧区设置管式曝气器，$q=15\text{m}^3/(\text{h}\cdot\text{m})$，氧利用率≥28%，共720m。

内回流区（好氧区）共设置4台内回流泵，3用1冷备，单台参数$Q=1670m^3/h$，$H=0.5m$，$N=5.5kW$。

内回流区（缺氧区）共设置4台内回流泵，3用1冷备，单台参数$Q=1670m^3/h$，$H=0.5m$，$N=5.5kW$。

⑥ MBR膜池

ⅰ. 主要设计参数：单座设计流量为$Q_{ave}=40000m^3/d$，共2座；MLSS为8000～10000mg/L。

ⅱ. 构筑物：单座12格；有效水深4.25m。

ⅲ. 主要设备（均为单座）：膜系统数为12个；单个膜系统膜组件数为6个；单套过滤面积为$1848m^2$；膜组器总数量为72套；膜材质为PVDF；膜类型为中空纤维膜；过滤孔径$<0.1\mu m$；膜通量（名义通量）为$12.5L/(m^2 \cdot h)$；正常维护清洗为2～3d/次（反洗时间为6～8min）；恢复清洗为3～6月/次。

⑦ 膜设备综合用房。共2座，以下为单座膜设备综合用房相关参数。主要设计参数如下。

产水泵：14台，12用2冷备，$Q=205m^3/h$，$h=15m$，$N=30kW$。

剩余污泥泵：2台，1用1备，$Q=150m^3/h$，$h=20m$，$N=15kW$。

NaClO反洗加药泵：2台，1用1备，$Q=1.1m^3/h$，$h=3bar$，$N=0.55kW$。

NaClO加药泵：2台，1用1备，$Q=7.5m^3/h$，$h=15m$，$N=2.2kW$。

酸加药泵：2台，1用1备，$Q=10m^3/h$，$h=15m$，$N=4kW$。

NaOH加药泵：2台，1用1备，$Q=2m^3/h$，$h=15m$，$N=1.5kW$。

⑧ 鼓风机房

a. 主要工程内容：生化池供气气水比为6.0∶1（平均日流量）；膜区设置曝气穿孔管，吹扫气水比为10.9∶1，风压为$5.2mH_2O$；鼓风机房共1座，尺寸为$B\times L=50.8m\times19.6m$，层高为7m。

b. 主要设备如下。

单级高速离心鼓风机近期设3台，2用1备。用于生化池鼓风，单台风量$Q=168m^3/min$，风压$P=80kPa$，功率$N=280kW$；

单级高速离心鼓风机近期设3台，2用1备。用于膜池吹扫。单台风量$Q=185m^3/min$，风压$P=50kPa$，功率$N=220kW$。

⑨ 紫外线消毒器

a. 设计参数：设计规模为$8\times10^4m^3/d$；总变化系数为1.31；最小穿透率为70%，照射剂量大于$20mJ/cm^2$；杀菌指标为总大肠杆菌群数低于1000个/L。

b. 主要设备：紫外线消毒设备（管道式）2套，$DN600mm$，每套包含8支中压灯管，每支灯管功率为9.1kW；电控中心2套；机械加化学在线自动清洗系统2套；紫外强度传感器2套；反应器温度开关2套。

⑩ 废水池

a. 设计参数如下。

潜水泵（大泵）：潜水泵3台，2用1备，极端时3台同时开启，$Q=650m^3/h$，$H=22m$，$N=75kW$。

潜水泵（小泵）：潜水泵3台，2用1备，$Q=65m^3/h$，$H=15m$，$N=7.5kW$。

b. 结构尺寸：土建尺寸为 19.6m×6.8m×2.5m。

⑪ 巴氏计量槽

a. 设计参数：土建设计规模为 $8\times10^4 m^3/d$；总变化系数为 1.3。

b. 主要设备。巴氏计量槽 1 套；超声波明渠流量计 1 台。

⑫ 储泥池与污泥浓缩脱水间

a. 储泥池

ⅰ. 设计参数：设计规模为 $8\times10^4 m^3/d$，污泥量为 12t DS/d，进泥含水率为 99.2%，湿污泥体积为 $1500m^3/d$。

ⅱ. 结构尺寸：设储泥池 1 座，分 2 格。储泥池的体积 $V=71.5m^3$，平面尺寸为 8.25m×4.0m，$H=4.05m$。有效水深为 3.5m。

ⅲ. 主要设备：潜水搅拌器，叶轮直径为 350mm，转速为 720rpm，$N=3kW$，2 台。

b. 污泥浓缩脱水间

ⅰ. 设计参数：污泥量为 12t DS/d，进泥含水率为 99.2%，湿污泥体积为 $1500m^3/d$。絮凝剂采用 PAM，絮凝剂投加量为 0.003～0.005t/t DS。

ⅱ. 结构尺寸：土建平面尺寸 $B\times L=37.5m\times14.1m$，高 $H=7.9m$，框架结构，1 座。

ⅲ. 主要设备如下。

污泥浓缩脱水一体机：3 台，2 用 1 备，单台流量 $Q=40\sim60m^3/h$，功率$N=55kW$/台。

污泥切割机：$Q=40\sim60m^3/h$，$N=2.2kW$，3 台，2 用 1 备。

泥水分离刀闸阀阀与污泥浓缩离心脱水机配套，$N=0.75kW$，2 用 1 备。

污泥进料转子泵：$Q=20\sim60m^3/h$，扬程 $H=20m$，$N=11kW$，2 用 1 备。

絮凝剂全自动制备装置：$Q=1000L/h$，干粉 4～20kg/h，$N=2.1kW$，2 用。

PAM 加药泵：$Q=0.5\sim1m^3/h$，扬程 $H=20m$，$N=0.55kW$，2 用 1 备。

电动刀闸阀：DN800，PN=1.0MPa，$N=4kW$，2 用。

螺杆泵：$Q=2\sim6m^3/h$，$P=1.6MPa$，$N=11kW$，2 用。

水平螺旋输送机：$Q=5\sim10m^3/h$，$L=6m$，$N=3.0kW$，2 用。

⑬ 加药及碳源投加间。设计规模为 $8\times10^4 m^3/d$，包括 PAFC 加药间及乙酸钠投加间。

a. PAFC 加药间

ⅰ. 功能：用于污水处理厂辅助化学除磷。

ⅱ. 设计参数如下。

絮凝剂采用液体碱式氯化铝铁（PAFC），液体最大投加量为 60mg/L，平均为 20mg/L，投加浓度均为 3.3%（Al_2O_3）。

絮凝剂商品原液提升至投配罐，配成 3.3%（Al_2O_3）浓度的药液投加。

PAFC 加药间内设原液储液罐和投配罐各 2 套，并设有搅拌器。

ⅲ. 主要设备如下。

PAFC 卸料泵：$Q=45m^3/h$，$P=20m$，$N=5.5kW$，1 台。

进料泵：$Q=10m^3/h$，$H=7m$，$N=0.75kW$，2 台，1 用 1 备。

机械隔膜计量泵：$Q=0\sim3000L/h$，$P=5bar$，$N=3.0kW$，6 台，4 用 2 备。

b. 碳源投加间

ⅰ. 功能：考虑到污水处理厂近期进厂污水水质可能存在波动，其 BOD_5/COD_{Cr}、

BOD_5/TN（即C/N）、BOD_5/TP的比值可能小于设计值，容易造成出水TN不达标的现象，因此需考虑在出现进水碳源不足时，适当投加乙酸钠作为补充碳源，确保出水达标。

ⅱ. 设计参数：硝态氮去除量为10mg/L；乙酸钠投加量为5.7mg/mg NO_3^--N；碳源投加采用固体乙酸钠溶解后投加，溶液浓度为20%。投加点设置在生物池的厌氧区和缺氧区。

ⅲ. 主要设备如下。

最大乙酸钠固体投加量：60mg/L；

乙酸钠制备能力：4000L/h，乙酸钠干粉吨袋拆包机（带料架）；

螺旋输送机：Q=10kg/min，N=2.2kW，1套；

乙酸钠投加机械隔膜计量泵：Q=0～940L/h，P=5bar，N=0.24kW，6台，4用2备。

⑭ 接触池。接触池1座，含接触池及中水提升泵房。

a. 设计参数

设计规模为$1.0\times10^4 m^3/d$，时变化系数为2.0；有效容积为1700m^3。

b. 结构尺寸：消毒接触池1座，钢筋砼结构，21.95m×13.95m×6.0m。

c. 主要设备如下。

立式单级离心泵4台，3用1备，单泵Q=277m^3/h，h=24m，N=30kW。

电动单梁悬挂式起重机1台，L_k=4.0m，起重量2t，N=3+0.4+2×0.4kW。

⑮ 加氯间

a. 设计参数：设计规模为$1.0\times10^4 m^3/d$，时变化系数为2.0；成品次氯酸钠溶液消毒，有效氯浓度为10%；加氯量：6～12mg/L（有效氯）。

b. 结构尺寸：加氯间1座，$L\times B$=14.2m×7.5m。

c. 主要设备如下。

次氯酸钠储罐2个，有效容积为10m^3。

计量泵2台，Q=300L/h，H=3bar，N=0.37kW。

⑯ 臭氧车间

a. 设计参数如下。

采用臭氧氧化法，利用氧化作用对有机物的降解，脱色消毒，臭氧设备间及反应池按8×10^4t/d设计，进水污水中COD含量为30mg/L，出水水质达到COD<20mg/L；进水污水中BOD含量为6mg/L，出水水质达到COD<4mg/L；pH为6～9，色度（稀释倍数）<15。

臭氧投加浓度为12～24mg/L，平均投加浓度为20mg/L。臭氧最大投加量为105kg O_3/h，选用3台35kgO_3/h的臭氧发生装置。

臭氧发生器设备设计为：3用，单台为35kg O_3/h、臭氧浓度为10%（质量浓度），冷却水温为30℃，当1台臭氧设备故障时，臭氧发生器在外环冷却水为30℃，臭氧发生浓度为8%（质量浓度）条件下，臭氧发生器产量大于44kg/h。臭氧发生浓度为6wt%条件下，臭氧发生器产量大于50kg/h。需满足水厂的生产设计所需。

臭氧发生器采用液氧为气源，2套液氧罐设置在室外，罐容积为50m^3。液氧蒸发器为两套，1用1备，每套蒸发量为2500m^3/h。

b. 基本参数如下。

水量：3333.3m^3/h。

发生器数量：3 台。

最大臭氧剂量：24g O_3/m^3。

最大臭氧产量：单台 35kg O_3/h、10%（质量浓度）；单台 50kg O_3/h、6%（质量浓度）。

原料气：氧气+2%～4%氮气。

⑰ 高级催化氧化池

a. 工作原理。新建催化氧化池 1 座，46.0m×28.4m。原水从底部直接进入催化氧化池混合区，其中小部分原水经加压至射流器与臭氧混合后再进入混合区。混合区原水经滤头配水后，依次经过承托层、催化滤料层、清水层，最后从出水堰出水。臭氧通过射流投加方式与原水混合，并在之后的催化滤料层内催化剂的作用下发生氧化反应，降低水中 COD，并在清水层内持续起氧化作用。

采用热触媒式臭氧尾气处理装置进行处理，通过风机将没有溶解的臭氧在接触池的出口收集起来，然后通过热触媒式破坏装置将臭氧还原为氧气，使尾气处理装置出口处臭氧浓度低于 0.1mg/L。

b. 主要设计参数。高级催化氧化池的主要设计参数如表 6-12 所示。

表 6-12　高级催化氧化池的主要设计参数

序号	名　称	参　数
1	设计 COD 去除量	10mg/L
2	单池水力停留时间	58min
3	滤层停留时间	15min
4	清水区停留时间	30min
5	反应池数量	12 座
6	单座滤池面积	52m^2
7	设计滤速	5.5m^3/(m^2·h)
8	设计反冲洗周期	15～20d/次
9	气冲洗强度	15L/(m^2·s)
10	单次冲洗总历时	10～20min
11	原水加压比例	30%

(3) 平面布置功能分格

再生水厂分为景观绿化区及生产办公区两部分，两分区相互独立，竖向上易于区分，功能分区统一规划。生产区办公设计标高为 447.7m，又分为办公区和生产区两部分。生产区为集约化布置的地下式污水厂，包括泵房、粗隔栅、沉砂池、细格栅、调节池、生化池、MBR 膜池、膜设备间（含加药间）、机修间、除臭间、脱水机房等构筑物，办公区主要为综合楼。

生产区上部为景观绿化区，主体标高为 450.00m，位于红岩再生水厂一期东侧。远期分区布置与近期基本一致，远期办公建筑物和辅助办公构筑物设于近期办公区内，近期办公区预留相应用地，远期生产区仍采用地下式设计，其上部仍然设计为景观绿化区。根据工艺单体布置，结合周边现状，近期用地红线占地面积为 4.11ha（约 61.69 亩）。效果图如图 6-13 所示。

图 6-13 再生水厂效果图

(4) 建筑与景观设计

本工程设计包括办公部分及生产部分，办公部分为地面一栋综合楼，生产部分为地下整体厂房。地面综合楼结合景观公园协调布置。厂区设置 6m 沥青路面，地面道路转弯半径不低于 9m，地下车道转弯半径不低于 12m，满足消防车正常通行。

通过城市蓝绿基础设施设计，将红岩再生水厂地表部分打造成一个水清景美的生态科普公园。在蓝绿基础设计策略和水资源管理策略的指导下，结合项目的设计理念和设计主题，提出了帮助设计内涵表达的视觉元素符号和景观技术方案。将承载着主题意境的元素符号艺术化地融入到本项目的空间结构、节点设计、铺装设计、建筑及小品等具体的景观载体中，以保证设计主题对游客的直观传达，保证在城市景观视觉风貌中的落地。将水资源净化处理等相关技术手段融入到景观设计中，并进行艺术化的空间处理，以保证项目落地后是一处生态的、科普的、科学的景观公园，并能保证经济的良性循环。

(5) 控制系统

过程自动化控制系统设计遵循安全可靠、管理简单的原则，不片面追求现代化，尽量与本工程的实际情况相适应。

根据本工程工艺流程及构筑物布置，全厂设置预处理控制站（1＃PLC）、生化池控制站（2＃PLC）、1＃膜池控制站（3＃PLC）、2＃膜池控制站（4＃PLC）、污泥脱水控制站（5＃PLC）、臭氧车间（6＃PLC）6 个现场控制站；其中 1＃PLC 控制站在预处理现场设 2 个远程站，2＃PLC 控制站在 1＃生化池现场设 2 个远程 IO 站（2R1～2），在 2＃生化池现场设 2 个远程 IO 站（2R3～4）。5＃PLC 控制站在再生水泵房现场设 1 个远程 IO 站（5R1），全厂共设 9 个现场远程 IO 站。

(6) 通风设计

本项目为新津红岩再生水厂改扩建项目，包括综合楼和地下综合厂房两部分。地下综合厂房共分为地下两层，划分为负一层通道、负二层管廊和 10 个防火分区，主要功能有变配电站、1#～4#配电间、消防泵房、鼓风机房、污泥脱水间、臭氧发生间、进水仪表间、除臭站和污水处理构筑物等。

（7）除臭设计

全厂纳入臭气处理的构筑物有设于地下综合厂房内的粗格栅、污水提升泵房、细格栅，曝气沉砂池、膜格栅、调节池、污泥浓缩脱水间、MBR生化池、MBR膜池、废水池。本工程共设除臭装置5套，1#除臭装置处理能力为23000m^3/h，2#、3#除臭装置处理能力均为25000m^3/h、4#除臭装置处理能力为6000m^3/h，5#除臭装置处理能力为10000m^3/h。

3 项目建设进度

本项目于2021年4月浇筑完筏板，2021年7月底完成主体工程，2021年10月通水，图6-14为施工现场图。

图6-14 项目施工现场

（五）华东地区某电厂全厂节水及废水综合治理改造项目

1 项目概况

某电厂现装有2×225MW燃煤热电机组。循环水系统为单元制设计，每机配置一座喷淋式冷却塔。城市再生水经厂内再生水处理系统（澄清池＋变孔隙滤池）处理后全部用于冷却水塔补水。

全厂水系统按用途和流程主要由八个分系统组成，分别是供水系统、工业水系统、循环水系统、化学除盐水系统、输煤及除灰渣系统、脱硫系统、生活消防水系统、杂用水系统。电厂的排水主要有化学废水、循环水排污水、含煤废水、脱硫废水、生活污水、主厂房杂排水等。

2 设计方案及内容

（1）设计水量

再生水处理系统设计处理量：2×600m^3/h；

生活污水处理系统设计处理量：10m^3/h；

含煤废水处理系统设计处理量：10m^3/h；

循环水排污水处理系统设计水量：90m^3/h。

（2）设计进水水质。

① 电厂水源。再生水处理系统水源主要采用城市再生水；生活污水处理系统水源为厂内生活污水；含煤废水处理系统水源为煤场废水；循环水排污水处理系统水源为循环水。再生水水质分析结果如表 6-13 所示。

表 6-13 2020 年再生水水质分析表

水质指标	1 月	2 月	3 月	4 月
温度/℃	8	9	14	18
pH	7.77	7.72	7.66	7.68
电导/(μs/cm)	682	696	686.75	700
总碱度/(mmol/L)	4.73	4.65	4.58	4.4
总硬度/(mmol/L)	6.95	7.1	7.1	7.1
Ca^{2+}/(mg/L)	91.50	97.25	98	97.5
浊度/NTU	2.74	2.96	2.78	2.95
Cl^-/(mg/L)	81.25	76	78.75	76.5
总磷/(mg/L)	0.91	0.84	0.73	0.81
氨氮/(mg/L)	1.8	2.4	2.1	2.8
$SO4_4^{2-}$/(mg/L)	78	82	83	79
COD_{Cr}/(mg/L)	11	16	18	16

② 主要废水水质。本次改造涉及的各类废水主要包括生活污水、含煤废水、循环水排污水等，其生活污水和含煤废水的水质资料见表 6-14 所示。

表 6-14 废水主要水质指表

水质指标	悬浮物/(mg/L)	BOD/(mg/L)	COD/(mg/L)	氨氮/(mg/L)	pH	Ca^{2+}/(mg/L)	Mg^{2+}/(mg/L)	含盐量/(mg/L)
生活污水	100～150	30～70	100～150	10～25	—	—	—	—
含煤废水	5778	—	10.5	未检出	7.49	496	0.68	325

改造后循环水处理系统主要以再生水（高效澄清池＋变孔隙滤池处理后）作为循环水补充水，浓缩倍率控制在 4.0 倍左右。以改造后实际浓缩倍率对应的水质作为循环水排污水处理系统设计和选材的依据。表 6-15 和表 6-16 为当前循环水水质表。

表 6-15 2020 年♯1 机循环水主要水质指标监测结果

水质指标	2月	3月	4月	5月
pH	8.37	8.39	8.67	8.45
总碱度/(mmol/L)	2.32	2.98	5.69	3.87
总硬度/(mmol/L)	17.82	19.67	21.84	20.67
Cl^-/(mg/L)	149.22	187.3	230.06	172.8
$1/2Ca^{2+}$/(mmol/L)	12.98	13.98	15.01	14.43
电导/(μS/cm)	2273.22	2135.4	1983.89	1920.4
总磷/(mg/L)	0.47	0.46	0.5	0.47

表 6-16 2020 年♯2 机循环水主要水质指标监测结果

水质指标	2月	3月	4月	5月
pH	8.58	8.52	8.59	8.58
总碱度/(mmol/L)	4.36	4.96	5.66	5.55
总硬度/(mmol/L)	19.86	22.52	19.62	26.32
Cl^-/(mg/L)	184.50	235.25	212.27	245.16
$1/2Ca^{2+}$/(mmol/L)	11.71	15.34	13.46	18.41
电导/(μS/cm)	2057.00	2445.83	2057.09	2354.14
总磷/(mg/L)	0.48	0.47	0.46	0.46

(3) 设计出水水质

电厂设计出水水质要求见表 6-17。

表 6-17 电厂出水水质指标要求

指标	单位	再生水处理系统	生活污水处理系统	含煤废水处理系统	循环水处理系统
Ca^{2+}	mmol/L				≤1
碱度	mmol/L	≤1			
pH	—			6~9	
悬浮物	mg/L		20	<10	
浊度	NTU	≤5			≤0.1
BOD	mg/L		10		
COD	mg/L		50		
脱盐率(运行一年后)	%				≥98
脱盐率(运行三年后)	%				≥97
氨氮	mg/L		5		
SDI 指数	—				<3

3 工艺系统简述

（1）再生水处理系统

再生水处理系统取水自原再生水池，主要采用高效澄清池工艺，设计处理规模为 2×600m^3/h。再生水处理系统的主要工艺流程图如图 6-15 所示。

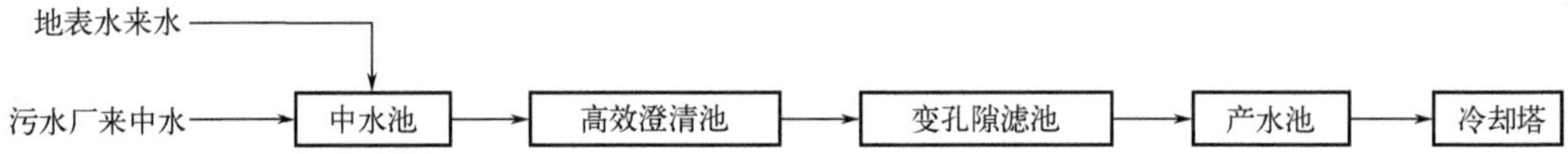

图 6-15　再生水处理系统工艺流程图

本次改造增加一路地表水作为备用水源，自地表水来水母管引接至再生水池，污水厂来再生水或地表水由原再生水提升泵输送至新建高效澄清池。

高效澄清池系统包括凝聚池、絮凝池和澄清池，澄清池出水接入原变孔隙滤池导流渠，经变孔隙滤池过滤后送至冷却塔用作循环水补充水。

变孔隙滤池反洗水、污泥脱水后滤液、污泥处理车间地面冲洗水等收集至原回收集水池，经原回收水泵输送至高效澄清池配水井或再生水缓冲池。

高效澄清池剩余污泥进入污泥处理系统处理，污泥处理系统包括污泥缓冲罐、污泥泵、板框压滤机等，污泥脱水后泥饼外运处理。

再生水处理系统主要投加药品有助凝剂、凝聚剂、杀菌剂、硫酸、石灰乳等。对原干法投加石灰加药系统进行改造，通过石灰粉下料输送装置、石灰乳制备箱、石灰乳输送泵、加药泵等将药品投加至絮凝池，同时为高效澄清池配套助凝剂、凝聚剂、杀菌剂、硫酸加药装置等。

为防止石灰下料时堵塞管道，在石灰粉仓输送口增设过滤器。

（2）废水处理系统

① 生活污水处理系统。生活污水处理系统采用曝气生物滤池，设计处理规模为 10m^3/h，污水来源主要包括曲阜电厂食堂、澡堂、办公楼、主值班室等处生活污水以及氨区废水。系统工艺流程图如图 6-16 所示。

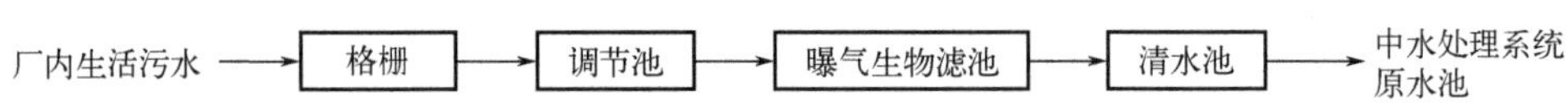

图 6-16　生活污水处理系统工艺流程图

生活污水进入污水井后通过格栅、调节池，经生活污水提升泵输送至曝气生物滤池（2×10m^3/h），曝气生物滤池产水进入新建清水池（1×50m^3），清水自流至工业废水池，最终进入再生水处理系统再生水池进行回用。

曝气生物滤池定期反洗，反洗水储存于污泥池，污泥池上清液自流至调节池，底部污泥定期通过抽粪车外运处理。

② 含煤废水处理系统。含煤废水处理系统主要采用两级沉淀加陶瓷膜处理工艺，设计处理规模为 10m^3/h。系统工艺流程如图 6-17 所示。

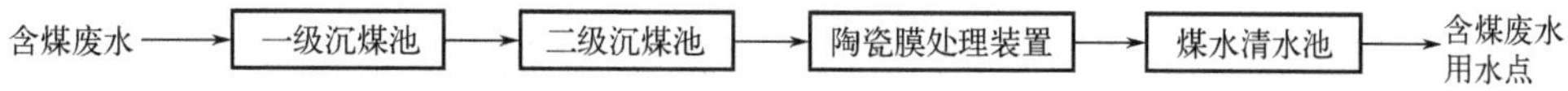

图 6-17 含煤废水处理系统工艺流程图

含煤废水处理系统废水主要来自＃0、＃1、＃2、＃4、＃5栈桥、煤场周边其他含煤废水。本次改造更换＃0～＃5含煤废水输送泵，通过含煤废水输送泵输送至新建煤水沉淀池，煤场周边其他含煤废水收集至原有沉煤池。

＃6栈桥增设煤水收集池（$3m^3$），通过煤水输送泵（$2\times5m^3/h$）将＃6栈桥煤水输送至新建沉煤池。

对煤场进煤车道路北侧煤水收集渠进行疏通并改造，与厂外雨水渠进行隔断，将煤水输送至新建煤水收集池（$1\times100m^3$），通过煤水输送泵（$2\times20m^3/h$）输送至沉煤池。

含煤废水经煤水提升泵输送至陶瓷膜处理装置（$1\times10m^3/h$）进行处理，其产水进入清水池，反洗水进入沉煤池。

（3）循环水排污水处理系统

循环水排污水处理系统主要采用高效澄清池、超滤、反渗透工艺进行处理，系统设计水量为$90m^3/h$。系统工艺流程如图6-18所示。

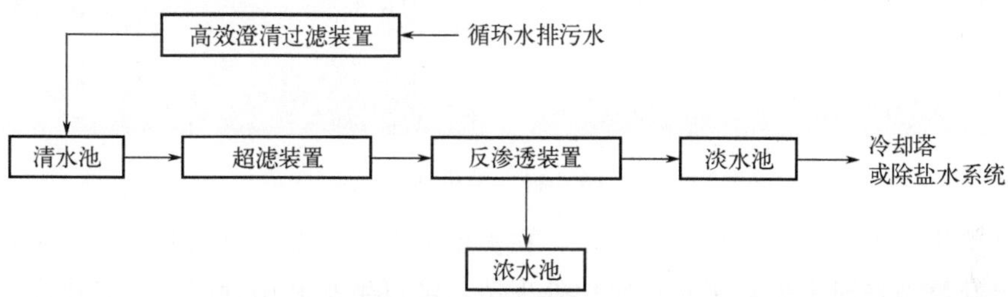

图 6-18 循环水排污水处理系统工艺流程图

循环水首先进入原水池（$2\times100m^3$），经原水泵输送至高效澄清过滤装置，经两级软化处理及过滤去除循环水中大部分硬度和浊度高的物质，出水进入清水池（$1\times150m^3$），高效澄清池部分泥渣由污泥泵送回絮凝池，剩余污泥由污泥泵输送至再生水处理系统污泥处理单元。

清水经超滤给水泵输送至超滤装置（$2\times80m^3/h$，回收率为90％），超滤装置产水进入超滤水池（$1\times150m^3$）。

超滤产水经反渗透给水泵（$2\times80m^3/h$）送入反渗透保安过滤器（$2\times80m^3/h$，过滤精度为$5\mu m$），再由反渗透高压泵（$2\times80m^3/h$）送入反渗透装置（$2\times60m^3/h$，回收率为75％），反渗透产水进入淡水池（$1\times150m^3$），淡水经淡水泵输送至＃1、＃2冷却塔和化学除盐系统。

过滤器反洗废水、加药间排污、取样排水等收集至废水回收池，经废水回收泵输送至原水池；超滤反洗水排至原废水中和池，经中和后接入原有工业废水池；反渗透浓水进入反渗透浓水池（$1\times60m^3$），经反渗透浓水输送泵送至脱硫工艺水箱。

对污泥输送管进行防腐保温。

原化学清洗装置利旧使用，对原清洗装置的加热器进行改造。

（六）海南美伦河沿线某景观绿化再生水处理工程项目

1 项目概况

美伦河发源地位于项目区南侧的神岭（海拔 143.5m），向北流经美月村进入道兴水库，沿海榆西线向东北流，与荣昆河汇合后向北流出项目区范围（见图 6-19）。河道长度为 14.5km，河底平均坡降为 4.15‰，现状河口宽度为 5～36m，流域面积为 38.14km^2。

图 6-19 美伦河

为满足美伦河沿线景观绿化浇灌用水，在美伦河上设置提升泵站和水质净化处理站各一座，通过提升泵站将河水提升至水质净化处理站，经再生水利用管网引至绿化浇灌点，为周边地块景观绿化提供浇灌用水。根据水量预测，生态绿地的灌溉喷洒、市政道路的冲洗等需水量为 $0.6\times10^4 m^3/d$；景观湖补充水量为 $0.3\times10^4 m^3/d$；总需水量为 $0.9\times10^4 m^3/d$，适当考虑富余量，本工程再生水处理站规模取 $1\times10^4 m^3/d$。

再生水处理站位于绿化带，服务面积为 14.48km^2，将美仑河河水处理达标后用于服务范围内绿地灌溉、市政道路的冲洗和景观河道的补充用水。

再生水处理站设计内容包括取水泵房、磁分离处理设备、污泥处理设施、清水池、出水泵房和相应管道配件。

2 设计方案及内容

（1）绿地灌溉、道路冲洗水量

再生水采用单位用地用水量指标法预测。

道路与交通设施用地再生水用水量指标为 $10m^3/(ha \cdot d)$，绿化灌溉和道路冲洗再生水用水量指标为 $20m^3/(ha \cdot d)$。

再生水需水量为 $6000m^3/d$。

（2）景观湖补充水量

本工程水系设置三座人工湖，根据人工湖的保有水量计算，三座人工湖的日补充水量为

3000m^3/d。

(3) 需水量预测

根据水量预测，生态绿地的灌溉喷洒、市政道路的冲洗等需水量为 6000m^3/d；景观湖补充水量为 3000m^3/d；总需水量为 9000m^3/d。根据水量预测，本工程需水量为 9000m^3/d，适当考虑富余量，本工程再生水处理站规模取 $1\times10^4m^3$/d，如表 6-18 所示。

表 6-18 需水量预测表

序号	用地性质	用地面积/ha	用水量指标 /[m^3/(ha·d)]	再生水量 /(m^3/d)
1	道路与交通设施用地	112.83	10	1128.3
2	绿地	245.82	20	4896.4
3	总体	357.65	16.85	6024.7

(4) 供水压力

根据规划，片区采用两级加压方式，本次出水泵房为第一级加压，最不利点处地面标高为 59.00m，当最不利点自由水头为 10m 时，所需压力为 69.00m。再生水处理设施出水压力为 83.50m，自由水头为 57.00m。

(5) 工艺设计

再生水处理站工程新建取水泵房、磁分离处理设备、污泥处理设施、清水池、出水泵房和相应管道配件（图 6-20）。除清水池外，规模为 $1\times10^4m^3$/d，清水池容积为 3000m^3。

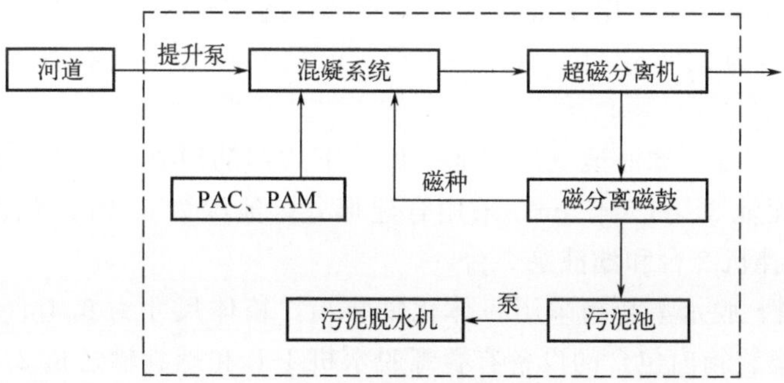

图 6-20 工艺流程图

① 取水泵房。取水自美伦河，取水泵房 *DN*600mm 进水管管内底标高为 20.50m。取水泵房采用一体化提升泵房，平均规模为 10000m^3/d，高峰规模为 13000m^3/d。

取水泵房分为两部分，分别为格栅间和提升间。

格栅间尺寸为 ϕ2000mm，内设 *DN*600mm 的刀闸阀和粉碎性格栅，刀闸阀尺寸为 *DN* 600mm，粉碎性格栅流量为 550m^3/h。

提升间尺寸为 ϕ3000mm，内设提篮格栅一套，潜污泵 3 台，流量为 75.3L/s，扬程为 7.5m，2 用 1 备，配套相应的管道及附属设施。

一体化泵站为成套设备，站内预制井筒，所有工艺、电气、自控设备及相应的管配件、电缆均由泵站供货商一并提供。人孔井盖采用 GRP 材料，扶手、通风管、爬梯等管配件采用不锈钢材质。

② 磁分离设备。超磁分离设备设计平均规模为 $10000m^3/d$，高峰规模为 $13000m^3/d$。

超磁分离设备主要包括三部分：混凝集装箱、超磁集装箱和脱水集装箱。

取水泵房将河水提升后输送进入超磁分离混凝系统，通过在混凝系统内投加磁种和混凝剂（PAC 和 PAM），使悬浮物在较短时间内（约 4.5min）形成以磁种为载体的“微絮团”。混凝系统出水进入超磁分离机将微絮团吸附打捞，进行固液分离净化，使其出水水质清澈透明，超磁分离机出水达标，用于灌溉和回用。

混凝集装箱采用一体化集装箱，箱体尺寸为 7m×2.9m，满负荷运行重量约为 46t，集装箱内包含的设备有混凝搅拌装置 1 台、一级反应搅拌 1 台、二级反应搅拌 1 台、PAC 加药装置 1 套和 PAM 加药装置 1 套，全部由设备商统一供货。

超磁集装箱采用一体化集装箱，箱体尺寸为 9.4m×3.2m，满负荷运行重量约为 35t，集装箱内包含的设备有超磁分离设备 1 套、磁回收磁鼓 1 套和磁种投机装置 1 套，全部由设备商统一供货。

③ 排泥系统设计。超磁分离机吸附打捞出来的磁性污泥进入系统内磁分离磁鼓机，通过磁鼓机的高速分散装置进行磁种与污泥的分离，分离出的磁种投加至混凝系统前段循环使用，非磁性就近排入污泥池，经污泥泵送入叠螺脱水机进行脱水处理，干泥输送至污泥箱，待运泥车外运处置。

④ 清水池。由于片区的白天和夜间电费差较大，考虑设置一座清水池，规模按近期开发的需水量，再适当考虑富余量，清水池规模取 $0.3\times10^4m^3/d$。

⑤ 出水泵房。出水泵房设计平均规模为 $10000m^3/d$，高峰规模为 $13000m^3/d$。平面尺寸为 12.2m×9m，其中，地下深度为 3m，地上高度为 5.5m；内设立式离心泵 4 台，流量为 $180m^3/h$，扬程为 60m，3 用 1 备；电动单梁悬挂起重机 1 台，起重量 1t，跨度为 3m；轴流风机 2 台，流量为 $2500m^3/h$；存水泵 1 台，流量为 $15m^3/h$，扬程为 15m；配套相应的管道及附属设施。

⑥ 滤液池及污泥池。滤液池及污泥池采用地下式钢筋混凝土结构，其中滤液池尺寸为 3.9m×2.4m，污泥池 3.9m×4.5m，采用合建形式，池深为 3.3m。包含的设备有污泥螺杆泵 2 台、潜水搅拌机 2 台和滤液泵 2 台。

⑦ 脱水集装箱。脱水集装箱采用一体化集装箱，箱体尺寸为 9.4m×3.2m，满负荷运行重量约为 20t，集装箱内包含的设备有叠螺脱水机 1 套和螺旋输送机 2 套，全部由设备商统一供货。

⑧ 消毒。本工程消毒剂采用次氯酸钠商品液（有效氯浓度为 10%），原液投加。

次氯酸钠加注点共分为原水进水管上杀藻加氯、后加氯，共 2 个投加点。即取水泵房出水管 1 个点，清水池进水管上 1 个点。次氯酸钠后加氯（有效氯）3mg/L，取水泵房出水管上最大加氯量为 2mg/L。共设加注泵 3 台，2 用 1 备。

在清水池内设消毒接触池，确保消毒时间为 30min 以上。

⑨ 加药间与变配电间及值班室合建。

（6）结构设计

① 设计标准

a. 新建建（构）筑物结构设计基准期为 50 年；合理使用年限为 50 年。

b. 建（构）筑物安全等级为二级，重要性系数为 1.0；储水构筑物环境类别为二 b 类（与《给水排水工程构筑物结构设计规范》的标准相当）。

② 主要工程材料

a. 混凝土：水处理构筑物强度等级为C30，抗渗等级为P6；垫层为C15，填料为C20；建筑物强度等级为C30，垫层为C15。

b. 钢材：钢筋可选HPB 300级钢筋（$f_y=270N/mm^2$）和HRB 400级钢筋（$f_y=360N/mm^2$）；预埋铁采用Q 235B钢。

c. 水泥：水泥采用新鲜普通硅酸盐水泥，强度等级为42.5。

d. 砌体结构：室内地坪以上，采用240mm厚MU 10混凝土多孔砌，Mb 10混合砂浆砌筑；室内地坪以下，采用240mm厚MU 15混凝土实心砖，Mb 10水泥砂浆砌筑。

e. 防腐设计：构筑物下部与污水接触的内池壁表面及顶板底面均采用聚氨脂类防腐涂料，重力流的钢筋混凝土管内壁采用防腐涂料。

（7）电气设计

① 供电电源。再生水处理站处理规模为$1\times10^4m^3/d$，处理站用电负荷性质属三级负荷，由供电部门提供一路10kV高压电源，进线电源以电缆进线方式敷设至高配间进线柜。

② 负荷。本工程用电负荷分为工业动力负荷和辅助照明负荷两大类，主要动力负荷为泵类负荷。

负荷计算：工艺设备采用需用系数法，需用系数按照全国给排水设计手册及有关给排水电气设计规范选取；辅助构筑物的照明采用单位面积平均负荷密度法进行计算（见表6-19）。

表6-19 处理站负荷计算表

装机容量/kW	计算功率/kW	最大电机/kW	功率因数（补偿前）	功率因数（补偿后）	变压器/kVA	负荷率
329	245	55	0.83	≥0.9	1×400	0.68

③ 供变配电方案及接线方式。根据处理站负荷情况，设置独立式变电所一座，低压配电间与值班室合建。

变电所的平面尺寸为15m×5m，内设3台高压负荷开关柜，3台低压柜，1台干式变压器，高压主接线为一路10kV进线，0.4kV低压侧接线为单母线的接线方式。

（8）自控及仪表设计

① 仪表配置。出水泵房集水井内设置一套超声波液位计，用于测量液位信号，自动控制潜水轴流泵的开/停。

出水泵房集水井内设置一套浮球液位开关，用于干运行保护和高低液位报警。

出水总管上设置电磁流量计，检测出水情况。

设置一套便携式硫化氢报警测定仪，用于工作人员安全保护，确保安全生产。

一体化提升泵站、污水处理单元的检测仪表由厂家配套提供。

② 泵站控制系统配置。处理站控制室内设置一套PLC，用于采集设备状态、仪表数据信号，并根据控制要求完成自动程序控制。

控制室内设置一套监控计算机，供值班人员管理泵站，监控工艺设备的工作状态。表6-20为主要的设备清单。

表 6-20 主要工艺设备清单

序号	安装位置	设备名称	主要参数	单位	数量	备注
1	格栅间	粉碎格栅	$Q=550m^3/h$，$N=3.7kW$	台	1	
2	取水泵房	潜水泵	$Q=75.3L/s$，$H=7.5m$，$N=11kW$	套	3	2 用 1 备
3		混合搅拌装置	$P=1.5kW$	台	1	
4		一级反应搅拌	$P=1.1kW$	台	1	
5		二级反应搅拌	$P=1.1kW$	台	1	
6		超磁分离设备	ASMD-10000	套	1	
7		磁回收磁鼓	HCG-10000	套	1	
8		磁种投加装置	HPP-40	套	2	
9		PAC 加药装置	HJY-10000，含计量泵	套	1	
10	混凝、超磁、脱水处理设施）	PAM 加药装置	JY-1000，含计量泵	套	1	
11		叠螺脱水机	CZDL352，处理能力 200～300kg/h	套	1	
12		污泥泵	型式：螺杆泵 $Q=12m^3/h$，$H=20m$，$P=5.5kW$	台	2	1 用 1 备 变频控制
13		潜水搅拌机	叶轮直径：$\phi 260mm$，$P=2.2kW$	台	2	
14		滤液泵	型式：潜污泵 $Q=10m^3/h$，$H=10m$，$P=0.75kW$	台	2	1 用 1 备
15		清水泵	型式：潜水泵，$Q=420m^3/h$，$H=28m$，$P=55kW$	台	3	2 用 1 备
16		螺旋输送机	水平螺旋输送和倾斜螺旋输送	套	2	
17		出水泵（立式离心）	$Q=180m^3/h$，$H=60m$，$N=55kW$	台	4	3 用 1 备
18	出水泵房	电动单梁悬挂起重机	起重量 1t，跨度 3m，起吊高度 9m $N=7.5+0.8+2\times0.4=9.1kW$	台	1	附 I 32a 工字钢
19		轴流风机	$Q=2500m^3/h$，$N=1.5kW$	台	2	
20		存水泵	$Q=15m^3/h$，$H=15m$，$N=1.1kW$	台	1	
21	加药间	液压式隔膜计量泵	$Q=10L/h$，$H=0.3MPa$，$P=0.37kW$	套	1	用于预加氯；配套提供安全阀、过滤器、背压阀、流量计、脉冲阻尼器等必要的附件
22		液压式隔膜计量泵	$Q=10L/h$，$H=0.3MPa$，$P=0.37kW$	套	2	1 用 1 备，用于后加氯；二期再增加 2 台；配套提供安全阀、过滤器、背压阀、流量计、脉冲阻尼器等必要的附件
23		轴流风机	$N=0.25kW$	套	2	

（七）陕西沣西新城同德佳苑小区雨水花园工程项目

1 项目概况

随着城市进程化不断加快，城市中大面积不透水地面的存在，使得含有大量悬浮物以及各种污染物的初期降雨也进入城市雨洪管道，并最终汇入河道，很大程度上影响了河道的水质。雨水花园是一种与自然景观建设相结合的，在源头处进行暴雨径流控制与污染治理的方法，即利用大量分散的雨水处理单元净化城市水体，削减洪峰，补充地下水。本工程确定沣西新城同德佳苑作为雨水花园试点研究场所，其位于咸阳市沣西新城，东临同德路，南临康定路。雨水花园设在同德佳苑小区内，分别为图 1 中 A1 与 A2 两座。其中 A1 为不防渗型，A2 为防渗型。本工程不仅作为小区雨水利用永久设施，同时也安装相关仪器设备，对进、出水水量、水质等数据进行监测，为今后小区雨水花园设计及施工安装提供指导。

2 设计方案及内容

（1）设计原理

雨水花园的设计参数包括汇流面积比、蓄水层深度和雨水花园土壤入渗率。汇流面积比代表了汇流区的“雨力”，汇流面积比越大，相同降雨强度下雨水花园的入流量越大；蓄水层深度代表了雨水花园的“表层容积”，蓄水层深度值越大，溢流发生的可能性越小；雨水花园中土壤的入渗率直接影响雨水花园的运行效果，入渗率较大的土壤介质，入流的雨水花园能够很快地蓄渗到土壤水中，不会在雨水花园中产生积水，雨水花园土壤的入渗率越大，其蓄渗雨水径流的效率越高。

作为一种工程措施，雨水花园的蓄水能力是针对一定设计暴雨条件下，能够全部蓄渗暴雨径流；超出设计标准时，多余的径流可通过溢流口进入城市雨洪排泄系统。

雨水花园的临界雨强（Ir^*），是指当降雨强度大于临界雨强时，雨水花园开始积水。临界雨强由稳定入渗率（K）和汇流面积比 S 共同决定，其关系为式（6-8）：

$$Ir^* = K/(S+1) \tag{6-8}$$

式中，S 为雨水花园的汇流面积比，即积水面积与入渗面积的比值（$S+1$ 表明计入了雨水花园本身的降雨）；对于大于临界雨强的暴雨强度（Ir^*），雨水花园在维持稳定入渗率（K）的条件下，蓄水深度（H）与发生溢流所需时间（t'_0）之间的关系为：$H=[Ir^*\times(S+1)-K]\times t'_0$，因此发生溢流的时间 $t'_0=H/[Ir^*\times(S+1)-K]$。

（2）雨水花园设计流程图

雨水花园设计流程图如图 6-21 所示。

从设计目标出发，若用雨水花园控制雨洪径流量，设计标准应适当提高；若用雨水花园控制径流污染，只需满足蓄渗初期污染较重的雨水径流即可，设计标准可适当降低。

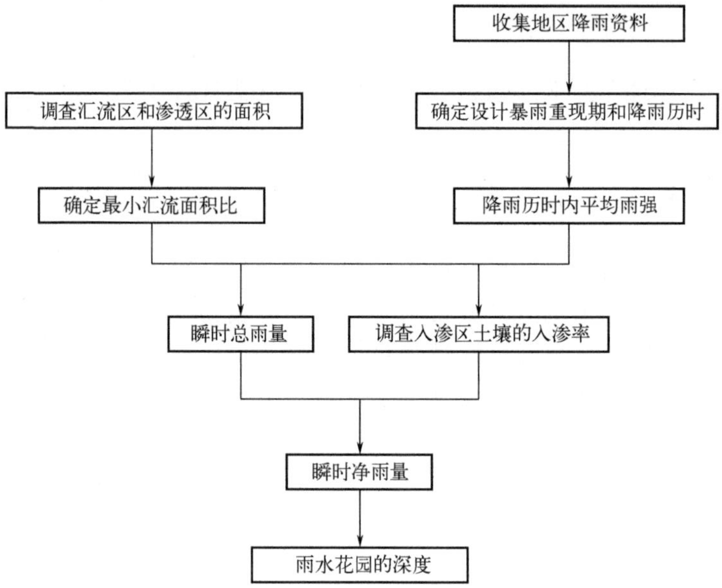

图 6-21 雨水花园的设计流程图

(3) 雨水花园设计

由于设计时尚无西咸新区沣西新城降雨资料，因此选取西安市肖家村气象站记录的 1961 年～2008 年间 48 场暴雨以及以往工程经验，设计标准选取两年一遇，降雨历时为 120min 的降雨，其累计降雨量为 28.1mm，其中雨水花园按照次降雨为 28.1mm 进行设计，即设计降雨强度为 28.11/120＝0.234m/min。防水型雨水花园在设计时充分考虑填料本身的出水能力，不防渗型雨水花园的处理系统充分考虑基质的渗透能力。图 6-22 为雨水花园位置图。

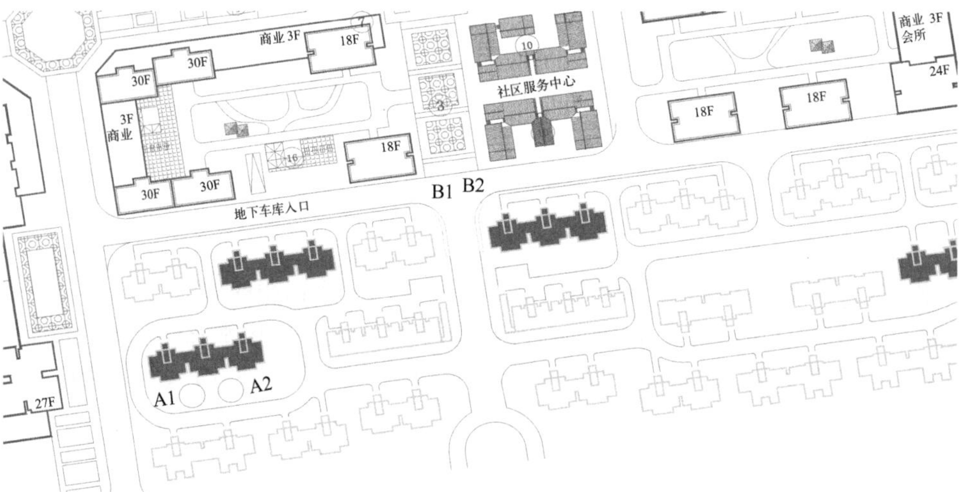

图 6-22 雨水花园位置图

两座雨水花园主要收集 4 号楼屋面雨水。经核算，4 号楼屋面的汇流面积为 520m²，雨水花园的位置选择距离建筑物地基外 3m，距离道路红线 2m。经现场勘察及核算，初步确定雨水花园为 5m×6m 的椭圆形，花园外围各向外延伸 2m，做一个斜坡，斜坡上可种植一些草类护坡。

已知汇流区总面积 520m²，每个雨水花园的渗透面积为 23.55m²，则汇流面积比 $S=520/2/23.55=11$。由于沣西新城地区土壤下渗性能较好，选择 $K=2\times10^{-5}$m/s=1.20mm/min，雨水花园的瞬时总雨量 $W1=(11+1)\times0.234=2.81$（mm/min)，计算得瞬时总雨量 $W=W1-K=2.81-1.20=1.61$（mm/min)，花园蓄水层计算深度 $H=t\times W=120\times1.61=19.32$（cm)（$t$ 为降雨历时，min)，设计采用雨水花园的蓄水层深度为 20cm。园内种植的植物有月季、黑眼苏三、美人蕉、麦冬草等。

修建在左侧的花园 A1 做不防渗处理，花园蓄水层深度为 20cm，超出 20cm 的部分从溢流口通过排水沟排入道路旁边的雨水井内。若该开挖至指定深度后土壤不适宜种植植物，则继续挖掘 40cm 后，采用种植土回填；修建在右侧的花园 A2 底部用土工膜防渗处理，种植土层为 50cm，并布置直径为 75mm 的 PVC 穿孔排水管进行排水，排水管出口处做一个方形排水沟，之后开挖一条地下排水管通道圆形观测井内，溢流堰出来的雨水通过溢流管排入观测井内，与井内水一起排入道路旁的雨水井内。雨水花园的平面布置及剖面见图 6-23 和图 6-24。

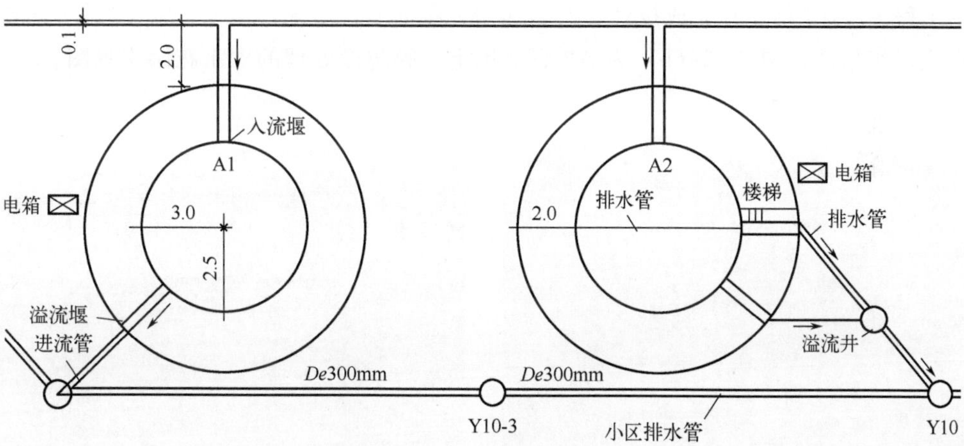

图 6-23 雨水花园 A1、A2 平面布置图（单位：m）

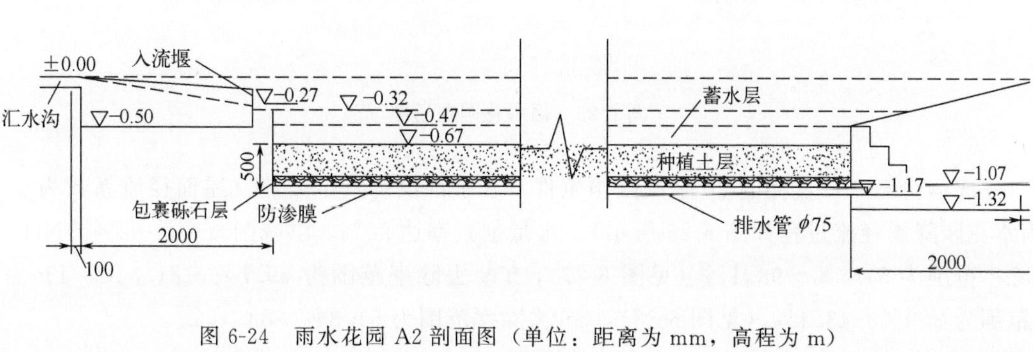

图 6-24 雨水花园 A2 剖面图（单位：距离为 mm，高程为 m）

雨水花园的建造工序主要包括：土地的开挖，安置入流和溢流量水三角堰，入流口砾石防护铺设，种植土回填以及种植植被。经计算，具体的雨水花园总工程量表见表 6-21（按照开挖后底部不适宜种种植物计算）。

表 6-21　雨水花园的工衡量估算表

工程或费用名称	单位	数量	备注	工程或费用名称	单位	数量	备注
土方开挖	m^3	295		*DN*75mm 穿孔收集管	m	7	
水泥	t	0.5					
沙子	m^3	10		*DN*90mm 排水管	m	12	
砾石	m^3	2		*DN*110mm 排水管	m	4	
防渗土工膜	m^2	300					
植物(人工+购置)	颗	600		量水堰	套	2	
植被初期维护（浇水、施肥、修剪等）	次	3		砖	块	2000	

3 运行效果

本工程于 2013 年 5 月完成设计，2014 年 10 月竣工。图 6-25（a）为 A1 做不防渗处理的雨水花园实景图，图 6-25（b）为 A2 底部用土工膜防渗处理的雨水花园实景图。

（a）不防渗雨水花园A1

（b）防渗雨水花园A2

图 6-25　雨水花园现场图

建成运行至今，监测的 30 余次降雨事件，几乎都没有发生溢流（屋面径流系数为 0.9）（雨水花园降雨径流过程如图 6-26 所示）。水量削减率达 90%，洪峰削减率达 92%。NH_4^+-N 去除率范围为 54.6%～98.1%（见图 6-27），TN 去除率范围为 29.7%～81.3%，TP 去除率范围为 2.9%～43.1%（见图 6-28），SS 去除率范围为 51.3%～83.4%。

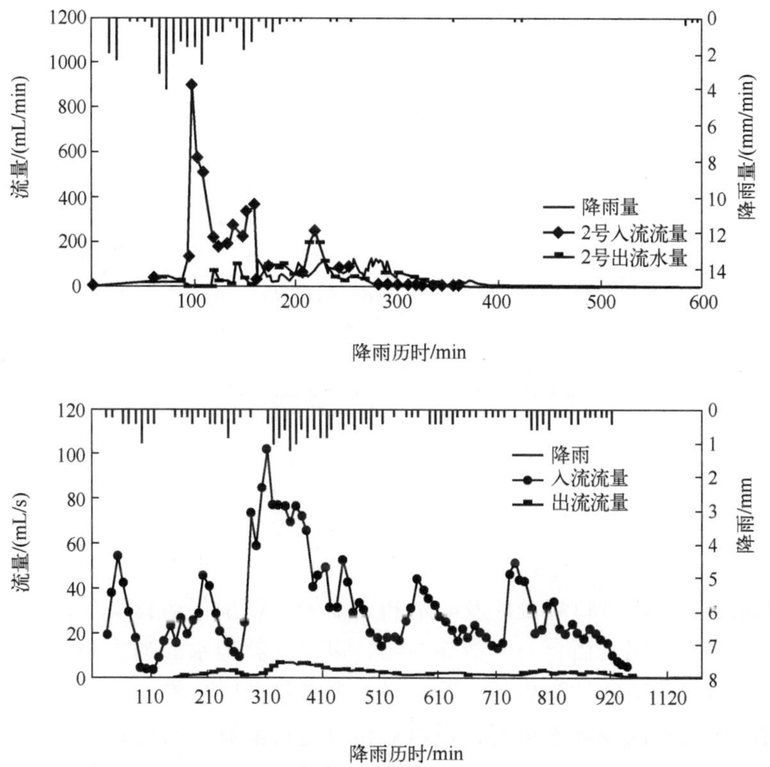

图 6-26 雨水花园降雨径流过程

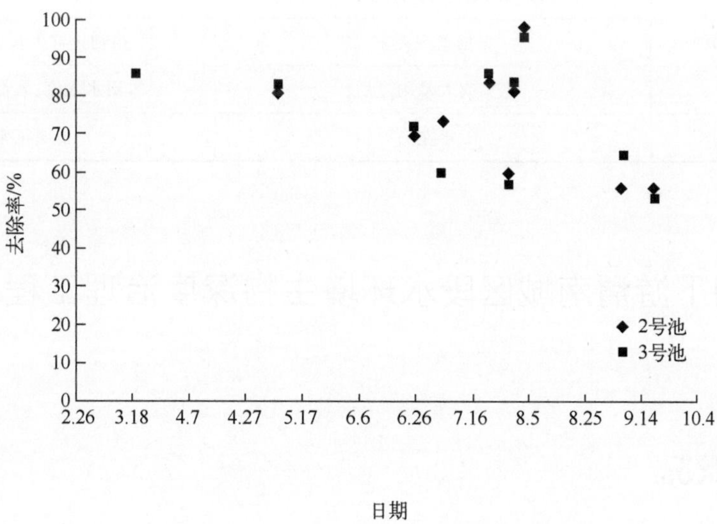

图 6-27 雨水花园对 NH_4-N 的浓度去除率

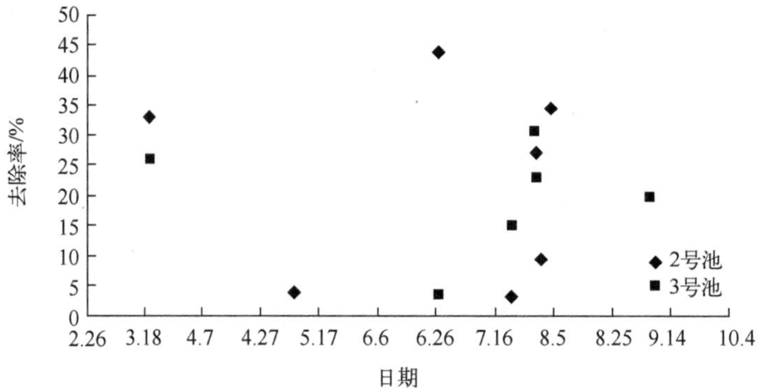

图 6-28 雨水花园对 TP 的浓度去除率

4 运行管理维护

① 建立相应的管理制度，运行管理人员应经过必要的培训上岗；
② 雨水径流入口、溢流口等处应及时清扫、清淤，以确保运行安全；
③ 定期观测雨水花园表面，及时清除杂物，以保证其雨水渗透能力；
④ 定期检查雨水花园的植被生长情况，对枯死植物及时更换；
⑤ 根据植物生长状况及降水情况，适当对植物进行灌溉、修剪；
⑥ 定期检查植物群落，防治病虫害，清理入侵植物。

具体维护内容与周期见表 6-22。

表 6-22 维护内容与周期

维护内容	周期	目标
污/杂物清理排除	1 个月或间隔超过 10 日之单场降雨后	不影响景观及设施正常运行
植物修剪与灌溉	根据景观要求	植物正常生长、不影响景观
检视	1 年或大暴雨过后	雨水入流、入渗、排放正常
松土	1 年左右	土壤正常下渗

（八）渭河下游渭南城区段水环境生物深度治理工程项目（试验段一期）

1 工程概况

项目位于陕西省渭南市临渭区，湭河下游进入渭河河口段，为渭南城区段水环境综合治理工程项目。项目的设计水量规模为 10^4t/d，项目占地面积约 540 亩（3.6×10^5 m^2），项目改造完的出水标准达到《地表水环境质量标准》（GB 3838—2002）Ⅳ类水标准，建设周期为 6 个月，预计投入资金为 8426 万元。

(1) 气候气象

渭南属暖温带半湿润干旱季风气候，四季分明，光照充足，雨量适宜。夏季高温多雨，冬季稍冷少雨。年平均温度为 13.3℃，最冷月 1 月平均气温为－0.9℃，最热月 7 月平均气温为 26.4℃，无霜期为 199～255d。年降水量为 558～750mm，由北向南递增。7、9 月份为两个明显降水高峰。年日照时数为 1983～2267h，年最多风向为东北风。

(2) 水域情况

湭河为渭河一级支流，发源于秦岭山脉二郎山，于渭南市城区东北注入渭河。全流域面积为 23km^2，河道全长 42.3km，河床平均比降为 34.7%。流域地形南高北低，东高西低。湭河年平均输沙量为 8.6×10^5t，平均侵蚀模数为 3270t/km^2。

2 总体设计

(1) 治理目标

针对水质和生态提升的目标，结合进水中污染物负荷与处理水量，以地表水Ⅳ类标准为出水目标，具体指标如表 6-23 所示。

表 6-23 设计进水水质指标

单位：mg/L，pH 除外

序号	污染物或项目名称	进水指标	出水指标
1	pH(无量纲)	6～9	6～9
2	化学需氧量(COD)	50	30
3	五日生化需氧量(BOD_5)	10	6
4	氨氮(以 N 计)	5(8)	3(4.8)
5	总氮	15	9
6	总磷(以 P 计)	0.5	0.35
7	阴离子表面活性剂(LAS)	0.5	0.35
8	硫化物	1	0.6
9	氰化物	0.5	0.3
10	挥发酚	0.5	0.3
11	硒	0.1	0.02
12	镉	0.01	0.005
13	铅	0.1	0.05

注：括号外数值为水温＞12℃时的控制指标，括号内数值为水温≤12℃时的控制指标。

(2) 治理思路

以水体生态修复为目的，工程采用湿地组合工艺对湭河河水进行净化，以保障湭河河道的生态基流。拟采用垂直下向流、垂直上向流、水平潜流等多种类型湿地的组合，以实现不同类型湿地的技术优势互补，适应水体的多变环境，提高污染物去除率。此外，采用适宜当地的特色植物和复合介质，实现对功能微生物的富集和高效脱氮除磷功能。通过采用表流湿地和塘技术，实现地下水的补充和生态景观的营建，充分体现湿地生态景观功能，为生物提供栖息地和为市民提供景观、科普游览区。

(3) 技术方案

以水体生态治理为目的，工程以人工湿地组合技术为核心，从水体净化、生态恢复和景观营造多角度出发，营造城市水体处理的新模式—水立方。人工湿地技术具有处理效果好、投资费用低、运行维护简单、生态功能突出和易用于景观营造等优点，是城市水体整治中的首选技术，能够实现城市再生水的高效利用，提高城市水流量。

水立方工艺流程图见图 6-29，平面布置图见图 6-30。

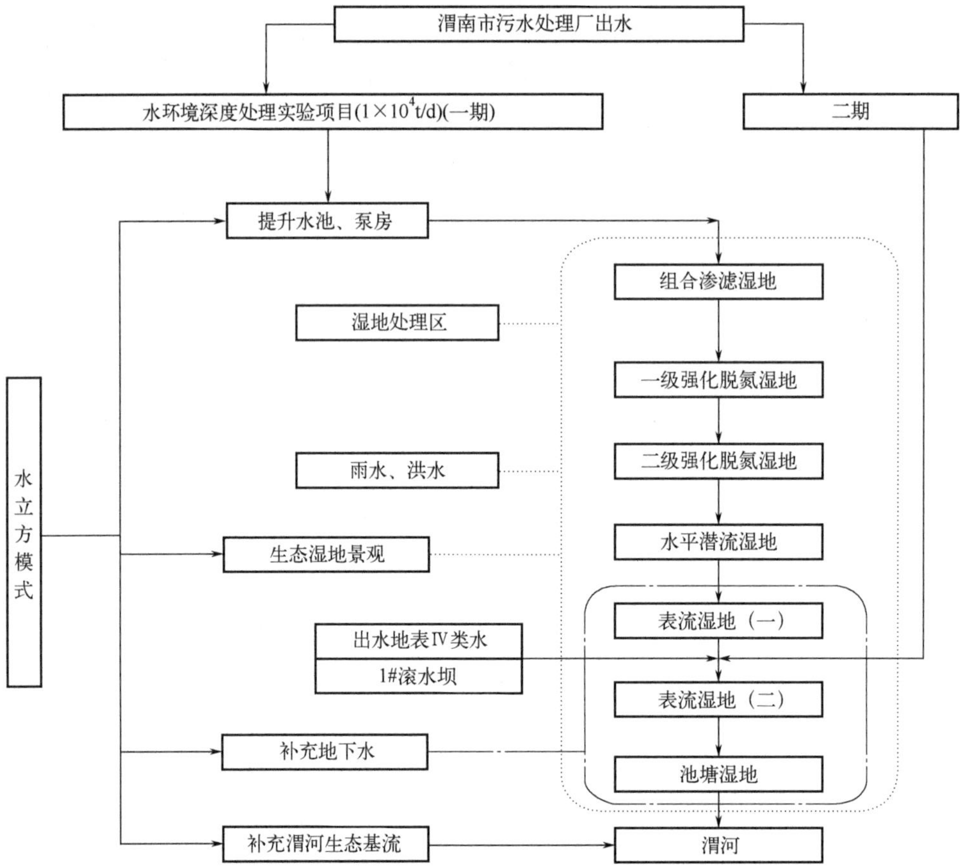

图 6-29 水立方工艺流程图

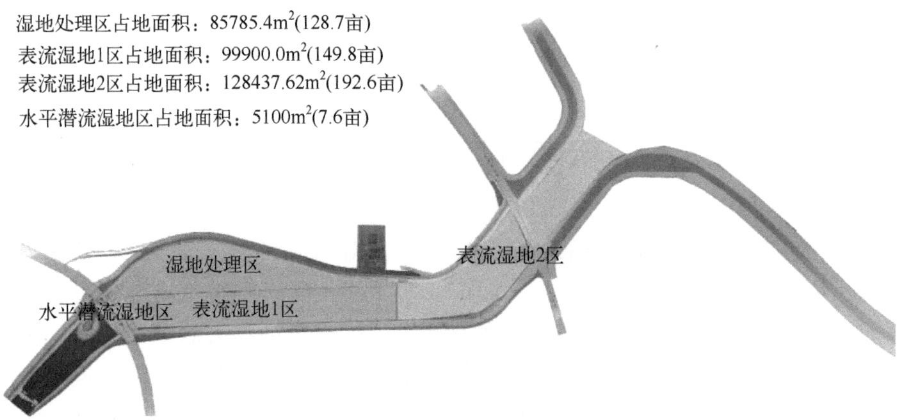

图 6-30 水立方平面布置图

工程所设计的水立方模式主要分为三个湿地处理阶段区域：湿地功能区、水质稳定区和生态增量区，通过这三个区域的水质提升，实现污染物的有效削减和生态流量的显著提升。

① 湿地处理功能区设计。湿地处理功能区通过水环境深度处理实验区的稳定净化后，与截流雨水一起进入组合渗滤湿地和两级强化脱氮湿地进行水质的提升，实现水体水质的有效提升。湿地功能处理区工艺流程图见图 6-31，平面布置图见图 6-32，湿地处理功能区各湿地去除率见表 6-24。

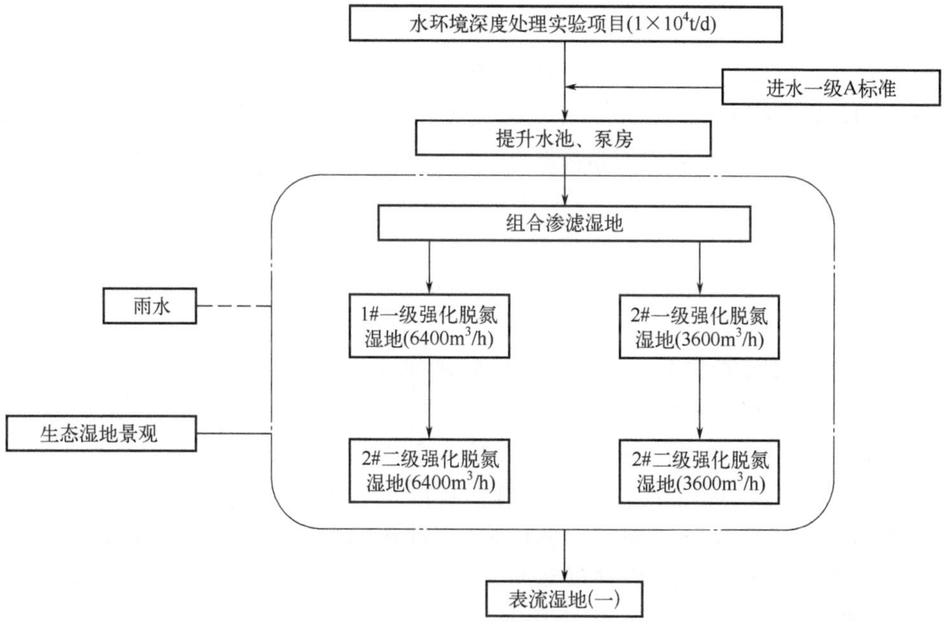

图 6-31 湿地功能处理区工艺流程图

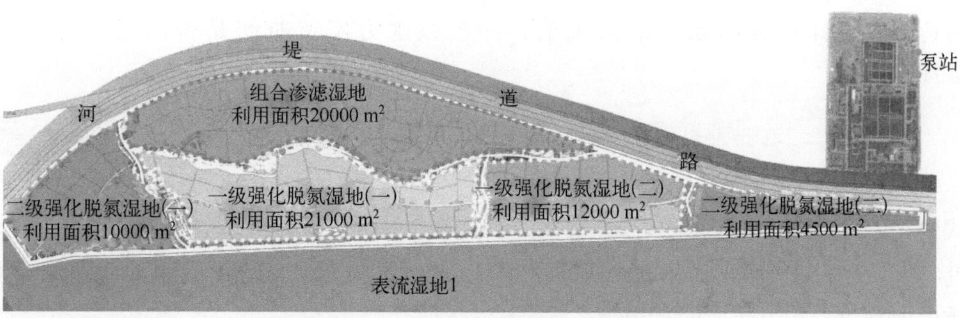

图 6-32 湿地功能处理区平面布置图

表 6-24 湿地处理功能区各湿地去除率

序号	组合渗滤湿地				一级强化		二级强化	
	指标	设计进水	去除率	设计出水	去除率	设计出水	去除率	设计出水
1	COD_{Cr}	50	20%	40	17%	35.275	15%	30.0
2	BOD_5	10	20%	8	22%	7.02	15%	6.0
3	NH_4^+-N	5(8)	25%	3.75～6	75%	2.0625～4.5	27～48%	1.5～2.5

续表

序号	组合渗滤湿地				一级强化		二级强化	
	指标	设计进水	去除率	设计出水	去除率	设计出水	去除率	设计出水
4	TN	15	45%	8.25	65%	2.9	48%	1.5
5	TP	0.5	10%	0.45	10%	0.405	26%	0.3

注：括号外数值为水温>12℃时的控制指标，括号内数值为水温≤12℃时的控制指标。

a. 组合渗滤湿地。组合渗滤湿地通过让污水周期性地流经湿地，使湿地基质处于淹水/干燥，即厌氧/好氧交替运行状态，通过物理化学和生物的综合作用净化污水。湿地处理水量为10000t/d，填料孔隙率为23%，水力坡度为0.8%。运行方式采用分两组间歇运行的方式，一组运行，一组落干，湿地的超高取0.3m。设计水力负荷为$0.5m^3/(m^2 \cdot d)$。

b. 一级强化脱氮湿地。一级强化脱氮湿地以潜流人工湿地为主要形式，种植如芦苇、伞草、水芹、美人蕉等多种植物，实现水处理和景观效应一致、和谐的生态环境。该类型湿地在传统湿地填料中添加脱氮除磷菌种，满足深度处理需要。湿地的处理水量也为10000t/d，填料孔隙率为38%，水力坡度为8‰，运行方式采用垂直下流，分两组并联运行，通过巴歇尔流量计控制水量。1#区域处理水量为$6400m^3/d$。2#区域处理水量为$3600m^3/d$，设计水力负荷为$0.3m^3/(m^2 \cdot d)$。

c. 二级强化脱氮湿地。二级强化脱氮湿地在一级强化脱氮湿地处理的基础上，进一步去除水中污染物，从结构形式上采用垂直潜流湿地的结合，调节水体环境，满足水质达标要求。湿地的处理水量10000t/d，填料孔隙率为38%，水力坡度为8‰，运行方式采用垂直上流式，分两组并联运行，与1#、2#一级强化脱氮湿地配套运行。1#区域处理水量为$6400m^3/d$，2#区域处理水量为$3600m^3/d$。设计水力负荷为$0.7m^3/(m^2 \cdot d)$。

其中，人工湿地的表面积设计应考虑最大污染负荷和水力负荷，可按BOD_5表面负荷和水力负荷，取设计计算结果中的最大值，并校核水力停留时间是否满足设计要求，见式(6-9)。

$$A_s=\frac{Q(\ln C_0-\ln C_e)}{K_t d n} \tag{6-9}$$

式中，A_s为湿地处理面积，hm^2；Q为湿地进水流量，m^3/d；C_0为进水BOD_5的质量浓度，kg/m^3；C_e为出水BOD_5的质量浓度，kg/m^3；K_t为与温度相关的速率常数；d为介质床的深度；n为介质的孔隙度。

通过计算最终得出：组合渗滤湿地总面积为$20000m^2$，一级强化脱氮湿地总面积为$33300m^2$，其中1#强化脱氮湿地为$21000m^2$，2#强化脱氮湿地为$12000m^2$。

二级强化脱氮湿地总面积为$33300m^2$，其中1#二级强化脱氮湿地为$10000m^2$，2#二级强化脱氮湿地为$4500m^2$。

水力停留时间，见式(6-10)：

$$t=\frac{V\varepsilon}{Q} \tag{6-10}$$

式中，t为水力停留时间，d；V为池子的容积，m^3；ε为湿地孔隙度；Q为平均流量，m^3/d。

计算得出组合渗滤湿地停留时间为7.67h，一级强化脱氮湿地停留时间为21.24h，二级强化脱氮湿地停留时间为9.25h。

② 水质稳定区。河水和雨水经湿地功能区处理后，进入水质稳定区，经水平潜流湿地＋表流湿地经一步净化，实现水质稳定，出水能够达到地表Ⅳ类水标准。水质稳定区工艺流程图见图6-33，湿地去除率见表6-25。

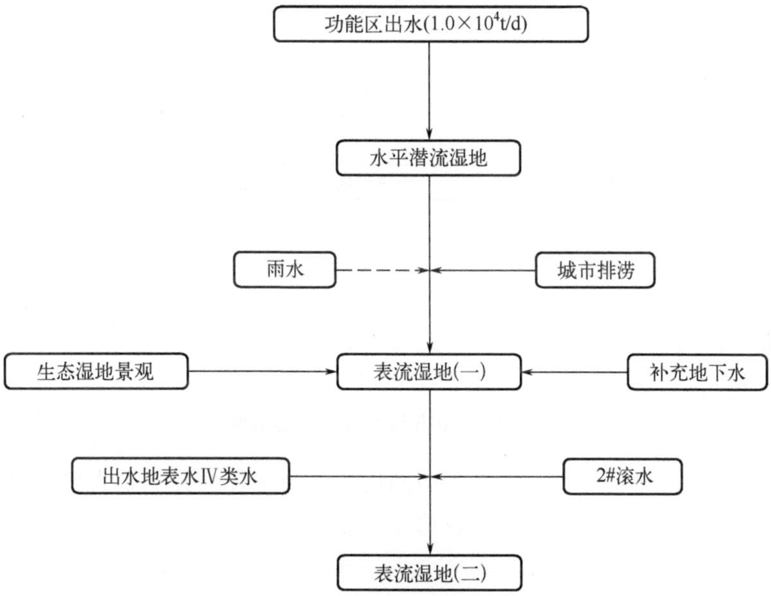

图6-33 水质稳定区工艺流程图

水平潜流湿地的处理水量为15000t/d，表流湿地的处理水量为10000t/d，水力负荷为$0.18m^3/(m^2 \cdot d)$。

表6-25 第二阶段湿地去除率表

序号	指标	设计进水/(mg/L)	去除率	设计出水/(mg/L)
1	COD_{Cr}	30	5%	28.5
2	BOD_5	6	5%	5.7
3	NH_4^+-N	1.5～2.5	35%	0.975～1.625
4	TP	0.3	3%	0.291

表流湿地和水平潜流湿地表面积用式（6-9）和式（6-10）计算。通过计算得出，水平潜流湿地表面积为$5100m^2$，表流湿地的表面积为$999000m^2$，总停留时间为215.61h。

③ 生态增量区。经过水质稳定区后，利用河滩地建设表流湿地和塘单元，完成水质和生态功能的经一步提升。其中，表流湿地的处理水量为$40000m^3/d$，水力负荷是$0.31m^3/(m^2 \cdot d)$。同时，选择多种观赏性挺水植物镶嵌种植于岸边消落带，并建立观赏平台等景观配套设施，实现挺水植物、浮叶植物、沉水植物立体配置，追求净化和景观和谐统一。生态增量区工艺流程图见图6-34。

表流湿地表面积用公式计算见式（6-9）和式（6-10）。通过计算得出：表流湿地表面积为$5100m^2$，停留时间为50.8h。

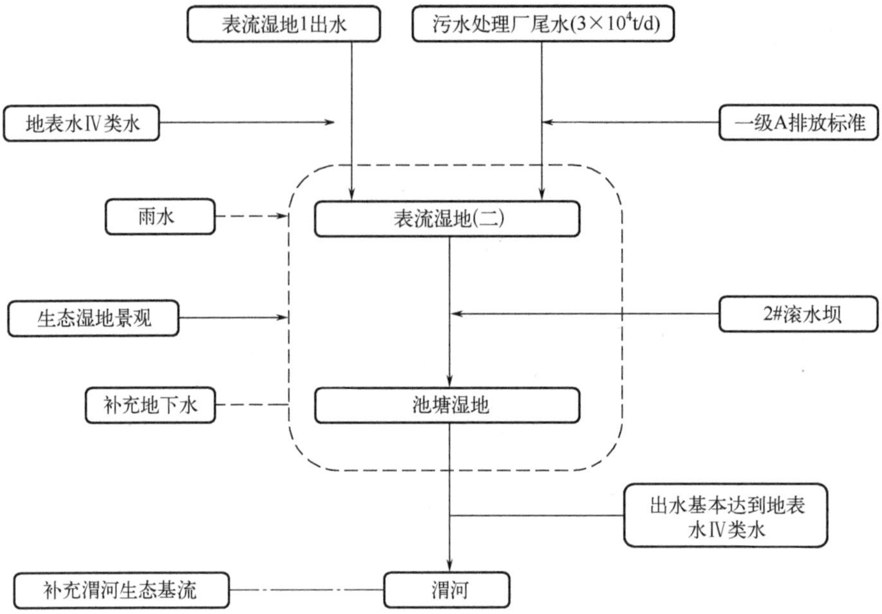

图 6-34 生态增量区工艺流程图

经过湿地组合工艺的处理，出水水质达到优于地表水Ⅳ类标准，直接排放至渭河内来补充渭河生态基流，并实现酒河生态和景观功能的显著提升。

3 工程效果

工程效果图如图 6-35 所示，经过方案实施，不仅实现了城市水体的水质提升，还美化了城市景观，具有显著的环境、经济和生态价值。

图 6-35 湿地效果图

附录

附录一 城市污水再生利用 分类 GB/T 18919—2002

1 范围

本标准规定了城市污水再生利用分类原则、类别和范围。

本标准适用于水资源利用的规划，城市污水再生利用工程设计和管理，并为制定城市污水再生利用各类水质标准提供依据。

2 规范性引用文件

下列文件中的条款通过本标准的引用而成为本标准的条款。凡是注日期的引用文件，其随后所有的修改单（不包括勘误的内容）或修订版均不适用于本标准，然而，鼓励根据本标准达成协议的各方研究是否可使用这些文件的最新版本。凡是不注日期的引用文件，其最新版本适用于本标准。

GB/T 4754—2002 国民经济行业分类与代码

3 术语和定义

本标准采用下列术语和定义。

3.1 城市污水

设市城市和建制镇排入城市污水系统的污水的统称。在河流制排水系统中，还包括生产废水和截流的雨水。

3.2 城市污水再生利用

以城市污水为再生水源，经再生工艺净化处理后，达到可用的水质标准，通过管道输送或现场使用方式予以利用的全过程。

4 城市污水再生利用分类

4.1 本标准按用途分类。

4.2 城市污水再生利用分类类别见表1。

4.3 城市污水再生利用分类类别与GB/T 4754—2002对照见附录A（规范性附录）。

表1 城市污水再生利用类别

序号	分类	范围	示例
1	农、林、牧、渔业用水	农田灌溉	种籽与育种、粮食与饲料作物、经济作物
		造林育苗	种籽、苗木、苗圃、观赏植物
		畜牧养殖	畜牧、家畜、家禽

续表

序号	分类	范围	示例
1	农、林、牧、渔业用水	水产养殖	淡水养殖
2	城市杂用水	城市绿化	公共绿地、住宅小区绿化
		冲厕	厕所便器冲洗
		道路清扫	城市道路的冲洗及喷洒
		车辆冲洗	各种车辆冲洗
		建筑施工	施工场地清扫、浇洒、灰尘抑制、混凝土制备与养护、施工中的混凝土构件和建筑物冲洗
		消防	消火栓、消防水炮
3	工业用水	冷却用水	直流式、循环式
		洗涤用水	冲渣、冲灰、消烟除尘、清洗
		锅炉用水	中压、低压锅炉
		工艺用水	溶料、水浴、蒸煮、漂洗、水力开采、水力输送、增湿、稀释、搅拌、选矿、油田回注
		产品用水	浆料、化工制剂、涂料
4	环境用水	娱乐性景观环境用水	娱乐性景观河道、景观湖泊及水景
		观赏性景观环境用水	观赏性景观河道、景观湖泊及水景
		湿地环境用水	恢复自然湿地、营造人工湿地
5	补充水源水	补充地表水	河流、湖泊
		补充地下水	水源补给、防止海水入浸、防止地面沉降

附录 A （规范性附录）

本标准与《国民经济行业分类与代码》对照表

表 A.1

序号	本标准分类名称	《国民经济行业分类与代码》	
		大类	小类
1	农、林、牧、渔业用水	A	01～05
2	城镇杂用水	E N	47～50 80～81
3	工业用水	B～D	06～46
4	景观环境用水	N	79～80
5	补充水源水	—	—

附录二 城市污水再生利用 城市杂用水水质（GB/T 18920—2020）（摘录）

1 范围

本标准规定了城市污水再生利用城市杂用水的术语和定义、水质指标、采样与监测、安全利用。

本标准适用于冲厕、车辆冲洗、城市绿化、道路清扫、消防、建筑施工等杂用的再生水。

2 规范性引用文件（略）

3 术语和定义（略）

4 水质指标

4.1 城市杂用水的水质基本控制项目及限值应符合表1的规定。

4.2 城市杂用水用户宜根据当地再生水厂水源情况，有针对性地选择表2的项目。

4.3 混凝土用水还应符合JGJ 63的有关规定。

4.4 用于自动喷淋消防系统用水，除应符合表1的规定外，悬浮物还应符合GB 50084的规定。

表1 城市杂用水水质基本控制项目及限值

序号	项目		冲厕、车辆冲洗	城市绿化、道路清扫、消防、建筑施工
1	pH		6.0～9.0	6.0～9.0
2	色度，铂钴色度单位	≤	15	30
3	嗅		无不快感	无不快感
4	浊度/NTU	≤	5	10
5	五日生化需氧量（BOD_5）/（mg/L）	≤	10	10
6	氨氮/（mg/L）	≤	5	8
7	阴离子表面活性剂/（mg/L）	≤	0.5	0.5
8	铁/（mg/L）	≤	0.3	—
9	锰/（mg/L）	≤	0.1	—
10	溶解性总固体/（mg/L）	≤	1000（2000）①	1000（2000）①
11	溶解氧/（mg/L）	≥	2.0	2.0
12	总氯/（mg/L）	≥	1.0（出厂），0.2（管网末端）	1.0（出厂），0.2②（管网末端）
13	大肠埃希氏菌/（MPN/100mL或CFU/100mL）		无③	无③

① 括号内指标值为沿海及本地水源中溶解性固体含量较高的区域的指标。

② 用于城市绿化时，不应超过2.5mg/L。

③ 大肠埃希氏菌不应检出。

注："—"表示对此项无要求。

表 2 城市杂用水选择性控制项目及限值 单位:mg/L

序号	项　　目	限　　值
1	氯化物(Cl^-)	不大于 350
2	硫酸盐(SO_4^{2-})	不大于 500

5 采样与监测

5.1 采样及保管

5.1.1 水质采样的设计、组织应按 GB/T 12997、GB/T 12998 的规定执行。水样为 24h 混合样，应至少每 2h 取样一次，以日均值计。

5.1.2 样品的保管应按 GB/T 12999 的规定执行。

5.1.3 再生水厂供水出口处宜设再生水水质监测取样点。

5.2 分析方法

基本控制项目的分析方法应按表 3 执行，选择性控制项目的分析方法应按表 4 执行。

表 3 基本控制项目分析方法

序号	项　　目	测 定 方 法	执行标准
1	pH 值	玻璃电极法、标准缓冲溶液比色法	GB/T 5750.4
2	色度	铂-钴标准比色法	GB/T 5750.4
3	浊度(浑浊度)	散射法-福尔马肼标准、目视比浊法-福尔马肼标准	GB/T 5750.4
4	五日生化需氧量(BOD_5)	稀释与接种法	GB/T 7488①
		稀释与接种法	HJ 505
5	氨氮	纳氏试剂比色法	GB/T 5750.5
6	阴离子表面活性剂(阴离子合成洗涤剂)	亚甲蓝分光光度法、二氮杂菲萃取分光光度法	GB/T 5750.4
7	铁	二氮杂菲分光光度法、原子吸收分光光度法	GB/T 5750.6
8	锰	过硫酸铵分光光度法、原子吸收分光光度法、甲醛肟分光光度法	GB/T 5750.6
9	溶解性总固体	称量法(烘干温度 180℃±3℃)	GB/T 5750.4
10	溶解氧	碘量法	GB/T 7489①
		电化学探头法	GB/T 11913
		电化学探头法	HJ 506
11	总氯(总余氯)	*N*,*N*-二乙基对苯二胺(DPD)分光光度法、3,3′,5,5′-四甲基联苯胺以色法	GB/T 5750.11
12	大肠埃希氏菌	多管发酵法、滤膜法	GB/T 5750.12

① 裁定方法。

表 4 选择性控制项目分析方法

序号	项　　目	测 定 方 法	执行标准
1	氯化物	硝酸银容量法、硝酸汞容量法、离子色谱法	GB/T 5750.5
2	硫酸盐	硫酸钡比浊法、离子色谱法、铬酸钡分光光度法	GB/T 5750.5

5.3 检测频率

城市杂用水的基本控制项目采样检测频率不应低于表5规定的频率。

表5 城市杂用水采样检测频率

序号	项目	采样检测频率，不低于	序号	项目	采样检测频率，不低于
1	pH	每日1次	8	铁	每周1次
2	色	每日1次	9	锰	每周1次
3	浊度	每日1次	10	溶解氧	每日1次
4	嗅	每日1次	11	总氯	每日1次
5	五日生化需氧量(BOD_5)	每周1次	12	溶解性总固体	每周1次
6	氨氮	每周1次	13	大肠埃希氏菌	每周1次
7	阴离子表面活性剂	每周1次			

6 安全利用

6.1 水源及管道连接

6.1.1 用于再生水厂的水源宜优先选用生活污水，或不含重污染、有毒有害工业废水的城市污水。

6.1.2 再生水管道不应与饮用水管道、设施直接连接。

6.2 标识

6.2.1 城市杂用水的管道、设备、设施的外部应于显著位置设置明显的警示标识及说明。

6.2.2 下列场所应设置标识：

a）供水点；

b）水箱、闸门井等设备、设施外部；

c）管道的直管段、起始点、交叉点、转弯处和终点及管道穿过楼板、墙等处。

6.2.3 管道标识应符合以下规定：

a）管道涂色应符合CJ/T 158回用水管道的规定；

b）标识符应包括“再生水”“不得饮用”字样及流向箭头。“再生水”字样的字体高度宜符合表6的规定。宽高比宜为0.6～1.0；管道内介质流向应以箭头表示。当管道内介质流向为双向时，应以双向箭头表示。

表6 标识字体高度 单位：mm

管道直径①	不大于50	50～200	200～300	300～500	大于500
字体高度	15～30	45	60	75	90

① 管道直径应含上限，不应含下限。

6.2.4 城市杂用水的水箱、用水器具的标识应按6.2.3的规定执行，大小应醒目。当涂刷或缠绕标识有困难或不够醒目时，可采用悬挂标志牌的方式。

6.2.5 闸门井井盖应设置“再生水”和“不得饮用”字样标识。

附录三 城市污水再生利用 景观环境用水水质（GB/T 18921—2019）（摘录）

1 范围

本标准规定了城市污水再生利用景观环境用水的水质指标、利用要求、安全要求、取样与监测。

本标准适用于景观环境用水的再生水。

2 规范性引用文件（略）

3 术语和定义（略）

4 水质指标

作为景观环境用水的再生水，其水质除应符合表1的规定外，还应符合GB 18918的规定。

表1 景观环境用水的再生水水质

序号	项目	观赏性景观环境用水			娱乐性景观环境用水			景观湿地环境用水
		河道类	湖泊类	水景类	河道类	湖泊类	水景类	
1	基本要求	无漂浮物，无令人不愉快的嗅和味						
2	pH值（无量纲）	6.0～9.0						
3	五日生化需氧量(BOD_5)/(mg/L)	≤10	≤6		≤10	≤6		≤10
4	浊度/NTU	≤10	≤5		≤10	≤5		≤10
5	总磷（以P计）/(mg/L)	≤0.5	≤0.3		≤0.5	≤0.3		≤0.5
6	总氮（以N计）/(mg/L)	≤15	≤10		≤15	≤10		≤15
7	氨氮（以N计）/(mg/L)	≤5	≤3		≤5	≤3		≤5
8	粪大肠菌群/(个/L)	≤1000			≤1000		≤3	≤1000
9	余氯/(mg/L)	—					0.05～0.1	—
10	色度/度	≤20						

注：1. 未采用加氯消毒方式的再生水，其补水点无余氯要求。

2. "—"表示对此项无要求。

5 利用要求

5.1 再生水厂水源宜选用生活污水，或不含重污染、有毒有害工业废水的城市污水。

5.2 完全使用再生水，水体温度大于25℃时，景观湖泊类水体水力停留时间不宜大于10d；水体温度不大于25℃或再生水补水实际总磷浓度低于表1限值时，水体水力停留时间可延长。

5.3 设置人工曝气或水力推动等装置增强水体扰动与流动能力，或大型水面因风力等自然作用具有较强流动和交换能力时，可结合运行过程监测，延长景观湖泊类水体的水力停留时间。

5.4 使用再生水的景观水体和景观湿地中宜培育适宜的水生植物并定期收获处置。

5.5 以再生水作为景观湿地环境用水，应考虑盐度及其累积作用对植物生长的潜在影响，选择耐盐植物或采取控盐降咸措施。

5.6 利用过程中，应注意景观水体的底泥淤积和水质变化情况，并应进行定期底泥清淤。

6 安全要求

6.1 使用再生水的景观水体和景观湿地，应在显著位置设置“再生水”标识及说明。

6.2 使用再生水的景观水体和景观湿地中的水生动、植物不应被食用。

6.3 使用再生水的景观环境用水，不应用于饮用、生活洗涤及可能与人体有全身性直接接触的活动。

7 取样与监测

7.1 取样要求

7.1.1 再生水水质监测取样点宜设在再生水厂总出水口或再生水补水点。样品的保存和管理应按 HJ 493 执行。水体易发藻华季节宜在景观水体中加设监测点。

7.1.2 水样应为 24h 混合样，至少每 2h 取样一次，以日均值计。

7.2 监测频率

每日应监测浊度、余氯、pH 值、总磷、氨氮、粪大肠菌群 1 次，每周应监测总氮、色度 1 次，每月应监测 BOD_5 1 次。

7.3 监测分析方法

再生水水质指标的监测分析方法见表 2。

表 2 监测分析方法

序号	监测项目	监测方法	依据
1	pH 值	玻璃电极法	GB/T 6920
2	五日生化需氧量(BOD_5)	稀释与接种法	HJ 505
3	浊度	目视比浊法	GB/T 13200
4	总磷(以 P 计)	钼酸铵分光光度法	GB/T 11893
5	总氮(以 N 计)	碱性过硫酸钾消解紫外分光光度法	HJ 636
6	氨氮(以 N 计)	蒸馏-中和滴定法 纳氏试剂分光光度法	HJ 537 HJ 535
7	粪大肠菌群	多管发酵法	HJ/T 347
8	余氯	*N*,*N*-二乙基-1,4-苯二胺分光光度法	HJ 586
9	色度	铂钴比色法	GB/T 11903

7.4 跟踪监测

7.4.1 以再生水作为景观环境用水时，用户宜根据当地再生水厂水源情况，有针对性地跟踪监测再生水内分泌干扰物（EDCs）、药品和个人护理品（PPCPs）等新兴微量污染物。

7.4.2 以再生水作为景观环境用水时，宜对使用再生水的景观水体和景观湿地进行水体水质、底泥及周围空气、地下水的跟踪监测，及时发现再生水景观环境利用中的问题。

附录四 城市污水再生利用 地下水回灌水质（GB/T 19772—2005）（摘录）

1 范围

本标准规定了利用城市污水再生水进行地下水回灌时应控制的项目及其限值、取样与监测。

本标准适用于以城市污水再生水为水源，在各级地下水饮用水源保护区外，以非饮用为目的，采用地表回灌和井灌的方式进行地下水回灌。

2 规范性引用文件（略）

3 术语和定义（略）

4 技术要求

4.1 利用城市污水再生水进行地下水回灌，应根据回灌区水文地质条件确定回灌方式。回灌时，其回灌区入水口的水质控制项目分为基本控制项目和选择控制项目两类。

4.1.1 基本控制项目应满足表1的规定。

4.1.2 选择控制项目应满足表2的规定。

4.2 回灌前，应对回灌水源的基本控制项目和选择控制项目进行全面的检测，确定选择控制项目，满足表1、表2的规定后方可进行回灌。回灌水质发生变化，应重新确定选择控制项目。

表1 城市污水再生水地下水回灌基本控制项目及限值

序号	基本控制项目	单位	地表回灌[①]	井灌
1	色度	稀释倍数	30	15
2	浊度	NTU	10	5
3	pH	—	6.5～8.5	6.5～8.5
4	总硬度(以 $CaCO_3$ 计)	mg/L	450	450
5	溶解性总固体	mg/L	1000	1000
6	硫酸盐	mg/L	250	250
7	氯化物	mg/L	250	250
8	挥发酚类(以苯酚计)	mg/L	0.5	0.002
9	阴离子表面活性剂	mg/L	0.3	0.3
10	化学需氧量(COD)	mg/L	40	15
11	五日生化需氧量(BOD_5)	mg/L	10	4
12	硝酸盐(以N计)	mg/L	15	15
13	亚硝酸盐(以N计)	mg/L	0.02	0.02
14	氨氮(以N计)	mg/L	1.0	0.2
15	总磷(以P计)	mg/L	1.0	1.0
16	动植物油	mg/L	0.5	0.05
17	石油类	mg/L	0.5	0.05

续表

序号	基本控制项目	单位	地表回灌[1]	井灌
18	氰化物	mg/L	0.05	0.05
19	硫化物	mg/L	0.2	0.2
20	氟化物	mg/L	1.0	1.0
21	粪大肠菌群数	个/L	1000	3

① 表层黏性土厚度不宜小于 1m，若小于 1m 按井灌要求执行。

表 2　城市污水再生水地下水回灌选择控制项目及限值

序号	选择控制项目	限值	序号	选择控制项目	限值
1	总汞	0.001	27	三氯乙烯	0.07
2	烷基汞	不得检出	28	四氯乙烯	0.04
3	总镉	0.01	29	苯	0.01
4	六价铬	0.05	30	甲苯	0.7
5	总砷	0.05	31	二甲苯[1]	0.5
6	总铅	0.05	32	乙苯	0.3
7	总镍	0.05	33	氯苯	0.3
8	总铍	0.0002	34	1,4-二氯苯	0.3
9	总银	0.05	35	1,2-二氯苯	1.0
10	总铜	1.0	36	硝基氯苯[2]	0.05
11	总锌	1.0	37	2,4-二硝基氯苯	0.5
12	总锰	0.1	38	2,4-二氯苯酚	0.093
13	总硒	0.01	39	2,4,6-三氯苯酚	0.2
14	总铁	0.3	40	邻苯二甲酸二丁酯	0.003
15	总钡	1.0	41	邻苯二甲酸二(2-乙基己基)酯	0.008
16	苯并[a]芘	0.00001	42	丙烯腈	0.1
17	甲醛	0.9	43	滴滴涕	0.001
18	苯胺	0.1	44	六六六	0.005
19	硝基苯	0.017	45	六氯苯	0.05
20	马拉硫磷	0.05	46	七氯	0.0004
21	乐果	0.08	47	林丹	0.002
22	对硫磷	0.003	48	三氯乙醛	0.01
23	甲基对硫磷	0.002	49	丙烯醛	0.1
24	五氯酚	0.009	50	硼	0.5
25	三氯甲烷	0.06	51	总 α 放射性	0.1
26	四氯化碳	0.002	52	总 β 放射性	1

① 二甲苯：指对-二甲苯、间-二甲苯、邻-二甲苯。

② 硝基氯苯：指对-硝基氯苯、间-硝基氯苯、邻-硝基氯苯。

注：除 51、52 项的单位是 Bq/L 外，其他项目的单位均为 mg/L。

4.3　回灌水在被抽取利用前，应在地下停留足够的时间，以进一步杀灭病原微生物，保证卫生安全。

4.3.1　采用地表回灌的方式进行回灌，回灌水在被抽取利用前，应在地下停留 6 个月以上。

4.3.2　采用井灌的方式进行回灌，回灌水在被抽取利用前，应在地下停留 12 个月以上。

5　取样与监测

5.1　取样要求

水质监测取样点应设在回灌区入水口，入水口应设水量计量装置。在有条件的情况下，应逐步实现再生水比例采样和主要指标在线监测。

5.2　监测频率

城市污水再生水地下水回灌工程，在运行过程中，回灌区入水口的水质监测频率不应低于以下要求：

基本控制项目：色度、浊度、pH、化学需氧量、硝酸盐、亚硝酸盐、氨氮每日监测一次；其他项目每周监测一次。

选择控制项目：半年监测一次。

5.3　监测分析方法

本标准采用的监测分析方法见表 3（略）。

5.4　城市污水再生水地下水回灌工程应布设监测井。回灌前应对地下水本底值进行监测；回灌过程中动态监测回灌水水质水量，发现水质异常，应立即停止回灌。

附录五　城市污水再生利用　工业用水水质（GB/T 19923—2024）（摘录）

1　范围

本文件规定了城市污水再生利用工业用水的水质指标、采样与监测和安全利用。

本文件适用于作为工业生产过程中的间冷开式循环冷却水补充水、锅炉补给水、工艺用水与产品用水、直流冷却水、洗涤用水等工业用水原水的再生水。

2　规范性引用文件（略）

3　术语和定义（略）

4　水质指标

4.1　控制项目及分类

4.1.1　水质控制项目分为基本控制项目和选择控制项目。

4.1.2　所有提供工业用水原水的再生水厂均应执行基本控制项目，根据再生水水源中污染物含量和工业用户要求执行选择控制项目。

4.2　指标限值

4.2.1　工业用水原水的水质基本控制项目及限值应符合表 1 的规定，选择控制项目及限值应符合表 2 的规定。

4.2.2　工业用水除应满足表 1 各项指标外，还应符合 GB 18918—2002 中“一类污染物”和“选择控制项目”各项指标限值的规定。

表 1　再生水用作工业用水水质基本控制项目及限值

序号	控制项目	间冷开式循环冷却水补充水、锅炉补给水、工艺用水、产品用水	直流冷却水、洗涤用水
1	pH(无量纲)	6.0～9.0	
2	色度/度	20	
3	浊度/NTU	5	—
4	五日生化需氧量(BOD_5)/(mg/L)	10	
5	化学需氧量(COD)/(mg/L)	50	
6	氨氮(以 N 计)/(mg/L)	5①	
7	总氮(以 N 计)/(mg/L)	15	
8	总磷(以 P 计)/(mg/L)	0.5	
9	阴离子表面活性剂/(mg/L)	0.5	
10	石油类/(mg/L)	1.0	
11	总碱度(以 $CaCO_3$ 计)/(mg/L)	350	
12	总硬度(以 $CaCO_3$ 计)/(mg/L)	450	
13	溶解性总固体/(mg/L)	1000	1500
14	氯化物/(mg/L)	250	400
15	硫酸盐(以 SO_4^{2-} 计)/(mg/L)	250	600
16	铁/(mg/L)	0.3	0.5
17	锰/(mg/L)	0.1	0.2
18	二氧化硅/(mg/L)	30	50
19	粪大肠菌群/(MPN/L)	1000	
20	总余氯②/(mg/L)	0.1～0.2	

① 用于间冷开式循环冷却水系统补充水，且热换器为铜合金材质时，氨氮指标应小于 1mg/L。

② 与用户管道连接处再生水中总余氯值。

注：“—”表示对此项无要求。

表 2　再生水用作工业用水水质选择控制项目及限值　　单位：mg/L

序号	项　目	限　值
1	氟化物(以 F^- 计)	2.0
2	硫化物(以 S^{2-} 计)	1.0

5　采样与监测

5.1　采样及保存

5.1.1　水质采样的组织、设计应按 HJ 494、HJ 495 的规定执行。水样为 24h 混合样，应至少每 2h 取样一次，以日均值计。

5.1.2　样品的保存应按 HJ 493 的规定执行。

5.1.3　再生水厂供水出口处宜设再生水水质监测取样点。

5.2　分析方法（略）

5.3　监测频率

工业用水原水的基本控制项目监测频率不应低于表 5 规定。

表 5 工业用水监测频率

序号	项目	监测频率,不低于	序号	项目	监测频率,不低于
1	pH	每日1次	11	总碱度	每周1次
2	色度	每日1次	12	总硬度	每周1次
3	浊度	每日1次	13	溶解性总固体	每日1次
4	五日生化需氧量(BOD_5)	每周1次	14	氯化物	每周1次
5	化学需氧量(COD)	每日1次	15	硫酸盐	每周1次
6	氨氮	每日1次	16	铁	每周1次
7	总氮	每周1次	17	锰	每周1次
8	总磷	每日1次	18	二氧化硅	每周1次
9	阴离子表面活性剂	每周1次	19	粪大肠菌群	每周1次
10	石油类	每周1次	20	总余氯	每日1次

6 安全利用

6.1 利用方式

6.1.1 再生水用作直流冷却用水、洗涤用水时，达到表1、表2中所列的控制指标后可以直接使用。

6.1.2 再生水用作间冷开式循环冷却水补充水、锅炉补给水、工艺用水与产品用水时，达到表1、表2中所列的控制指标后仍不能满足用水要求时，应进一步处理或与新鲜水混合达到相应标准后使用。

6.1.3 再生水用作工业循环冷却水时，循环冷却水系统检测管理按GB/T 50050的规定执行。

6.2 使用原则

6.2.1 再生水厂水源优先选用生活污水或不含重污染、有毒有害工业废水的城市污水处理厂出水。

6.2.2 再生水输配系统不应与饮用水、自备水源输配系统直接连接。

6.2.3 再生水输配系统应设置放空措施，调蓄水池放空管道、溢流管道不应与排水管道直接连接。

6.2.4 再生水供水管道与调蓄水池连接处采用淹没出流时，应设置防倒流装置。

6.2.5 再生水不应用于食品行业和与人体密切接触的产品用水。

6.3 标识

6.3.1 再生水管道取水口和取水龙头处应配置“再生水不得饮用”的耐久警示标识。

6.3.2 再生水输配水管网中所有组件和附属设施的显著位置应配置“再生水”耐久标识，再生水管道明装时应采用识别色，并配置“再生水管道”标识，埋地再生水管道应在管道上方设置耐久性标志带。

附录六 城市污水再生利用 农田灌溉用水水质(GB 20922—2007)(摘录)

1 范围

本标准规定了城市污水再生利用灌溉农田的规范性引用文件、术语和定义、水质要求、其他规定和监测分析方法。

本标准适用于以城市污水处理厂出水为水源的农田灌溉用水。

2 规范性引用文件（略）

3 术语和定义（略）

4 水质要求

城市污水再生处理后用于农田灌溉，水质基本控制项目和选择控制项目及其指标最大限值应分别符合表1、表2的规定。

表1 基本控制项目及水质指标最大限值 单位：mg/L

序号	基本控制项目		灌溉作物类型		
		纤维作物	旱地谷物 油料作物	水田谷物	露地蔬菜
1	生化需氧量(BOD_5)	100	80	60	40
2	化学需氧量(COD_{Cr})	200	180	150	100
3	悬浮物(SS)	100	90	80	60
4	溶解氧(DO) ≥	0.5			
5	pH值(无量纲)	5.5～8.5			
6	溶解性总固体(TDS)	非盐碱地地区1000，盐碱地地区2000		1000	
7	氯化物	350			
8	硫化物	1.0			
9	余氯	1.5		1.0	
10	石油类	10		5.0	1.0
11	挥发酚	1.0			
12	阴离子表面活性剂(LAS)	8.0		5.0	
13	汞	0.001			
14	镉	0.01			
15	砷	0.1		0.05	
16	铬(六价)	0.1			
17	铅	0.2			
18	粪大肠菌群数(个/L)	40000		20000	
19	蛔虫卵数(个/L)	2			

表2 选择控制项目及水质指标最大限值 单位：mg/L

序号	选择控制项目	限值	序号	选择控制项目	限值
1	铍	0.002	10	锌	2.0
2	钴	1.0	11	硼	1.0
3	铜	1.0	12	钒	0.1
4	氟化物	2.0	13	氰化物	0.5
5	铁	1.5	14	三氯乙醛	0.5
6	锰	0.3	15	丙烯醛	0.5
7	钼	0.5	16	甲醛	1.0
8	镍	0.1	17	苯	2.5
9	硒	0.02			

5 其他规定

5.1 处理要求：纤维作物、旱地谷物要求城市污水达到一级强化处理，水田谷物、露地蔬菜要求达到二级处理。

5.2 农田灌溉时，在输水过程中主渠道应有防渗措施，防止地下水污染；最近灌溉取水点的水质应符合本标准的规定。

5.3 城市污水再生利用灌溉农田之前，各地应根据当地的气候条件，作物的种植种类及土壤类别进行灌溉试验，确定适合当地的灌溉制度。

6 监测与分析方法

6.1 监测

6.1.1 基本控制项目必须检测。选择控制项目，根据污水处理厂接纳的工业污染物的类别和农业用水质量要求选择控制。

6.1.2 城市污水再生利用农田灌溉用水基本控制项目和选择控制项目的监测布点及监测频率，应符合 NY/T 396 的要求。

6.2 分析方法（略）

附录七 城市污水再生利用 绿地灌溉水质（GB/T 25499—2010）（摘录）

1 范围

本标准规定了城市污水再生利用于绿地灌溉的水质指标及限值、取样与监测。

本标准适用于以城市污水再生水为水源，灌溉绿地的再生水。

2 规范性引用文件（略）

3 术语和定义（略）

4 水质要求

城市污水再生利用于绿地灌溉，水质基本控制项目和选择控制项目及其指标最大限值应分别符合表1和表2的规定。

表1 基本控制项目及限值

序号	控制项目	单位	限值
1	浊度	NTU	≤5(非限制性绿地),10(限制性绿地)
2	嗅	—	无不快感
3	色度	度	≤30
4	pH值	—	6.0～9.0
5	溶解性固体(TDS)	mg/L	≤1000
6	五日生化需氧量(BOD_5)	mg/L	≤20
7	总余氯	mg/L	0.2≤管网末端≤0.5
8	氯化物	mg/L	≤250
9	阴离子表面活性剂(LAS)	mg/L	≤1.0
10	氨氮	mg/L	≤20

续表

序号	控 制 项 目	单位	限 值
11	粪大肠菌群[①]	个/L	≤200(非限制性绿地),≤1000(限制性绿地)
12	蛔虫卵数	个/L	≤1(非限制性绿地),≤2(限制性绿地)

① 粪大肠菌群的限值为每周连续7日测试样品的中间值。

表2 选择控制项目及限值

序号	控 制 项 目	限 值	序号	控 制 项 目	限 值
1	钠吸收率(SAR)[①]	≤9	12	钼	≤0.5
2	镉	≤0.01	13	镍	≤0.05
3	砷	≤0.05	14	硒	≤0.02
4	汞	≤0.001	15	锌	≤1.0
5	铬(六价)	≤0.1	16	硼	≤1.0
6	铅	≤0.2	17	钒	≤0.1
7	铍	≤0.002	18	铁	≤1.5
8	钴	≤1.0	19	氰化物	≤0.5
9	铜	≤0.5	20	三氯乙醛	≤0.5
10	氟化物	≤2.0	21	甲醛	≤1.0
11	锰	≤0.3	22	苯	≤2.5

① $SAR=\dfrac{Na^{+}}{\sqrt{\dfrac{Ca^{2+}+Mg^{2+}}{2}}}$，式中钠、钙、镁离子浓度单位均以mmol/L表示。

注：除第1项外，其他项目的单位为mg/L；

5 其他规定

5.1 城市再生水灌溉绿地之前，各地应对再生水水源的基本控制项目和选择性控制项目进行全面检测，并根据当地的气候条件，绿地植物种类及土壤条件进行灌溉试验，确定选择性控制项目和灌溉制度。

5.2 古树名木不得利用再生水灌溉，特种花卉和新引进的植物，谨慎使用再生水灌溉。

5.3 使用再生水灌溉绿地时，应制定应急处理预案，有突发事件发生时，立即停止使用再生水。

6 取样与监测

6.1 取样要求

6.1.1 水质取样点设于再生水处理设施的排放口附近，并保证最近灌溉取水点水质符合本标准规定。

6.1.2 水样的采集和保存执行GB/T 12998和GB/T 12999。至少每2h取样一次，取24h混合样，以日均值计。在有条件的情况下，应逐步实现再生水比例采样和在线监测。

6.2 监测频率

使用再生水灌溉绿地时，水质监测频率不应低于以下要求：

基本控制项目：总余氯、浊度、嗅、pH值每日监测一次；粪大肠菌群每周监测一次；其他项目每月监测一次。

选择控制项目：每季度监测一次。

6.3 分析方法（略）

参考文献

[1] 徐傲，巫寅虎，陈卓，等．北京市城镇污水再生利用现状与潜力分析［J］．环境工程．2021，39（09）：1-6+47.

[2] 胡洪营．统筹规划协同推进以污水资源化利用带动污水处理产业赋能升级——《“十四五”城镇污水处理及资源化利用发展规划》政策解读之二．国家发展和改革委员会官网，2021.

[3] 胡洪营，吴乾元，黄晶晶，等．再生水水质安全评价与保障原理［M］．北京：科学出版社，2011.

[4] 符家瑞，周艾珈，刘勇，等．我国城镇污水再生利用技术研究进展［J］．工业水处理．2021，41（1）：18-24.

[5] 郑锦涛，马涛，刘九夫，等．再生水农业灌溉利用现状及影响研究［J］．中国农村水利水电．2021，6：130-136.

[6] 陶望雄．雨水利用理论与技术方案研究［D］．西安：长安大学，2016.

[7] 王洪臣．污水资源化是突破经济社会发展水资源瓶颈的根本途径［J］．给水排水，2021，47（4）：1-5+52.

[8] 陈梓豪，许萍．国外再生水饮用回用的案例分析与启示［J］．中国给水排水，2021，37（14）：3-21.

[9] 谢长血，徐光平，樊少斌，等．城市再生水在电厂循环冷却水系统中的应用［J］．电力建设，2010，31（6）：98-102.

[10] 李锐，何世德，张占梅，等．城市中水在电厂循环冷却水系统的应用与展望［J］．环境科学与管理，2008，33（3）：152-155.

[11] 奥野长晴著，王社平等译．污水处理再生利用技术指南．西安：西安地图出版社，2010.

[12] 张林生．水的深度处理与回用技术（第三版）［M］．化学工业出版社，北京，2016.

[13] 陈卓，郝姝然，高强，等．《再生水利用效益评价指南》标准解读［J］．中国给水排水，2021，37（18）：1-7.

[14] 中华人民共和国住房和城乡建设部．城镇污水再生利用技术指南（试行）［N］．2012．12.

[15] 刘祖发，陈记臣，卓文珊，等．中山市河涌水体嗅味物质分布及其去除研究［J］．生态环境学报，2018，27（9）：1724-1731.

[16] 樊雪峰，孙力平，张硕．再生水中色度物质的识别及其臭氧去除特性［J］．环境工程，2017，35（6）：19-24.

[17] 张馨怡，魏东斌，杜宇国．再生水水质稳定性评价指标与体系［J］．环境科学，2021，8：1-17.

[18] 李璇，王莲，马卫星，等．不同河道型微污染水源预处理工程水质净化效能及水质稳定性评价［J］．环境科学学报，2020，40（8）：2771-2784.

[19] 武照远，刘昆．临汾市再生水厂工艺选择分析［J］．供水技术，2010，4（2）：43-46.

[20] GB/T 50050—2017．工业循环冷却水处理设计规范［S］．北京：北京计划出版社，2017.

[21] 甘庆午，吴珊，厉智成．再生水对钢管与球墨铸铁管的腐蚀研究［J］．南水北调与水利科技，2014，（2）：181-184.

[22] American Water Works Association. Internal corrosion of water distribution systems［M］. Denver：AWWARF，1996.

[23] 邓燕平，周律，杨海军，等．棉针织染整行业再生水回用关键水质指标值的确定［J］．给水排水，2010，36（9）：151-153.

[24] 闫素云，匡颖，张焕祯．硝酸盐氮污染地下水修复技术［J］．环境科技，2011，24（2）：7-10.

[25] 浮海梅，金云霄．浅谈地下水硝酸盐污染［J］．地下水，2009，31（3）：85-87.

[26] 涂婷，王月，安达，等．赣南稀土矿区地下水污染现状、危害及处理技术与展望［J］．环境工程技术学报，2017，7（6）：691-699.

[27] 龚小杰，王晓锋，刘婷婷，等．流域场镇发展下三峡水库典型入库河流水体碳、氮、磷时空特征及富营养化评价［J］．湖泊科学，2020，32（1）：111-123.

[28] 王洪铸，王海军，李艳，等．湖泊富营养化治理：集中控磷或氮磷皆控［J］．水生生物学报，2020，44（5）：938-960.

[29] 孙凤华，沈明学，徐祥珍，等．全国人群蛔虫感染现状调查［J］．中国病原生物学杂志，2008，3（12）：936-939.

[30] 师荣光，王德荣，赵玉杰，等．城市再生水用于农田灌溉的水质控制指标［J］．中国给水排水，2006，22（18）：100-104.

[31] 曾凡勇，罗坤，栾生，等．凡纳滨对虾在氯化物型盐碱水养殖环境下不同家系间生长、存活性能分析［J］．中国水产科学，2018，25（2）：83-90.

[32] 杨驰宇．浅谈地表水中氯化物的污染与防治［J］．环境与可持续发展，2004，1：25-26.

[33] 郑红艾，张大全，沈燕燕．钙离子浓度对铜材硫酸盐还原菌腐蚀的影响［J］．材料保护，2010，43（3）：21-23.

[34] 杨永红，秦坤．硫酸盐的环境危害及含硫酸盐废水处理技术［J］．当代化工，2015，44（8）：2018-2020.

[35] 池勇志，李亚新．硫化物的危害与治理进展［J］．天津城市建设学院学报，2001，7（2）：105-108.

[36] 邵瑞华，魏东洋，房平，等．基于农田灌溉的城市污水再生利用贮存技术研究［J］．水处理技术，2011，37（1）：87-90.

[37] 宋震宇，袁珊珊，巢军委．氰化物污染地下水异位处理工艺研究与工程实践［J］．环境卫生工程，2021，29（3）：39-43．
[38] 王齐，师春娟，刘英杰，等．中水灌溉绿地对人体健康影响的风险性评价［J］．节水灌溉，2012，3：57-60．
[39] 段小平，宋亮，张凡．造纸工业废水中挥发酚的危害与综合治理［J］．北方环境，2004，29（5）：62-64．
[40] 袁平夫，廖柏寒，卢明．表面活性剂（LAS&NIS）的环境安全性评价［J］．安全与环境工程，2004，11（3）：31-34 4．
[41] 黄土忠，陈国光．合成洗涤剂（LAS）对农作物影响的研究［J］．农业环境保护，1994，2：58-62．
[42] 盛丰，李忠润，方娴静，等．再生水中阴离子表面活性剂对土壤结构与水流运动的影响［J］．中国环境科学，2020，40（10）：358-366．
[43] 张亚尼，邓小文，袁雪竹．典型石油烃污染场地土壤与地下水环境风险评估［J］．绿色科技，2021，23（8）：147-150．
[44] 杨明星，杨悦锁，杜新强，等．石油污染地下水有机污染组分特征及其环境指示效应［J］．中国环境科学，2013，33（6）：1025-1032．
[44] Zhang H，Feng R，Larssen T，et al. Bioaccumulation of Methylmercury versus Inorganic Mercury in Rice（Oryza sativa L.）Grain［J］. Environmental Science & Technology，2010，44（12）：4499-4504．
[45] 李卫东，张超艳，郭晓欣，等．基于土壤气挥发通量的污染场地三氯甲烷健康风险评估［J］．生态毒理学报，2021，16（1）：87-96．
[46] 林勇．某市东部地下水四氯化碳污染研究［C］．2017 中国环境科学学会科学与技术年会论文集（第二卷），2017．
[47] 丁琳洁，黄冬侠，宋纪斌，等．三氯乙烯污染地下水的原位修复技术研究进展［J］．环境污染与防治，2021，43（5）：631-637．
[48] 余湛，郑阳，胡佳晨，等．典型氯代烃污染场地地下水化学氧化修复实验分析［J］．环境保护科学，2019，45（5）：122-126．
[49] 张秀芹，王玉晶，李胤楠，等．动物源产品中五氯酚来源探讨及危害分析［J］．食品安全质量检测学报，2021，12（19）：7840-7845．
[50] 张怡婷，王蕾，刘济宁，等．应用不同毒理学终点评估酚类物质的生态危害和风险［J］．生态与农村环境学报，2016，32（2）：326-331．
[51] 裴炳安．苯的危害及检测［J］．炼油技术与工程，2012，42（11）：62-64．
[52] 杨鹏飞，焦纬洲，刘有智，等．溶剂萃取法处理硝基苯废水的操作条件优化［J］．化学工程，2018，46（5）：1-5．
[53] 李海平，孟范平，李大伟，等．对二甲苯降解产物对海洋双壳类的急性毒性［J］．中国环境科学，2020，40（12）：5436-5443．
[54] 郭明帅，王菲，张学良，等．改性生物炭活化过硫酸盐对水中苯和氯苯的去除机制［J］．中国环境科学，2020，40（12）：5280-5289．
[55] 朱颖一，王城晨，王明新，等．硫化纳米铁反应带修复硝基苯污染地下水［J］．中国环境科学，2020，40（2）：670-680．
[56] 赵少婷，张永清．三氯乙醛污水灌溉对小麦幼苗及土壤磷酸酶活性影响的研究［J］．山西农业大学学报，1997，17（1）：16-20．
[57] 窦争霞，王宏康．我国农业环境的污染及其研究进展［J］．中国农学通报，1988，4（1）：19-22．
[58] 曾昭婵，李本云．万山汞矿区土壤汞污染及其防治研究［J］．环境科学与管理，2016，41（5）：115-118．
[59] 陈丽丽，李俊华，鲁伟丹，等．不同程度镉污染对棉花生长和镉富集特征的影响［J］．新疆农业科学，2021，58（5）：920-928．
[60] 林海，李真，董颖博，等．修复钒镉复合污染水体的菌株分离及性能［J］．中南大学学报：自然科学版，2021，52（5）：1418-1426．
[61] 崔健，王恩德，周睿，等．蔗糖改性纳米铁对六价铬污染的模拟修复［J］．东北大学学报：自然科学版，2020，41（2）：263-269．
[62] 梁业恒，邓孺孺，黄靖岚，等．典型重金属污染水体光谱特征分析——以广东省大宝山尾矿水为例［J］．光谱学与光谱分析，2019，39（10）：3237-3244．
[63] 邱微，王立友，樊庆锌，等．给水球墨铸铁管腐蚀特性及腐蚀对水质的影响［J］．哈尔滨工业大学学报，2016，48（8）：61-66．
[64] 王静．临海童燎水库锰的季节性超标原因分析及治理对策［J］．城镇供水，2014，29（6）：90-92．
[65] 巢艳红．几种新型吸附剂的设计，制备及其对水中抗生素污染物的吸附性能研究［D］．镇江：江苏大学，2014．
[66] 宋剑飞．活性炭吸附 VOCs 及其构效关系研究［D］．长沙：中南大学，2014．
[67] 王楠楠．微波强化 Fenton 深度处理煤化工废水反应器设计与工艺研究［D］．哈尔滨：哈尔滨工业大学，2016．

[68] 李佳佳．离子交换树脂去除原水中锑的研究［D］．昆明：昆明理工大学，2014.
[69] 杨泞珲．饮用水处理的膜分离技术及工程实践［D］．武汉：武汉工程大学，2015.
[70] 黄秀娟．膜分离技术在淀粉糖生产中的应用研究［D］．广州：华南理工大学，2012.
[71] 王学松．现代膜技术及其应用指南［M］．北京：化学工业出版社，2005.
[72] 甘一萍，白宇．污水处理厂深度处理与再生利用技术［M］．北京：中国建筑工业出版社，2010.
[73] 郭树君．污水处理厂技术与管理问答［M］．北京：化学工业出版社，2015.
[74] 苏伊士水务工程有限责任公司．得利满水处理手册［M］．北京：化学工业出版社，2021.
[75] 郑兴灿．城镇污水处理厂一级A稳定达标技术［M］．北京：中国建筑工业出版社，2015.
[76] 李佩琪．预氧化/预加压协同混凝沉淀去除水中有机物及藻类研究［D］．西安：西安建筑科技大学．2021.
[77] 陈良，莫少德，周波，等．多段AO/高效沉淀/反硝化滤池用于准Ⅳ类标准污水厂［J］．中国给水排水，2021，37（10）：75-78.
[78] 曹蕾，张敏健，刘舒华，等．膜生物反应器运行条件对膜污染的影响［J］．污染防治技术，2013，26（5）：45-47.
[79] 张国俊，刘忠洲．膜过程中膜清洗技术研究进展［J］．水处理技术，2003，29（4）：187-190.
[80] 李柏志．膜生物反应器最新研究及纯氧曝气在污水处理中的应用分析［J］．黑龙江环境通报，2018，42（2）：72-75.
[81] 许晓东，李路通，王凯，等．反渗透膜的改性以及在水处理中应用进展［J］．化学工业与工程，2018，45（2）：136-139.
[82] 张雨山，魏杨杨，曹震，等．反渗透膜的研究进展与展望［J］．化学工业与工程，2015，32（5）：8-15.
[83] 张玉和．反渗透工艺在生活水厂中的设计应用研究［J］．工程技术，2019，2（1）；68-69.
[84] 刘丽．双膜法应急饮用水处理运用研究［J］．资源节约与环保，2019，65（1）：84.
[85] 蒙云亚．“全膜法”水处理工艺及应用［J］．山西科技，2019，34（3）：133-135.
[86] 曲銮洋．环境工程中超滤膜技术的应用分析［J］．化工管理，2021，12（1）；55-56.
[87] 余亚林．城市住宅小区中水回用系统技术经济分析与研究［D］．合肥：安徽农业大学，2014.
[88] 郑玉磊．居住小区中水建设探讨［J］．民营科技，2013（06）：146.
[89] GB 50336-2018．建筑中水设计标准［S］．北京：中国建筑工业出版社出版，2018.
[90] GB 50400-2016．建筑与小区雨水控制及利用工程技术规范［S］．北京：中国建筑工业出版社出版，2017.
[91] 岳秀萍．建筑给水排水工程［M］．北京：中国建筑工业出版社，2020：1-374.
[92] 周卿伟．人工湿地强化技术及其效能研究［D］．长春：中国科学院大学（中国科学院东北地理与农业生态研究所），2017.
[93] 徐淑兰．人工湿地的污水净化原理及影响因素研究［J］．中国资源综合利用，2020，38（2）：3.
[94] 张建明，殷树鹏，于会国，等．人工湿地氮、磷去除机理及影响因素研究［J］．清洗世界，2021，37（1）：2.
[95] 姚枝良，闻岳，李剑波，等．人工湿地处理系统的运行管理与维护［J］．四川环境，2006，25（5）：4.
[96] 杨杨阳，万蕾，张林军．人工湿地低温运行效果及强化措施研究现状［J］．生态经济，2012（12）：4.
[97] 王海燕，赵远哲，王文富，等．人工湿地脱氮影响因素及强化措施研究进展［J］．环境工程技术学报，2020，10（4）：13.
[98] 刘璐，周秀华，邹康兵．曝气生物滤池在给水处理中的运行效果［J］．净水技术，2021，40（9）：6.
[99] 徐德福，李映雪．用于污水处理的人工湿地的基质、植物及其配置［J］．湿地科学，2007，5（1）：32-38.
[100] 齐兵强，王占生．曝气生物滤池在污水处理中的应用［J］．给水排水，2000，26（10）：4-8.
[101] 黄铭意，许丹，李寻，等．人工湿地处理高盐废水研究进展［J］．工业水处理，2021，41（3）：7.
[102] 肖洋，范晶．哈尔滨市典型湿地植物净污能力研究［J］．水土保持学报，2014，28（3）：295-299.